银河麒麟操作系统
进阶应用

刘雷　雷思磊　吕虎　编著

电子工业出版社·
Publishing House of Electronics Industry
北京·BEIJING

内 容 简 介

银河麒麟操作系统是中国自主研发的一款基于 Linux 内核的操作系统，迄今已历 20 余载，其稳定度、成熟度、认可度日益提升。全书分为三篇，首先是基础篇，介绍了以 Linux 为内核的银河麒麟操作系统的设计理念、基础命令，其次是生态篇，介绍了银河麒麟操作系统的内置包管理器、第三方包管理器、软件仓库，以及主流编程语言的版本管理器和包管理器，并讲解了如何搭建自托管的软件仓库镜像源，最后是安全篇，对照网络安全等级保护制度 2.0 中对于安全计算环境的要求，介绍了如何加强银河麒麟操作系统的安全性。

本书适合使用银河麒麟操作系统的广大用户、运维人员及开发人员参考阅读。

图书在版编目（CIP）数据

银河麒麟操作系统进阶应用 / 刘雷，雷思磊，吕虎编著. -- 北京 ：电子工业出版社，2025. 4. -- ISBN 978-7-121-49794-0

Ⅰ. TP316

中国国家版本馆 CIP 数据核字第 2025R114M3 号

责任编辑：孙学瑛
印　　刷：山东华立印务有限公司
装　　订：山东华立印务有限公司
出版发行：电子工业出版社
　　　　　北京市海淀区万寿路 173 信箱　邮编：100036
开　　本：787×980　　1/16　　印张：30.5　　字数：677.6 千字
版　　次：2025 年 4 月第 1 版
印　　次：2025 年 4 月第 1 次印刷
定　　价：139.00 元

凡所购买电子工业出版社图书有缺损问题，请向购买书店调换。若书店售缺，请与本社发行部联系，联系及邮购电话：（010）88254888，88258888。

质量投诉请发邮件至 zlts@phei.com.cn，盗版侵权举报请发邮件至 dbqq@phei.com.cn。

本书咨询联系方式：sxy@phei.com.cn。

前言

麒麟，是中国古代神话中与龙、凤、龟、貔貅并列的五大瑞兽之一。《公羊传》记载："麟者，仁兽也。有王者则至，无王者则不至。"然而，关于其长相的说法却不尽相同。《瑞应图》记载：麒麟长着羊头，狼的蹄子，头顶是圆的，身上是彩色的，高 4 米左右。《说文解字》则记载：麒麟身体像麝鹿，尾巴似龙尾状，还长着龙鳞和一只角。总的来说，麒麟的形象有点儿"四不像"。

银河麒麟（Kylin）操作系统是中国自主研发的一款基于 Linux 内核的操作系统。它的起源可以追溯到 2001 年，最初由国防科技大学主导研发，旨在打造一个可靠的国产操作系统平台，以减少对国外操作系统的依赖，增强国家信息安全。最初的银河麒麟操作系统在设计上采用的架构是：底层采用 Mach 微内核为蓝本、服务层采用 FreeBSD 系统为参照、应用层采用 Linux 为参考、界面仿照 Windows 来设计。由于借鉴了四种操作系统的代码，它也被称为"四不像"，这与麒麟的特点恰好相符，因此系统被定名为"银河麒麟操作系统"。这个名字不仅体现了其独特的架构，也蕴含着开发者美好的憧憬。

银河麒麟操作系统的发展历程可以分为三个阶段。

初期阶段（2001—2010 年）：在这个阶段，银河麒麟操作系统主要致力于技术积累和市场探索。最初的版本基于 Linux 内核，重点在于实现基本的操作系统功能。

成长阶段（2011—2015 年）：随着技术的不断成熟和用户需求的日益增长，银河麒麟操作系统开始推出更加专业化和定制化的版本，例如针对政府机关的银河麒麟政务版。

成熟阶段（2016 年至今）：在这个阶段，银河麒麟操作系统不仅在国内市场树立了良好的品牌形象，还开始向国际市场拓展。同时在操作系统的安全性、稳定性、兼容性等方面进行了大幅度的优化和提升。

银河麒麟操作系统的发展历程中包含了一些重要的里程碑事件。

- 2002 年：银河麒麟操作系统项目启动，开启了中国自主研发操作系统的新篇章。
- 2004 年：推出 V1.0 版本，这一版本主要基于 FreeBSD 系统改写，为后续的发展奠定了基础。

- 2007 年：发布银河麒麟 V3.0 版本，这是第一个面向商用市场的版本，标志着其在市场上的初步成熟。
- 2014 年：发布银河麒麟 V4.0 版本，开始全面支持桌面环境和服务器应用，显著提高了其功能性和成熟度。
- 2020 年：发布银河麒麟 V10 版本，引入了更多的安全功能和自主创新技术，进一步增强了系统的安全性和稳定性。
- 银河麒麟 V10 版本发布之后，银河麒麟操作系统被广泛应用于多个行业，彰显了其广泛的适用性和市场影响力。

由于银河麒麟操作系统内核基于 Linux，因此大多数适用于 Linux 的书籍和资源也可以为银河麒麟操作系统的用户所用。然而，由于银河麒麟操作系统的使用环境相对独立，直接参考现有资料可能会遇到困难。为了提升用户体验，需要在独立环境中搭建软件镜像源。基于这一需求，我们深入地研究了银河麒麟操作系统的包管理器和软件仓库，总结了一套搭建方法，并汇集成册，以供读者参考。

全书分为三篇，共 10 章。

第一篇是基础篇，包括第 1~2 章。

第 1 章主要介绍了 Linux 发行版的基本概念、族谱和用户界面。特别对银河麒麟操作系统的桌面版和服务器版进行了深入分析，并全面梳理了麒麟系列操作系统的各个版本。

第 2 章详细阐述了 Shell 的基础知识，以及基础命令在典型应用场景中的使用。

第二篇是生态篇，包括第 3~8 章。

第 3 章详细介绍了银河麒麟桌面版和服务器版内置的包管理器，以及与这两款操作系统紧密相关的第三方仓库。

第 4 章探讨了那些不特定于某个 Linux 发行版的包管理器和软件仓库。

第 5 章着重介绍了主流编程语言的版本管理器和包管理器。这些工具可以帮助开发者更好地管理项目的依赖关系，提高开发效率和代码质量。

第 6 章深入虚拟化技术生态，首先讨论了基于 x86 架构和 ARM 架构的虚拟机解决方案。随后介绍了以 Docker 为典型代表的容器技术，这种技术可以在操作系统层面实现虚拟化，提高资源利用率和应用程序的部署效率。

第 7 章介绍如何搭建自托管的软件仓库镜像源。对于那些无法通过 rsync 协议同步的大型软件仓库的镜像源搭建，本章进行了深入讲解。这为用户提供了更稳定、更快速的软件下载服务。

第 8 章简单介绍了如何利用基于 Ollama 部署的本地大语言模型，实现 AI 赋能操作系统。这种技术可以为操作系统带来更智能化的功能，提高用户体验和操作效率。

第三篇是安全篇，包括第 9~10 章。

第 9 章介绍了网络安全等级保护制度 2.0 中对于安全计算环境的要求。

第 10 章按照安全计算环境的 11 个关键组成部分，逐一介绍了在银河麒麟操作系统中如何通过系统配置和软件应用来满足网络安全等级保护制度 2.0 的安全要求。

全书由雷思磊策划、组织，刘雷撰写完成第一篇部分内容、第二篇，雷思磊撰写完成第三篇，吕虎撰写完成第一篇部分内容、附录。在撰写过程中，我们也深感自身能力及知识的有限，尽管查阅了大量资料、做了大量实验，但仍难免会存在配置步骤描述不清、实验不具有广泛性、环境搭建方法不是最优方案等问题，真心欢迎广大读者批评指正，共同提高，共同促进国产操作系统的推广使用。

在本书的编写过程中，感谢电子工业出版社孙学瑛老师的大力支持、持续鼓励、专业意见，与孙老师的合作已经是第四次了，每次合作都很愉快。感谢酒泉卫星发射中心领导、同事的关心及帮助，中心浓厚的科研氛围、良好的科研条件，为我们团队创造了一个舒心怡人的环境，使得我们可以心无旁骛地完成本书的撰写。此外，在本书撰写过程中，我们还参考了大量网络资料、使用了大量开源软件，在对相关作者和开发人员一并表示感谢。

编者于东风航天城

2025 年 1 月 17 日

读者服务

微信扫码回复：49794

- 加入"后端"读者交流群，获取本书资源仓库链接，与更多同道中人互动
- 获取【百场业界大咖直播合集】(持续更新)，仅需 1 元

目录

第一篇　基础篇

第二篇 生态篇

第一篇 基础篇

银河麒麟操作系统是众多 Linux 发行版的一种。本篇第 1 章将首先讲解 Linux 的设计理念及其与 Windows 系统的对比，然后详细介绍 Linux 发行版的基本概念、族谱、用户界面，并指导读者快速体验不同的 Linux 发行版。其中，在介绍 Linux 族谱时，对银河麒麟系统的桌面版和服务器版进行了深入分析，为本书后续部分命令参数的选择提供了坚实的理论支撑。最后，对麒麟系列操作系统进行了全面的梳理，旨在帮助用户更清晰地理解和区分各个版本。

在本篇第 2 章中，我们本着"授人以渔"的理念，首先介绍了 Linux 的帮助系统，为用户提供了自主探索 Linux 系统的可能性，然后分别介绍了 Shell 基础知识及其基础命令的典型应用场景。特别是在"基础命令典型应用场景"部分，我们通过实际案例，逐步展示了如何运用现有基础命令，以自我探索的方式实现目标，鼓励读者进行实践操作。

01
概述

银河麒麟操作系统作为 Linux 家族中的一员，已经在我国多个行业中得到了广泛的应用。对于习惯于 Windows 系统的用户来说，Linux 系统无疑是一个全新的领域，其设计理念和使用习惯与 Windows 系统有着显著的差异。为了帮助读者从宏观层面更好地理解银河麒麟系统，本章将首先对 Linux 的设计理念进行深入解析，接着介绍 Linux 发行版的概念，最后对麒麟系列 Linux 的概况进行详细梳理。

1.1 Linux 设计理念

操作系统设计理念在 Linux 操作系统的发展中起到了关键作用，这些理念不仅指导了系统的架构设计和功能实现，而且奠定了 Linux 在开源社区中的独特地位。接下来将详细介绍与 Windows 系统相比，Linux 比较典型的设计理念。

1.1.1 一切皆文件

在 Linux 系统中，"一切皆文件"的理念意味着所有 I/O 资源，包括文件、目录、硬盘、设备，甚至一些虚拟设备（如管道），都被视作文件。这一设计哲学的优点在于，无论是读取还是写入这些资源，都可以通过 open、close、write、read 等函数来实现，从而屏蔽了硬件层面的差异，为用户提供了统一的操作接口。尽管这些资源的类型各异，但它们都遵循同一套 API（Application Programming Interface，应用程序编程接口）。此外，文件操作可以跨不同的文件系统执行（相比 Windows 操作系统，Linux 支持的文件系统要丰富得多）。

"一切皆文件"的理念让使用脚本和编程语言来处理和管理系统资源成为可能，大大降低了自动化任务和系统管理的复杂度，提高了效率和便捷性。

在 Linux 系统中，文件分为三大类：普通文件、目录文件和特殊文件。普通文件是我们通常理解的文件，例如保存日志的文本文件、存储照片的图像文件及存放可执行程序的二进制文件等。在 Linux 中，目录也被视作一种文件，可以执行读取、写入等操作。特殊文件则包括代表硬盘等块设备文件、代表字符设备的文件、用于进程间通信的管道文件，以及网络通信中使用的 Socket 文件等。

文件系统层次结构标准（Filesystem Hierarchy Standard，FHS）是一个定义 Linux 文件系统布局的标准，其目录结构如表 1-1 所示。该标准旨在为不同的 Linux 发行版提供一致的目录结构和文件位置，以增强系统的兼容性和提升用户体验，并已在各种 Linux 发行版中广泛应用。FHS 的起源可追溯至早期 UNIX 系统的文件系统布局。

表 1-1　FHS 的目录结构

目　录	描　述
/	整个文件系统层次结构的根目录
/bin	所有在单用户模式中必须具备的二进制命令文件，例如 cat、ls、cp 等
/boot	操作系统引导文件所在目录
/dev	设备文件目录，例如/dev/null、/dev/sdal、/dev/tty、/dev/random
/etc	系统范围内的配置文件。FHS 标准限制/etc 目录只能存放静态配置文件，不能包含二进制文件
/etc/opt	存储/opt 中附加包的配置文件
/etc/X11	X Window System 的配置文件
/home	用户的主目录，包含保存的文件、个人设置等
/lib	存放/bin 和/sbin 中可执行文件的必要库文件
/lib\<xxx\>	可选格式库，例如/lib32、/lib64
/media	可移除媒体文件（比如 CD-ROM）挂载点
/mnt	挂载的文件系统
/opt	可选应用软件包
/proc	虚拟文件系统，以文件形式提供进程和内核信息
/root	root 用户主目录
/run	运行时变化的数据
/sbin	系统级的可执行文件
/srv	系统提供的具体站点数据，例如为 Web 服务提供的数据和脚本
/sys	包含关于设备、驱动和一些内核特性的信息
/tmp	临时文件，系统重启时通常不会保留这些文件
/usr	大部分的用户工具和应用程序
/usr/bin	所有用户的非必要的二进制可执行文件
/usr/include	标准头文件
/usr/lib	/usr/bin 和/usr/sbin 中可执行文件的库

目　　录	描　　述
/usr/lib\<xxx\>	可选格式库，例如/usr/lib32、/usr/lib64

续表

目　　录	描　　述
/usr/local	本地数据目录，特定于此主机，通常有很多子目录，例如 bin、lib、share 等
/usr/sbin	非必要的系统级的可执行文件，例如多种网络服务的守护进程
/usr/share	非架构依赖的共享数据
/usr/src	源代码，如内核的源代码和它的头文件
/var	在系统的正常操作过程中内容一直变化的文件。在这个目录下可以找到内容持续增长的文件，如日志文件、临时的电子邮件文件等
/var/cache	应用程序缓存数据
/var/lib	程序在运行时修改的持久性数据，例如数据库、包管理器的元数据
/var/lock	锁文件
/var/log	日志文件
/var/mail	电子邮件
/var/opt	可选包/opt 中的变化数据
/var/run	运行时变化的数据
/var/spool	存放等待处理的任务数据，例如打印队列
/var/tmp	重启时会被保存的临时数据

其中，/dev、/proc 和/sys 这三个目录充分体现了"一切皆文件"的设计理念。

所有的文件和目录都组织在根目录（/）之下，无论它们实际上存储在哪个物理或虚拟设备上。这种组织方式提供了一个统一的文件系统视图，使用户和程序可以不考虑实际存储位置，而通过统一的路径来访问文件和目录。

此外，FHS 还规定了某些目录可能会因安装了特定的子系统而存在。例如，如果系统安装了 X Window System，那么与图形用户界面相关的目录和文件就会出现在相应的位置。这种设计允许 Linux 系统根据安装的软件和功能动态地调整文件系统的结构，同时保持整体的一致性和可预测性。

1.1.1.1　/dev 目录

在 Linux 中，硬件设备被抽象为设备文件，这些文件通常位于/dev 目录下。通过设备文件，用户和程序可以像操作普通文件一样访问硬件设备，大大简化了对硬件设备的管理和编程。设备文件分为字符设备和块设备。

- 字符设备：按字符流方式进行数据传输的设备。例如，终端设备（/dev/tty）、串口设备（/dev/ttyS0）等。

- 块设备：按数据块方式进行数据传输的设备。例如，硬盘设备（/dev/sda）、光盘设备（/dev/cdrom）等。

通过设备文件，用户可以对设备进行读写操作。例如，使用 dd 命令从硬盘设备读取数据：

```
sudo dd if=/dev/sda of=./backup.img bs=4M
```

这条命令从/dev/sda 设备读取数据，并将其写入 backup.img 文件。

1.1.1.2 /proc 目录

/proc 目录是 Linux 系统中一个特殊的虚拟文件系统，它提供了访问运行时系统信息的接口。这个目录不是存储在磁盘上的实际文件系统，而是由 Linux 内核在内存中动态创建的。/proc 目录使用户和程序能够轻松地获取关于进程和系统的各种信息。

在/proc 目录中，每个运行的进程都有一个对应的子目录，这些子目录以进程 ID（PID）命名。用户可以通过查看这些子目录下的文件来获取进程的详细信息，例如进程的状态、内存使用情况、打开的文件描述符等。

图 1-1 所示的是 ID 号为 1015 的进程当前打开的文件。

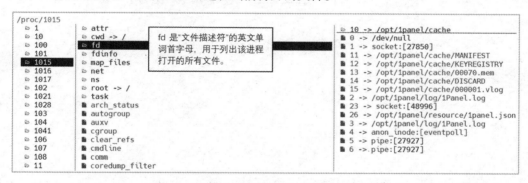

图 1-1 ID 号为 1015 的进程当前打开的文件

/proc 目录除了可以查看单个进程的详细信息，还提供了操作系统级的信息，如下所述。

- /proc/cpuinfo：显示 CPU 信息。
- /proc/meminfo：显示内存使用情况。
- /proc/uptime：显示系统运行时间。

例如，使用下面的命令查看系统内存使用的详细信息：

```
cat /proc/meminfo
```

1.1.1.3 /sys 目录

/sys 目录是 Linux 系统中的另一个虚拟文件系统，它提供了关于系统设备和内核信息的接口。与/proc 目录相比，/sys 目录更加专注于设备和驱动程序的信息。/sys 目录中的文件和目录是由内核动态生成的，它们反映了系统硬件和设备驱动程序的状态。

/sys 目录的结构类似于系统的设备树，它是按照设备的层次结构来组织的。例如：/sys/block 目录包含了块设备的信息，如硬盘分区等；/sys/bus 目录包含了总线类型的信息，如 USB、PCI 等；/sys/class 目录包含了按照设备功能分类的信息，如网络设备（/sys/class/net）、输入设备（/sys/class/input）等，如图 1-2 所示。该图由命令"tree -L 2 --filelimit 15 /sys"输出，图中文件数量大于 15 的子目录未展开。

```
├── block
│   ├── dm-0 -> ../devices/virtual/block/dm-0
│   ├── dm-1 -> ../devices/virtual/block/dm-1
│   ├── loop0 -> ../devices/virtual/block/loop0
│   ├── loop1 -> ../devices/virtual/block/loop1
│   ├── loop2 -> ../devices/virtual/block/loop2
│   ├── loop3 -> ../devices/virtual/block/loop3
│   ├── loop4 -> ../devices/virtual/block/loop4
│   ├── loop5 -> ../devices/virtual/block/loop5
│   ├── loop6 -> ../devices/virtual/block/loop6
│   ├── loop7 -> ../devices/virtual/block/loop7
│   ├── sda -> ../devices/pci0000:00/0000:00:1e.0/0000:05:04.0/
│   ├── sdb -> ../devices/pci0000:00/0000:00:1e.0/0000:05:04.0/
│   ├── sdc -> ../devices/pci0000:00/0000:00:1e.0/0000:05:04.0/
│   └── sdd -> ../devices/pci0000:00/0000:00:1e.0/0000:05:04.0/
├── bus  [43 entries exceeds filelimit, not opening dir]
├── class  [73 entries exceeds filelimit, not opening dir]
├── dev
│   ├── block
│   └── char
├── devices
│   ├── breakpoint
│   ├── cpu
│   ├── isa
│   ├── kprobe
│   ├── LNXSYSTM:00
│   ├── msr
│   ├── pci0000:00
│   ├── platform
│   ├── pnp0
│   ├── power
│   ├── software
│   └── system
```

图 1-2 /sys 目录层次结构

/sys 目录还允许用户和程序对设备进行动态配置。例如，用户可以通过修改/sys/class/net 目录下的文件，对网络接口进行配置。

```
echo 1 > /sys/class/net/eth0/device/enable    # 启用 eth0 网络接口
echo 0 > /sys/class/net/eth0/device/enable    # 禁用 eth0 网络接口
```

1.1.2 模块化和松耦合

模块化是指将系统分解成多个独立的模块，每个模块负责实现系统的一部分功能。这种设计方式使每个模块都可以单独开发、测试和维护，从而提高了系统的可管理性和可扩展性。模块可以是内核模块、系统库、用户界面组件等。

松耦合是系统架构设计中的一个重要原则，它强调减少模块之间的依赖关系。在松耦合的系统中，各个模块的交互尽可能少，每个模块都可以独立地变化和升级，而不会对其他模块产生过多的影响。这种设计原则在大型和复杂的系统中尤为重要，因为它可以显著提高系统的稳定性和可维护性。

1.1.2.1 内核模块化

Linux 内核模块化的设计是其核心特性之一，它允许将内核的功能组件，如文件系统驱动、网络协议栈、设备驱动等，作为独立的模块来加载和卸载。这些内核模块通常以动态链接库的形式存在，文件扩展名为.ko（代表内核对象），它们存储在/lib/modules 目录下。内核模块的加载和卸载可以通过 modprobe 和 rmmod 命令实现。例如，加载一个模块：

```
sudo modprobe <module_name>
```

卸载一个模块：

```
sudo rmmod <module_name>
```

假设需要加载一个网卡驱动模块，可以使用以下命令：

```
sudo modprobe e1000
```

这条命令加载 Intel E1000 网卡驱动模块，使得系统可以识别和使用该网卡设备。当不再需要该驱动时，可以使用以下命令卸载：

```
sudo rmmod e1000
```

1.1.2.2 内核空间和用户空间的解耦

在 Linux 系统中，内核空间和用户空间是两个独立的运行环境。内核空间负责系统资源的管理和底层硬件的控制，用户空间则运行用户应用程序。内核空间和用户空间之间通过系统调用接口（syscall）进行通信。

Linux 的图形用户界面，如 X Window System，是在用户空间中运行的，与内核保持松耦合的关系。这种设计使得图形用户界面可以独立于内核启动、停止、安装和卸载，即使图形用户界面发生崩溃，内核仍然可以继续正常运行，不会受到影响。用户可以使用快捷键（如 Ctrl+Alt+F1~F7）在不同的控制台之间切换。Linux 系统支持同时安装多种图形用户界面。目前，存在许多不同种类、风格和复杂程度的桌面管理环境（Desktop Environment）和窗口管理器（Window Manager）。

X Window System 是 Linux 最常用的图形用户界面系统之一，它运行在用户空间，与内核空间通过显卡驱动程序交互。用户可以在不重启系统的情况下重新启动图形用户界面系统：

```
sudo systemctl restart gdm
```

这条命令重新启动 GDM（一种主流的 Linux 图形桌面管理环境），而不会影响正在运行的内核和其他系统服务。Windows Server 版本也借鉴了这一设计理念，允许用户在安装过程中选择是否安装图形用户界面。

1.1.2.3 内核版本的模块化

Linux 系统支持同时安装和管理多个内核版本，使得用户可以根据需要选择不同的内核启动系统，这对系统的稳定性和功能测试非常重要。

内核版本通常通过包管理器（如 APT、YUM）安装，例如，在银河麒麟桌面版中安装新内核：

```
sudo apt install linux-image-<内核版本号>
```

安装完成后，可以通过 GRUB 引导程序选择不同的内核版本启动系统。既可以通过编辑 GRUB 配置文件/etc/default/grub，更新 GRUB 引导菜单，也可以在启动时通过 GRUB 菜单选择所需的内核版本。例如，首先在启动时按住 Shift 键进入 GRUB 菜单，然后选择所需的内核版本进行启动。

1.1.2.4 文件系统的模块化

Linux 内核支持多种文件系统，包括 ext4、xfs、btrfs、ntfs、vfat 等，每种文件系统均可作为模块进行加载和卸载。

通过挂载点，可以将不同的文件系统挂载到系统的不同目录，从而灵活管理存储资源。假设需要卸载当前文件系统模块并加载新的文件系统模块，则可以使用以下命令：

```
sudo umount /mnt/data
sudo modprobe -r ext4
sudo modprobe xfs
sudo mount -t xfs /dev/sda1 /mnt/data
```

上述命令卸载 ext4 文件系统模块，加载 xfs 文件系统模块，并将/dev/sda1 设备上的 xfs 文件系统挂载到/mnt/data 目录。

1.1.2.5 网络功能的模块化

Linux 内核支持各种网络通信协议，除了常见的 TCP/IP 协议栈，还支持软件无线电、CAN 总线协议、NFC，等等。如图 1-3 所示，图中行首为<M>表示该部分将被编译为可按需加载的模块，行首为<*>表示该部分将被编译为内核的静态部分。

根据网络需求，可以加载特定的网络模块。例如，加载 NFC 模块：

```
sudo modprobe nfc
lsmod | grep nfc    #查看 NFC 模块是否正常加载
```

```
        Networking options  --->
[*]   Amateur Radio support  --->
<M>   CAN bus subsystem support  --->
<M>   Bluetooth subsystem support  --->
{M}   RxRPC session sockets
[*]     IPv6 support for RxRPC
[ ]     Inject packet loss into RxRPC packet stream
[ ]     RxRPC dynamic debugging
[*]     RxRPC Kerberos security
<M>   KCM sockets
<M>   MCTP core protocol support  ----
-*-   Wireless  --->
<*>   RF switch subsystem support  --->
<M>   Plan 9 Resource Sharing Support (9P2000)  --->
<M>   CAIF support  --->
{M}   Ceph core library
[ ]     Include file:line in ceph debug output
[*]     Use in-kernel support for DNS lookup
<M>   NFC subsystem support  --->
{M}   Packet-sampling netlink channel  ----
```

图 1-3　Linux 内核支持的网络通信协议栈

1.1.3　让每个程序只做好一件事

"让每个程序只做好一件事"的理念是对"模块化、松耦合"设计原则的进一步阐释，它不仅塑造了 Linux 系统的架构，而且对整个开源社区产生了深远的影响。该理念强调软件工具应专注于执行单一功能，并力求做到极致。这种设计哲学鼓励开发者创建小巧且专注的程序，而非庞大且功能繁杂的软件套件。每个程序在完成自己的任务后，可以通过管道和重定向等机制与其他程序协同工作，完成更复杂的任务。

这一理念体现在 Linux 系统的多个方面，从文件系统的布局到各种命令行工具的设计都能找到其影子。

- 命令行工具：如 grep 用于文本搜索，sed 用于文本替换，awk 用于文本处理。这些工具各自完成一个简单的任务，也可以组合使用来执行复杂的文本操作。
- 程序间通信：通过管道和重定向，程序可以将输出传递给另一个程序作为输入，实现数据的流式处理。

采用"让每个程序只做好一件事"的设计理念，为 Linux 系统带来了多方面的优势。

- 灵活：用户和开发者可以根据需要组合不同的程序来完成任务，这种模块化的设计提供了极高的灵活性，使得系统可以轻松适应各种工作场景。
- 可靠：由于每个程序都小巧且专注于单一功能，因此更易于调试和验证。这种设计降低了程序的复杂度，从而增强了系统的稳定性和可靠性。
- 创新：这种设计理念鼓励开发者专注于优化和创新单一的功能。开发者无须担心整个系统的复杂性，可以更加专注于特定功能的改进。

1.1.4 采用纯文本存储数据

在 Linux 系统中，纯文本的使用非常普遍。无论是配置文件、日志文件，还是各种脚本和数据文件，纯文本的应用都体现了 Linux 系统的一个核心设计理念："采用纯文本来存储数据"。这一理念不仅简化了系统的设计和维护，还提高了系统的透明度和可操作性。

纯文本的历史可以追溯到 UNIX 系统的早期开发阶段，当时的开发者们发现，使用纯文本可以极大地提高系统的灵活性和可维护性。这种设计理念被传承下来，成了 Linux 系统的重要特征。新兴的纯文本格式（如 JSON 和 YAML）提供了结构化数据存储的能力，进一步扩展了纯文本存储的应用范围和灵活性。

纯文本具有许多显著的优势，如下所述。

- 可读性与可编辑性：纯文本文件可以使用任何文本编辑器打开和编辑，无论是用户还是管理员，都能够轻松地查看和修改文件内容。这种特性大大提高了文件的可访问性和可修改性。
- 兼容性与可移植性：纯文本文件不依赖特定平台或软件，因此可以在不同的系统之间无缝传输和使用。
- 简化了工具链：许多 Linux 工具（如 grep、awk、sed 等）都是设计用于处理纯文本的，这些工具的强大功能和灵活性使得数据处理和自动化任务变得更加简单和高效。纯文本文件与这些工具的结合，极大地提高了 Linux 系统的工作效率。

在 Linux 系统中，典型的纯文本有如下这些例子。

（1）配置文件。

配置文件是采用纯文本来存储数据在 Linux 系统中的典型应用，它们通常位于/etc 目录下，包含系统和应用程序的配置数据。如下所示。

- /etc/passwd：存储系统用户信息的文件，每行表示一个用户，字段之间用冒号分隔。
- /etc/fstab：定义文件系统挂载点的文件，每行表示一个文件系统，字段之间用空格或制表符分隔。

（2）日志文件。

日志文件是另一个纯文本存储数据的典型应用，它们记录系统和应用程序的运行状态和事件。如下所示。

- /var/log/syslog：记录系统日志，包括启动信息、内核消息等。
- /var/log/auth.log：记录身份验证相关的日志，如登录和 sudo 操作。

这里以使用日志文件进行网络攻击溯源为例展示日志文件的应用。图 1-4 是编者查看 /var/log/auth.log 文件时发现的 SSH 暴力破解事件。

```
regoo@test-pc:~$ tail -n 200 /var/log/auth.log | grep "Invalid user"
Jun 22 17:48:45 test-pc sshd[1397212]: Invalid user liyue from 127.0.0.1 port 39056
Jun 22 17:50:28 test-pc sshd[1397854]: Invalid user liyue from 127.0.0.1 port 58590
Jun 22 17:52:11 test-pc sshd[1398454]: Invalid user liyue from 127.0.0.1 port 59054
Jun 22 17:53:51 test-pc sshd[1398992]: Invalid user liyue from 127.0.0.1 port 39026
Jun 22 17:55:35 test-pc sshd[1399606]: Invalid user liyunze from 127.0.0.1 port 42978
Jun 22 17:57:28 test-pc sshd[1400210]: Invalid user liyunze from 127.0.0.1 port 51974
Jun 22 17:59:16 test-pc sshd[1400804]: Invalid user liyunze from 127.0.0.1 port 58538
Jun 22 18:00:59 test-pc sshd[1401968]: Invalid user liyunze from 127.0.0.1 port 53814
```

图 1-4　查看/var/log/auth.log 文件时发现的 SSH 暴力破解事件

图 1-4 中使用的命令是：

```
tail -n 200 /var/log/auth.log | grep "Invalid user"
```

这行命令的含义是：读取/var/log/auth.log 文件的最后 200 行内容。管道符号"|"用于将前一个命令的输出作为下一个命令的输入。`grep "Invalid user"` 会在输入数据中查找所有包含 Invalid user 字符串的行。

为了方便远程测试，编者通过网络穿透工具将内网电脑的 SSH 服务暴露在公网上，结果导致其被暴力破解。可以看出攻击者采用了慢速暴力破解，约 2 分钟尝试 1 次，采用了汉语拼音用户名字典，每个用户名仅尝试 4 次。之所以每个用户名仅尝试 4 次，是因为很多 SSH 服务在安全加固时会设置 5 次登录失败锁定登录者 IP 地址。图 1-4 中在源 IP 地址字段之所以显示 127.0.0.1 这个本地环回 IP 地址，是因为攻击者是通过这台计算机的网络穿透工具的转发来访问 SSH 服务的，而网络穿透工具和 SSH 服务是同时运行在这台计算机上的，所以从 SSH 服务视角来看，攻击者是从本地进行访问的。

为了进一步定位攻击来源，在网络穿透工具的服务器端（位于某台公网云服务器上）执行下面的命令：

```
sudo cat /var/log/frps.log | grep kylin-arm-desktop-ssh | grep -v X.X.X.X | more
```

这行命令多次使用管道符号"|"，首先使用字符串"kylin-arm-desktop-ssh"过滤出通过网络穿透工具到达银河麒麟（Kylin）这台计算机的日志，kylin-arm-desktop-ssh 是编者在网络穿透工具中为这台计算机起的名字。grep 的 -v 选项是不显示匹配的行，X.X.X.X 是编者正常登录的源 IP 地址，即不显示正常登录的源 IP 地址，仅显示攻击者的 IP 地址。more 是分页显示的意思，因为输出结果太长，不便于从头查看。

最终，定位攻击者的 IP 地址如图 1-5 所示，这个 IP 地址不一定就是攻击者的真实 IP 地址，可能只是一个跳板 IP 地址。

```
2024/06/22 11:14:39 [I] [tcp.go:64] [67a35e507dc6380a] [kylin-arm-desktop-ssh] tcp proxy listen port [65007]
2024/06/22 11:14:39 [I] [control.go:465] [67a35e507dc6380a] new proxy [kylin-arm-desktop-ssh] success
2024/06/22 11:16:04 [I] [proxy.go:179] [67a35e507dc6380a] [kylin-arm-desktop-ssh] get a user connection [59.172.176.174:19815]
2024/06/22 11:18:20 [I] [proxy.go:179] [67a35e507dc6380a] [kylin-arm-desktop-ssh] get a user connection [59.172.176.174:36990]
2024/06/22 11:20:30 [I] [proxy.go:179] [67a35e507dc6380a] [kylin-arm-desktop-ssh] get a user connection [59.172.176.174:55568]
```

图 1-5　定位攻击者的 IP 地址

许多 Linux 工具被设计用于处理纯文本文件，使得数据处理和分析变得更加高效。如下所示。

- grep：用于在文本中搜索匹配的模式。
- awk：用于处理和分析文本数据。
- sed：用于流式编辑文本。
- Emacs 和 Vim：Linux 下传统的两款文本编辑器，分别被称为"神的编辑器"和"编辑器之神"。

1.1.5　广泛使用包管理器

与 Windows 系统不同，Linux 操作系统普遍采用包管理器管理系统上软件包的安装、更新、配置和移除，并在包管理器的设计上注重以下理念。

- 便捷：大多数包管理器的首要目标是简化软件的安装和维护过程。通过自动化解决依赖关系、配置文件的管理和版本控制，包管理器使得用户能够以最少的工作安装和更新软件包。
- 稳定：稳定性是 Linux 系统管理中的一个核心考虑。因此，包管理器被设计为能够确保软件包和系统的稳定性，通过精心设计的版本兼容性和测试机制来防止软件更新导致的系统不稳定。
- 安全：随着网络安全威胁的不断增加，包管理器也加入了多种安全机制，如数字签名验证、安全补丁管理等，以确保软件包的安全性和系统的安全性不被破坏。
- 可扩展：面对不断变化的软件生态和用户需求，包管理器被设计为高度可扩展，支持自定义仓库、插件和第三方工具，以适应各种复杂场景。

由于包管理器严重依赖远程软件源，所以相比 Windows 而言，Linux 操作系统更加依赖网络环境。

1.1.6　秉承开源精神

开源，全称为"开放源代码"，是指一种允许软件的源代码被公众自由查看、修改和分享的理念。这一理念催生了开源运动的兴起，并形成了一种独特的软件开发和分发模式。

开源软件是开源理念的具体实现，它不仅允许用户使用软件，还允许用户访问和理解软件的工作原理。这种透明性有助于提高软件的可靠性、安全性和灵活性。开源软件的开发通常是一个社区活动，吸引来自世界各地的开发者、设计师、测试人员和用户共同协作，共同推动软件的发展。

Linux 操作系统对开源运动的贡献是巨大且深远的。它是开源软件中最著名的例子之一，也是迄今为止最成功的开源项目。Linux 内核的发布和普及，为世界展示了一个功能强大、稳定且可自由修改的操作系统是如何成为可能的。它成了开源软件可靠性和效率的典范。Linux 的成功促使更多的人和企业接受开源文化，它证明了开源模式不仅能够产生高质量的软件，还能够促进技术创新和社区合作。

Linux 使用 GNU 通用公共许可证（GPL），这是一种强有力的开源许可证，确保了软件的自由性和传播性。GPL 的广泛采用促进了其他开源许可证的发展，为不同的开源项目提供了多样化的法律框架。

Linux 的发展离不开背后庞大的社区支持。这个社区由志愿者、贡献者和用户组成，他们共同协作，测试、改进和推广 Linux。这种社区驱动的开发模式成了开源项目的标准做法。

Linux 的低成本和高度可定制性使得它成为教育机构、发展中国家和初创企业的首选。Linux 的开发和分发依赖一系列开源工具和平台，如版本控制系统（如 Git）、代码托管平台（如 GitHub）和问题跟踪系统。这些工具和平台的使用提高了开源协作的标准化和效率。

1.2 Linux 发行版概况

在当今这个高速发展的信息技术时代，Linux 无疑是其中一个不可或缺的组成部分。作为一个开源的操作系统内核，Linux 因其稳定性、灵活性及高度的可定制性而广受欢迎。从个人电脑到服务器，再到运行在互联网上的大部分服务器的云基础设施，Linux 的应用范围广泛，几乎无所不在。

对于初次接触 Linux 的人来说，可能会对其众多的发行版感到困惑。Linux 发行版，或称为"distros"，是基于 Linux 内核，结合了不同的软件包、桌面环境和管理工具，旨在满足不同用户群体特定需求的 Linux 操作系统。图 1-6 是 Linux 发行版的内部构成，不同的发行版之间，除 Linux 内核外的其他部分都有可能不一样，因此在对比某两种发行版的时候，会觉得它们像是完全不一样的操作系统，然而实质上它们却拥有着相同的内核——Linux 内核。当然，内核的具体版本号可能不一样。

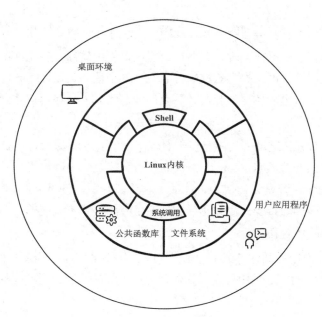

图 1-6　Linux 发行版的内部构成

1.2.1　Linux 发行版的多样性

Linux 发行版的多样性并非偶然，而是多种因素共同作用的结果。以下是导致这一现象的主要原因。

1.2.1.1　技术和理念的多样性

Linux 的内核理念强调自由和开源，这意味着任何个人或组织都可以自由地修改和分发 Linux 代码。这种开放性使得开发者能够依据自己的技术偏好和设计理念创建新的发行版。例如，Debian 注重稳定性和自由软件，而 Arch Linux 则追求简洁和用户自定义。不同的技术和理念促使了众多发行版的诞生。

1.2.1.2　社区驱动的开发模式

Linux 的发展离不开全球各地的开发者社区，这些社区通常由志同道合的人组成，他们共同维护和发展某个发行版。由于社区的多样性，不同的社区会根据自身的需求和兴趣开发出不同的功能和特性，从而形成各具特色的发行版。例如，Ubuntu 社区致力于简化用户体验，使其更适合普通用户，Gentoo 社区则面向高级用户，提供高度可定制的系统。

特别是 Linux 开源社区推出了 Linux From Scratch 项目，为从头构建 Linux 发行版提供了详细的指导。可以说 Linux 发行版的技术门槛并不高，国内外有不少 Linux 发行版由个人发布并维护，难的是围绕 Linux 发行版打造完善的生态。

（1）Linux From Scratch 项目概况。

Linux From Scratch（LFS）项目旨在为用户提供一个系统化的指南，帮助他们从头开始构建一个完全定制化的 Linux 操作系统。

LFS 项目自 1999 年创建以来，经历了多次更新和改进，逐渐发展出一套成熟的构建流程和文档。LFS 不仅仅是一个构建系统的指南，还成了一个学习平台，让用户能够深入理解 Linux 系统的各个组成部分和它们的相互关系。

（2）基于 LFS 的衍生项目。

- BLFS（Beyond Linux From Scratch）：BLFS 项目是 LFS 的一个扩展，提供了构建和配置 LFS 系统的高级指南。BLFS 涵盖了图形用户界面、网络工具、多媒体应用和其他高级功能，帮助用户将 LFS 系统扩展为一个功能齐全的桌面或服务器系统。
- ALFS（Automated Linux From Scratch）：ALFS 项目旨在通过自动化工具简化 LFS 系统的构建过程。ALFS 使用 XML 和脚本语言描述构建流程，用户只需运行一个脚本即可自动完成 LFS 系统的构建，这大大减少了手动操作的工作量，提高了构建效率。
- CLFS（Cross Linux From Scratch）：CLFS 项目是 LFS 的一个变种，专注于支持多种硬件架构。CLFS 提供了构建不同架构（如 ARM、MIPS、PowerPC）的指南，使得 LFS 系统可以运行在更多种类的硬件平台上。
- HLFS（Hardened Linux From Scratch）：HLFS 项目专注于安全性，通过采用各种安全加固技术（如 PaX、Grsecurity）增强 LFS 系统的安全性。HLFS 适用于那些对系统安全性有更高要求的用户，如企业和安全研究人员。

1.2.1.3 自由选择与个性化的需求

每个用户的需求和使用场景各不相同，这也推动了 Linux 发行版的多样化发展。一些用户可能需要一个适合日常办公的桌面系统，另一些用户则可能需要一个轻量级的系统来复活旧电脑。为了满足这些多样化的需求，不同的发行版应运而生，例如，Lubuntu 专为低配置设备设计，Kali Linux 则专注于安全测试和渗透测试。

1.2.1.4 满足特定用途和硬件的需求

除了普通的桌面和服务器用途，Linux 还被广泛应用于嵌入式系统、物联网设备、超级计算机等特定领域。每个领域都有其独特的需求，这也促使了特定用途的发行版的出现。例如，树莓派的官方系统 Raspbian 针对单板计算机进行了优化，专用于超级计算机的发行版 CentOS Stream 则提供了高性能计算所需的特性。

可以从 Linux 内核源代码直观地看到所支持的多种 CPU 架构。使用下面的命令安装内核头文件源代码：

```
sudo apt install linux-headers-$(uname -r)
```

进入目录/usr/src/linux-headers-$(uname -r)/arch，查看其包含的子目录数量，每个子目录名称对应着一种 CPU 指令集架构（如图 1-7 所示），可以看到一共支持 27 种 CPU 指令集架构，方框标注的 loongarch（龙芯）和 sw_64（申威）为国内指令集架构，分别由 MIPS 和 Alpha 指令集演变而来。与之对比明显的是 Windows 系统仅支持 x86 和 ARM 架构的 CPU。

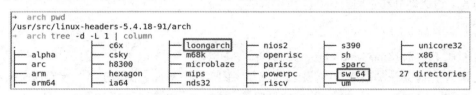

图 1-7　Linux 内核支持的 CPU 指令集架构

诸如 DistroWatch 这样的网站通过网站访问量、下载次数或社区投票来追踪和比较不同发行版的人气和活跃度。尽管这些指标并不能完全准确地反映出中国用户的实际使用情况，但它们提供了一个参考基准，让我们能够捕捉到 Linux 流行趋势和用户兴趣的变化。截至 2024 年 10 月，DistroWatch 网站收录了 275 个 Linux 发行版，这其中只包括几款国内 Linux 发行版。该网站按照点击数对 2023 年 Linux 发行版进行排名，国内排名最靠前的是处在第 26 位的 Deepin（深度）Linux。

Linux 发行版的多样性或者说碎片化也带来了一些明显的挑战。首先是兼容性问题，不同的发行版可能使用不同的软件包管理系统和库版本，导致软件和硬件兼容性问题。其次是学习曲线，对于新用户来说，选择合适的发行版并掌握其特性可能需要花费大量时间。最后，资源分散也是一个问题，众多的发行版意味着开发资源和社区支持被分散，可能会导致某些发行版的发展停滞或消亡。

1.2.2　Linux 发行版族谱

几百款 Linux 发行版之间并不是完全独立的，绝大多数 Linux 发行版可以追溯到几个关键的"祖先"发行版，其中最为人熟知的包括 Debian、Fedora、Slackware 和 Arch Linux。这些"祖先"发行版又称"原始"发行版，它们是一种不直接基于任何其他发行版的 Linux 发行版。"原始"发行版采用了 Linux 内核、GNU 实用程序和其他应用软件，并将它们组合成一个可安装的操作系统。

这些原始发行版通过提供稳定的基础架构和软件库，促进了无数子孙发行版的诞生和发展，形成了一个错综复杂的家族树。

通常使用 neofetch 命令查看一个 Linux 发行版的版本信息（如图 1-8 所示），但 neofetch 无法准确显示该版本继承于哪个上游版本。

```
11:11:17 test@test-pc etc → neofetch
     #####          test@test-pc
   #######          ------------
  ##0#0##           OS: Kylin V10 SP1 aarch64
   ######           Host: 世恒 TD120A2 1.0
 #########          Kernel: 5.4.18-110-generic
###########         Uptime: 10 hours, 17 mins
############        Packages: 2833 (dpkg), 5 (snap)
#############       Shell: bash 5.0.17
##############      Terminal: /dev/pts/0
###############     CPU: Phytium,D2000/8 E8C (8) @ 2.300GHz
################    GPU: 02:00.0 Jingjia Microelectronics Co Ltd JM7200 Series GPU
###############     Memory: 2059MiB / 15335MiB
```

图 1-8　使用 neofetch 命令查看 Linux 版本信息

要准确判断 Linux 发行版，特别是确定 Linux 发行版的所属上游版本，可以使用以下命令：

```
cat /etc/*-release
cat /etc/issue
cat /etc/issue.net
lsb_release -a
uname -a
cat /proc/version
dmesg
cat /etc/debian_version    #debian 衍生版专用
hostnamectl
```

1.2.2.1　银河麒麟桌面版上游版本判断

依次执行查看 Linux 发行版版本信息的常用命令，得到的有用信息如下：

```
ID_LIKE=debian
bullseye/sid
Linux version 5.4.18-85-generic (buildd@9bd463201697) (gcc version 9.4.0 (Ubuntu
9.4.0-1kylin1~20.04.1)) #74-KYLINOS SMP Fri Mar 24 11:20:42 UTC 2023
[    0.000000] Linux version 5.4.18-85-generic (buildd@9bd463201697) (gcc version 9.4.0
(Ubuntu 9.4.0-1kylin1~20.04.1)) #74-KYLINOS SMP Fri Mar 24 11:20:42 UTC 2023 (KYLINOS
5.4.18-85.74-generic 5.4.18-85)
```

由第 1 行、第 2 行可以判断，银河麒麟桌面版衍生于 Debian 的 bullseye 版本，但还不能判断是直接衍生还是间接衍生，毕竟 Debian 是常见的"原始"发行版，其子孙发行版很多也很杂。

继续分析第 3 行、第 4 行，可以清晰地看到"Ubuntu 9.4.0-1kylin1~20.04.1"（已加粗），所以可以断定银河麒麟桌面版直接衍生于 Ubuntu 20.04.1 版本，即银河麒麟桌面版直接衍生于 Ubuntu 20.04.1，Ubuntu 20.04.1 又直接衍生于 bullseye 版的 Debian。

1.2.2.2 银河麒麟服务器版上游版本判断

依次执行查看 Linux 发行版版本信息的常用命令，并没有得到有用信息。由于银河麒麟服务器版（Kylin V10）使用的是 YUM 包管理器，而 YUM 包管理器一般是 RedHat/Centos/Fedora 一系列 Linux 发行版所用，因此可以全系统搜索相关关键字，具体命令如下：

```
find / -type f | grep -E "centos|redhat|fedora"
```

可以得到如下有用的信息：

```
......
/usr/share/osinfo/os/centos.org/centos-8.xml
/usr/share/osinfo/os/centos.org/centos-stream-8.xml
......
/usr/share/osinfo/os/fedoraproject.org/fedora-31.xml
```

由于 Fedora 是 CentOS 的上游版本，因此基本可以判断银河麒麟服务器版（Kylin V10）是基于 CentOS8 构建的。

用同样的方法判断后，可绘制出一个简单的常见国产 Linux 发行版的族谱，如图 1-9 所示。

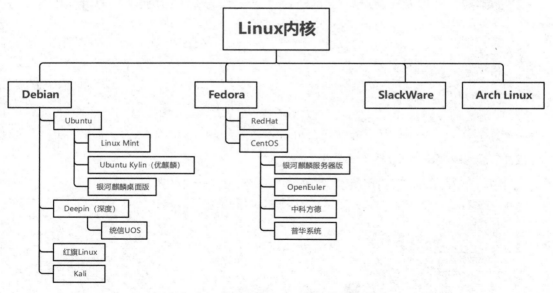

图 1-9　常见国产 Linux 发行版的族谱

1.2.3　Linux 发行版用户界面

在 Linux 发行版中，TUI（Text User Interface，文本用户界面）和 GUI（Graphical User Interface，图形用户界面）是两种主要的用户界面。虽然 GUI 提供了直观且易于操作的图形化界面，但 TUI 通过终端和命令行界面（CLI）为用户提供了高效且资源占用低的操作方式。

1.2.3.1 TUI 用户界面

TUI 是基于文本的用户界面，通常在终端中运行。TUI 通过键盘输入和文本输出实现交互，使用字符图形和颜色来增强界面表现。TUI 界面的起源可以追溯到早期的计算机系统，如 UNIX 和 DOS 系统。早期的计算机资源有限，TUI 界面以其低资源占用而受到广泛使用。

1. TUI 界面的独特优势

（1）高效

- TUI 界面通常响应速度更快，适用于完成需要快速操作的任务。
- 通过快捷键和命令，用户可以高效地完成复杂的操作。

（2）低资源占用

- TUI 界面不依赖图形化组件，占用的系统资源极低。
- 适用于资源受限的环境，如当嵌入式系统和远程访问服务器时。

（3）稳定和可靠

- TUI 界面在各种网络条件下都能稳定运行，特别适用于远程连接和管理。
- 在网络延迟较高的情况下，TUI 界面依然能够提供良好的用户体验。

（4）可编程和自动化

- TUI 界面通常支持脚本和自动化操作，方便用户执行批量处理和任务调度。
- 通过命令行脚本，用户可以实现复杂的自动化流程。

2. TUI 界面的未来发展

随着计算机技术的发展，TUI 界面也在不断改进，引入了更多现代化特性，如彩色显示、鼠标支持和复杂的字符图形。一些现代 TUI 应用程序开始融合 GUI 的特性，提供更友好的用户体验，同时保留 TUI 的高效性和低资源占用的特点。TUI 与 GUI 的比较见表 1-2。

表 1-2　TUI 与 GUI 的比较

特　性	TUI	GUI
用户体验	基于文本，需熟悉命令和快捷键	图形化界面，直观易用
资源占用	低	高
响应速度	快	相对较慢
稳定性	高，适用于各种网络质量条件	依赖网络质量，可能受到影响
可编程性和自动化	高，支持脚本和批量处理	低，通常需要手动操作
适用场景	远程管理、服务器操作、资源受限环境	桌面应用、图形化操作

1.2.3.2 GUI 用户界面

窗口管理器是 GUI 的一种，以窗口、图标、菜单、指针等形式，提供人机交互接口。Linux 系统中有很多窗口管理器的实现，如 X Window System、Wayland 等，虽然形态各异，但思路大致相同：

- 一般都使用 C/S（Client-Server）架构，Server（又称 Display Server）管理所有输入设备，以及用于输出的显示设备。
- 应用程序作为 Server 的一个 Client，在自己窗口中运行，并绘制自己的 GUI。
- Client 的绘图请求，都会提交给 Server，Server 响应并处理这些请求，以一定的规则混合、叠加，最终在输出资源（屏幕）上显示多个应用程序的 GUI。
- Server 和 Client 通过某种类型的通信协议交互，此类协议可以是基于网络的，如 X Window System 所使用的协议，也可以是其他类型的，如安卓所使用的 binder。

1. X Window System

X Window System（简称 X11）是窗口管理器的一种实现协议，广泛应用于类 UNIX 的操作系统上（当然也包括 Linux 系统），由麻省理工学院在 1984 年发布。

X11 设计之初的原则之一是：X11 只提供 GUI 环境的基本框架，不提供实现 UI 设计所需的按钮、菜单等元素，而由第三方的应用程序提供。这符合前文提到的 Linux 设计理念，即"让每个程序只做好一件事"。这个原则是 X11 这么多年来能够保持稳定的重要原因，也是 Linux GUI 界面多样化的重要原因。这些第三方的应用程序主要包括窗口管理器、GUI 工具集和桌面环境。

X11 包括 X Server 和 X Client，它们通过 X11 协议通信。X Server 接收 X Clients 的显示请求，并输出到显示设备上，X Server 一般以 daemon（守护进程）的形式存在。X11 协议是与网络无关的，也就是说，Server 和 Client 可以位于同一台机器上的同一个操作系统中，也可以位于不同机器上的不同操作系统中（因此 X11 是跨平台的），这为远端 GUI 登录、远端 GUI 转发提供了便利。

2. Wayland

Wayland 是窗口管理器的另一种实现协议，于 2008 年发布，旨在替代老旧的 X11 协议。X11 由于几乎无人维护，已经逐渐不适合现代显示硬件的需求，例如，对高 DPI 显示、分数比例缩放及异构监视器的支持不足。Wayland 的设计更加现代化，能够更好地适应这些需求。

然而，Wayland 要取代 X11 也并非易事。Wayland 目前还处于起步阶段，大量的 Linux 桌面系统、Linux 图形用户界面程序还未完全支持 Wayland。此外，Wayland 自身的实现也存在一些不足之处，需要在发展中不断完善。

在图形桌面环境下，可以使用下面的命令查看当前系统使用的是 X11 还是 Wayland：

```
echo $XDG_SESSION_TYPE
```

3. Linux 窗口管理器

窗口管理器负责管理应用程序窗口的显示、布局和用户交互，确保每个应用程序窗口以统一、一致的方式呈现给用户。最初，窗口管理器的功能相对基础，主要包括允许用户最小化、最大化和移动窗口。然而，随着时间的推移，窗口管理器的功能和复杂性不断增加。现代窗口管理器支持更多的自定义和自动布局功能，如平铺（Tiling）和动态管理窗口的位置和大小。

从技术角度看，窗口管理器的演变可以分为如下的两个阶段。

（1）早期窗口管理器。

如 twm（Tom's Window Manager），它是 X Window System 默认的窗口管理器，提供基本的窗口操作功能。

（2）现代窗口管理器。

- 平铺型：如 i3 WM，这种窗口管理器自动将窗口平铺排列，不重叠，允许用户通过键盘快捷键进行高效的窗口管理。
- 堆叠型：如 Openbox，窗口可以像传统的 Windows 系统一样自由地移动和重叠，提供视觉上的灵活性。
- 动态型：如 dwm，结合了平铺型和堆叠型的特点，可以根据用户的操作自动调整窗口的布局。

4. GUI 工具集

GUI 工具集是在窗口管理器之上的进一步封装，它提供了一套更为丰富和便利的接口，以便应用程序能够更容易地创建和管理图形用户界面。以 X 窗口管理器为例，它通过 xlib 提供了一组 API（应用程序编程接口）供应用程序使用。然而，xlib 提供的接口相对底层，主要限于绘制基本的图形单元，如点、线、矩形等。

为了构建复杂的应用程序界面，开发者需要处理许多细碎且繁杂的任务，如窗口管理、事件处理、控件绘制等。因此，一些特定的操作系统或框架会在 X 的基础上封装出一些更为便利的 GUI 接口，方便应用程序使用，如 Microwindows、GTK+、Qt，等等。

5. Linux 桌面环境

在窗口管理器的基础上，桌面环境提供了一套完整的用户界面套件。它不仅包括窗口管理器，还包含一系列软件和服务，如文件管理器、应用程序启动器、任务栏、系统设置等。桌面环境通常还提供了主题和自定义选项，允许用户根据个人喜好来调整桌面的外观和行为。Linux

系统的一大优点是它支持多种桌面环境，这意味着用户可以根据自己的需求和喜好来选择最适合自己的桌面环境。

Linux 桌面环境的发展可以划分为以下几个阶段。

（1）早期的桌面环境。

如 CDE（Common Desktop Environment），这是最早的一种标准化桌面环境，提供了基本的窗口管理和一些核心的应用程序。

（2）现代桌面环境。

现代桌面环境又大致可以分为轻量级和功能性两类。

- 轻量级桌面环境：如 LXDE 和 XFCE，这些桌面环境追求速度和效率，适用于硬件资源有限的设备。
- 功能性桌面环境：如 GNOME 和 KDE，这些桌面环境提供了丰富的内置功能和优秀的用户体验。

在国产操作系统中，深度桌面环境（DDE）和麒麟用户界面（UKUI）是两种比较优秀的桌面环境，它们都属于功能性桌面环境。UKUI 桌面环境起源于国内 Ubuntu Kylin 社区，最初是基于 Mate 桌面环境制作的，后来通过使用 Qt 进行了重写，实现了大部分桌面组件的自研。

UKUI 桌面环境的主要特点是其布局、风格和使用习惯接近传统 Windows 操作系统，这使得 Windows 用户能够更容易地过渡到 Linux 平台。最新版本为 UKUI 4.0，该桌面环境已经被 Fedora、Ubuntu、Debian、openSUSE 等全球十多个主流 Linux 发行版的仓库收录，这表明了其在国际 Linux 社区中的认可和流行度。

银河麒麟发行版的默认桌面环境是 UKUI 3.0 版本，它主要包含程序启动器（开始菜单）、用户配置、文件管理、登录锁屏、桌面、网络工具、快捷配置等功能，为用户提供了一个基本的图形化操作平台，如图 1-10 所示。

UKUI 3.0 整体遵循分层结构，主要分为环境服务层、UI 框架层和内核组件层。这种结构使得 UKUI 的功能可以按模块化分类逐级展开，支持按实际需求裁剪不必要的模块或功能，也可以通过编译支持多种系统形态，例如 PC、平板模式和大屏模式等。

为了增强用户体验，UKUI 3.0 加入了许多新功能和改进。例如，它提供了更加智能的搜索功能，使用户能够更快地找到所需的应用程序和文件；更灵活的窗口管理，使用户能够更有效地管理多个窗口和任务；以及对触控屏幕的优化支持，使用户在触控设备上的操作更加流畅和直观。

图 1-10　UKUI 3.0 桌面环境

UKUI 3.0 不仅是一个桌面环境，还提供了一系列核心应用和工具，这些功能丰富的应用旨在提高用户的工作效率和日常电脑使用体验。

1.2.4　新兴技术对 Linux 发行版的影响

随着容器化、云计算等新兴技术的发展，Linux 发行版也在不断适应这些变化，以满足现代计算需求。这些技术的兴起不仅改变了软件开发、部署和运维的方式，也对 Linux 发行版的设计、优化和使用模式产生了深远的影响。

（1）容器化技术的影响。

容器技术作为虚拟化技术的一种，其广泛应用对 Linux 发行版产生了显著影响。为了更好地支持容器化，许多 Linux 发行版开始集成专门的工具，使得容器的部署和管理变得更加高效和安全。

容器对操作系统环境的要求推动了 Linux 发行版向更轻量化和最小化的方向发展。例如，Alpine Linux、CoreOS 等发行版专为容器化设计，提供了最小化的安装镜像（Image）[1]，例如

---

[1] 本书中的中文"镜像"一词对应两个不同的英文单词——Mirror 和 Image，为了便于区分，在"镜像"后括号内附上对应的英文。

Alpine 的 Docker 镜像仅有 5MB，有效地减小了资源消耗和攻击面。

（2）云计算技术的影响。

云计算的普及对 Linux 发行版同样产生了深刻影响，促进了云原生应用的发展和对云平台优化的 Linux 版本的出现。一些 Linux 发行版针对云平台进行了专门的优化，以提高在虚拟化环境中的性能和资源利用率。例如，Amazon Linux 是为 AWS 优化的，而 Microsoft Azure 也有专门优化的 Linux 版本。

云计算环境的动态性要求 Linux 发行版支持即时部署和自动化管理，这促进了 Puppet、Ansible 和 Terraform 等自动化工具的集成，使得在云环境中的配置和部署更加快速和一致。云计算促进了微服务架构和云原生应用的发展。

1.2.5　Linux 发行版快速体验

可在一些网站上快速体验和测试不同的 Linux 发行版，其中，如图 1-12 所示的是在 distrosea 网站上可在线体验的 Linux 发行版（图中只截取了部分 Linux 发行版）。

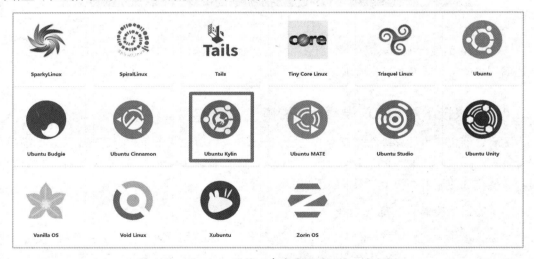

图 1-11　distrosea 网站可在线体验的 Linux 发行版

这里体验一下优麒麟（Ubuntu Kylin）发行版，单击图 1-11 中框中的图标，跳转到图 1-12 界面，可以看到这里提供了可供体验的优麒麟的多个版本，不妨选择 23.10 版。2024 年 7 月，该网站的优麒麟最新版为 24.04 版，这说明了该网站会持续对其托管的 Linux 发行版进行更新。

在"安装"对话框中选择"试用 Ubuntu Kylin"即可（如图 1-13 所示），无须安装。启动后的优麒麟系统界面如图 1-14 所示，图中打开了软件商店。

图 1-12　distrosea 网站可在线体验的多个优麒麟发行版

图 1-13　优麒麟系统启动后首屏

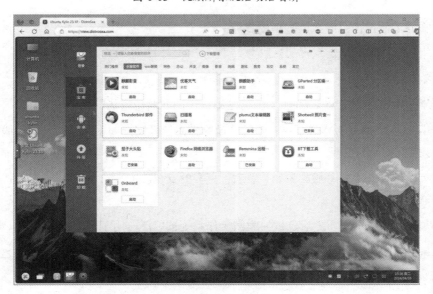

图 1-14　启动后的优麒麟系统界面

在 distrosea 网站之前，最有名的 Linux 在线体验平台是 DistroTest.net 网站，遗憾的是目前已经关闭。

1.3 麒麟系列 Linux 发行版探秘

1.3.1 银河麒麟操作系统（Kylin）

银河麒麟（Kylin）操作系统是中国自主研发的一款基于 Linux 内核的操作系统。它的发展历程可以追溯到 2002 年，最初由国防科技大学主导研发，目标是打造一个可靠的国产操作系统平台，以减少对外国操作系统的依赖，增强国家信息安全。

1.3.1.1 银河麒麟操作系统的主要发展历程

（1）初期阶段（2002—2010 年）：在这一阶段，银河麒麟操作系统主要专注于技术积累和市场探索。最初的版本基于 Linux 内核，重点在于实现基本的操作系统功能。

（2）成长阶段（2011—2015 年）：随着技术的不断成熟和用户需求的日益增长，银河麒麟操作系统开始推出更加专业化和定制化的版本，例如针对政府机关的银河麒麟政务版。

（3）成熟阶段（2016 年至今）：在这一阶段，银河麒麟操作系统不仅在国内市场树立了良好的品牌形象，还向国际市场拓展，同时在操作系统的安全性、稳定性、兼容性等方面进行了大幅的优化和提升。

1.3.1.2 银河麒麟操作系统发展的主要节点

2002 年，银河麒麟操作系统项目启动。

2004 年，推出 V1.0 版本，这一版本主要基于 FreeBSD 系统改写。

2007 年，发布银河麒麟 V3.0 版本，这是第一个面向商用市场的版本。

2014 年，随着 V4.0 版本的发布，银河麒麟操作系统开始全面支持桌面环境和服务器应用，标志着其成熟度的显著提高。

2020 年，银河麒麟 V10 版本发布，引入了更多的安全功能和自主创新技术，进一步增强了系统的安全性和稳定性。

银河麒麟 V10 版本发布之后，银河麒麟操作系统被广泛应用于多个行业。

1.3.1.3 银河麒麟操作系统架构演变

最初的银河麒麟操作系统在设计上采用了如下架构：

• 底层采用 Mach 微内核为蓝本。

- 服务层采用 FreeBSD 系统为参照。
- 应用层采用 Linux 作参考。
- 界面仿照 Windows 来设计。

由于借鉴了四种操作系统的代码，有点儿"四不像"。中国传统神兽"麒麟"是狮头、鹿角、麋身、牛尾，正是个"四不像"，因此系统被定名为"银河麒麟 OS"。

从 2007 年发布的银河麒麟 V3.0 版本开始，银河麒麟转向了 Linux 内核。银河麒麟产品支持飞腾、鲲鹏、龙芯、兆芯、海光、Intel/AMD 处理器，涵盖了 ARM、MIPS 和 x86 三种主流的 CPU 指令集架构。

1.3.2 中标麒麟操作系统（NeoKylin）

2010 年，中标软件与国防科学技术大学联合推出"中标麒麟"操作系统，该系统是由 "中标 Linux"操作系统和"银河麒麟"操作系统合并而来的，最终以"中标麒麟"的新品牌统一出现在市场上。

2019 年，中标软件和继承银河麒麟品牌的天津麒麟合并为麒麟软件（KylinSoft）有限公司，共同开发银河麒麟和中标麒麟。目前，中标麒麟官网已不再更新，主页已链接至麒麟软件有限公司，但使用中标麒麟域名的软件源仍在正常提供更新服务。

1.3.3 优麒麟操作系统

优麒麟（Ubuntu Kylin）是银河麒麟的社区版，是一款在 Ubuntu 基础上，针对中国用户特别定制的 Linux 发行版。相比其他麒麟发行版，优麒麟操作系统更接近其上游原生系统，仅在 Ubuntu 基础上增加了少量中国化的内置小软件。但优麒麟操作系统支持的 CPU 指令集架构较少，仅支持 x86 和 RISC-V 架构。

1.3.4 开放麒麟操作系统（openKylin）

开放麒麟操作系统（openKylin）是银河麒麟桌面版的社区版，于 2022 年 6 月 24 日首次发布，是由麒麟软件联合国家工业信息安全发展研究中心和国内多家操作系统企业联合成立的中国开源操作系统根社区。也就是说，openKylin 直接基于 Linux 内核开发，属于和 Debian、Fedora、Arch 同一级别的"原始"发行版，与优麒麟等基于 Ubuntu 的衍生版不同，openKylin 不会受上游发行版的限制。

（1）开放麒麟操作系统的发展历程。

- 2021 年，成立社区治理架构。

- 2022 年，社区正式发布体验版。
- 2023 年，openKylin 1.0 版本发布。
- 2024 年，openKylin 2.0 版本发布。

（2）开放麒麟版本管理。

openKylin 开源社区每年都会发布一个正式版本，将社区众多技术创新成果持续地合并到 openKylin 版本中去。通过这种持续集成创新的方式，可以帮助新技术或者新项目在 openKylin 社区快速孵化、成熟。同时，这种开源、开放的开发模式也可吸引大量技术爱好者参与进来，提出建议或者反馈问题，促进开源项目更好地发展。

openKylin 提供 x86、ARM、RISC-V 三个 CPU 指令集架构的操作系统版本安装镜像（Image），以支持主流 x86 机型，以及多种 RISC-V 开发版和树莓派等 ARM 开发版。此外，openKylin 在全球多地部署了软件仓库的镜像（Mirror）站点，相比之下，银河麒麟操作系统只在其官方网站提供了软件仓库。

02
Linux 命令行艺术

要想在 Linux 命令行世界里畅行无阻，需要掌握普适的使用方法，例如：

- 利用 Linux 系统内置的帮助系统。
- 了解系统可用的命令有哪些，这些命令都位于哪个目录下。
- 在运行一个命令时，最好知道它属于哪个软件包。
- 会查找和安装软件包，安装软件包后，要能够找出文件都安装在了哪里。

掌握了以上方法，当在 Linux 中碰到困难时，即使没有书本或别人的指导，也可以通过自己的努力找到解决问题的办法。本章首先介绍 Linux 系统内置的帮助系统，然后介绍 Shell 基础，最后梳理常见的命令行应用场景。

2.1　Linux 帮助系统

Linux 帮助系统是一套旨在为用户提供即时命令和程序帮助信息的工具系统。这套系统的目的是提升工作效率，降低学习曲线，帮助用户解决在使用 Linux 中遇到的问题。利用内置的帮助系统，用户可以快速获取关于命令用法、选项和配置文件的信息。

Linux 帮助系统包含的常见命令如下所示。

- man 命令：提供了详尽的命令手册页。用户可以通过执行 man [命令名]来查看指定命令的手册页，了解命令的详细用法和选项。
- info 命令：提供了比 man 命令更加详细的信息。info 页面通常包含多个节点，涵盖不同主题。用户可以通过执行 "info [命令名]" 来访问 info 页面。
- --help 参数：大多数 Linux 命令都支持--help 参数，用于获取命令的简要用法信息。用户可以通过执行 "[命令名] --help" 来查看这些信息。

- help 命令：针对 Shell 内置命令的帮助信息。用户可以通过执行 help [内置命令名]来获取相关信息。

2.1.1 使用 manpages 查找帮助信息

在 Linux 系统中，manpages（帮助手册）无疑是最古老、最基础，也是最不可或缺的文档资源之一，它们为命令行界面下的程序提供了详细的使用说明，包括命令的语法、选项、参数及示例等。manpages 按照不同的"章节"组织，以便用户查找和参考。表 2-1 是常见的 manpages 的章节列表。

表 2-1　manpages 章节列表

章 节 号	章节内容
1	用户命令（可执行文件）
2	系统调用
3	库调用
4	特殊文件（通常是/dev 中的设备文件）
5	文件格式和约定
6	游戏和屏保
7	杂项（包括宏包和约定）
8	系统管理命令（通常只能由 root 用户执行）

（1）manpages 搜索与阅读技巧。

- 在手册页内部，用户可以使用按键"/"后接关键词的方式来搜索特定的内容，按 n 键跳到下一个匹配项、按 N 键跳到上一个匹配项。
- 有时不同章节会有同名的手册页。如 printf 既是一个标准库函数，也是一个 Shell 命令，可以通过指定章节号来精确定位要阅读的手册页，如 `man 3 printf`。
- 利用 -K 参数（大写）可在所有手册页中搜索关键词。
- 使用 -t 参数可以将手册页转换为 PDF 格式，便于离线阅读。未激活的银河麒麟使用该参数实际生成的 PDF 内容为"银河麒麟操作系统（试用版）免责声明"。
- 可以使用 man2html（需安装）命令，将 manpages 转换为 HTML 格式，便于在浏览器中浏览。

（2）补充缺失的 manpages。

在默认情况下，Linux 发行版的 manpages 并不全面，可以执行命令进行补充。例如，银河麒麟桌面版使用下面的命令安装额外的 manpages 包：

```
sudo apt install manpages manpages-dev manpages-zh
```

其中，manpages-dev 是软件开发经常用到的，manpages-zh 是中文版的 manpages。银河麒麟服务器版的相关软件源里没有 manpages-zh-CN，需要手动编译安装，具体步骤如下：

```
sudo yum install cmake opencc git
git clone <本书资源仓库地址>/manpages-zh.git
mkdir build && cd build/
cmake ..
make
sudo make install
```

安装完成后就可以删除下载的压缩包和解压后的目录。相比英文版的 manpages，中文版的 manpages 条目还比较少。

2.1.2　使用 info 命令查找帮助信息

在 Linux 中，info 命令用于读取和显示软件包的信息页面，提供了比 man 命令更加详细和结构化的文档。与 man 命令相比，info 页面能够展示更加复杂的信息和导航结构，如菜单、节点和交叉引用，使得用户能够更方便地浏览和阅读帮助文档。

（1）info 命令使用。

info 后跟命令或程序名称，如 `info coreutils`，将显示 GNU 核心工具集的信息页面。

（2）浏览 info 页面的技巧。

- 导航：使用方向键浏览信息，按 Enter 键进入选中的链接，按 u 键返回上一级。
- 搜索：使用"/关键词"进行搜索，与 man 命令类似。
- 菜单和节点：通过菜单项和节点链接进行导航，每个节点都包含有关特定主题的信息。

（3）info 命令的局限性。

- info 页面不如 man 页面普及，某些程序或命令可能没有对应的 info 页面。
- 对于新用户而言，info 命令的导航和界面可能需要一些时间来适应。

2.1.3　help 命令与--help 参数

help 命令和各个命令的--help 参数，为用户提供了一种快速了解命令用法的手段。help 命令主要用于获取 Shell 内建命令的帮助信息。当需要了解如 cd、echo 等命令的使用方法时，可以简单地输入 help 加上相应的命令名。例如，`help cd` 会展示 cd 命令的用法和选项。

另外，--help 参数几乎被大多数的标准 Linux 命令支持，成了获取不同命令用法的通用方法。通过在不同的命令后加上--help，如 `grep --help`，可以快速访问该程序的使用说明和选项列表。

2.1.4 图形用户界面帮助工具

除了命令行界面的帮助系统，Linux 中也有一些图形用户界面的帮助工具，如 yelp（GNOME 桌面环境的帮助浏览器），在银河麒麟桌面版下运行 yelp 打开的是银河麒麟桌面版的用户手册。

这种图形化的帮助系统使得即使是 Linux 新手也能快速找到所需的帮助信息，极大地降低了 Linux 系统的学习门槛。

2.1.5 其他帮助系统相关开源项目

除了可以使用操作系统内置的命令行或图形用户界面获取帮助信息，还有不少第三方开源项目提供了帮助信息，表 2-2 是其中的典型代表，各项目具体网址见本书资源仓库。

表 2-2　开源的 Linux 帮助信息查询相关项目

开源项目名称	项目描述
tldr	开源社区维护的命令行工具帮助页面的集合，支持多种自然语言，支持简体中文
linux-command	国内开源的中文版 Linux 命令搜索网站，支持自托管部署
cheat	在命令行上以交互方式查看帮助
cheat.sh	将多个来源的帮助信息聚合到统一的界面中，除了包括 1000 余个 UNIX/Linux 命令，还涵盖了 56 种编程语言、多种数据库管理系统的帮助信息
eg	提供了命令行详细的示例
kb	一个简约的命令行知识库管理器。kb 可用于以简约且干净的方式组织笔记和备忘单，它还支持非文本文件
navi	交互式帮助查询工具，可以即时浏览特定示例

本书仅介绍 tldr 和 cheat.sh 两个项目。

（1）tldr 项目。

tldr 项目是由开源社区维护的命令行工具帮助页面的集合，支持多种自然语言，支持简体中文。tldr 全称是 "Too long，Don't read"，意思是太长不想阅读。相比传统的 manpages 文档，tldr 文档主要通过举例说明，对于用户来说更精简易懂。

推荐使用 X-CMD（将在 4.2 节详细介绍）的 tldr 模块查询 tldr 帮助文档，该模块的具体用法可使用 `x tldr -h` 查看，推荐使用 `x tldr --lang zh` 开启 tldr 的中文模式（默认是英文模式）。图 2-1 是使用 X-CMD 的 tldr 模块查询 ls 命令帮助文档的效果。

```
ls -1      列出目录中的文件，每个文件占一行
ls -a      列出包含隐藏文件的所有文件
ls -F      列出所有文件，如果是目录，则在目录名后面加上「/」
ls -la     列出包含隐藏文件的所有文件信息，包括权限、所有者、大小和修改日期
ls -lh     列出所有文件信息，大小用人类可读的单位表示（KiB，MiB，GiB）
ls -lS     列出所有文件信息，按大小降序排序
ls -ltr    列出所有文件信息，按修改日期从旧到新排序
ls -d */   只列出目录
```

图 2-1　使用 X-CMD 的 tldr 模块查询 ls 命令帮助文档的效果

（2）cheat.sh 项目。

cheat.sh 项目是一个社区驱动的 cheatsheet（小抄）存储库，涵盖了 56 种编程语言、多种数据库管理系统和 1000 多个 UNIX/Linux 命令。cheat.sh 项目的 cheatsheet 只有英文。

推荐使用 X-CMD 的 cht 模块查询 cheat.sh 帮助文档，该模块的具体用法可以使用 `x cht -h` 查看。

2.2　Shell 基础

Shell 是 Linux 系统中最为重要的应用程序之一，它负责解释执行用户输入的指令，并显示执行结果。Shell 可以理解为一层包裹在内核外部的"壳"，因此而得名。Shell 在 Linux 发行版中的位置可参考图 1-7。常见的 Shell 有 sh、bash、zsh、fish 等。使用 `cat /etc/shells` 可查看当前系统可用的 Shell，如图 2-2 所示。

```
→  ~ cat /etc/shells
# /etc/shells: valid login shells
/bin/sh
/bin/bash
/usr/bin/bash
/bin/rbash
/usr/bin/rbash
/bin/dash
/usr/bin/dash
/bin/zsh
/usr/bin/zsh
```

图 2-2　查看当前系统可用 Shell

使用 chsh 命令可切换系统默认 Shell，例如将系统默认 Shell 切换为 zsh：

```
sudo chsh -s /bin/zsh
```

围绕 Shell 出现了不少辅助和功能增强的项目，例如 oh-my-bash、oh-my-zsh 等，这些项目用于管理对应的 Shell 配置，并提供了大量的插件和主题，大大提升了命令行界面的用户体验。

Shell 作为后端并不直接与用户交互，而是通过 Terminal、Console、环境变量、脚本文件、信号等对外交互。

2.2.1　Terminal 与 Console

在 Linux 系统中，Terminal（终端模拟器）和 Console（控制台）通常被视为 Shell 的前端。Terminal 是一个图形用户界面窗口，它模拟了传统的计算机终端，允许用户在其中输入命令并查看输出。Terminal 自身并不执行用户输入的命令，而是将输入的内容传递给 Shell 处理，并将 Shell 的执行结果返回给用户。

常见的 Terminal 有 xterm、Gnome-Terminal、Terminator 和 WindTerm 等。银河麒麟桌面版的默认 Terminal 如图 2-3 所示。由该图可以看出该 Terminal 是 mate-terminal，可以明显地看出 Terminal 调用了 Shell（这里是 bash）。该图是鼠标右键点击桌面打开终端后，输入命令 pstree（查看进程树）后得到的。

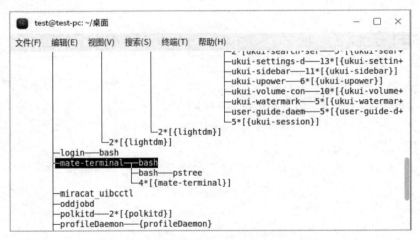

图 2-3　银河麒麟桌面版的默认 Terminal

相比图形用户环境下的 Terminal，Console 不依赖图形用户界面。在系统运行时，按下 Ctrl+Alt+F1~F6 组合键时，进入的就是 Linux 系统的 Console 界面，这是一个纯文本界面。按下 Ctrl+Alt+F7 组合键可切换回图形用户界面。

在系统启动时，Console 是系统信息输出的主要通道。在故障排除中，Console 提供了一条不依赖图形用户界面的救援恢复路径，允许用户在最小化的系统环境下进行诊断和修复。例如，在 Linux 系统的单用户模式（Single）、救援模式（Rescue Mode）下，Console 是用户与系统交互的唯一途径。

在默认情况下，Console 界面不支持中文，但可以将中文使用的编码编译进 Linux 内核，以实现支持中文。

2.2.2 快捷键与特殊符号

相比 Windows 下的命令行，Linux Shell 支持更加丰富的快捷键和特殊符号（如表 2-3 所示），了解这些快捷键和特殊符号可大大提高 Linux 命令行下的工作效率。

表 2-3　Linux Shell 常用快捷键和特殊符号

快 捷 键	解　　释
Ctrl + A	跳转到当前编辑的命令行行首
Ctrl + E	跳转到当前编辑的命令行行尾
Ctrl + H	与退格一样
Ctrl + R	能搜索之前使用过的命令行记录
Ctrl + C	强制停止当前的程序
Ctrl + D	退出当前 Shell
Ctrl + Z	将当下运行的程序挂起，后续可使用命令 fg 恢复运行
Ctrl + W	删除光标前的一个词
Ctrl + K	清除行中光标之后的内容
Ctrl + L	清屏，与 clear 指令类似
Ctrl + U	清除行中光标之前的内容（在行尾时则清除整行）
Ctrl + T	交换光标前两个字符
Esc + T	交换光标前两个词
Alt + F	将光标移至行内下一个词处
Alt + B	将光标移至行内上一个词处
!!	再一次执行上一条指令
sudo !!	以管理员身份执行上一条指令
!\<n\>	执行历史命令中的第 n 条
\<空格\>command	执行指令，但不要存到历史记录中
!$	代表上一条命令的最后一个参数。如果运行了 cd /projects/myproject，则接下来运行"ls !$"将等同于"ls /projects/myproject"

还可以使用括号扩展{…}来减少输入相似文本，并自动化文本组合。例如：

- mv foo.{txt,pdf} some-dir，同时将两个文档移动到某个位置
- mkdir -p test-{a,b,c}/subtest-{1,2,3}，会被扩展成下面的目录树。

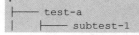

```
|       ├──── subtest-2
|       └──── subtest-3
├──── test-b
|       ├──── subtest-1
|       ├──── subtest-2
|       └──── subtest-3
└──── test-c
        ├──── subtest-1
        ├──── subtest-2
        └──── subtest-3
```

2.2.3　环境变量

在 Shell 中，环境变量扮演着至关重要的角色。它们不仅影响系统和应用程序的行为，还在用户会话和脚本执行中起到关键作用。环境变量是存储在内存中的键值对，用于存储系统和应用程序的配置信息，定义了系统和应用程序的运行环境，如路径、用户名、主目录等。

常见的环境变量如下所述。

- PATH：定义可执行文件的搜索路径。
- HOME：当前用户的主目录。
- USER：当前登录的用户名。

2.2.3.1　环境变量概述

环境变量可以分为三个层次：系统级、用户级和会话级。

- 系统级环境变量：对所有用户和系统进程有效，通常在系统启动时设置。
- 用户级环境变量：仅对特定用户有效，在用户登录时设置。
- 会话级环境变量：仅在当前会话或命令执行期间有效。

这种层次结构使得环境变量的管理更加灵活，可以根据不同的需求设置不同范围的变量。

1. 系统级环境变量设置

系统级环境变量影响整个系统的行为，通常在系统启动时由以下文件设置。

（1）/etc/environment 文件。

/etc/environment 文件是一个简单的键值对文件，用于设置全局环境变量。例如：

```
PATH="/usr/local/sbin:/usr/local/bin:/usr/sbin:/usr/bin:/sbin:/bin"
```

（2）/etc/profile 和/etc/profile.d/文件。

/etc/profile 文件是一个脚本文件，在用户登录时执行，可以在其中添加环境变量配置。例如：

```
export PATH="/usr/local/sbin:/usr/local/bin:/usr/sbin:/usr/bin:/sbin:/bin"
```

/etc/profile.d/目录中的脚本文件也会在用户登录时执行,可以将环境变量配置拆分到多个文件中,便于管理。

(3)/etc/bash.bashrc文件。

/etc/bash.bashrc文件在每个交互式Shell会话启动时执行,用于设置Shell特定的环境变量。例如:

```
export HISTSIZE=1000          # 定义命令历史记录的最大条目数
```

2. 用户级环境变量设置

用户级环境变量仅对特定用户有效,通常在用户登录时由以下文件设置。

(1)~/.profile文件。

~/.profile文件在用户登录时执行,用于设置用户级环境变量。例如:

```
export PATH="$HOME/bin:$PATH"
```

(2)~/.bash_profile和~/.bash_login文件。

~/.bash_profile和~/.bash_login文件在用户登录时执行,如果存在多个文件,那么只有第一个会被执行。例如:

```
export PATH="$HOME/bin:$PATH"
```

(3)~/.bashrc文件。

~/.bashrc文件在每个交互式shell会话启动时执行,用于设置Shell特定的环境变量。例如:

```
export EDITOR="vim"                # 设置当前用户的默认编辑器
```

3. 会话级环境变量设置

会话级环境变量仅在当前会话或命令执行期间有效,通常通过以下方法设置。

(1)临时设置环境变量。

使用export命令可以临时设置环境变量。例如:

```
export MY_VAR="some_value"
```

该变量在当前会话期间有效,关闭会话后失效。

(2)在脚本中设置环境变量。

可以在脚本中设置和使用环境变量。例如:

```
#!/bin/bash
export MY_VAR="some_value"
echo "MY_VAR is $MY_VAR"
```

该变量在脚本执行期间有效，脚本执行完毕后失效。

4. 切换用户和环境变量携带

在 Linux 中，切换用户（使用 su 命令）和使用 sudo 时携带环境变量需要特定的选项。

（1）su 命令及其选项。

su 命令用于切换到另一个用户，使用-m 或--preserve-environment 选项可以携带当前的环境变量。例如：

```
su -m username
```

（2）sudo 命令及其选项。

sudo 命令用于以另一个用户（默认为 root）的身份执行命令，使用-E 选项可以携带当前的环境变量。

```
sudo -E command
```

如果希望在使用 sudo 时自动携带某些环境变量，那么可以编辑 sudoers 文件来配置。使用 visudo 命令打开 sudoers 文件：

```
sudo visudo
```

在 sudoers 文件中，可以使用 Defaults 选项来保留特定的环境变量。如果要保留 PATH 和 HOME 变量，那么可以添加以下行：

```
Defaults env_keep += "PATH HOME"
```

5. 环境变量的管理与调试

调试和管理环境变量是确保系统和应用程序正常运行的关键步骤。

（1）查看当前环境变量。

使用 printenv 和 env 命令查看当前环境变量：

```
printenv
env
```

使用 set 命令查看所有 Shell 变量：

```
set
```

使用 set -x 开启调试模式。当开启调试模式后，Shell 会在执行每个命令之前显示该命令及其展开后的环境变量。若要取消调试模式，则可以使用 set +x 命令。

（2）调试环境变量问题。

常见问题包括变量未定义、路径错误等，可以通过检查配置文件和使用 echo 命令调试。例如：

```
echo $MY_VAR
```

（3）清理和重置环境变量。

使用 unset 命令清理环境变量：

```
unset MY_VAR
```

可以通过重新登录或重启 Shell 重置环境变量。

2.2.3.2　环境变量 PATH

在 Linux 系统中，环境变量 PATH 扮演着至关重要的角色，它定义了系统在接收到命令时应该到哪些目录去查找这些命令，决定了操作系统能否识别该命令。

（1）理解 PATH。

PATH 是一个由冒号分隔的目录列表。当输入命令时，Shell 会依次在这些目录中搜索可执行文件。如果在 PATH 中的某个目录中找到了命令，Shell 就会执行它，否则，会弹出一个错误消息，比如"未找到命令"。

（2）查看 PATH 内容。

要查看当前 PATH 的内容，可以使用 echo 命令，如下所示：

```
echo $PATH
```

这将列出所有 Shell 在搜索命令时一次遍历的目录，如银河麒麟桌面版输出如下内容：

```
/usr/local/sbin:/usr/local/bin:/usr/sbin:/usr/bin:/sbin:/bin:/usr/games:/usr/local/ga
mes
```

PATH 环境变量中包含的目录，例如/usr/bin、/bin、/usr/sbin 和/sbin，通常是系统命令存放的位置。而用户自定义的脚本或程序，则通常存放在/usr/local/bin/目录或用户个人目录下的.local/bin/子目录中。

（3）手动修改 PATH。

如果需要将新的目录添加到环境变量 PATH，那么可以通过修改用户目录下的.bash_profile、.bashrc、.profile 等文件并添加以下行来实现：

```
export PATH=$PATH:/path/to/your/directory
```

修改后注销并重新登录，或使用 source .bash_profile 等命令刷新，就可以在任何目录下执行位于这个新添加目录中的命令了。

（4）管理 PATH 的第三方工具。

除了可以手动管理 PATH 环境变量，还可以利用第三方工具管理 PATH 环境变量，如 X-CMD 提供的 pathman 模块，可使用 x install pathman 安装该模块。

该模块的用法如下：

```
pathman add ~/.local/bin      # 将目录添加到 PATH
pathman remove ~/.local/bin   # 删除 PATH 中的某个目录
pathman list                  # 列出 PATH 内容
```

2.2.3.3 XDG 规范中的环境变量

在传统的 UNIX 系统中，用户配置文件通常存放在用户的主目录下，以隐藏文件的形式存在，如 ~/.bashrc 或 ~/.vimrc。然而，随着应用程序数量的增加，用户主目录变得越来越混乱。为了应对这一问题，Freedesktop.org[①] 在 2003 年提出了 XDG Base Directory 规范。XDG Base Directory 规范的核心目标是通过定义一组环境变量，标准化用户配置文件、数据文件和缓存文件的存储位置。

XDG Base Directory 规范中的主要环境变量包括：

- XDG_DATA_HOME；
- XDG_DATA_DIRS；
- XDG_CONFIG_HOME；
- XDG_CONFIG_DIRS；
- XDG_CACHE_HOME；
- XDG 用户目录包含的环境变量。

（1）XDG_DATA_HOME。

XDG_DATA_HOME 指定用户特定的数据文件存储位置，默认值为：

```
$HOME/.local/share
```

可以在 ~/.bashrc 或 ~/.profile 文件中添加以下行，将数据文件存储在自定义目录中：

```
export XDG_DATA_HOME="$HOME/mydata"
```

重新加载配置文件：

```
source ~/.bashrc
```

（2）XDG_DATA_DIRS。

XDG_DATA_DIRS 指定一组用于查找数据文件的目录列表，系统范围内的共享数据文件通常存储在这些目录中。默认值为：

```
/usr/local/share/:/usr/share/
```

例如，后文讲解到的包管理器 Flatpak 安装的应用程序数据文件存储在/var/lib/flatpak/

---

① Freedesktop.org 是一个开放社区，目标是推动和协调跨桌面环境和跨平台的标准，致力于解决不同桌面环境（如 GNOME、KDE、Xfce 等）之间的兼容性问题，并提供共享的基础设施和技术。

exports/share 目录下。为了使 Flatpak 安装的应用程序快捷方式自动集成到系统开始菜单中，就需要将/var/lib/flatpak/exports/share 目录添加到 XDG_DATA_DIRS 环境变量中。

可以在 ~/.bashrc 或 ~/.profile 文件中添加以下行，将自定义目录添加到 XDG_DATA_DIRS：

```
export XDG_DATA_DIRS="/var/lib/flatpak/exports/share:$XDG_DATA_DIRS"
```

重新加载配置文件：

```
source ~/.bashrc
```

（3）XDG_CONFIG_HOME。

XDG_CONFIG_HOME 指定用户特定的配置文件存储位置，默认值为：

```
$HOME/.config
```

应用程序的配置文件通常存储在这一目录下。例如，VLC 媒体播放器的配置文件可能位于：

```
$XDG_CONFIG_HOME/vlc/vlcrc
```

可以在 ~/.bashrc 或 ~/.profile 文件中添加以下行，将配置文件存储在自定义目录中：

```
export XDG_CONFIG_HOME="$HOME/myconfig"
```

重新加载配置文件：

```
source ~/.bashrc
```

（4）XDG_CONFIG_DIRS。

XDG_CONFIG_DIRS 指定一组用于查找配置文件的目录列表，默认值为：

```
/etc/xdg
```

系统范围内的共享配置文件通常存储在这些目录中。例如，系统级别的 GNOME 配置文件存储在：

```
/etc/xdg/gnome
```

可以在~/.bashrc 或~/.profile 文件中添加以下行，将自定义目录添加到 XDG_CONFIG_DIRS：

```
export XDG_CONFIG_DIRS="/opt/myapp/config:$XDG_CONFIG_DIRS"
```

重新加载配置文件：

```
source ~/.bashrc
```

（5）XDG_CACHE_HOME。

XDG_CACHE_HOME 指定用户特定的缓存文件存储位置，默认值为：

```
$HOME/.cache
```

应用程序的缓存文件通常存储在这一目录下。例如，Mozilla Firefox 的缓存文件可能位于：

```
$XDG_CACHE_HOME/mozilla/firefox
```

可以在~/.bashrc 或~/.profile 文件中添加以下行，将缓存文件存储在自定义目录中：

```
export XDG_CACHE_HOME="$HOME/mycache"
```

重新加载配置文件：

```
source ~/.bashrc
```

（6）XDG 用户目录。

XDG 用户目录定义了一组标准化的用户目录，用于存放用户的桌面、文档、下载、音乐、图片和视频等文件。这些目录的路径由环境变量指定，并且支持本地化和国际化。XDG 用户目录支持根据用户的语言环境自动本地化。例如，在中文环境下，$XDG_DESKTOP_DIR 的默认值可能是"$HOME/桌面"而不是"$HOME/Desktop"。

XDG 用户目录的用户级的配置文件为~/.config/user-dirs.dirs，具体内容如图 2-4 所示。

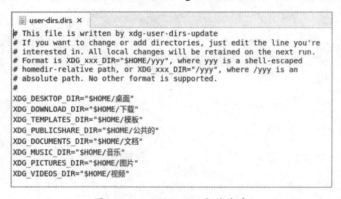

图 2-4　user-dirs.dirs 文件内容

假设需要将"下载"目录从中文名称"$HOME/下载"改为英文名称"$HOME/Downloads"，可以先打开~/.config/user-dirs.dirs 文件，进行如下修改：

```
XDG_DOWNLOAD_DIR="$HOME/Downloads"
```

再运行命令 `xdg-user-dirs-update` 使更改生效。

在多用户系统中，每个用户都有自己的 XDG 用户目录配置，系统管理员可以通过编辑/etc/xdg/user-dirs.defaults 文件来设置全局默认值。

2.2.4　命令组合与 I/O 重定向

在 Linux Shell 中，对命令进行组合可提升工作效率，I/O 重定向则使用户能够以高效方式操作和转换数据流。

2.2.4.1　命令组合常用符号

（1）使用分号";"组合命令。

在 Linux Shell 中，分号（;）是一种基本的命令组合符号，允许用户在一行中顺序执行多个命令。例如，用户可以同时输出两个不同的字符串：

```
echo "Hello, World!"; echo "Welcome to Linux"
```

这条命令将首先输出"Hello, World!"，然后输出"Welcome to Linux"。无论第一个命令的执行结果如何，第二个命令都会执行。

（2）使用与符号"&&"组合命令。

符号"&&"表示条件"与"，它会在前一个命令成功时（返回状态为 0）才执行下一个命令。比如，创建一个新目录并立即进入该目录的命令：

```
mkdir my_directory && cd my_directory
```

只有在 my_directory 成功创建后，Shell 才会执行 cd my_directory 命令。如果目录已经存在，则 mkdir my_directory 命令执行不会成功（返回状态不为 0），就不会进入该目录。

（3）使用或符号"||"组合命令。

符号"||"表示在前一个命令失败时执行下一个命令。这种方式非常适合错误处理。例如：

```
cd example_directory || echo "目录不存在"
```

在此示例中，如果尝试进入目录 example_directory 失败，Shell 将输出信息"目录不存在"。

（4）使用括号与大括号组合命令。

括号"()"和大括号"{}"用于更复杂的命令组合。括号用于创建子 Shell，大括号则用于在当前 Shell 中执行一组命令。例如：

```
(echo "这是子 Shell"; ls); { echo "这是主 Shell"; pwd; }
```

这条命令首先在子 Shell 中执行 echo 和 ls 命令，然后在主 Shell 中执行 echo 和 pwd 命令。

（5）使用管道组合命令。

Shell 的管道允许用户将一个命令的输出直接作为另一个命令的输入。这种机制不仅可以连续处理数据，还可以组合多个命令来完成复杂的任务。管道操作符是"|"。

例如：要统计当前目录下所有文件和目录（包括隐藏文件）的数量，可以使用如下命令：

```
ls -al | wc -l
```

ls -al 命令的作用是列出当前目录下的所有文件和目录（包括隐藏文件），然后通过管道将这些文件名、目录名传递到 wc -l 命令。wc -l 用于统计行数，这个行数实际上代表当前目录中的文件和目录的总数。

管道不仅可以连接两个简单命令，还可以连接多个命令。例如，下面的命令使用管道对文件进行排序并显示前十行：

```
cat /var/log/syslog | sort | uniq | head -n 10
```

这里，cat 读取日志文件，sort 对内容排序，uniq 用于去重，head -n 10 则输出前十行。这种组合展示了管道在处理复杂数据流时的灵活性。

2.2.4.2　I/O 重定向

I/O 重定向是 Shell 用来控制数据流方向的另一种机制，它允许用户将命令的输出发送到文件，或者从文件中读取输入以替代键盘输入。I/O 重定向涉及文件描述符的概念，下面简单介绍。

1. 文件描述符

在 Linux 系统中，每个进程都会打开三个标准的文件描述符，分别是"标准输入""标准输出"和"标准错误"。这些文件描述符通常被编号为 0、1 和 2。

（1）文件描述符 0 用于读取输入。通常关联到键盘，代表用户输入。

（2）文件描述符 1 代表输出。通常关联到终端或控制台窗口，用于显示程序的输出结果。

（3）文件描述符 2 代表错误消息。通常也关联到终端或控制台窗口，用于显示程序执行过程中出现的错误消息。与标准输出分开的好处是，可以将正常的输出和错误消息分别重定向到不同的位置，便于调试和分析。

图 2-5 是 1.1.1 节图 1-1 的右栏部分，图中文件描述符 0 为/dev/null，表示输入为空；文件描述符 1 为 socket:[27850]，表示输出为网络连接；文件描述符 2 为/opt/1panel/log/1panel.log 日志文件，表示这个程序会将错误信息写到该日志文件中。

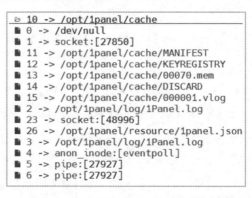

图 2-5　某进程当前打开的文件描述符

2. I/O 重定向类型

（1）标准输出重定向，操作符是 > 和 >>。

- > 　　将标准输出写入文件，如果文件已存在，则覆盖。
- >> 　将标准输出追加到现有文件的末尾。

（2）标准输入重定向，操作符是 <。

- < 　　用文件内容替代标准输入。

（3）错误输出重定向，操作符是 2> 和 2>>。

- 2> 　将错误信息输出到指定文件，覆盖原有内容。
- 2>> 将错误信息追加到指定文件的末尾。

3. I/O 重定向示例

将当前目录下的文件列表写入一个名为 files.txt 的文件中：

```
ls > files.txt
```

若要将错误日志添加到 error.log，则可以：

```
ls 2> error.log
```

管道和重定向不仅可以单独使用，也可以组合使用，以实现更复杂的数据处理功能。

（1）示例 1。

查找特定目录下的所有.log 文件，计算每个.log 文件的行数，并将输出结果重定向到一个新文件，同时将错误信息输出到另一个文件。使用以下命令来实现该目的：

```
find /var/log -name "*.log" | xargs wc -l > output.txt 2> error.txt
```

在这个例子中：

- find /var/log -name "*.log" 查找/var/log 目录下的所有.log 文件。
- xargs wc -l 将找到的每个.log 文件作为 wc -l 命令的参数，来计算每个.log 文件行数。若不加 xargs，则 wc -l 命令仅统计.log 文件的数量。
  - > 将标准输出重定向到 output.txt。
  - 2> 将标准错误重定向到 error.txt。

（2）示例 2。

在脚本编写中，有时需要同时将输出和错误信息存入同一个文件。可通过以下命令实现：

```
command > file.txt 2>&1
```

这条命令的含义是：

- 　> file.txt 将标准输出重定向到 file.txt。
- 　2>&1 将标准错误也重定向到标准输出的同一位置，即 file.txt。

（3）示例 3。

创建复杂的命令链：

```
grep '<pattern>' file.txt | sort | uniq -c | sort -nr > result.txt
```

这个命令链的作用如下：

- 　grep　'<pattern>'　file.txt 查找文件中匹配特定模式的行。
- 　sort 对输出排序。
- 　uniq -c 去重后，统计每行出现的次数。
- 　sort -nr 按次数排序（从高到低）。
- 　> result.txt 将最终结果重定向到 result.txt。

2.3　基础命令的典型应用场景

2.3.1　命令的定位与文件类型识别

在使用 Linux 系统时，核心操作是通过运行各种命令来完成的。无论是执行日常任务还是使用图形用户界面软件，后台实际上都是在执行相应的命令。因此，要想精通 Linux 系统，掌握系统提供的各种命令及其所在的路径是至关重要的。

which 命令用于查找并显示指定命令的完整路径。当系统中存在同一程序的不同版本时，which 命令可以帮助用户确定默认使用的版本。例如，执行 which python 将展示系统当前优先选择的 Python 解释器的路径。

whereis 命令提供了比 which 命令更全面的信息，它不仅可以定位命令的二进制文件，还能找到其源代码和手册页的位置。对于那些希望深入了解命令相关信息的用户来说，whereis 是一个非常有价值的工具。例如，whereis python 会列出 Python 解释器的路径、库和文档的位置。

whatis 命令为用户提供了命令的简短描述，这些描述来源于手册页的第一行。这对于快速了解一个未知命令的基本功能非常有帮助。例如，whatis python 将返回 python 命令的基本描述。

type 命令不仅可以告诉用户某个命令是否存在，还能指出该命令是内建命令、别名，还是外部命令。例如，type cd 会告诉你 cd 是一个 Shell 内建命令。

file 命令用于确定文件类型。在 Linux 中，文件类型并不总是从文件扩展名（后缀名）识别，

file 命令通过分析文件内容来告诉用户文件的确切类型。例如：命令 `file /usr/bin/ls` 将确定 /usr/bin/ls 这个文件是何类型，图 2-6、图 2-7 所示的分别是该文件在 x86-64 CPU 架构和 ARM64 CPU 架构（又称 aarch64）下的类型信息。虽然都是 64 位 ELF（Executable and Linkable Format）文件，但因编译的目标 CPU 架构不同，是无法通用的。ELF 是 Linux 下可执行文件的格式，Windows 下与之对应的可执行文件格式则是 PE（Portable Executable）格式，包括.exe、.dll 等文件都是 PE 格式。之前普通用户接触的 CPU 架构只有 x86、操作系统只有 Windows，所以无须关注二进制文件的架构是否通用。现在 CPU 架构有多种、操作系统架构也有多种，二者组合之下就出现了更多种类的软硬件架构。不同软硬件架构下的二进制文件是无法通用的，用户在使用时需要加以区别。

```
→  ~ file /usr/bin/ls
/usr/bin/ls: ELF 64-bit LSB shared object, x86-64, version 1 (SYSV), dynamically linked,
3db7a3cc110f8a3e897a32132ce518453ef7b, for GNU/Linux 3.2.0, stripped
```

图 2-6　x86-64 CPU 架构下的/usr/bin/ls 类型信息

```
→  ~ file /usr/bin/ls
/usr/bin/ls: ELF 64-bit LSB shared object, ARM aarch64, version 1 (SYSV), dynamically linked,
=bb6936179e41b88d252cad37a7b80442db63ba4a, for GNU/Linux 3.7.0, stripped
```

图 2-7　AARCH64 CPU 架构下的/usr/bin/ls 类型信息

综合运用这些命令能够显著提升工作效率，并有效地识别和解决问题。例如，使用 which 或 whereis 命令可以快速定位程序的路径，接着利用 file 命令确定文件类型。若文件为可执行文件，则还可通过 whatis 命令查询其功能简介。此外，type 命令有助于理解命令的性质，为使用和故障排除提供了基础。

2.3.2　历史命令管理

在 Linux 中，history 命令是查看历史执行过的命令的基本工具。在默认情况下，此命令会列出保存在历史记录文件（用户目录下的.bash_history 文件）中的最近 1000 条命令。可以通过.bashrc 中的环境变量 HISTSIZE 设定可保存的最大历史命令条数。

输入 history 命令显示如下内容：

```
987  ls -l
988  cd /projects/myproject
989  git status
990  git pull
991  make
992  sudo make install
993  cd ..
994  history
```

此列表显示了用户最近的活动，每个命令前的数字是历史命令的序号，可使用 "!序号" 的方式快速重复执行某条命令，如!990 将再次执行 git pull。

有时候不需要显示所有的历史命令，只显示最后的 10 条历史记录，可以在命令后加数字 10，即 `history 10`。当执行敏感命令时，可以在要执行命令的最前面添加一个空格，这样这条命令就不会保存到历史记录中。用户使用 grep 对历史命令进行搜索和过滤。例如，要查找所有包含"git"的命令，则可以使用如下命令：

```
history | grep git
```

这将列出所有历史命令中包含"git"的行：

```
989  git status
990  git pull
```

按下 Ctrl+R 快捷键，输入关键字即可交互式地搜索历史命令。连续按下 Ctrl+R 快捷键将向后查找匹配项。若要执行当前匹配的命令，则需按下 Enter 键。若需对匹配项进行修改，则按下右方向键，这将把匹配项放入当前行，而不会直接执行。

命令行工具 mcfly 对快捷键 Ctrl+R 的功能进行了增强。mcfly 是一款使用 Rust 语言编写的开源命令行工具，主要用来查找历史记录。安装 mcfly 后，按 Ctrl+R 快捷键就会打开 mcfly 的终端用户界面（如图 2-8 所示），列出 10 个最可能的命令行，同时可以在光标处搜索历史命令。

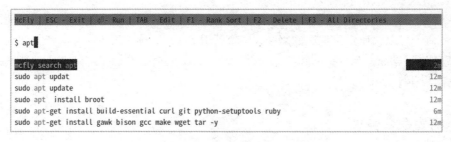

图 2-8　使用 mcfly 搜索历史命令

mcfly 的安装步骤如下（以 aarch64 架构为例）：

```
wget <本书资源仓库地址>/mcfly/releases/download/v0.8.5/mcfly-v0.8.5-AARCH64-unknown-
linux-gnu.tar.gz
tar -xzvf mcfly-v0.8.5-AARCH64-unknown-linux-gnu.tar.gz
sudo mv mcfly /usr/bin/
sudo chmod +x /usr/bin/mcfly
# 在当前 Shell 配置文件中，添加如下内容：
eval "$(mcfly init bash)" # 适用 Bash
eval "$(mcfly init zsh)"  # 适用 Zsh
# 刷新 Shell 配置文件
source ~/.bashrc # 适用 Bash
source ~/.zshrc  # 适用 Zsh
```

类似的开源项目还有 hstr 等。

2.3.3　命令的提示、补全与纠正

在忘记某个命令的全称时，可以尝试输入命令的前几个字符，然后按下 Tab 键。如果输入的字符能够唯一匹配到一个命令，则系统将自动补全该命令。如果输入的字符匹配到多个命令，则连续按两次 Tab 键，系统将列出所有匹配的文件或命令。除了系统内置的命令行补全机制，还有许多第三方命令行自动补全工具可供使用。

2.3.3.1　命令提示补全工具

（1）zsh-autosuggestions 插件。

zsh-autosuggestions 是 zsh 的一个命令自动补全插件，可以根据历史命令自动补全，按下右方向键即可补全。zsh-autosuggestions 可以作为 oh-my-zsh 的插件形式安装：

```
sudo apt install zsh                    # 安装 zsh
# 安装 oh-my-zsh
sh -c "$(curl -fsSL <本书资源仓库地址>/oh-my-zsh-install.sh/raw/master/install.sh)"
cd .oh-my-zsh/plugins              # 进入 oh-my-zsh 的插件目录
git clone --depth 1 <本书资源仓库地址>/zsh-autosuggestions.git
```

修改 zsh 配置文件~/.zshrc，启用 zsh-autosuggestions 插件，然后刷新~/.zshrc 即可。

（2）inshellisense。

另外，值得推荐的是 inshellisense，这是一个开源工具，支持对 600 多个命令的自动补全，支持 Windows、Linux 和 MacOS，支持多种 Shell（包括 bash、zsh、fish 等）。

使用下面的命令安装 inshellisense，需要 node 的版本高于或等于 16.x，node 的安装可参考 5.3.2 节。

```
sudo npm install -g @microsoft/inshellisense
```

执行下面的命令激活对应 Shell 的命令提示补全功能。

```
is init bash >> ~/.bashrc
```

或

```
is init zsh >> ~/.zshrc
```

在默认情况下，提示词的数量仅有 5 个（如图 2-9 所示），在提示命令较多时不是很方便，可以修改配置文件，增加自动提示的命令数量。

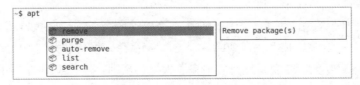

图 2-9　inshellisense 默认提示界面

在使用 nvm 安装 node 时，inshellisense 配置文件路径如下：

```
~/.nvm/versions/node/v20.12.2/lib/node_modules/@microsoft/inshellisense/build/ui/suggestionManager.js
```

修改图 2-10 中光标所在位置的数字后，重新打开 Shell 即可。

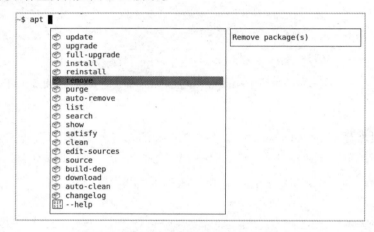

```
const maxSuggestions = 20;
const suggestionWidth = 40;
const descriptionWidth = 30;
const descriptionHeight = 5;
const borderWidth = 2;
const activeSuggestionBackgroundColor = "#7D56F4";
```

图 2-10　修改 inshellisense 的提示词数量

修改后的提示补全界面如图 2-11 所示。

```
~$ apt
    ⬡ update                              Remove package(s)
    ⬡ upgrade
    ⬡ full-upgrade
    ⬡ install
    ⬡ reinstall
    ⬡ remove
    ⬡ purge
    ⬡ auto-remove
    ⬡ list
    ⬡ search
    ⬡ show
    ⬡ satisfy
    ⬡ clean
    ⬡ edit-sources
    ⬡ source
    ⬡ build-dep
    ⬡ download
    ⬡ auto-clean
    ⬡ changelog
    ⬡ --help
```

图 2-11　增加提示词数量后的 inshellisense

2.3.3.2　命令纠正

　　TheFuck 是一个用于纠正终端命令错误的应用程序，它能够帮助用户迅速修复命令行错误，从而提高工作效率。TheFuck 能够自动审查命令行历史，并根据上下文提供正确的命令建议。用户只需按下 Enter 键，即可自动执行正确的命令。此外，TheFuck 能够与大多数命令行工具无缝集成。最重要的是，TheFuck 的智能算法能够学习历史命令，以便提供更加个性化的建议。它还支持自定义配置，允许用户根据个人习惯进行定制。

　　TheFuck 的工作原理相对简单。当用户输入一个错误的命令时，TheFuck 会根据用户输入的错误信息和上下文环境，自动推测用户想要输入的正确命令，并将其替换为正确的命令。TheFuck 之所以能够实现这一功能，主要是因为它内置了大量的规则，这些规则基于用户经常犯的错误和常见的命令行模式构建。

（1）工具安装。

TheFuck 使用 Python 编程语言开发，因此可以使用 Python 的包管理器 pip 安装。下面是在银河麒麟桌面版上安装该工具的命令：

```
sudo apt update
sudo apt install python3-dev python3-pip python3-setuptools
pip3 install thefuck --user
```

银河麒麟服务器版安装命令类似，需要先安装好 pip 包管理器，再使用 pip 安装该工具。

将下面内容添加到 Shell 配置文件中，例如添加到 ~/.bashrc 文件中：

```
eval "$(thefuck --alias)"
```

最后使用 source ~/.bashrc 命令刷新配置。

（2）工具应用。

以实际案例展示该工具的用法。

案例 1：在执行需要管理员权限的命令时，忘记在命令开头输入 sudo，如图 2-12 所示。

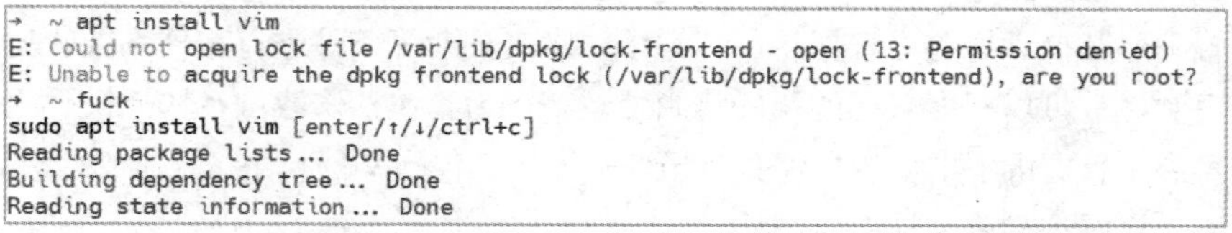

```
→ ~ apt install vim
E: Could not open lock file /var/lib/dpkg/lock-frontend - open (13: Permission denied)
E: Unable to acquire the dpkg frontend lock (/var/lib/dpkg/lock-frontend), are you root?
→ ~ fuck
sudo apt install vim [enter/↑/↓/ctrl+c]
Reading package lists ... Done
Building dependency tree ... Done
Reading state information ... Done
```

图 2-12　忘记输入 sudo

案例 2：命令输入错误（误将 python 输入为 puthon），如图 2-13 所示。

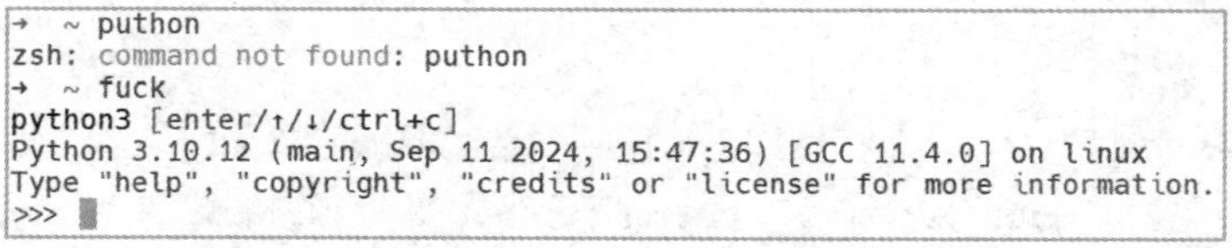

```
→ ~ puthon
zsh: command not found: puthon
→ ~ fuck
python3 [enter/↑/↓/ctrl+c]
Python 3.10.12 (main, Sep 11 2024, 15:47:36) [GCC 11.4.0] on linux
Type "help", "copyright", "credits" or "license" for more information.
>>>
```

图 2-13　命令输入错误

2.3.4　文件目录导航

在 Shell 环境中，~和$HOME 都代表用户的主目录，cd ~ 或 cd $HOME 都可以直接进入当前用户的主目录。cd - 可回到前一个路径。

除了系统内置的目录切换命令 cd，还有不少专用的目录导航工具。

1. X-CMD 的 cd 模块

X-CMD 的 cd 模块是 cd 命令的增强，在实现上只依赖 Shell、awk（Linux 内置的命令行文本处理工具），以及 find，不需要其他二进制依赖，所以 X-CMD 的 cd 模块具有广泛的适用性。

当前 cd 模块只是记录了使用 x cd 切换的目录（只存储最近 500 次），以此生成建议列表。X-CMD 加载 cd 模块时会为其设置一个别名"c"，因此用户只需要输入字母 c 就能看到一个历史目录列表。用户也可以用 c ,<keyword> 寻找带有<keyword>的目录，进行跳转。

2. Broot

Broot 是一款使用 Rust 编程语言开发的，用于快速定位、操作文件和目录的终端文件管理器，可以按照多种标准排序、过滤、操作文件和目录。它还集成了 ls、tree、find、grep、du、fzf 等命令行工具的常用功能，在一个 TUI 界面里完成上述各种工作。

（1）Broot 功能特点。

- 交互式浏览：提供了一个交互式界面，让用户可以通过键盘快捷键浏览文件和目录，无须键入烦琐的命令。
- 快速导航：用户可以快速浏览文件系统，通过快捷键进入子目录、返回上一级目录，以及跳转到指定的目录。
- 内置筛选和搜索：允许根据名称、大小、修改日期等条件进行文件筛选和搜索。
- 可定制性：可以根据自己的喜好定制外观和行为，包括修改键盘快捷键、主题等。
- 信息展示：提供了丰富的文件和目录信息展示，包括文件大小、权限、修改日期等，帮助用户更好地理解文件系统结构。

（2）安装 Broot。

Broot 的安装方式有多种，如直接下载已编译好的二进制可执行文件、从源码安装、使用 Rust 开发工具 Cargo 安装等。

x86 架构的银河麒麟桌面版推荐使用 apt 仓库安装，具体命令如下：

```
echo "deb [signed-by=/usr/share/keyrings/azlux-archive-keyring.gpg] http://packages.***.fr/
debian/ stable main" | sudo tee /etc/apt/sources.list.d/azlux.list
sudo wget -O /usr/share/keyrings/azlux-archive-keyring.gpg https://***.fr/repo.gpg
sudo apt update
sudo apt install broot
```

银河麒麟桌面版 V10SP1 在安装完 Broot 并运行 broot -s 命令时会出现如图 2-14 所示的报错信息，这说明银河麒麟桌面版 V10SP1 的 glibc 版本较低，不满足运行 Broot 的要求。解决此问题的方法请见本书 5.2.1 节。

```
→ ~ broot -s
broot: /lib/x86_64-linux-gnu/libm.so.6: version `GLIBC_2.35' not found (required by broot)
broot: /lib/x86_64-linux-gnu/libc.so.6: version `GLIBC_2.32' not found (required by broot)
broot: /lib/x86_64-linux-gnu/libc.so.6: version `GLIBC_2.33' not found (required by broot)
broot: /lib/x86_64-linux-gnu/libc.so.6: version `GLIBC_2.34' not found (required by broot)
```

图 2-14　Broot 报错信息

（3）Broot 用法。

```
broot -s        #概览当前目录,如图 2-15 所示。
broot -s /      #概览整个文件系统,若文件系统文件数量很大,则需要一定的索引时间
```

如果当前目录内容不多,那么 broot 就会自动展开子目录来填满屏幕,如图 2-15 所示。在该界面下可以执行如下操作:

- 方向键右/Enter 键:进入子目录,打开文件。
- 方向键左:退出子目录。
- ESC:后退。
- Alt + Enter:cd 到子目录并且退出 Broot,或打开文件后退出 Broot。
- Ctrl + Q:退出 Broot。

图 2-15　Broot 预览当前目录

在该交互界面中输入:date 或:size 或:perm 或:h 后按 Enter 键,来设置文件日期、文件大小、权限、隐藏文件等信息的显示与否。

在子目录上按 Ctrl + →快捷键则打开这个目录,在文件上按 Ctrl + →快捷键可打开预览,如图 2-16 所示。

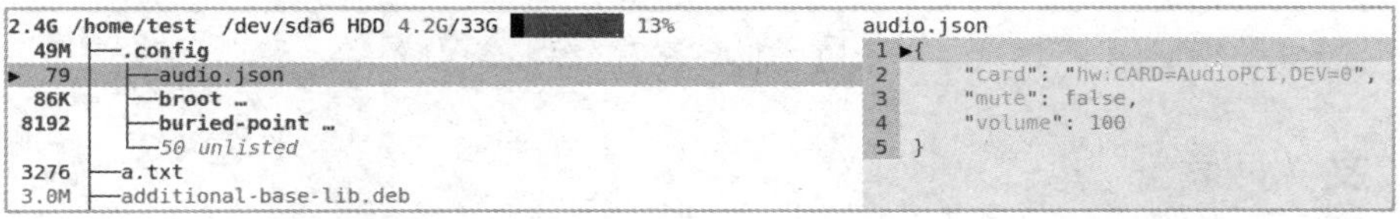

图 2-16　Broot 预览文件内容界面

- Ctrl + ← 或 Ctrl + → ：在两栏间跳转。
- Ctrl + W：关闭一栏。
- Ctrl + P：新建一栏（可以超过两栏）。

在交互界面的左下角（如图 2-17 所示），直接输入就可以对路径做模糊搜索，针对搜索结果仍然可以做前面介绍的所有操作。

图 2-17　Broot 对路径做模糊搜索

除此之外，可以对文件的内容进行搜索，语法如下：

```
c/<要搜索的内容>
```

图 2-18 是搜索字符串 "card" 的效果，图中右栏是选中的文件内容预览。

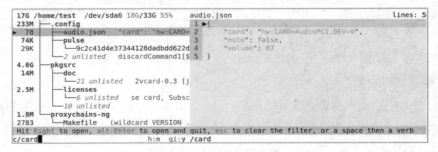

图 2-18　Broot 搜索文件内容

2.3.5　文件搜索

在 Linux 的 Shell 环境下，有多种命令行工具可用于文件搜索。下面分别介绍最为常用的

find、基于索引数据库实现快速文件搜索的 locate，以及支持文件模糊搜索的工具 fzf。由于本节以及本书后续多个地方提到或使用了正则表达式，所以在这里简要介绍一下，后面不再赘述。

2.3.5.1　正则表达式

正则表达式（Regular Expression，简称 regex、regexp）是一种用于描述和匹配字符的文本模式表示法。它可以用于搜索、编辑或处理文本，是编程、文本处理、数据验证等领域的强大工具。

- 字符：正则表达式的最小组成部分。普通字符（如字母、数字）代表它们自身。
- 元字符：具有特殊含义的字符，用于构建复杂的匹配规则。

（1）常用元字符。

- .　　（点）匹配除换行符外的任意单个字符。
- ^　　匹配字符串的开始位置。
- $　　匹配字符串的结束位置。
- *　　匹配前面的元素零次或多次。
- +　　匹配前面的元素一次或多次。
- ?　　匹配前面的元素零次或一次，或表示非贪婪模式。
- {n}　精确匹配前面的元素 *n* 次。
- {n,}　匹配前面的元素至少 *n* 次。
- {n,m}匹配前面的元素至少 *n* 次，至多 *m* 次。
- []　　定义字符集合，匹配其中的任意一个字符。
- |　　（管道符）表示逻辑或，用于分隔多个可选项。
- ()　　（圆括号）用于分组，或者捕获匹配的子串。

（2）转义字符。

- \　　用于转义元字符，使其失去特殊含义，或用于引入特殊字符类，如 \d。

（3）常用字符类。

- \d　　匹配任意数字字符，等价于 [0~9]。
- \D　　匹配任意非数字字符，等价于 [^0~9]。
- \w　　匹配任意字母、数字或下划线，等价于 [A~Za~z0~9_]。
- \W　　匹配任意非字母、数字或下划线字符，等价于 [^A~Za~z0~9_]。
- \s　　匹配任意空白字符（空格、制表符、换行符等）。
- \S　　匹配任意非空白字符。

2.3.5.2 find

find 命令是 Linux 中最基础的文件搜索工具，内置了各种 Linux 发行版，在未安装高级文件搜索工具的情况下，可以满足一般的文件搜索需求。find 命令的基本语法如下：

```
find [路径] [选项] [条件] [操作]
```

- 路径：指定要搜索的目录（可以是绝对路径或相对路径）。如果不指定，默认是当前目录。
- 选项：用于修改 find 的行为。
- 条件：用于指定查找的条件（如文件名、类型等）。
- 操作：对找到的文件执行的操作（如打印、删除等）。

find 命令的基础用法示例如表 2-4 所示。

表 2-4 find 命令的基础用法示例

命　　令	解　　释
find /path/to/search -name "filename"	查找指定名称的文件
find /path/to/search -type [类型]	查找指定类型的文件，如下 • f：普通文件 • d：目录 • l：符号链接
find /path/to/search -name "*.ext"	查找指定扩展名的文件
find /path/to/search -mtime [n]	查找修改时间在指定范围内的文件
find /path/to/search -size [大小]	查找指定大小的文件
find /path/to/search -name "filename" -exec [command] {} \;	查找并对找到的文件执行指定命令
find /path/to/search -ls	查找并显示文件的详细信息

除此之外，find 还支持使用正则表达式进行文件高级搜索，可以使用 -regex 选项来匹配文件路径（包括目录和文件名），并且可以使用 -regextype 选项指定正则表达式的类型。由于正则表达式应用示例的语法太晦涩，所以在这里不进行展示。若有复杂的文件搜索需求，则推荐使用后面介绍的文件模糊搜索工具。

2.3.5.3 locate

locate 是 Linux 系统中的一个命令行工具，用于快速查找文件和目录的位置。它通过搜索一个预先构建的文件索引数据库，而不是实际遍历文件系统，从而大大加快了查找速度。

1. locate 的安装与使用

```
sudo apt install locate # 安装 locate
```

locate 依赖预先构建的数据库，因此需要定期更新这个数据库。通常，这个更新过程由系统自动定期执行（例如通过 cron 任务），但也可以手动更新 locate 索引：

```
sudo updatedb      # 默认索引全盘文件，若文件数量多，则可以通过--localpaths 参数限定索引特定的目录
```

locate filename 命令会在数据库中查找所有包含 filename 的文件和目录，配置特定的参数可以实现细粒度的搜索，举例如下。

- -i：忽略大小写。例如：locate -i myfile.txt。
- -c：仅显示匹配的条目数量。例如：locate -c myfile.txt。
- -r：使用正则表达式进行搜索。例如：locate -r '.*\.txt$'。
- --limit：限制返回的结果数量。例如：locate --limit=10 myfile。

locate 搜索的是数据库中的内容，因此它可能不包括最近创建或删除的文件。为确保精确性，可以在查找之前手动更新数据库。

2. locate 的图形化前端

尽管 locate 非常高效，但有时用户可能更喜欢使用图形用户界面来进行文件搜索。有一些图形用户界面前端可以与 locate 配合使用，如下所述。

（1）Catfish。

Catfish 是一个轻量级的图形化文件搜索工具，可以使用多种后端，包括 locate、find 和 tracker 等。它提供了一个简单易用的界面，允许用户通过输入搜索条件进行文件搜索。

```
sudo apt install catfish   # 安装 Catfish
```

使用命令 catfish 或者在操作系统程序菜单中启动 Catfish。

（2）Recoll。

Recoll 是一个桌面全文搜索工具，也可以使用 locate 作为其后端进行文件名搜索。

```
sudo apt install recoll
```

可以在应用程序菜单中找到 Recoll，或者在终端中运行命令 recoll 启动。

（3）FSearch。

FSearch 是一个快速文件搜索工具，灵感来自 Windows 下的 Everything 搜索工具。它使用自己的数据库进行快速搜索，也可以配置为使用 locate 数据库。

安装 FSearch：

```
sudo add-apt-repository ppa:christian-boxdoerfer/fsearch-daily
sudo apt update
sudo apt install fsearch
```

可以在应用程序菜单中找到 FSearch，或者在终端中运行 fsearch 命令启动。

2.3.5.4 文件模糊搜索

除了操作系统内置的搜索工具，还可以使用第三方文件搜索工具，这里推荐 fzf（Fuzzy Finder）。这是一款强大的命令行模糊搜索工具，能够快速定位文件、目录、历史命令等内容。

（1）fzf 的安装。

fzf 安装简单，并且支持多种安装方式，包括使用包管理器、通过源码编译等。

- 使用包管理器安装 fzf（这种方式安装的 fzf 的版本较老）：

```
sudo apt install fzf   #适用于银河麒麟桌面版
sudo yum install fzf   #适用于银河麒麟服务器版
```

- 使用 X-CMD 安装 fzf：

```
x install fzf
```

- 通过源码编译安装 fzf：

```
git clone --depth 1 <本书资源仓库地址>/fzf.git ~/.fzf
cd ~/.fzf
./install
```

（2）fzf 的使用。

在命令行中输入 fzf 命令即可启动 fzf。启动后，fzf 会等待用户输入，并在用户输入时实时展示匹配的结果。除了搜索文件和目录，fzf 还可以用于交互式选择。用户可以通过管道将命令的输出传递给 fzf，并在其中选择。任何涉及大量文本，并希望交互式搜索特定内容时，均可将相关命令与 fzf 结合使用。表 2-5 是 fzf 的常见用法。

表 2-5　fzf 常见用法示例

命　　令	解　　释
tree -afR /home/$USER | fzf	将 tree 命令与 fzf 结合，快速搜索用户目录下的文件
sudo find / | fzf	全文件系统交互式搜索
find /home/$USER -type f | fzf --preview 'less {}'	启用 fzf 的预览功能（调用预览工具 less）
find /home/$USER -type f | fzf --preview 'bat --color always {}'	启用 fzf 的预览功能（调用预览工具 bat），bat 支持语法高亮，需单独安装
vim `fzf` 或 pluma $(fzf)	搜索后，按 Enter 键直接用文本编辑器 vim 打开 注意：` 符不是单引号，是 Tab 键上方的按键
history | fzf	将 history 命令与 fzf 结合
ps -ef | fzf	将查看进程的命令与 fzf 结合

（3）集成 fzf。

fzf 除了可以通过管道符 "|" 与其他命令行工具组合使用，还可以作为一个插件功能被其他

软件集成。除了上一节"文件目录导航"中提到的 Broot 集成了 fzf 功能，还有国人开源的号称"极速终端文件管理器"的项目 Yazi。使用 X-CMD 安装 Yazi 的命令为：`x env use yazi fzf 7za jq fd rg zoxide`，安装后执行命令 `yazi` 启动该文件管理器。本书第 1 章的图 1-1 和图 1-2 就是使用 Yazi 的实际例子。

2.3.6　进程管理基础

进程管理是操作系统的核心任务之一。进程是一个正在执行的程序实例。它不仅包含程序代码，还包括程序的活动状态、内存分配、打开的文件、环境变量等信息。理解进程的概念对于有效地管理和调试系统至关重要。

（1）进程标识。

每个进程在 Linux 系统中都有唯一的进程标识符（PID），系统通过 PID 来管理和调度进程。可以使用命令 ps 或 top 查看系统中的所有进程及其 PID。每个进程都有一个父进程，父进程的 ID 称为 PPID，可以使用命令 `ps -o pid,ppid,cmd` 查看进程及其父进程的信息。进程还与用户和组相关联，用户 ID（UID）和组 ID（GID）标识了进程的所有者，可以使用命令：`ps -o pid,user,uid,gid,cmd` 查看进程的用户和组的信息。

（2）进程生命周期。

进程的生命周期分为如下几个阶段。

- 创建：通过系统调用（如 fork）创建进程。
- 执行：进程进入就绪状态，等待 CPU 调度执行。
- 阻塞：进程等待某些事件（如 I/O 操作）完成，进入阻塞状态。
- 终止：进程完成任务或被终止，释放资源。

（3）常用的进程管理命令。

Linux 提供了丰富的命令行工具来管理和监控进程。以下是一些常用的进程管理命令及其使用示例。

```
ps aux                      # 显示所有进程的信息
ps -ef                      # 另一种显示进程信息的格式
pstree                      # 以树状形式显示进程及其继承关系
top                         # 实时显示系统中进程的动态信息
htop                        # 增强版 top（需单独安装），提供更友好的用户界面和更多功能
kill -9 <PID>               # 强制终止进程
kill -SIGTERM <PID>         # 发送 SIGTERM 信号
pkill -9 <process_name>     # 强制终止所有匹配的进程
killall <process_name>      # 根据进程名称终止所有匹配的进程
strace <程序名或 PID>        # 可以追踪进程的系统调用和信号，用于诊断和调试应用程序
```

（4）第三方进程管理工具。

第三方进程管理工具非常多，表 2-6 列出了常见的开源第三方进程管理工具。

表 2-6　常见的开源第三方进程管理工具

工具名称	界　　面	描　　述
btop	TUI	资源监视器，显示 CPU、内存、磁盘、网络和进程的使用情况和统计信息
bottom	TUI	跨平台的系统监控工具
glances	TUI	跨平台的系统监控工具，使用 curses 库提供丰富的系统信息
htop	TUI	交互式的进程查看器，提供比 top 更友好的用户界面和更多的功能
Stacer	GUI	现代化的系统优化和监控工具，提供进程管理、系统清理等功能的图形化界面
Bpytop	TUI	Python 编写的资源监控工具，提供类似 htop 的功能和更丰富的界面
Bashtop	TUI	Bash 编写的资源监控工具，提供类似 htop 的功能和更丰富的界面

2.3.7　会话管理

会话（Session）是指在启动 Shell 到关闭该 Shell 期间的一系列交互过程。在这个过程中，用户可以执行命令、启动程序或者运行脚本。会话分为如下两种。

- 登录会话：当用户登录到系统时，系统会为用户创建一个登录会话。这个会话通常包括用户的环境变量、运行中的进程和打开的文件等。
- 交互式会话：用户在登录会话中执行的每个命令都是在交互式会话中进行的。用户可以输入命令，系统会立即响应并执行。

这里主要介绍交互式对话（下文简称对话）。每当用户打开一个新的 Terminal 窗口或标签页时，一个新的会话就会开始，而关闭窗口则标志着会话的结束。

终端复用器是一种软件工具，允许用户在一个单一终端窗口内运行和管理多个终端会话。它们的主要功能如下所示。

- 多任务处理：在同一个终端窗口中同时运行多个命令行程序。
- 会话持久化：即使终端窗口关闭，会话仍然保持运行，用户可以稍后重新连接。
- 会话管理：提供创建、分离、重新连接和关闭会话的功能。

下面介绍两个终端复用器：Tmux 和 Zellij。

2.3.7.1　终端复用器 Tmux

Tmux（Terminal Multiplexer）是一个开源的终端复用器，可以在单个终端窗口中创建、访问和控制多个分离的会话。这对于需要同时管理多个任务或项目的用户来说非常有用。

可以使用操作系统内置包管理器安装 Tmux：

```
sudo apt install tmux          #银河麒麟桌面版
sudo dnf install tmux          #银河麒麟服务器版
```

采用上述方式安装的 Tmux 版本不是最新的，下文介绍的个别 Tmux 插件要求比较高的 Tmux 版本，若要使用相关插件，则要升级 Tmux 版本。

图 2-19 是银河麒麟桌面版默认 Terminal 中的 Tmux 单会话单窗口 3 个面板的外观，一个 Tmux 会话可以包含多个窗口，一个窗口又可以包含多个面板。图中左右两个箭头指向的数字分别为会话号和窗口号。

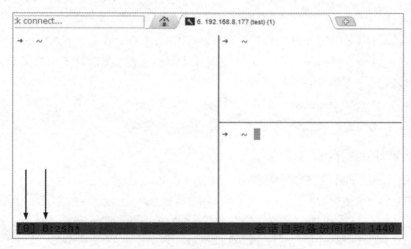

图 2-19　会话 0 窗口 0 的 3 个面板

1. Tmux 的常用命令及快捷键

```
tmux new -s <会话名>            # 创建一个新会话
tmux ls                        # 查看有哪些在后台工作的会话
tmux attach -t <会话名>         # 重新连接到某个会话
<前缀键> + c                    # 新建窗口
<前缀键> + n                    # 切换到下一个窗口
<前缀键> + p                    # 切换到上一个窗口
<前缀键> + w                    # 列出窗口
<前缀键> + &                    # 关闭当前窗口
<前缀键> + num[1-9]             # 选定特定编号的窗口
<前缀键> + f                    # 查找窗口
<前缀键> + ,                    # 重命名窗口
<前缀键> + .                    # 移动窗口
<前缀键> + "                    # 将当前窗口水平切分为两个面板
<前缀键> + %                    # 将当前窗口垂直切分为两个面板
<前缀键> + 方向键               # 在当前窗口中的面板间切换光标
<前缀键> + ctrl-方向键          # 调整当前面板大小
<前缀键> + z                    # 全屏化当前面板，再次执行退出全屏
<前缀键> + x                    # 关闭当前面板
<前缀键> + q                    # 显示面板编号
```

```
<前缀键> + o                    # 跳转到下一个面板
<前缀键> + {                    # 跟前一个编号的面板交换
<前缀键> + }                    # 跟后一个编号的面板交换
<前缀键> + ;                    # 跳转到上一个活跃的面板
<前缀键> + !                    # 将面板转化为窗口
<前缀键> + <Space>              # 改变面板的布局
<前缀键> + d                    # 断开当前会话，但让会话在后台继续运行
<前缀键> + s                    # 列出所有 Tmux 会话
<前缀键> + $                    # 重命名会话
<前缀键> + (                    # 跳到上一会话
<前缀键> + )                    # 跳到下一个会话
<前缀键> + [                    # 进入复制模式，在复制模式下可以滚动、复制内容
```

这里的<前缀键>是前缀按键的意思，在 Tmux 中默认是 Ctrl+b，可以根据个人使用习惯，通过修改用户主目录下的.tmux.conf 文件（这是一个隐藏文件）修改这个前缀按键，例如，将默认的 Ctrl+b 修改为更方便的 Ctrl+x。

```
unbind C-b
set -g prefix C-x
bind C-x send-prefix
```

2. Tmux 插件管理器的安装与使用

首先复制 Tmux 插件管理器的源码：

```
git clone <本书资源仓库地址>/tpm.git ~/.tmux/plugins/tpm
```

在用户主目录下新建配置文件.tmux.conf，将下面内容复制到该配置文件中：

```
set -g @plugin 'tmux-plugins/tpm'
set -g @plugin 'tmux-plugins/tmux-sensible'
run '~/.tmux/plugins/tpm/tpm'   # 在.tmux.conf 中添加新内容时，确保该行始终位于文件的最后一行
```

然后执行下面的命令使配置文件生效：

```
tmux source ~/.tmux.conf
```

若有如下报错，则执行 1 次 tmux 命令，再执行上面的命令即可：

```
error connecting to /tmp/tmux-1000/default (No such file or directory)
```

如果要想使用 Tmux 的插件管理器对插件进行管理，则首先需要将待安装的插件添加到配置文件~/.tmux.conf 中。下面是一些常用插件的添加示例：

```
set -g @plugin 'tmux-plugins/tmux-resurrect' #保存和恢复会话状态的插件
set -g @plugin 'tmux-plugins/tmux-continuum' #会话保存及恢复，依赖 tmux-resurrect 插件
set -g @plugin 'tmux-plugins/tmux-yank'      #改善复制粘贴体验
```

将要安装的插件添加到~/.tmux.conf 后，就可以使用下面的命令管理插件了。

- 安装插件：`~/.tmux/plugins/tpm/bin/install_plugins`。
- 更新所有已安装的插件：`~/.tmux/plugins/tpm/bin/update_plugins`。
- 更新单个插件：`~/.tmux/plugins/tpm/bin/update_plugins tmux-sensible`。

- 删除不在插件列表中的插件：~/.tmux/plugins/tpm/bin/clean_plugins。

3. 插件使用

（1）tmux-yank 插件。

使用鼠标选中后，松开鼠标右键即为复制。

（2）tmux-resurrect 插件。

按 <前缀键>+Ctrl-s 保存会话，按 <前缀键>+Ctrl-r 可还原会话。如果需要保存和恢复 Tmux 窗格的内容，那么可以通过添加以下行来启用此功能：

```
set -g @resurrect-capture-pane-contents 'on'
```

（3）Tmux Continuum 插件。

默认每 15min 备份一次会话信息，可根据需要在配置文件~/.tmux.conf 内自定义时间间隔，例如设置每天备份 1 次：

```
set -g @continuum-save-interval '1440'
```

或者关闭自动备份：

```
set -g @continuum-save-interval '0'
```

不管 Tmux Continuum 功能有没有启用，或者多久保存一次，都有办法从状态栏知晓。Tmux Continuum 提供了一个查看运行状态的变量#{continuum_status}，它支持 status-right 和 status-left 两种状态栏设置，下面的配置用于在右下角显示会话自动备份间隔（如图 2-20 所示）：

```
set -g status-right '会话自动备份间隔: #{continuum_status}分钟'
```

图 2-20　continuum_status 状态提示

想要在 Tmux 启动时就恢复最后一次保存的会话环境，需增加如下配置：

```
set -g @continuum-restore 'on'
```

记得每次修改完配置文件~/.tmux.conf 后，都需要使用 `tmux source ~/.tmux.conf` 刷新配置。编者最终的的~/.tmux.conf 内容如下，仅供参考：

```
unbind C-b
set -g prefix C-x
bind C-x send-prefix

set -g @plugin 'tmux-plugins/tpm'
set -g @plugin 'tmux-plugins/tmux-sensible'
set -g @plugin 'tmux-plugins/tmux-resurrect'
set -g @plugin 'tmux-plugins/tmux-continuum'

set -g @continuum-save-interval '1440'
set -g @continuum-restore 'on'
set -g status-right '会话自动备份间隔: #{continuum_status}分钟'
run '~/.tmux/plugins/tpm/tpm'
```

2.3.7.2 终端复用器 Zellij

Zellij 是一款现代终端复用器，它在传统的终端复用器（如 Tmux 和 Screen）的基础上，引入了更直观的用户界面和丰富的插件系统，从而在功能性和易用性方面具备显著的优势。Zellij 的用户窗口底部展示了一些键位及其对应的功能类，这样用户就无须额外记忆多个快捷键。此外，Zellij 兼容 Tmux 的主要快捷键，使得 Tmux 用户能够更快地适应 Zellij 的使用。

1. 安装 Zellij

（1）方法 1：使用 cargo 包管理器安装。

```
cargo install --locked zellij
```

（2）方法 2：下载预编译的二进制文件包。

```
curl -sSL <本书资源仓库地址>/zellij/releases/download/v0.40.1/zellij-AARCH64-unknown-lin
ux-musl.tar.gz -o zellij.tar.gz                    # ARM 架构
curl -sSL <本书资源仓库地址>/zellij/releases/download/v0.40.1/zellij-x86_64-unknown-linu
x-musl.tar.gz -o zellij.tar.gz                     # x86 架构
tar -xzf zellij.tar.gz
sudo mv zellij /usr/local/bin/
sudo chmod +x /usr/local/bin/zellij
```

（3）方法 3：使用操作系统包管理器，银河麒麟可以使用 Nixpkgs 包管理器。Nixpkgs 的安装与使用参考本书 4.6 节。

2. 使用 Zellij

图 2-21 是 Zellij 界面，其底部有两行，第 1 行是 Zellij 的功能类，第 2 行是选中某个功能类后，该功能类下可以使用的快捷键。Zellij 的使用原则是：先进入对应的功能类，然后使用提示的按键进行操作，最后按 Enter 键确认。这种方式使得 Zellij 的操作非常直观和易用。

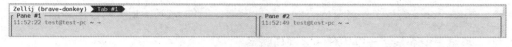

（1）Zellij 界面的顶部

（2）Zellij 界面的底部

图 2-21　Zellij 界面

Zellij 会话管理常用命令和快捷键见表 2-7。

表 2-7　Zellij 会话管理常用命令和快捷键

命　令	解　释
`zellij attach --create <session-name>`	创建新会话
`zellij list-sessions`	列出所有会话
`zellij attach <session-name>`	切换会话
`Ctrl-p, d`	分离会话
`Ctrl-s, d`	关闭会话
`zellij kill-session <session-name>`	删除会话

3. Zellij 插件系统

在 Zellij 中，插件不仅扩展了终端的功能，还极大地提升了用户体验。Zellij 插件支持 WebAssembly/WASI 技术，开发者可以用多种语言编写插件，尽管目前官方主要支持 Rust 语言，但社区正积极努力增加对其他语言的支持。

Zellij 插件作为工作区中的"一等公民"，与终端面板并列存在，能够渲染用户界面、响应应用状态变化，并控制 Zellij 以改变其行为。这些插件被设计为可组合的组件，便于分享，将日常的终端任务转变为个性化的多人协作仪表板体验。

插件可以通过三种方式加载：配置文件、命令行或者快捷键。每个插件通过 URL 引用，支持的 URL 格式包括本地文件路径（如 file:///path/to/my/plugin.wasm）、内置的 Zellij 插件（如 zellij:tab-bar）、HTTP(S)链接或简单的别名（如 filepicker）。用户可以在 Zellij 的配置文件中定义插件别名，这些别名关联到实际的插件 URL。

Zellij 开放了插件开发 API，为插件开发者提供了丰富的功能，包括订阅事件、执行命令、访问文件系统、异步任务处理、日志记录等。这使得插件能灵活地与 Zellij 交互，增强或扩展终端的功能性。

Zellij 默认配置已内置了一系列插件及其对应的别名，例如插件 harpoon 用于快速导航至常用面板，插件 monocle 是文件名及内容的模糊搜索器，插件 multitask 帮助管理并行任务等。

2.3.7.3　终端模拟器与终端复用器的区别与联系

前文既讲解了终端模拟器（简称 Terminal），又讲解了终端复用器，为了避免用户混淆，这里分析二者的区别与联系。

终端模拟器和终端复用器可以一起使用。例如，可以在一个终端模拟器（如 Terminator 或 Windterm）中运行一个终端复用器（如 Tmux 或 Zellij），以便在一个窗口中管理多个会话。

Linux 内核、Shell、终端、终端复用器这四个概念的层次关系可以粗略地用图 2-22 表示。Linux 内核是基础，位于底层，Shell 在内核之外并依赖内核、终端将 Shell 的功能通过字符或图形用户界面提供给用户、终端复用器必须在某个终端中运行并增强其会话管理能力。

图 2-22　Linux 内核、Shell、终端、终端复用器的层次关系

2.3.8　作业管理

在 Linux 中，作业（job）指的是由 Shell 管理和控制的运行进程或一组相关进程。作业可以是在前台运行的，也可以是在后台运行的，因此分为前台作业和后台作业。在 Shell 中，用户可以执行挂起、恢复、终止和查看作业状态等操作对作业进行管理。

- 前台作业：当用户在终端输入一个命令时，该命令通常会作为一个前台作业运行，这意味着用户必须等待作业完成才能输入下一个命令。
- 后台作业：用户可以将一个作业放到后台运行，这样用户就可以在终端继续输入其他命令。可以通过在命令末尾加上&符号来实现这一点。

例如，用户在终端中运行了一个命令 ping baidu.com，这个命令会作为一个前台作业运行。如果用户想要继续使用终端而不等待 ping 命令完成，可以执行下面的命令将这个作业放到后台：

```
ping baidu.com &
```

现在，这个 ping 命令会在后台作为一个作业运行，用户可以继续在终端中执行其他命令。用户可以使用 jobs 命令来查看当前 Shell 会话中的所有作业及其状态，该命令的输出格式如下：

```
[1]+  Running                 sleep 100 &
[2]-  Running                 ping baidu.com &
```

这里的[1]、[2]是作业编号。

nohup 命令允许用户在退出登录会话后，让进程作业继续在后台运行，这对于运行长时间任务非常有用。例如，要在后台运行一个名为 long_task.sh 的脚本，且不希望它因为退出登录会话而中断，可以使用以下的命令：

```
nohup bash long_task.sh > output.log 2>&1 &
```

Bash 允许用户对作业进行控制，使用 Ctrl+z 挂起当前前台作业，使用 fg 命令（foreground 的缩写）将一个后台作业带到前台，使用 bg 命令（background 的缩写）让一个挂起的作业在后台继续运行，以及使用 kill 命令终止一个作业。例如：

```
fg  %1        # 将作业号为 1 的后台作业带到前台
bg  %1        # 如果作业号为 1 的后台作业被挂起，则在后台继续运行它
kill %1       # 终止作业编号为 1 的作业
```

2.3.9 后台服务管理

在操作系统中，后台服务（Daemon）是一种在后台运行的进程，通常独立于用户交互界面。后台服务的主要职责是执行系统级任务，它们通常在系统启动时自动加载，并在整个系统运行期间保持活跃状态。这些服务在操作系统的平稳运行中扮演着至关重要的角色。

2.3.9.1 Systemd 基础使用

在 Linux 系统中，管理后台服务的工具有多种，其中最常见的包括 Systemd、Upstart 和 SysVinit。每种工具都有其独特的功能和使用方法。目前，Systemd 已成为大多数现代 Linux 发行版的默认服务管理工具，Systemd 提供了更快的启动速度、并行处理能力，以及更强大的依赖管理功能。

systemctl 是 Systemd 的核心命令，用于控制和管理系统服务。表 2-8 是一些常用的 systemctl 命令。

表 2-8　常用的 systemctl 命令

命　令	解　释
sudo systemctl start <service>	启动服务
sudo systemctl stop <service>	停止服务
sudo systemctl restart <service>	重启服务
sudo systemctl status <service>	检查服务状态
sudo systemctl enable <service>	使服务在系统启动时自动启动
sudo systemctl disable <service>	禁止服务在系统启动时自动启动
sudo systemctl edit <service>	编辑后台服务的 unit 文件
sudo systemctl list-units --type=service	查看所有服务的状态

命　　令	解　　释
`sudo systemctl daemon-reload`	重新加载服务配置
`sudo systemd-cgtop`	实时查看 Systemd 管理的服务性能数据
`sudo systemctl list-dependencies <service>`	查看服务的依赖关系树

2.3.9.2　服务依赖关系和启动顺序

Systemd 允许用户定义服务之间的依赖关系，从而确保服务按照正确的顺序启动。例如，某些服务可能依赖其他服务或系统资源，必须在依赖项启动后再启动。

Systemd 使用 unit 文件来定义服务、挂载点、设备、套接字等系统资源。在某个后台服务的 unit 文件中，可以使用以下指令来定义依赖关系。

- Requires=：定义强制依赖关系，如果依赖的服务无法启动，则当前服务也无法启动。
- After=：定义启动顺序，确保当前服务在指定服务之后启动。
- Before=：定义启动顺序，确保当前服务在指定服务之前启动。

以某个服务为例（/etc/systemd/system/my-service.service），其 unit 文件内容如下：

```
[Unit]
Description=My Custom Service
Requires=network.target
After=network.target

[Service]
ExecStart=/usr/bin/my-service

[Install]
WantedBy=multi-user.target
```

在上述示例中，my-service 服务依赖 network.target，并且会在 network.target 启动之后启动。服务的配置文件通常位于/etc/systemd/system/或/usr/lib/systemd/system/目录下。修改配置文件后，需要重新加载 Systemd 的配置以使更改生效：

```
sudo systemctl daemon-reload        # 修改服务配置文件后，重新加载 Systemd 配置
sudo systemctl restart <service>    # 重新启动服务以应用新的配置
```

2.3.9.3　监控 Systemd

在 Linux 系统中，监控服务的运行状态和查看日志是确保系统稳定和快速解决问题的重要步骤。Systemd 提供了丰富的工具来帮助用户监控服务和查看日志。journalctl 是 Systemd 的日志查看工具，可以查看所有由 Systemd 管理的服务日志。表 2-9 是常用的 journalctl 命令，journalctl 的不同参数可组合使用。

表2-9 常用的 journalctl 命令

命 令	解 释
sudo journalctl	查看所有日志
sudo journalctl -u <service>	查看特定服务的日志
sudo journalctl -r	查看最近的日志
sudo journalctl -f	查看实时日志
sudo journalctl --since "2024-10-01" --until "2024-10-10"	查看特定时间段的日志

此外，监控工具如 Nagios、Prometheus、Zabbix 等可以与 Systemd 结合使用，设置警报和通知，以便在服务出现问题时及时通知管理员。

2.3.10　Shell 综合应用

以"探索如何配置 Linux 系统，实现开机进入命令行界面"为例，讲解在不借助搜索引擎或书籍教程的场景下，如何通过 Shell 命令的综合应用来解决问题。

（1）在 Linux 操作系统中，init 程序负责在系统启动后引导和初始化所有后台服务。要增加或减少开机时自动启动的服务，或者停止或重启特定的服务，都得熟悉与 init 相关的操作方法。这些操作的具体实现取决于 init 所属的软件包提供的策略、脚本和命令行工具。因此，了解 init 程序所属的软件包对于执行这些管理任务至关重要。

（2）通过如下的命令找到 init 命令所在的路径为/usr/sbin/init。

```
which init
whereis init
```

（3）在麒麟系统桌面版中，使用命令 dpkg -S /usr/sbin/init 可进一步查找包含/usr/sbin/init 信息的软件包。结果报错："没有找到与/usr/sbin/init 相匹配的路径"。

（4）分析报错原因。

执行命令 file /usr/sbin/init 查看/usr/sbin/init 的文件类型信息，显示如下信息：

```
/usr/sbin/init: symbolic link to /lib/systemd/systemd
```

说明/usr/sbin/init 只是/lib/systemd/systemd 的链接，实际要找的是/lib/systemd/systemd 所属的软件包，所以进一步查找包含/lib/systemd/systemd 信息的软件包：

```
dpkg -S /lib/systemd/systemd
```

这一次命令执行正常，显示/lib/systemd/systemd 是由软件包 systemd 安装的。

（5）使用 man systemd 查看 systemd 帮助信息，如图 2-23 所示。

内核引导选项
    当作为系统实例运行的时候， systemd 能够接受下面列出的内核引导选项。[5]

    systemd.unit=, rd.systemd.unit=
        设置默认启动的单元。默认值是 default.target 。可用于临时修改启动目标(例如 rescue.target 或 emergency.target)。详
        情参见 systemd.special(7) 手册。有 "rd." 前缀的参数专用于 initrd(initial RAM disk) 环境，而无前缀的参数则用于常规
        环境。

图 2-23   systemd 帮助信息中与默认启动相关的内容

由图 2-23 可知，systemd 可以设置操作系统默认启动单元 default.target。于是进一步搜索 default.target 的位置：

```
find / -type f | grep default.target      # 假设 default.target 是普通文件
find / -type l | grep default.target      # 假设 default.target 是个链接文件
```

得到 default.target 的两个位置：

- /usr/lib/systemd/user/default.target；
- /usr/lib/systemd/system/default.target。

分别使用 file 命令查看其类型：

```
test@test-pc:~$ file /usr/lib/systemd/system/default.target
/usr/lib/systemd/system/default.target: symbolic link to graphical.target
test@test-pc:~$ file /usr/lib/systemd/user/default.target
/usr/lib/systemd/user/default.target: ASCII text
```

其中，/usr/lib/systemd/system/default.target 是个链接文件，指向同目录下 graphical.target 文件。由字面意思可知 graphical.target 代表当前的系统模式是图形界面模式。

进一步查看相同目录下还有哪些 target：

```
ls -al /usr/lib/systemd/system/*.target
```

输出的内容比较多，其中比较有价值的是如下的几个链接文件：

```
......
/usr/lib/systemd/system/ctrl-alt-del.target -> reboot.target
/usr/lib/systemd/system/default.target -> graphical.target
......
/usr/lib/systemd/system/runlevel0.target -> poweroff.target
/usr/lib/systemd/system/runlevel1.target -> rescue.target
/usr/lib/systemd/system/runlevel2.target -> multi-user.target
/usr/lib/systemd/system/runlevel3.target -> multi-user.target
/usr/lib/systemd/system/runlevel4.target -> multi-user.target
/usr/lib/systemd/system/runlevel5.target -> graphical.target
/usr/lib/systemd/system/runlevel6.target -> reboot.target
```

这里多次出现 runlevel，使用 man runlevel 查看其帮助信息，如图 2-24 所示。

```
NAME
        runlevel - Print previous and current SysV runlevel

SYNOPSIS
        runlevel [options...]

OVERVIEW
        "Runlevels" are an obsolete way to start and stop groups of services used in SysV init. systemd provides a compatibility layer
        that maps runlevels to targets, and associated binaries like runlevel. Nevertheless, only one runlevel can be "active" at a given
        time, while systemd can activate multiple targets concurrently, so the mapping to runlevels is confusing and only approximate.
        Runlevels should not be used in new code, and are mostly useful as a shorthand way to refer the matching systemd targets in
        kernel boot parameters.

        Table 1. Mapping between runlevels and systemd targets
```

Runlevel	Target
0	poweroff.target
1	rescue.target
2, 3, 4	multi-user.target
5	graphical.target
6	reboot.target

图 2-24   runlevel 帮助信息

由图 2-24 可知，在 Linux 系统中，runlevel 0 代表关机、runlevel 1 代表救援模式（也称单用户模式）、runlevel 2~4 代表多用户模式，runlevel 5 代表图形用户界面、runlevel 6 代表重启。

使用排除法，可知 multi-user.target（多用户模式）应该就是命令行界面，修改 default.target 的链接目标，由 graphical.target 改为指向 multi-user.target。创建链接文件的 ln 命令的用法，同样可使用 man ln 进行查看。

```
cd /usr/lib/systemd/system/
sudo rm default.target
sudo ln -s multi-user.target default.target
```

修改完以后，重启操作系统，即进入命令行界面，不再是图形用户界面，实现了目标。

第二篇　生态篇

本篇在第 3 章详细介绍了银河麒麟桌面版和服务器版内置的包管理器，以及与这两款操作系统紧密相关的第三方仓库。第 4 章则探讨了那些不特定于某个 Linux 发行版的包管理器和软件仓库，它们可以在多种 Linux 系统上通用。第 5 章着重介绍了主流编程语言的版本管理器和包管理器。在第 6 章，我们深入虚拟化技术生态，首先讨论了基于 x86 架构和 ARM 架构的虚拟机解决方案，随后转向容器技术，特别是以 Docker 为典型代表的容器技术。第 7 章指导读者如何搭建自托管的软件仓库镜像源，并针对那些无法通过 rsync 协议同步的大型软件仓库的镜像源搭建进行了深入讲解。最后，在第 8 章，我们介绍了如何利用基于 Ollama 部署的本地大语言模型，实现 AI 赋能操作系统。

03
系统内置包管理器与软件仓库

Linux 软件仓库的概念起源于 20 世纪 90 年代中期，当时软件安装过程相当复杂，用户通常需要手动下载、编译、配置每个软件包。随着 Linux 用户群体的增长和软件数量的增多，这种手动安装方法变得越来越不切实际。为了解决这个问题，各大 Linux 发行版开始构建集中的软件仓库，通过网络提供方便的软件访问、下载、安装和更新服务。

包管理器的出现旨在解决软件依赖和更新问题。在早期的 Linux 系统中，手动管理软件依赖关系极易引发所谓的"依赖地狱"，即用户在安装或更新一个软件时，可能会因为依赖不兼容而导致系统其他部分功能受损。包管理器的出现，如 APT 和 YUM，使得软件安装和管理变得自动化和高效。它们能自动解析依赖关系，确保所有必需的组件都被正确安装，并支持自动更新，从而大大提升了系统的稳定性和安全性。

表 3-1 是主流 Linux 发行版官方软件仓库和包管理器的对比，便于从宏观上对软件仓库和包管理器有个概览。

表 3-1　主流 Linux 发行版官方软件仓库和包管理器的对比

发 行 版	包管理器	软件包类型	描　　述
Debian	APT	.deb	使用 APT 工具管理软件，拥有庞大的官方仓库
Ubuntu	APT	.deb	基于 Debian，除了官方仓库，还有大量 PPA 可用
银河麒麟桌面版	APT	.deb	基于 Ubuntu
Fedora	DNF	.rpm	提供创新的特性和较快的软件更新
CentOS	YUM/DNF	.rpm	主要用于服务器，保证其稳定性和安全性，使用 YUM 或 DNF 进行软件管理
银河麒麟服务器版	YUM/DNF	.rpm	基于 CentOS
openSUSE	Zypper	.rpm	使用 Zypper 作为软件包管理器，拥有一个独特的构建服务 OBS
Arch Linux	Pacman	tar.xz	以滚动发布著称，使用 Pacman 管理软件，用户需执行更多的手动操作

续表

发 行 版	包管理器	软件包类型	描　　述
Gentoo	Portage	ebuild	通过源代码编译安装软件，提供极高的定制性和优化选项

　　由于包管理器和软件仓库间有紧密的联系，往往一种软件包管理器对应着一个特定软件仓库，所以下文除非特别说明，一般情况下不严格区分包管理器和其管理的软件仓库。

　　由于本书主要以银河麒麟系统为平台，所以对其相关的软件仓库和包管理器介绍较为详细，其他操作系统的包管理器略过。

3.1　银河麒麟桌面版包管理器

　　为便于从整体上把握本章内容，图 3-1 绘制了本章介绍的银河麒麟桌面版包管理器层次架构图。

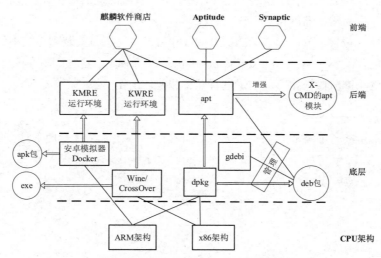

图 3-1　银河麒麟桌面版包管理器层次架构图

3.1.1　deb 包格式

　　（1）deb 包的组成。

　　在 Debian 及其派生的 Linux 发行版中，deb 包扮演了至关重要的角色。作为这些系统上软件分发和安装的标准格式，理解 deb 包的结构和管理机制是很有必要的。deb 包不仅仅是简单的软件容器，还包含了软件运行所需的依赖信息、配置文件，以及安装前后的脚本指令（如图 3-2 所示）。这些都是确保软件能够正确安装和运行的关键因素。

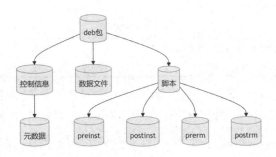

图 3-2　deb 包组成

- 控制信息：这部分包含了软件包的元数据，如软件版本、维护者信息、软件包依赖关系等。这些控制信息的文件格式遵循 Deb822 格式标准。Deb822 是一种基于文本的结构化数据表示形式，其命名源自 RFC 822 标准（该标准定义了互联网文本消息格式）。Deb822 格式主要用于描述 Debian 软件包的元数据，确保包管理系统能够正确地解析和处理这些信息。Deb822 文件的主要特点是采用简单、直观的键值对格式，这使得它既便于人类阅读，也易于机器解析。
- 数据文件：包含了软件包本身的所有文件和目录。这些是安装到系统中的实际内容。
- 脚本：包含了 preinst、postinst、prerm 和 postrm 等脚本，这些脚本在软件包安装、升级或卸载的不同阶段被执行，用于进行配置和清理工作。

（2）deb 包的高级功能。

deb 包不仅仅是一个简单的软件分发格式，还是一个强大的系统管理工具，如图 3-3 所示。

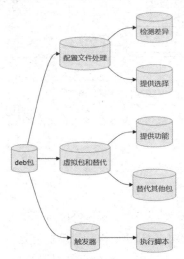

图 3-3　deb 包的高级功能

- 配置文件处理：deb 包可以包含配置文件，并在软件包安装或更新时智能处理用户对配置文件的修改。这是通过 dpkg（将在下一节介绍）的配置文件管理机制实现的。dpkg 能够检测到用户对配置文件的改动，并在包更新时提供选项，让用户选择是保留修改、使用包的新版本，还是查看差异。
- 虚拟包和替代：deb 包允许创建虚拟包，这是一种没有实际内容的包，仅作为其他包的依赖存在。通过这种机制，可以建立复杂的依赖关系，例如，一个实际软件包可以提供多个虚拟包的功能，或多个包可以替代同一个虚拟包。
- 触发器：触发器允许 deb 包在安装、更新或删除时触发相关脚本执行。这对于处理诸如字体缓存更新、桌面数据库更新等任务特别有用，因为这样的任务只有在相关的包发生变化时才执行，避免了不必要的重复处理。

3.1.2　deb 包的管理

3.1.2.1　使用 dpkg 管理 deb 包

在 Debian 及其衍生系统中，dpkg（Debian Package）是最基础的包管理工具，尽管普通用户通常更多地通过 APT（Advanced Package Tool）这样的高级工具间接地使用 dpkg，但掌握 dpkg 的基本用法可以在系统管理中实现更精细的控制。

安装、卸载、配置及清除软件包是日常维护系统时的基本任务。了解如何使用 dpkg 来执行这些操作，将帮助用户有效地管理 Debian 系操作系统。表 3-2 列举了 dpkg 常见用法。

表 3-2　dpkg 常见用法

命　　令	解　　释
dpkg -i <package-file.deb>	安装或更新.deb 文件的软件包
dpkg -i ./*.deb	批量安装当前目录下的所有.deb 软件包
dpkg -r <package>	从系统中删除软件包，但保留其配置文件
dpkg --purge <package>	从系统中彻底删除软件包及其配置文件
dpkg -I <package-file.deb>	显示.deb 文件的详细信息，如版本、架构等
dpkg --unpack <package-file.deb>	解压.deb 文件，但不配置软件包
dpkg --configure <package>	配置或重新配置已解压但未配置的软件包

在银河麒麟桌面版中安装.deb 软件包时，有时会出现如图 3-4 所示的报错信息，这是因为操作系统"安全中心"的"应用保护"功能限制了未验证第三方软件包的安装。

可以打开"设置>安全中心>应用保护"，临时将应用程序"来源检查""应用程序执行控制""应用防护控制"关闭后再安装。

```
test@test-pc:~/下载$ sudo dpkg -i wps-office_11.1.0.11719_arm64.deb
dpkg: 处理归档 wps-office_11.1.0.11719_arm64.deb (--install)时出错:
 软件包wps-office_11.1.0.11719_arm64.deb验证失败，拒绝安装!
: 没有那个文件或目录
在处理时有错误发生:
 wps-office_11.1.0.11719_arm64.deb
test@test-pc:~/下载$
```

图 3-4 "拒绝安装"的报错信息

当遇到软件包数据库损坏时，可使用 dpkg --configure -a 命令尝试修复所有未正确配置的包。在安装过程中断时，可能产生未完全安装的软件包，这些软件包可能会妨碍进一步的包管理操作。dpkg --remove 和 dpkg --purge 命令分别提供了卸载和清除这些半安装包的手段。dpkg-query 命令允许用户执行更复杂的搜索查询，例如，使用正则表达式来定位软件包，其常见用法如表 3-3 所示。

表 3-3 dpkg-query 命令常见用法

命　　令	解　　释
dpkg-query -l	列出所有已安装的软件包
dpkg-query -s <包名称>	显示特定软件包的信息
dpkg-query -L <包名称>	列出特定软件包的文件位置
dpkg-query -S /path/to/file	搜索包含特定文件的软件包

高级 dpkg 用法还包括使用 dpkg 日志进行问题追踪，该日志存储在/var/log/dpkg.log 中，记录了所有 dpkg 活动的详细信息。通过文本处理工具，可以从日志中筛选出有用的信息，以解决问题或优化系统性能。

可先使用 dpkg --get-selections 导出所有已安装软件包的列表，在其他计算机上再使用 dpkg --set-selections 导入这些软件包列表，可以实现批量安装。配合备份工具和脚本可以实现软件配置的自动化备份与恢复，保证在系统故障时能够迅速重建服务。

3.1.2.2　使用 gdebi 安装 deb 包

dpkg 在安装 Debian 包时，若遇到依赖问题，则需要用户手动解决。而 gdebi 可以在安装 deb 包时自动下载并安装所需的依赖项，简化了安装过程。

（1）安装 gdebi 工具。

```
sudo apt-get update
sudo apt-get install gdebi
```

（2）使用 gdebi 安装 deb 包。

- 命令行形式：sudo gdebi <package_name.deb>。
- 图形用户界面形式：使用 gdebi-gtk 打开图形用户界面的 gdebi，选择 deb 包后再安装。

3.1.2.3　使用 APT 安装 deb 包

APT 作为 Debian 及其派生系统的默认包管理器，除了具有从远程软件仓库中下载安装软件等功能，也支持安装本地的.deb 格式的软件包，具体命令如下：

```
sudo apt install ./package_name.deb
```

3.1.2.4　小结

对于普通用户来说，gdebi 和 apt 是安装.deb 文件的最佳选择，因为它们都能够自动处理依赖问题，简化安装过程。而 dpkg 更适合有经验的用户或在特定情况下使用，比如已经手动解决了所有依赖问题时。在安装.deb 软件包的场景下，三者的比较见表 3-4。

表 3-4　dpkg、gdebi、apt 在安装.deb 软件包时的比较

特　　性	dpkg	gdebi	apt
自动解决依赖	否	是	是
图形用户界面支持	否	是（gdebi-gtk）	否
包信息显示	部分（通过 dpkg -I 查看）	是	是（通过 apt show 查看）
处理速度	快	中	中
占用系统资源	低	低	中
安装前检查依赖	否	是	是
使用简便性	中等	高	高
依赖错误处理	需要手动解决	自动提示并解决	自动提示并解决

3.1.3　APT 包管理器

APT 是 Debian 及其派生系统的包管理器，构建在 dpkg 之上，以其强大的依赖性处理能力和丰富的软件仓库而闻名。APT 具有自动解决依赖关系、提供易于使用的命令行工具（如 apt-get、apt-cache 等），以及稳定的软件更新机制等优点。

尽管 APT 极大地简化了软件管理过程，但是它也面临着一些挑战和限制。例如，APT 的软件仓库可能不包含某些特定的或最新的软件包，这时用户可能需要添加第三方仓库或下载.deb 包手动安装。现在，APT 已经经过改造，可以在支持 rpm（另外一种流行的 Linux 安装包格式）的系统上用来管理 rpm 包。

3.1.3.1　APT 配置文件

APT 包管理器的配置和管理数据大多存储在/etc/apt/目录下，该目录包含了多个配置文件和子目录，它们控制了 APT 的行为，包括软件源的位置、优先级规则等。理解/etc/apt/目录的结构及其包含的文件对于高效使用 APT 有很大帮助。

图 3-5 是 ARM64 架构的银河麒麟桌面版/etc/apt 目录结构（目录下的具体文件会因不同架构不同版本有所不同），在对该目录进行详细解析前，需要了解 APT 配置文件的语法格式。

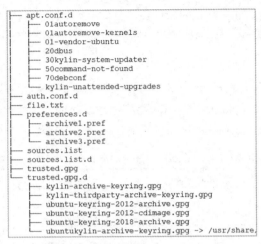

图 3-5　银河麒麟桌面版/etc/apt 目录结构

1. APT 配置文件基本语法

APT 配置文件的基本语法规则如下所述。

- 注释：以 // 或 # 开头的行被视为注释。
- 指令：指令以关键字开始，后跟一系列参数。参数可以是布尔值（True/False）、整数、字符串（通常需要用双引号括起来）、列表（使用 {} 包围，并用逗号分隔）。
- 作用域：配置项可以具有作用域，使用点 "." 来分隔不同的层级。

/etc/apt/目录及子目录下的配置文件按文件名的 "字母数字" 的升序依次被解析。

2. /etc/apt/apt.conf.d/目录解析

/etc/apt/apt.conf.d/目录中通常包含多个配置文件，每个文件可以包含一条或多条配置指令，用于修改 APT 的默认行为或添加新功能。这种分散的配置文件结构使得管理单个配置更加简单，同时避免了单一大文件可能带来的混乱。

在设置 APT 的代理服务器时，可以在该目录下创建配置文件，指定 APT 使用的代理信息，如创建一个名为 01proxy 的文件，并添加如下内容：

```
Acquire::http::Proxy "http://your-proxy-address:port";
Acquire::https::Proxy "http://your-proxy-address:port";
```

现在很多代理软件可以同时支持 HTTP 和 HTTPS 协议，一般 HTTP 和 HTTPS 填写同样的 IP 地址（域名）和端口即可。该目录下的其他文件一般无须修改。

3. /etc/apt/sources.list 文件解析

/etc/apt/sources.list 文件是 APT 配置的核心部分，它指定了 APT 获取的包信息和包的位置，即软件源。这些软件源可以是网络上的服务器，也可以是本地文件系统上的目录。sources.list 文件内容有两种语法格式：一种是传统的单行语法格式，另一种是较新的 Deb822 语法格式。

（1）单行语法格式。

符合单行语法格式时，在以.list 结尾的文件中，每个软件源占据一行。银河麒麟桌面版内置的/etc/apt/sources.list 内容如下，以此为例进行阐述。

```
deb http://archive.***.cn/kylin/KYLIN-ALL 10.1 main restricted universe multiverse
deb http://archive.***.cn/kylin/KYLIN-ALL 10.1-2303-updates main universe multiverse
restricted
deb http://archive2.***.cn/deb/kylin/production/PART-V10-SP1/custom/partner/V10-SP1
default all
```

单个条目不能连续到多行。.list 文件中的空行被忽略，任何位置的 "#" 字符后面部分是注释。sources.list 每行内容按照下面的语法格式组织。

```
类型 [选项]  URI 分发版 [组件1] [组件2] [...]
```

- 类型：指定软件源的类型，通常为 deb（二进制包）或 deb-src（源代码包）。
- [选项]：（可选）用于指定软件源的选项，多个选项间使用逗号 ","分隔。常见的选项如下所述。
  - arch=\<architecture>：指定支持的架构，例如 AMD64、i386、ARM64 等。不支持同时指定多个 CPU 架构。每个软件源条目只能指定一个架构。要支持多个架构，需要为每个架构单独定义一个条目。
  - trusted=yes：表示信任该源，不会进行 GPG[1]签名验证。
  - allow-insecure=yes：允许使用不安全的 HTTP 源（非 HTTPS）。
  - default-release=\<release>：指定默认的发布版本。
- URI：指定软件源的 URI（统一资源标识符）。URI 是一种字符串，可以是具体的资源（如网页、文件）或抽象的资源（如概念、服务）。一个完整的 URI 通常由以下几个部分组成。
  - 方案（Scheme）：指定资源的访问协议，如 HTTP、HTTPS、FTP 等。
  - 权限（Authority）：包括用户信息、主机名和端口号，通常以双斜杠//开头。
  - 路径（Path）：指定资源在服务器上的位置。
  - 查询（Query）：（可选）提供额外的参数，通常用于动态页面。

---

[1] GPG 是一种用于数据加密和签名的工具，可以生成密钥对（公钥和私钥），用于加密和解密数据，或验证数据的完整性和来源。

■ 片段（Fragment）：（可选）指定资源内的某个位置或部分。

例如在 http://archive.***.cn/kylin/KYLIN-ALL 这个 URI 中，http 是方案，archive.***.cn 是权限（包含了主机名 archive.***.cn 和省略的端口号 80），/kylin/KYLIN-ALL 是路径。

- 分发版：指定特定的分发版名，如 10.1、10.1-2303-updates 等。
- 组件：指软件库分类，如 main、restricted、universe、multiverse。
  - main：表示官方支持的，并且完全遵循自由软件准则的软件包。
  - restricted：表示官方支持的，但不完全遵循自由软件准则的软件包。
  - universe：表示由社区维护的开源软件，不保证安全更新和维护。
  - multiverse：包含可能受到法律或版权问题限制的软件包。这些软件可能是非自由或专有的，包括一些受版权保护的软件、游戏、字体等。

上面将单行语法格式拆开了详细讲解，看似复杂，但无论是 "http://archive.***.cn/kylin/KYLIN-ALL 10.1 main restricted universe multiverse"，还是 "http://archive.***.cn/kylin/KYLIN-ALL 10.1-2303-updates main universe multiverse restricted" 最终总是要和服务器端的文件目录结构一一对应的。图 3-6 是软件仓库服务器端的文件目录结构，通过该图可以比较直观地理解单行语法格式中各个组成部分的相对关系。

单行语法格式的优点是，当前所有 APT 版本都支持，内容相对紧凑、容易人类解析。缺点是不便机器解析，因为其包括了多个部分，每个部分都有多个变种。为了解决单行语法格式机器解析不便的问题，推出了 Deb822 语法格式。

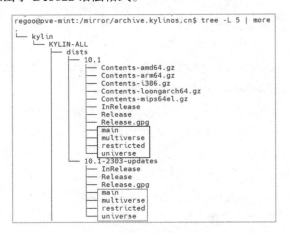

图 3-6　软件仓库服务器端的文件目录结构

（2）Deb822 语法格式。

对于 Deb822 语法格式，每个文件都需要 .sources 作为文件扩展名，每个软件源都在单个"配置节"中进行配置，每行明确描述源的功能。大多数选项还允许配置值列表，可以在单个软件源中定义多个镜像（Mirror）或多个套件。也就是说，Deb822 格式表达能力更强，Deb822 格式对 APT 软件的版本有要求，APT v1.1 以后的版本才支持。有个别 Linux 发行版的最新版，例如 Ubuntu 24.04 的 APT 软件源已默认采用了 Deb822 格式。Deb822 格式的软件源形式如下（包含了两个配置节）：

```
Enabled: yes
Types: deb deb-src
URIs: http://***.com/ubuntu
Suites: disco disco-updates disco-security disco-backports
Components: main universe multiverse restricted

X-Repolib-Name: Pop!_OS PPA
Enabled: yes
Types: deb
URIs: http://ppa.***.net/system76/pop/ubuntu
Suites: disco
Components: main
```

4. /etc/apt/sources.list.d/目录解析

/etc/apt/sources.list.d/目录放置第三方额外的软件源，而不是添加到 sources.list 文件中。这使得管理额外软件源更加灵活。自定义源的添加方法如下：创建一个以 .list 为扩展名的文件，将其放置在 sources.list.d/目录下，文件格式与 sources.list 条目格式相同。

5. /etc/apt/preferences.d/目录解析

与 sources.list.d 目录类似，preferences.d 目录允许用户将软件包优先级配置分散到单独的文件中，以便更好地组织和管理。该目录下的 preferences 文件允许用户自定义包的优先级，这对于混合使用多个软件源、避免自动更新到不稳定版本或者解决依赖性问题非常有用。

文件内容语法如下所示。

```
Package: 包名
Pin: Pin 规则
Pin-Priority: 优先级
```

- 包名：可以是具体的包名，也可以用通配符*表示所有包。
- Pin 字段定义了包的来源或特征。常见的 Pin 规则如下所述。
  - release：指定发布版本。
  - origin：指定包来源的主机名。
  - codename：指定发布代码名。
  - archive：指定发布仓库（例如 stable、testing）。
  - version：指定包的版本。

- label：指定包的标签。
- 优先级：整数值，APT 根据这个值来决定包的安装或升级优先级。已安装软件的默认优先级通常是 1000。
  - 大于 1000：APT 将会强制安装该版本，即使会导致系统损坏。
  - 100~1000：APT 将尝试安装指定版本，除非有特定版本已被安装。
  - 0~100：APT 不会自动安装该版本，但可以手动安装。
  - 负值：APT 将完全忽略该版本。

下面通过几个例子展示该目录下配置文件的用法。

（1）例 1：优先使用特定版本的包。

```
Package: mypackage
Pin: version 1.2.3
Pin-Priority: 1001
```

这将强制安装版本 1.2.3 的 mypackage，即使有其他更新版本。

（2）例 2：优先使用来自特定来源的包。

```
Package: *
Pin: origin "archive.ubuntu.com"
Pin-Priority: 700
```

这将优先从 archive.ubuntu.com 安装所有包。

（3）降低 testing 版软件包的优先级。

```
Package: *
Pin: release a=testing
Pin-Priority: 50
```

这将降低 testing 仓库中所有包的优先级，除非没有其他候选项。

银河麒麟桌面版/etc/apt/preferences.d/目录下有 archive1.pref ~ archive4.pref 四个文件，使用命令 `cat /etc/apt/preferences.d/*`可同时查看这几个文件的内容（如图 3-7 所示）。

```
→  ~ cat /etc/apt/preferences.d/*
# 本文件由源管理器管理，会定期检测与修复，请勿修改本文件
Package: *
Pin: release a=10.1-2303-updates
Pin-Priority: 500
# 本文件由源管理器管理，会定期检测与修复，请勿修改本文件
Package: *
Pin: release a=10.1
Pin-Priority: 500
# 本文件由源管理器管理，会定期检测与修复，请勿修改本文件
Package: *
Pin: release a=V10-SP1
Pin-Priority: 500
# 本文件由源管理器管理，会定期检测与修复，请勿修改本文件
Package: *
Pin: release a=.tags--10.1-2303-bugfix-limit--quality-0829
Pin-Priority: 500
```

图 3-7　银河麒麟桌面版包含的 4 个 preferences 文件

6. /etc/apt/trusted.gpg.d 目录解析

原先用于存储系统信任 GPG 密钥的文件/etc/apt/trusted.gpg 已被废弃,现在建议将软件源的 GPG 密钥存储在/etc/apt/trusted.gpg.d 目录下的单独文件中,以提高系统的安全性。GPG 密钥用于 APT 验证从不同软件源下载的软件包的真实性。

APT 使用/etc/apt/trusted.gpg.d 目录中的 GPG 密钥来验证软件包的方式如下所述。

- 软件包签名验证:当 APT 下载软件包时,软件包会附带数字签名。APT 会使用 /etc/apt/trusted.gpg.d 目录中的 GPG 密钥来验证这些签名的真实性。
- 密钥匹配:APT 会检查软件包签名中使用的密钥是否存在于/etc/apt/trusted.gpg.d 目录中, 如果存在匹配的密钥,则软件包被视为受信任。

通过验证软件包的签名,APT 可以确保软件包在传输过程中没有被篡改或损坏。如果软件包的签名无法通过 GPG 密钥验证,APT 就会发出警告并拒绝安装该软件包。

3.1.3.2 APT 主要命令和操作

APT 包管理器主要由 apt-get、apt-cache、apt-mark 等几个命令行工具组成,如图 3-8 所示。 APT 可以智能地从安装来源下载最新版本的软件并且安装,而无须在安装后重启电脑(除更新系统内核外)。

```
test@test-pc:~$ sudo apt
apt              aptd                 apt-get              apt-sortpkgs
apt-cache        aptdcon              apt-key
apt-cdrom        apt-extracttemplates apt-mark
apt-config       apt-ftparchive       apt-p2p
```

图 3-8 银河麒麟系统中以 apt 开头的命令行工具

APT 中的软件包有三种关联性:依赖项、建议项和推荐项。

- 依赖项:这些是必须安装的软件包,以确保目标软件包能够正常运行。
- 建议项:这些是软件包维护者认为大多数用户在安装目标软件包时也应该安装的软件包,但不是必需的。
- 推荐项:这些是与目标软件包相关的软件包,可以增强其功能,也不是必需的。

(1)apt 命令。

apt 命令用法如表 3-5 所示。

表 3-5 apt 命令用法示例

命 令	解 释
apt list --installed	列出已安装的包
apt list --upgradable	列出可升级的包
apt list nginx*	列出所有以 nginx 开头的包

命　令	解　释
apt search nginx	搜索软件包名称或描述中包含 nginx 的所有包
apt search nginx --names-only	仅搜索软件包名称中包含 nginx 的所有包
apt search ^python	使用正则表达式搜索以"python"开头的软件包名称
apt search python$	使用正则表达式搜索以"python"结尾的软件包名称
apt show nginx	显示一个包的详细信息，如版本、依赖关系等
apt install nginx	正常安装软件包，自动解决依赖关系
apt install nginx --download-only	仅下载指定包，不安装
apt install nginx --simulate	模拟安装过程，不会实际安装包
apt install --reinstall nginx	重新安装指定的软件包
apt install --install-suggests nginx	同时安装建议的软件包
apt install git=1:2.45.2	安装指定版本的 git
apt reinstall nginx	重新安装指定的软件包
apt satisfy nginx	检查并安装满足指定软件包依赖性的包
apt satisfy 'nginx>=1.14'	确保安装的 nginx 版本至少为 1.14
apt remove nginx	移除指定的软件包，但不删除配置文件
apt remove nginx --purge	删除软件包及其相关的配置文件
apt autoremove	自动移除不再需要的包
apt autoremove --purge	--purge 选项同时删除配置文件
apt update	更新软件包列表，从而知道有哪些可用的更新
apt upgrade	升级所有可升级的包或指定包
apt upgrade nginx	仅升级 nginx 包
apt full-upgrade	完全升级，可能会移除某些包以满足依赖关系
apt-mark hold nginx	nginx 无法被安装、升级或卸载
apt-mark unhold nginx	恢复 nginx 可供更新

（2）apt-get 命令。

apt-get 命令包含而 apt 命令不包含的子命令如表 3-6 所示。

表 3-6　apt-get 相比 apt 的差异部分

命　令	解　释
apt-get build-dep <package>	安装构建软件包所需的构建依赖项
apt-get build-dep --no-install-recommends <package>	安装构建依赖但跳过推荐包
apt-get check	更新缓存并检查是否有损坏的依赖
apt-get dselect-upgrade	使用 dselect 的结果进行升级操作
apt-get purge <package>	删除包含配置文件的软件包

续表

命　　令	解　　释
apt-get purge --auto-remove <package>	删除包含配置文件的软件及其依赖
apt-get source <package>	下载指定包的源代码
apt-get source --compile <package>	下载源代码，编译并安装
apt-get download <package>	仅下载指定包而非安装
apt-get changelog <package>	下载指定软件包，并显示其变更日志
apt-get clean	清空整个 /var/cache/apt/archives/ 目录，删除所有缓存的.deb 文件
apt-get autoclean	只删除/var/cache/apt/archives/下软件包的旧版本。与 clean 命令相比，autoclean 更加保守，它会保留可能仍然有用的包文件

（3）apt-cache 命令。

apt-cache 命令用法如表 3-7 所示。

表 3-7　apt-cache 命令用法

命　　令	解　　释
apt-cache madison <package>	显示软件包<package>在各软件源上的版本
apt-cache show <package>	显示软件包<package>所有可用版本的详细信息
apt-cache show --no-all-versions <package>	显示<package>在当前系统上可安装的最新版本的详细信息，而非所有版本
apt-cache search keyword	在包描述中搜索含有 keyword 的包
apt-cache search --names-only keyword	仅在包名中搜索 keyword，不搜索描述
apt-cache search --full keyword	显示包含 keyword 的包的完整记录
apt-cache depends <package>	显示软件包<package>的依赖关系
apt-cache depends --recurse <package>	递归显示软件包<package>的依赖关系
apt-cache rdepends <package>	显示哪些包依赖软件包<package>
apt-cache rdepends --installed <package>	仅显示已安装的包依赖软件包<package>
apt-cache pkgnames	列出 APT 数据库中所有包的名称
apt-cache pkgnames <prefix>	列出 APT 数据库中以 prefix 为前缀的包名
apt-cache policy	显示已安装软件包的版本和可用版本
apt-cache policy <package>	显示特定软件包<package>的版本和来源优先权信息
apt-cache dump	打印 APT 缓存中所有包的详细信息
apt-cache dumpavail	打印可用的所有包列表信息，通常用于帮助调试
apt-cache unmet	显示具有未满足依赖关系的包

命　令	解　释
`apt-cache unmet --auto`	仅显示可能会被 `apt-get autoremove` 删除的包的未满足依赖信息
`apt-cache stats`	显示 APT 缓存的统计信息
`apt-cache showpkg <package>`	显示软件包<package>的所有可用版本及其依赖关系

3.1.3.3　APT 离线使用

在离线环境下使用 apt 命令安装软件包，需要提前下载所需的软件包及其依赖项，并将它们传输到目标系统。要求下载软件包的计算机系统架构最好与离线环境下的目标计算机系统架构完全一致。

1. 方法 1：使用 apt-offline 辅助工具

apt-offline 是一个专门用于离线管理 APT 软件包的软件工具。它允许在离线系统上生成请求文件，然后在有网络连接的系统上下载所需的包，最后将下载的包回传到离线系统进行安装。

（1）在离线系统上生成请求文件。

安装 apt-offline：

```
sudo apt-get install apt-offline
```

生成请求文件：

```
sudo apt-offline set ./apt-offline.sig
```

在当前路径下，生成一个名为 apt-offline.sig 的请求文件，包含了当前系统上所有需要更新或安装的软件包信息。

（2）在有网络连接的计算机上下载包。

将请求文件传输到有网络连接的计算机上，使用 apt-offline 下载所需的软件包：

```
sudo apt-offline get ./apt-offline.sig --bundle ./apt-offline.zip
```

这将下载所有需要的软件包，并将它们打包成为 apt-offline.zip 文件。

（3）在离线计算机上安装下载的软件包。

首先将下载的 apt-offline.zip 文件传回离线计算机，然后在离线计算机上使用 `apt-offline` 安装下载的软件包：

```
sudo apt-offline install /path/to/apt-offline.zip
```

2. 方法 2：手动下载和安装软件包

如果不使用 `apt-offline`，也可以手动下载和安装所需的软件包及其依赖项。

（1）在有网络连接的计算机上下载软件包。

在有网络连接的系统上，使用 `apt-get download` 下载所需的软件包及其依赖项。例如，要下载 vim 这个软件包：

```
sudo apt-get download $(sudo apt-cache depends --recurse --no-recommends --no-suggests
--no-conflicts --no-breaks --no-replaces --no-enhances vim | grep "^\w" | sort -u)
```

这将下载 vim 及其依赖项的.deb 文件，然后将所有下载的.deb 文件打包成一个压缩文件或使用其他方式传输到离线计算机。

（2）在离线计算机上安装软件包。

将下载的.deb 文件传回离线计算机，然后在离线计算机上进入.deb 文件所在目录，使用 dpkg 安装当前目录下的所有.deb 文件。例如：

```
sudo dpkg -i ./*.deb
```

如果有依赖关系问题，可以使用 `apt-get -f install` 来修复依赖关系：

```
sudo apt-get -f install
```

3. 方法 3：利用缓存的 deb 包搭建软件源

当使用 APT 安装或更新软件包时，APT 会将下载的.deb 软件包存放在/var/cache/apt/archives/ 目录下。如果需要重新安装软件包，APT 就可以直接使用这个目录中的缓存文件，无须再次从网络下载，从而节省带宽，加快安装速度。

可以将这些缓存的软件包制作成 APT 可以使用的软件源，复制到离线环境后使用。具体步骤如下：

（1）在联网计算机上，将/var/cache/apt/archives/目录下的 deb 包复制到新的文件夹中，比如 /home/<username>/repository/。

```
mkdir ~/repository/
cp /var/cache/apt/archives/*.deb ~/repository/
```

（2）生成压缩版的 Packages.gz 文件，Packages.gz 文件包含了当前目录中的所有.deb 软件包的元数据，包括软件包名称、版本、依赖关系等信息。这个文件是 APT 识别软件源所必需的。

```
cd ~/repository
sudo dpkg-scanpackages . /dev/null | gzip -9c > Packages.gz
```

（3）将联网计算机上的目录~/repository/复制到离线环境。

（4）在离线计算机上，编辑 sources.list 文件，将软件源添加到其中：

```
deb [trusted=yes] file:/home/<username>/repository/ /          # 最后的 "/" 不可省略
```

请将上面 file:后面的路径修改为 repository 实际存放路径。上面这一行内容的最后是 "/"，表示该软件源不特定于任何发行版或组件，这样 APT 就会尝试从这个源中获取所有可用的软件包。

（5）重新加载软件包索引：

```
sudo apt update
```

通过以上步骤，就可以利用/var/cache/apt/archives/下的 deb 包构建自己的软件源了。

4. 方法 4：使用系统安装光盘（或系统安装光盘文件）搭建本地源

通常 Linux 发行版是可以将安装光盘制作成本地软件源使用的，例如，Ubuntu、CentOS 都可以将安装光盘制作成本地软件源。理论上，银河麒麟桌面版作为 Ubuntu 的衍生版，应该也可以这么做。但经测试银河麒麟桌面版安装盘中的 Release 文件被删除了（Release 文件记录了文件的哈希值）。由于运行 `sudo apt update` 的时候会先校检 Release 文件的签名信息，如果不符合则认为是无效的仓库。银河麒麟桌面版安装光盘只内置了有限几种 deb 包，如图 3-9 所示。

```
→ iso find ./ -type f | grep "\.deb"
./apps-third/debs/biometric-driver-ft9348_0.2.2-2kord_arm64.deb
./apps-third/debs/qaxsafe_8.0.5-5140_arm64.deb
./apps-third/debs/biometric-driver-yw176_0.9.61kord8_arm64.deb
./apps-third/debs/hplip-data_3.20.3+dfsg0-2_all.deb
./apps-third/debs/hplip_3.20.3+dfsg0-2_arm64.deb
./apps-third/debs/pantump3500driver_1.0kord1_ccis2.7_arm64.deb
./apps-third/debs/hp-printer-hplip-3.20.3_2.1kord_arm64.deb
./apps-third/debs/pantum-p3506dn_2.2.5kord_arm64.deb
./apps-third/debs/printer-ricoh-gestetner-customization-postscript-ppds_1.0.0.0_all.deb
./apps-third/debs/sc-reader_2.5.1_arm64.deb
./apps-third/debs/lib3506_2.2.5kord_arm64.deb
./apps-third/debs/wps-office_11.8.2.10953.AK.preload.sw.withsn_arm64.deb
./pool/main/k/kylin-gpu-tools/kylin-gpu-tools_1.2.0.0-0k0.1_arm64.deb
./pool/main/p/preinstalled-apps/preinstalled-apps_1.0.0.6-0k0.7_arm64.deb
./pool/main/b/binutils/binutils-x86-64-linux-gnu_2.34-6kylin1.4k0.1_arm64.deb
./pool/multiverse/b/b43-fwcutter/b43-fwcutter_1%3a019-4_arm64.deb
```

图 3-9　银河麒麟桌面版安装光盘可选 deb 包

这些 deb 包对应的就是在安装系统时可选的几款软件，如图 3-10 所示。

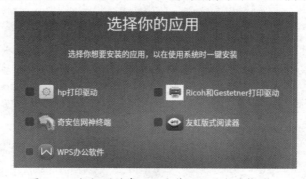

图 3-10　银河麒麟桌面版安装时软件包选择界面

因此，银河麒麟桌面版不需要、也无法直接搭建光盘软件源。

3.1.3.4　APT 的安全特性

APT 使用 GPG 对软件包进行签名和验证，以确保包的完整性和来源的可信度，这一机制称为 apt-secure。

1. apt-secure 的工作机制

apt-secure 是 APT 的一个安全特性，用于验证软件包的来源和完整性。它通过签名和验证机制，确保从仓库下载的包是可信的。

（1）包签名与验证过程。

- 包签名：开发者使用私钥对软件包进行签名。
- 发布：签名的包上传到软件仓库。
- 下载：用户使用 APT 下载软件包。
- 验证：APT 使用仓库的公钥验证包的签名。

（2）Release 文件和 InRelease 文件。

APT 使用多个文件来管理软件包仓库和包的元数据，其中 Release 文件和 InRelease 文件是两个重要的文件。Release 文件是包含仓库元数据的文件，描述了软件包仓库的各个部分包含的包以及这些包的元数据。它主要用于确保仓库的一致性和完整性。InRelease 文件是 Release 文件的增强版本，它不仅包含 Release 文件中的所有内容，还包括一个内嵌的 GPG 签名。

2. 使用 apt-key 命令管理密钥

apt-key 是一个用于管理 APT 的 GPG 密钥的命令行工具。它可以添加、删除和列出系统信任的密钥（如表 3-8 所示）。表 3-8 中的 `apt-key adv` 是 apt-key 的子命令，提供了与 GPG 交互的高级功能。

表 3-8　apt-key 命令用法示例

命　　令	解　　释
`apt-key list`	列出系统中所有已添加的 APT 密钥
`apt-key add /path/to/keyfile.asc`	从本地文件中导入密钥
`wget -qO - https://example.com/repo-key.gpg | apt-key add -`	从 URL 获取并添加 GPG 公钥
`apt-key del <key-id>`	删除指定的密钥
`apt-key fingerprint <key-id>`	显示指定密钥的指纹信息
`apt-key update`	更新所有密钥（已弃用）
`apt-key adv --keyserver <keyserver> --recv-keys <key-id>`	从指定的密钥服务器下载并导入密钥
`apt-key adv --export <key-id> > exported-key.asc`	导出指定的密钥到文件

3. 密钥相关故障处置

（1）案例 1。

在使用 APT 的过程中，特别是在添加 PPA 仓库（后文将详细讲解）时，经常会遇到如图 3-11 所示的错误。

```
错误:4 https://ppa.launchpadcontent.net/rael-gc/rvm/ubuntu jammy InRelease
由于没有公钥，无法验证下列签名:    NO PUBKEY 8094BB14F4E3FBBE
```

图 3-11　缺少公钥错误

该错误通常是由于 PPA 仓库的公钥未导入到系统中，导致 APT 无法验证软件包的签名而引起的。遇到此类故障，可以使用如下命令添加缺少的公钥：

```
sudo apt-key adv --keyserver hkp://keyserver.ubuntu.com:80 --recv-keys 8094BB14F4E3FBBE
```

命令中的 hkp://keyserver.ubuntu.com:80 为存储公钥的服务器（称之为 keyserver），可用的 keyserver 包括如下这些。

```
keyserver.ubuntu.com
pgp.mit.edu
subkeys.pgp.net
www.gpg-keyserver.de
```

（2）案例 2。

图 3-12 展示了使用在线脚本安装某软件时的报错信息，这是另一种缺少公钥错误的示例。

```
Downloading https://github.com/rvm/rvm/releases/download/1.29.12/1.29.12.tar.gz.asc
gpg: 签名建立于 2021年01月16日 星期六 02时46分22秒 CST
gpg:         使用 RSA 密钥 7D2BAF1CF37B13E2069D6956105BD0E739499BDB
gpg: 无法检查签名: 没有公钥
GPG signature verification failed for '/home/test/.rvm/archives/rvm-1.29.12.tgz' - 'https://github.com/rvm/rvm
/releases/download/1.29.12/1.29.12.tar.gz.asc'! Try to install GPG v2 and then fetch the public key:

    gpg2 --keyserver hkp://keyserver.ubuntu.com --recv-keys 409B6B1796C275462A1703113804BB82D39DC0E3 7D2BAF1CF
37B13E2069D6956105BD0E739499BDB
```

图 3-12　GPG 缺少公钥错误

这类错误处置步骤如下所述。

按照图 3-12 中提示，执行下面的命令获取缺失的公钥：

```
gpg2 --keyserver hkp://keyserver.ubuntu.com --recv-keys 409B6B1796C275462A1703113804BB
82D39DC0E3 7D2BAF1CF37B13E2069D6956105BD0E739499BDB
```

导出所有 GPG 公钥：

```
gpg --export --armor > all-gpg-keys.asc
```

将密钥文件复制到/etc/apt/trusted.gpg.d/：

```
sudo cp all-gpg-keys.asc /etc/apt/trusted.gpg.d/
```

通过这种方式，可以确保将 GPG 管理的所有密钥都导入 APT 的密钥环中。

3.1.3.5　麒麟系统软件源配置

使用官方内置源时，无须任何操作。仅在使用其他镜像源（Mirror）时，需要修改 /etc/apt/sources.list 文件，根据不同版本，将原始 sources.list 中的网址替换为镜像源的网址即可。也可以使用后面介绍的通用换源工具 chsrc、X-CMD 的 mirror 模块，进行操作系统软件源的切换。

在使用软件镜像源时，存在一个问题需要解决。正如下面的/etc/apt/sources.list 文件第一行所提示的，银河麒麟会不定期地检测 sources.list 内容，若发现其被修改了，则会将其还原为官方源。

```
# 本文件由源管理器管理，会定期检测与修复，请勿修改本文件
deb http://archive.***.cn/kylin/KYLIN-ALL 10.1-2303-updates main universe multiverse r
estricted
deb http://archive.***.cn/kylin/KYLIN-ALL 10.1 main restricted universe multiverse
deb http://archive2.***.cn/deb/kylin/production/PART-V10-SP1/custom/partner/V10-SP1 d
efault all
```

此外，在系统启动和手动检查系统更新的时候（如图 3-13 所示），银河麒麟桌面版都会检测 sources.list 是否被修改过，若被修改过则会进行还原。

图 3-13　手动检查系统更新

为了防止自定义的软件源被还原，一个简单的方法就是在添加完镜像源后，将文件/etc/apt/sources.list 设置为不可更改，使用 chattr +i 命令就可以实现该功能：

```
sudo chattr +i /etc/apt/sources.list
```

需要修改该文件时，使用下面的命令取消修改保护：

```
sudo chattr -i /etc/apt/sources.list
```

3.1.3.6 APT 故障处置

APT 故障可以分为多种类型，以下是一些常见的故障类型及其表现形式。

- 软件包无法下载或安装：系统提示无法连接到软件源，或下载过程中出现错误。
- 存在损坏的软件包：系统提示有损坏的软件包，无法进行安装或升级操作。
- 软件包依赖冲突：安装或升级软件包时出现依赖冲突错误，无法完成操作。
- 锁文件问题：APT 被其他进程占用，提示锁文件存在，无法进行操作。

APT 故障的排查和解决需要系统化的方法，以确保问题能够迅速定位和解决。

（1）APT 故障排查步骤。

在处理 APT 故障时，可以按照以下步骤进行排查：

a）检查网络连接。

b）更新软件源列表：使用 `sudo apt-get update` 命令更新软件源列表，确保获取最新的软件包索引信息。

c）清理缓存和锁文件：使用 `sudo apt-get clean` 命令清理 APT 缓存。

d）删除锁文件：`sudo rm /var/lib/apt/lists/lock` 和 `sudo rm /var/cache/apt/archives/lock`。

e）检查系统日志。使用命令 `dmesg`、`journalctl` 查看系统日志。

f）查看 APT 日志。APT 日志文件为/var/log/apt/term.log 和/var/log/apt/history.log。

（2）典型故障处置。

- 存在损坏的软件包：

```
sudo dpkg --remove --force-remove-reinstreq <package_name>        # 手动删除损坏的软件包
sudo apt-get install -f                                           # -f 是--fix-broken 的缩写
```

- 软件包依赖冲突。

使用 apt-cache policy 检查依赖：

```
apt-cache policy <package_name>
```

手动解决依赖冲突：

```
sudo apt-get install <conflicting_package>
sudo apt-get install <desired_package>
```

3.1.3.7 使用 X-CMD 强化 APT

X-CMD 的 APT 模块增强了 apt 命令的使用体验（如图 3-14 所示），主要体现在以下几点。

- 提供交互式 UI，以便用户更好地搜索和安装软件。

- 提供 mirror 命令用于管理镜像源，以便用户可以根据情况快捷地更换合适的 APT 镜像源（暂不支持 Kylin 系统）。
- 提供 proxy 命令，以便用户能够更灵活地管理 APT 的代理。
- 对于必须要 sudo 权限才能执行的命令，X-CMD 对其进行了包装，保证所有命令的格式统一为 x apt <subcmd>。

```
→ ~ x apt -h
NAME:
    apt - apt 命令增强

TLDR:
    使用交互式 UI 来选择需要安装的应用
        x apt
    使用 OSV-Scanner 检查已安装软件包依赖项中的现有漏洞
        x apt osv
    使用 apt 安装 curl
        x apt install curl
    更新可用软件包列表
        x apt update

ARGS:
    #n     继承 `apt` 子命令或参数选项

SUBCOMMANDS:
    ---- Enhance ----
    osv          使用 OSV-Scanner 检查已安装软件包依赖项中的现有漏洞
    i|install    通过 apt 安装应用
    mirror       设置 apt 的镜像源
    proxy        显示或更改 apt 当前使用的代理
    nv           使用交互式 UI 来选择需要安装的应用
    fz           使用 fzf 作为交互式 UI 来选择需要安装的应用
    ls           列出已安装软件
    la           列出可安装的软件

运行 'x apt <SUBCOMMAND> --help' 以获取有关命令的更多信息
```

图 3-14　X-CMD 的 apt 命令用法

3.1.4　APT 前端

APT 实质上是一个后端管理器，其主要任务是确保系统的稳定性和软件的完整性。为了使这些功能更易于用户使用，存在多种前端工具，它们通过 APT 提供的功能与用户进行交互。上一节讲解的以 apt 开头的命令行工具只是官方默认的 APT 前端，除此之外，还有其他多种 APT 前端可供选择。

3.1.4.1　Aptitude

Aptitude 是 APT 前端之一，它在 apt 命令基础之上增加了额外的功能，如提供更易于使用的界面、更强大的搜索能力，以及一个独特的依赖解决系统。Aptitude 可以通过命令行界面（CLI）和基于字符的图形用户界面（TUI 界面）两种方式使用，这让用户可以根据自己的喜好或需求选择合适的操作方式。

Aptitude 的字符图形用户界面（如图 3-15 所示）提供了一个更直观的方式来浏览和管理软

件包。在这个界面中，用户可以利用键盘导航来选择软件包，查看软件包的详细信息，并执行
安装、卸载等操作。这个界面特别适合那些喜欢通过视觉界面进行操作而不是命令行的用户。

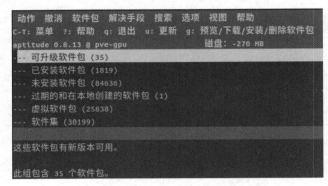

图 3-15　Aptitude 的字符图形界面

相比 apt 命令，Aptitude 在以下方面更为优异。

- 用户界面：apt 是命令行工具，虽然易于使用，但在处理复杂依赖和冲突时可能不如 Aptitude 直观。Aptitude 提供了一个文本模式的图形用户界面，使得包管理更直观和友好。

- 依赖处理：Aptitude 在处理包依赖和冲突方面比 apt 更为先进。它会尝试以多种方式来解决依赖问题，并给出解决方案供用户选择。

- 搜索功能：Aptitude 的搜索功能比 apt 更为强大和灵活，支持复杂的搜索模式和条件。

- 日志记录：Aptitude 会记录所有用户操作及其结果，方便日后审查和追踪。而 apt 的日志功能相对较弱。

- 自动删除无用包：Aptitude 在卸载软件包时能够更好地处理不再需要的依赖包，自动提议移除它们。而在 apt 中，需要额外的命令 autoremove 来完成这一任务。

（1）Aptitude 的安装与使用。

```
sudo apt install aptitude        #安装 Aptitude
sudo aptitude                    #打开 Aptitude 的 TUI 界面
```

Aptitude 的基础用法可参考其帮助信息：

```
sudo aptitude --help
man aptitude
```

银河麒麟仓库中的 Aptitude（版本号 0.8.12）存在 Bug，在运行 `sudo aptitude` 命令后，Aptitude 的字符图形用户界面未完全打开时就会闪退，在 x86 架构、ARM 架构下均是如此，不过这不影响在命令行界面使用 aptitude 命令修复依赖错误，这也是 Aptitude 最常见的应用场景。

（2）使用 Aptitude 管理包状态.

Aptitude 使用 hold、unhold、markauto 和 unmarkauto 操作来管理包的状态。例如，如果想阻止某个软件包升级，则可使用 hold 命令：

```
sudo aptitude hold firefox
```

该命令阻止 Firefox 浏览器升级。要取消 hold，可以对其进行 unhold 操作。

（3）使用 Aptitude 修复损坏的包。

在使用 apt 的过程中，偶尔会出现软件包安装失败或中断造成软件包损坏的情况，此时可以再次使用 Aptitude 安装同样的软件包，Aptitude 会自动给出解决方案，待用户确认后就自动执行。

3.1.4.2 Synaptic

Synaptic，又称"新立得包管理器"，以其直观的图形用户界面（如图 3-16 所示）和强大的功能受到广大基于 Debian 系统用户的青睐。使用下面的命令安装、运行 Synaptic：

```
sudo apt install synaptic
synaptic
```

图 3-16 Synaptic 主界面

尽管许多用户可能熟悉了 Synaptic 基本的软件包管理能力，如安装、更新和卸载软件，但 Synaptic 还提供许多高阶功能，这些功能可以让用户对系统的软件管理进行更细致的控制。高级搜索功能是使用 Synaptic 进行高效包管理的关键。例如，不仅可以按软件包名称进行搜索，还可以基于包组别、包状态（已安装、未安装、可升级等）、维护者或版本进行过滤，如图 3-17 所示。

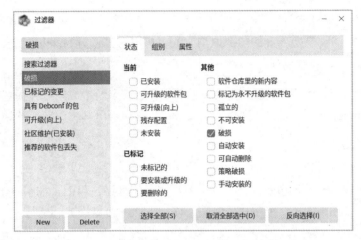

图 3-17　Synaptic 搜索过滤器

Synaptic 支持以可视化方式管理软件源，如图 3-18 所示。

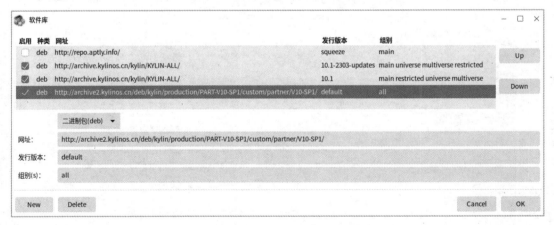

图 3-18　以可视化方式管理软件源

Synaptic 支持对软件包进行批量操作，步骤如下：

（1）打开 Synaptic 并搜索需要处理的软件包。

（2）使用鼠标选择相关包，可以同时按住 Ctrl 或 Shift 键来选择多个包。

（3）右击选择包集合，然后选择需要执行的操作（如安装、移除或彻底删除）。

Synaptic 支持对软件包进行版本锁定和版本回滚，如图 3-19、图 3-20 所示。

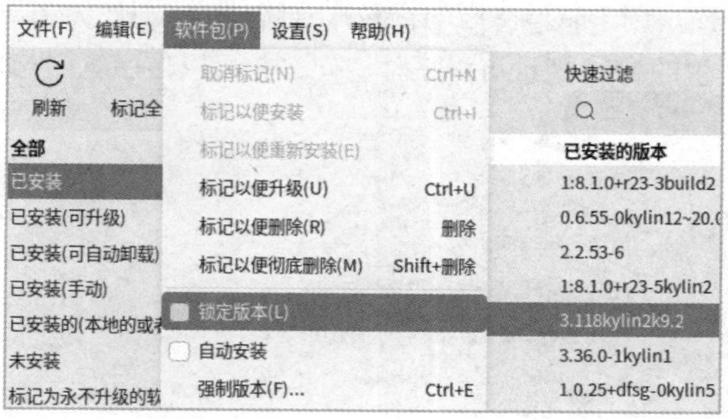

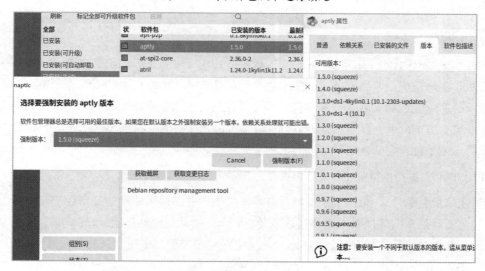

图 3-19 对软件包版本进行锁定

图 3-20 对软件包版本进行回滚

3.1.4.3 麒麟软件商店

麒麟软件商店源自优麒麟社区，自银河麒麟桌面操作系统 V4 版本开始广泛应用。在最新版本的银河麒麟桌面操作系统 V10 中，软件商店版本再度升级，UKUI 界面得到进一步优化。目前，麒麟软件商店作为银河麒麟桌面操作系统不可或缺的一部分，已经成为大多数普通用户下载、安装、更新日常软件的首选途径。

作为 APT 的前端之一，麒麟软件商店的软件源同样由配置文件/etc/apt/sources.list 决定。经测试在离线环境下，当/etc/apt/sources.list 使用自托管的软件源时，可以正常使用软件商店的软件安装功能。

图 3-21 是麒麟软件商店设置界面中的"服务器地址设置"部分，这里的服务器地址并不是软件源的服务器地址，而是用于软件商店的在线账号管理的。即使无法访问这里的服务器地址，只要/etc/apt/sources.list 里的 URI 地址可以正常访问，就可以使用 APT 和软件商店安装软件。

图 3-21　麒麟软件商店设置界面中的"服务器地址设置"部分

3.1.5　PPA

PPA（Personal Package Archives，个人软件仓库）是 Canonical 公司为 Ubuntu 操作系统及其衍生版本用户提供的专属服务。该服务允许个人用户和开发者上传 Ubuntu 软件包，其他用户可通过简易命令添加和安装这些软件包。PPA 不仅为开发者提供了发布软件的平台，更为用户打开了获取官方 Ubuntu 仓库以外的软件的大门。自 2009 年推出以来，PPA 助力 Ubuntu 及其衍生版软件实现了创新与快速迭代。

使用 PPA 的主要优势如下所示。

- 获取最新软件版本：Ubuntu 的官方仓库可能不总是提供软件的最新版本。PPA 允许用户安装最新的软件版本，甚至是预发布版本，使他们能够体验最新的功能。
- 简化小型项目或独立开发者的发布流程：对于小型项目或独立开发者而言，将软件纳入 Ubuntu 的官方仓库可能是一个漫长且复杂的过程。PPA 为这些开发者提供了一个直接向用户分发软件的渠道。
- 促进软件开发和测试：开发者和测试人员可以利用 PPA 来分发和测试新版本的软件，这有助于在软件最终发布前发现并修复潜在的错误。

PPA 主要托管在 Canonical 公司的 Launchpad.net 网站上。每个 PPA 都有一个唯一的 URL 标识，格式通常为 ppa:<用户名>/<仓库名>，这使用户能够轻松地找到并添加所需的软件源。

3.1.5.1　使用 PPA

要使用 PPA 仓库，首先需要用命令 add-apt-repository 添加某个软件存储库到系统的软件源列表中，操作系统并未内置 add-apt-repository 命令，需要额外安装，安装命令如下：

```
sudo apt install --assume-yes software-properties-common
```

add-apt-repository 命令的基本语法非常直观，主要包括添加软件源、移除软件源和管理密钥的功能。

- 添加 PPA 存储库：

```
sudo add-apt-repository ppa:<用户名>/<仓库名>
```

- 删除 PPA 存储库：

```
sudo add-apt-repository --remove ppa:user/repository
```

- 添加非 PPA 官方的第三方存储库：

```
sudo add-apt-repository 'deb [arch=amd64] http://repository.***/ubuntu focal main'
```

添加某个 PPA 仓库到系统的软件源列表后，首先运行 `sudo apt update` 更新系统的软件源，然后就可以用 apt、aptitude 等 APT 前端管理该软件了。PPA 仓库中的软件跟官方源里面的软件一样，可以对其安装、升级、卸载等。

通常第三方存储库使用 GPG 密钥来验证软件包的真实性，add-apt-repository 会自动尝试添加这些密钥，但有时也需要手动添加。若有密钥相关报错信息，则可参考 3.1.3.4 节进行处置。

3.1.5.2　银河麒麟使用 PPA

在银河麒麟桌面版上使用命令 add-apt-repository 添加 PPA 时，可能会出现下面的独有错误信息：

```
aptsources.distro.NoDistroTemplateException: Error: could not find a distribution template for Kylin/kylin
```

这是因为虽然银河麒麟桌面版是 Ubuntu 的衍生版，但其使用的发行版名称、版本号等信息不在 PPA 支持的操作系统列表里。而命令 add-apt-repository 在添加 PPA 时，会进行版本检查，所以会报如上的错误。

这时可以手动添加 PPA 仓库，这样就可以跳过检查操作系统版本这一步。下面以添加 AppImageLauncher 的 PPA 仓库为例：

（1）在 PPA 官方网站 Launchpad.net 上查看该仓库对应的具体源信息。

（2）在操作系统下拉列表中选择"Focal (20.04)"，因为银河麒麟 V10 SP1 是基于这个版本开发的。后续其他版本以此类推。

（3）在/etc/apt/sources.list.d/目录下新建一个以.list 为后缀的文件，例如 ppa.list，将图 3-22 中的软件源复制进去。

（4）更新系统软件源：`sudo apt update`。

（5）安装相关软件：`sudo apt install appimagelauncher`。

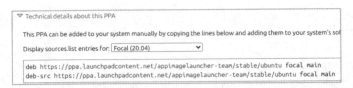

图 3-22　查看 PPA 仓库软件源信息

3.1.6　麒麟移动运行环境

麒麟移动运行环境（Kylin Mobile Runtime Environment，KMRE）是 ARM 版银河麒麟软件商店内置的，用于在银河麒麟系统上安装运行安卓 App（如图 3-23 所示）。

图 3-23　通过 KMRE 安装安卓 App

KMRE 目前拥有以下特性：

- 一键安装兼容环境和应用。
- 移动应用窗口和 Linux 桌面窗口显示融合，支持分享系统桌面，分辨率动态适应。
- 统一输入法、音频设备，支持语音聊天摄像头，同时实现文件、剪贴板互通，支持微信、QQ 等新消息通知推送。
- 支持多个 App 同时运行，并且直接调用显卡硬件，不易有性能损失。

- 允许屏幕分享。能够支持录制任意窗口和全屏，支持分享到指定 App。
- 设定应用锁。设置应用白名单，通过输入密码才可进入，谨防用户信息泄露。

首次在软件商店中单击"移动应用"菜单时，会出现图 3-24 所示的提示安装界面。

图 3-24　KMRE 提示安装界面

由于 KMRE 底层是基于 Docker 实现的，为避免 Docker 版本冲突导致 KMRE 安装失败，在单击"安装"按钮之前请确保系统上未安装 Docker（使用 `docker version` 命令查看已安装 Docker 版本），若已安装有 Docker，则最好卸载掉。本小节使用的 Docker 命令其含义请参考 6.3.4.3 节。

安装 KMRE 后需重启计算机，重启计算机后会自动初始化 KMRE 运行环境，待初始化完成后，查看 KMRE 使用的 Docker 容器（如图 3-25 所示）。

```
test@kylin-desktop:~$ sudo docker ps -all
CONTAINER ID   IMAGE                COMMAND        CREATED         STATUS          PORTS     NAMES
9aa49594c77b   kmre2:v2.4-230210.10 "/init.kmre"   41 seconds ago  Up 24 seconds             kmre-1000-test
```

图 3-25　KMRE 使用的 Docker 容器

通过图 3-26，可以看出 KMRE 容器内运行了 android 模拟器。

```
test@kylin-desktop:~$ sudo docker exec -it 9aa49594c77b ps -ef| grep android
234 1066    {Binder:234_2} /apex/com.android.os.statsd/bin/statsd
241 1000    {allocator@1.0-s} /system/bin/hw/android.hidl.allocator@1.0-serv
242 1000    {suspend@1.0-ser} /system/bin/hw/android.system.suspend@1.0-serv
243 1041    {audio.service} /vendor/bin/hw/android.hardware.audio.service
244 1047    {provider@2.4-se} /vendor/bin/hw/android.hardware.camera.provide
245 1013    {cas@1.2-service} /vendor/bin/hw/android.hardware.cas@1.2-servic
246 1000    {configstore@1.1} /vendor/bin/hw/android.hardware.configstore@1.
247 1013    {drm@1.0-service} /vendor/bin/hw/android.hardware.drm@1.0-servic
248 1013    {drm@1.3-service} /vendor/bin/hw/android.hardware.drm@1.3-servic
```

图 3-26　KMRE 容器内包含 android 的进程名（部分截图）

通过下面的命令可以看到挂载到 KMRE 容器内部/data 的宿主机物理路径（如图 3-27 所示），通过软件商店安装的安卓 App 将位于此目录下。

```
sudo docker inspect kmre-1000-test          # kmre-1000-test 是容器名称
```

```
"Mounts": [
    {
        "Type": "bind",
        "Source": "/var/lib/kmre/kmre-1000-test/data/",
        "Target": "/data/",
        "BindOptions": {
            "Propagation": "rshared"
        }
    },
```

图 3-27　KMRE 容器挂载的/data 目录

3.1.6.1　KMRE APK 安装器

为了确保用户体验，KMRE 管理的安卓应用必须通过软件商店进行统一管理，因此用户无法手动安装自定义的 Android APK 文件。为了解决这个问题，KMRE APK 安装器应运而生。安装 KMRE APK 安装器后，用户只需双击 APK 包即可完成安装。此外，KMRE APK 安装器还支持拖曳安装和通过选择文件的方式安装 APK 文件，进一步简化了安装过程。

使用下面命令安装 KMRE APK 安装器：

```
sudo apt install linux-headers-`uname -r`   #升级内核后，需重新安装新内核的头文件
sudo apt install kmre kmre-apk-installer
sudo reboot
```

重启后可在开始菜单中搜索并打开 KMRE APK 安装器（如图 3-28 所示）。

图 3-28　在开始菜单中搜索 KMRE APK 安装器

由于 KMRE APK 安装器依赖 KMRE 环境，若 KMRE 环境未初始化，则会有如图 3-29 所示的提示。

打开软件商店的"移动应用"菜单，会自动开始 KMRE 的初始化。待初始化完成后，就可以正常打开 KMRE APK 安装器了（如图 3-30 所示）。

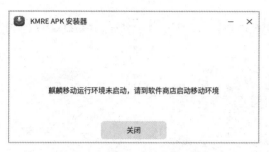

图 3-29　KMRE 环境未初始化时的提示

图 3-30　KMRE APK 安装器界面

打开 APK 文件或拖曳 APK 文件到窗口里，就会出现如图 3-31 所示的安装提示界面，单击"安装"按钮即可。

图 3-31　KMRE APK 安装器的安装提示界面

3.1.6.2　KMRE 软件包下载

由图 3-32 可知，麒麟移动运行环境的软件包网址下的文件后缀主要有 apk 和 tar.gz 两种。

由图 3-33 可知，tar.gz 压缩包除了包含有对应的 apk 文件，还有安全证书和 sig 签名文件，也就是说 tar.gz 压缩包的内容更加全面，只要下载这种类型的文件即可，无须下载 apk 文件。

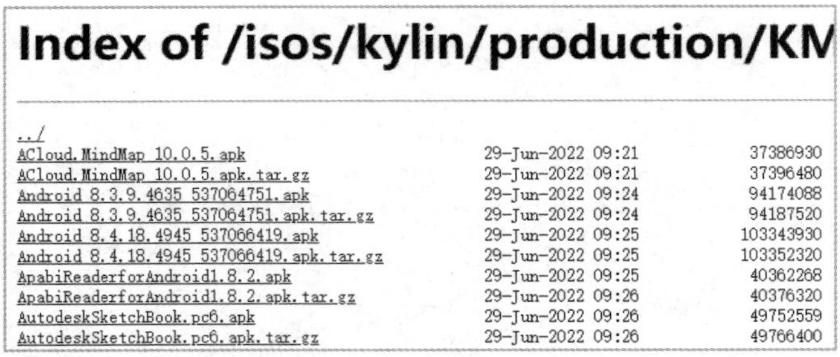

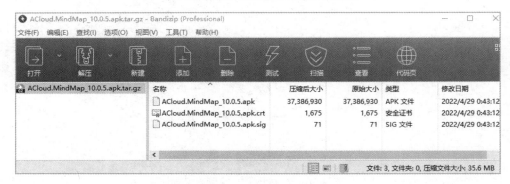

图 3-32　kmre 网址下的两种文件后缀

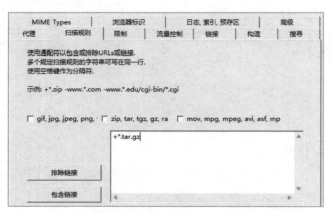

图 3-33　tar.gz 后缀文件内容

可以通过网站镜像工具（如 HTTrack Website Copier）进行批量下载，在"扫描规则"中指定仅下载 tar.gz 文件，如图 3-34 所示。

图 3-34　配置 HTTrack Website Copier 的扫描规则

设置完相关参数后，就可以正常下载了，如图 3-35 所示。

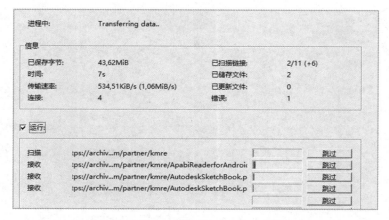

图 3-35　HTTrack Website Copier 下载界面

3.1.7　麒麟 Win32 运行环境

麒麟 Win32 运行环境（Kylin Win32 Runtime Environment，KWRE）使 Windows 平台应用软件可以在银河麒麟桌面 V10 上运行，满足办公与生产的日常需要。

3.1.7.1　KWRE 基础

KWRE 目前已集成少量办公类、社交类、娱乐类软件。图 3-36 所示的是 x86 架构银河麒麟软件商店中的 Win32 应用程序（共 64 款）、图 3-37 所示的是 ARM64 架构软件商店中的 Win32 应用程序（共 17 款）。

图 3-36　x86 架构软件商店中的 Win32 应用程序

图 3-37　ARM64 架构软件商店中的 Win32 应用程序

如图 3-38 所示，首次"打开"已安装的 Win32 应用程序时（图中安装的是 Xshell（Win32 版）），会弹出"CrossOver"的提示框，这说明"麒麟 Win32 兼容运行环境"是基于 CrossOver 的。

图 3-38　首次打开 Win32 应用程序弹出的提示框

CrossOver 是一款商业软件，旨在让类 UNIX 系统（包括 Linux）能够运行 Windows 应用程序。它是基于开源软件 Wine 开发的。Wine 是一个开源的兼容层，通过实现 Windows API（应用程序编程接口），允许在类 UNIX 系统上直接运行 Windows 程序。相比 Wine，CrossOver 提供了一个图形用户界面，这使得用户能够更轻松地安装、配置和管理 Windows 应用程序。

表 3-9 对 CrossOver、Wine、Windows 原生这三种运行 Win32 程序的方式进行了比较。

表 3-9　三种运行 Win32 程序方式的比较

特　　性	CrossOver	Wine	Windows 原生
用户界面	图形用户界面（GUI）	命令行界面（CLI）	图形用户界面（GUI）
安装便利性	一键安装，预配置支持	需要手动配置	一键安装
应用支持	官方支持，预配置的应用库	社区支持	完整支持
更新与支持	定期更新，提供付费支持	社区维护更新	官方定期更新
成本	需要购买许可证	免费	需要购买 Windows 许可证

3.1.7.2 KWRE 环境分析

打开 Xshell（Win32）版的同时，在终端中使用命令 `ps aux | grep wine` 搜索 Wine 相关进程，结果如图 3-39 所示。

```
0:00 /opt/cxoffice/lib/wine/i386-windows/winewrapper.exe --wait-children --start -- C:/Program Files/NetSarang/Xshe
0:46 /opt/cxoffice/bin/wineserver
0:00 C:\windows\system32\winedevice.exe
0:05 C:\windows\system32\winedevice.exe
```

图 3-39　搜索 Wine 相关进程

由图 3-39 可知 Wine 可执行程序位于/opt/cxoffice/bin 目录下，该目录包含的文件如图 3-40 所示。

```
test@test-pc:/opt/cxoffice/bin$ tree | column
.                              ├── cxnativeopen              ├── kylin-kwre-xshell
├── autorun -> wine            ├── cxntlm_auth               ├── launchurl
├── cabextract                 ├── cxrating                  ├── locate_gui.sh
├── crossover                  ├── cxreboot                  ├── regedit -> wine
├── cxassoc                    ├── cxregister                ├── regsvr32 -> wine
├── cxavscan                   ├── cxrepackage               ├── unrar
├── cxbottle                   ├── cxreset                   ├── wine
├── cxdiag                     ├── cxrun                     ├── wine64-preloader
├── cxdiag64                   ├── cxsetup -> crossover      ├── wineloader
├── cxfix                      ├── cxstart -> wine           ├── wineloader64
├── cxgarcon-terminal          ├── cxsu                      ├── wineprefixcreate
├── cxgetsysinfo               ├── cxtemplate                ├── wine-preloader
├── cxgettext                  ├── cxtie                     ├── wineserver -> wineserver64
├── cxinstaller                ├── cxuninstall               ├── wineserver32
├── cxlogfilter                ├── cxupdatecheck             ├── wineserver64
├── cxmenu                     ├── cxwait                    └── wineshelllink
├── cxmessage                  ├── cxwinassoc                0 directories, 49 files
```

图 3-40　/opt/cxoffice/bin 目录内容

由图 3-40 可以看出，CrossOver、Wine 相关的可执行文件都位于该目录下，同时已安装的 Win32 版应用程序的启动脚本也位于该目录下（如图 3-40 中的 kylin-kwre-xshell），kylin-kwre-xshell 脚本的内容如图 3-41 所示，其内容与图 3-39 显示的进程命令行内容一致。

```
test@test-pc:/opt/cxoffice/bin$ file kylin-kwre-xshell
kylin-kwre-xshell: Bourne-Again shell script, ASCII text executable
test@test-pc:/opt/cxoffice/bin$ cat kylin-kwre-xshell
#!/bin/bash
exec "/opt/cxoffice/bin/wine" --bottle "xshell" --check --wait-children --start "C:/Program Files/NetSarang/Xshell 7/Xshe
```

图 3-41　判断 kylin-kwre-xshell 文件类型和查看其内容

图 3-41 出现了只有 Windows 系统才有的路径 C:/Program Files/，可以通过查看 Wine 的配

置加深理解。建议将目录/opt/cxoffice/bin 加入操作系统环境变量 PATH，便于在其他目录下执行该目录下的命令。可以利用 X-CMD 的 pathman 模块向环境变量 PATH 中添加目录，例如：

```
pathman add /opt/cxoffice/bin  #将/opt/cxoffice/bin 添加到环境变量 PATH 中
pathman list                   #检查 PATH 内容，确认是否添加成功
```

将目录/opt/cxoffice/bin 加入环境变量 PATH 后需重启 Shell，然后运行 CrossOver 命令，即可打开 CrossOver 图形用户界面（如图 3-42 所示）。

图 3-42　CrossOver 图形用户界面

由图 3-42 可以看出，相比办公软件 Office，CrossOver 对部分游戏有着更好的支持。编者在 2006 年就曾使用过 CrossOver 在 Linux 系统上运行游戏《魔兽世界》，当时就达到了基本可玩的程度，现在的体验应该更加完美。

单击图 3-43 中的"打开 C:盘"按钮，会弹出如图 3-44 所示的界面，也就是说，每个应用程序中所谓的 C 盘，其实际目录是"/home/<用户名>/.cxoffice/<应用程序名>/drive_c"。每个 Win32 软件安装后，都会在"/home/<用户名>/.cxoffice/"目录下建立独立的子目录。

图 3-43　CrossOver 中的应用程序控制界面（xshell）

图 3-44　xshell 应用程序的 C 盘

单击图 3-43 中的"Wine 配置"会弹出 Wine 设置窗口（如图 3-45 所示），在"驱动器"标签页可以看到除 C 盘外，Wine 还挂载了 Y 盘和 Z 盘。C 盘对应的路径是灰色的无法修改，其他的盘符对应的路径可以修改。单击"添加"按钮还可添加更多盘符。

图 3-45　Wine 挂载的盘符

3.1.7.3　安装 Windows 程序

KWRE 仅内置了几十款 Win32 应用程序，难以满足用户需求，可以直接使用 CrossOver 安装 Windows 应用程序。使用 CrossOver 安装 Windows 应用程序有两种方式：在线安装和离线安装。

（1）CrossOver 在线安装软件。

这里以 Notepad++这个小软件为例。使用 CrossOver 安装 Windows 软件前，一般需要检查一下该软件在当前系统的兼容性，CrossOver 在其官网提供了 2 万余款 Windows 软件的兼容性列表。如图 3-46 所示，Notepad++这款软件可在 CrossOver 环境中"近乎完美"地运行。

图 3-46 Notepad++对 CrossOver 环境的兼容性

图 3-47 展示了 Notepad++的具体下载地址，这个安装包托管在 GitHub 网站上。

图 3-47 CrossOver 中 Notepad++的下载地址

安装完毕后，在"文件"菜单中选择"打开"，弹出如图 3-48 所示的界面。通过该界面可更好地理解 Wine 所挂载的几个盘符。

图 3-48 Notepad++视角下的盘符

（2）CrossOver 离线安装软件。

CrossOver 中未提供安装包下载的软件则需要使用离线方式安装，这里以安装思维导图软件 Xmind 为例讲述离线安装软件。如图 3-49 所示，单击"安装一个不在列表里的应用程序"，弹出如图 3-50 所示的窗口界面。

图 3-49　安装不在列表里的应用程序

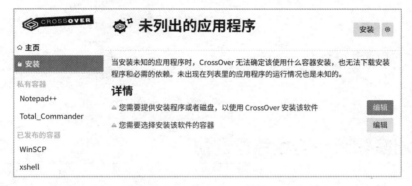

图 3-50　"未列出的应用程序"安装界面

在单击"编辑"按钮选择软件安装包路径后，还需要选择软件要安装到的容器。这里所谓的容器可以理解为兼容某个版本 Windows 的一套软件环境。它与 Docker 容器不是一个概念，注意区分。图 3-50 左侧的菜单中区分了"私有容器"和"已发布的容器"，"私有容器"是直接通过 CrossOver 安装软件时创建的，"已发布的容器"是通过银河麒麟软件商店安装 Win32 应用程序时创建的。

选择容器时，可以新建，也可以使用已有的兼容容器（如图 3-51 所示），这里选择兼容的名为 Notepad++的容器，这个容器类型是 Windows 7 64 位。

目前 CrossOver 兼容的容器所支持的 Windows 版本如图 3-52 所示。

一个容器里面可以安装多个软件，如图 3-53 所示，图中单个容器内安装了 Notepad++和 Xmind 两个软件。

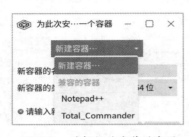

图 3-51　选择软件安装的容器　　　　　图 3-52　CrossOver 兼容的 Windows 版本

图 3-53　Notepad++容器安装的两个软件

3.2　银河麒麟服务器版包管理器

为便于从整体上把握本节内容，图 3-54 绘制了本章介绍的银河麒麟服务器版包管理器层次架构图。

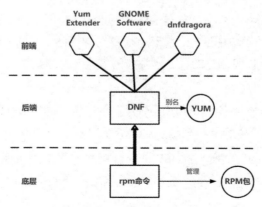

图 3-54　银河麒麟服务器版包管理器层次架构

3.2.1　RPM 包格式

　　RPM（Red Hat Package Manager）是一个用于管理 Linux 软件包的开源工具，最初由 Red Hat 开发。RPM 使用的软件包通常以.rpm 为扩展名，这是一种预编译的软件包格式，也是银河麒麟服务器版使用的安装包格式，它包含了软件安装到系统中所需要的一切，包括可执行程序、配置文件和依赖信息。图 3-55 是 RPM 包的主要结构，表 3-10 所示的是 RPM 包的各组件描述。

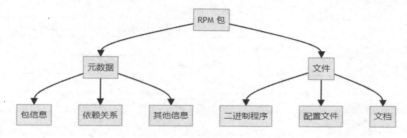

图 3-55　RPM 包的主要结构

表 3-10　RPM 包的各组件

组　　件	描　　述
包信息	包括软件包的名称、版本、发布、架构和摘要信息
依赖关系	列出软件包安装或运行时所需的依赖包
其他信息	包括软件包的构建日期、校验和、安装脚本等
二进制程序	软件包中包含的可执行程序和共享库
配置文件	软件包提供的配置模板或默认配置文件
文档	包括安装说明、许可协议和变更日志等

　　RPM 安装包命名遵循一定的规则，这些规则有助于快速识别软件包的属性。图 3-56 是 RPM 安装包命名的一般规则。

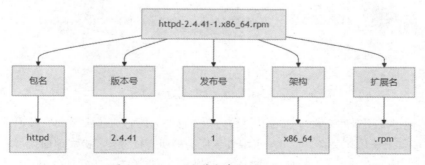

图 3-56　RPM 安装包命名的一般规则

管理 RPM 包的命令行工具也叫 rpm，表 3-11 是 rpm 命令的常见用法。

表 3-11 rpm 命令的常见用法

命 令	解 释
`rpm -i <package.rpm>`	安装一个新的 RPM 包
`rpm -Uvh <package.rpm>`	升级已安装的 RPM 包，如果不存在则安装
`rpm -e <package.rpm>`	卸载指定的 RPM 包
`rpm -e --nodeps <package.rpm>`	忽略依赖关系。如果不考虑依赖关系直接卸载，则可能会导致系统上的其他软件包出现问题
`rpm -Va <package>`	验证已安装的包，检查文件权限、类型、拥有者和大小
`rpm -qip <package>`	查询包的详细信息
`rpm -qlp <package>`	列出包中包含的文件
`rpm -qlc <package>`	仅列出包中包含的配置文件
`rpm -q --scripts <package>`	列出软件包安装前后执行的脚本

  RPM 操作的日志记录在/var/log/rpm.rpmlog 文件中，通过检查这个文件，可以找到安装、升级或卸载过程中出现的错误。

3.2.2 YUM 包管理器

  YUM（Yellowdog Updater Modified）是用于 RPM 包管理的命令行工具，主要用于 Fedora 及其衍生版（包括 CentOS、银河麒麟服务器版等）中的软件包管理。RPM 用于底层的包管理，而 YUM 则是其前端，提供更为高级的依赖解析和交互功能，二者间的关系可用图 3-57 表示。

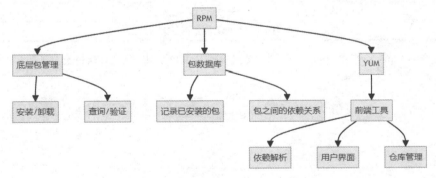

图 3-57 RPM 与 YUM 关系图

  YUM 通过使用仓库来管理包的安装和更新，这些仓库包含了大量的软件包及其元数据信息。YUM 能够解析依赖关系，并自动下载安装所需的所有依赖包，极大地简化了软件安装和系统维护的复杂性。除了基本的软件包安装和更新功能，YUM 还支持软件包组的概念，允许用户以组为单位进行软件安装和管理，进一步提升了管理效率。

  YUM 的主要特点如下所示。

- 自动解决依赖：YUM 能够自动查找、下载和安装所需的依赖包，简化了安装过程。
- 易于管理：YUM 支持软件包的安装、更新、卸载、查询等操作，用户界面友好。
- 仓库管理：用户可以配置多个仓库，方便地切换和管理不同的软件源。
- 支持插件：通过安装插件，可以扩展 YUM 的功能，例如生成安装包列表、管理缓存等。

在银河麒麟服务器 V10 版中，YUM 实际上是 DNF 包管理器的快捷方式。因此，下面提到的 YUM 和 DNF 可以视为同一个包管理器。

3.2.3 DNF 包管理器

DNF 是在 YUM 的基础上发展起来的新一代包管理工具，它首次出现在 Fedora 18 中，后来被采用为 CentOS 和 RHEL 的默认包管理器，同时是银河麒麟服务器版的默认包管理器。DNF 提供了与 YUM 相似的用户界面和命令行选项，确保了向后兼容性。它引入了新的功能和改进，例如更好的性能、自动事务解决和软件仓库管理，这使得 DNF 非常适合需要高度定制和企业级稳定性的环境，尤其是在服务器和高性能计算场景中。

DNF 带来的几个关键改进如下所述。

- 更好的性能：DNF 采用了新型的依赖解析算法和数据存储格式，显著提高了处理速度，尤其是在解决复杂依赖关系时。
- 更精确的依赖解析：DNF 能够更精确地处理包依赖，减少了因依赖解析错误导致的软件包冲突和系统问题。
- 更友好的输出：DNF 提供了更为直观和详细的操作输出，使用户能够更容易地理解和监控包管理过程。
- 更快的下载速度：DNF 支持 Delta RPMs 技术，只下载软件包变化的部分，而不是整个包，这显著减少了下载量，加快了软件更新的速度。
- 更多的元数据格式和压缩算法：DNF 支持更多的元数据格式和压缩算法，进一步提高了效率和兼容性。

3.2.3.1 DNF 配置文件的目录结构

理解掌握 DNF 的配置文件和目录结构，能够为系统定制高效合理的软件包管理策略，提升软件包安装和更新的速度，降低系统的维护成本，增强系统的安全性和稳定性。

DNF 的配置文件目录/etc/dnf/是一个分层的目录结构（如图 3-58 所示），这有助于组织和管理不同的配置需求。目录为空的这里不进行解析。

图 3-58 银河麒麟服务器版的/etc/dnf/目录结构

（1）/etc/dnf/dnf.conf 文件解析。

/etc/dnf/dnf.conf 文件是 DNF 配置的核心，包含了影响 DNF 行为的关键设置，从仓库的选择到包下载方式，再到事务处理和日志记录。该文件使用 INI 格式，分为多个段落，每个段落包含一组相关的配置项。以下是一些重要的配置项及其作用。

- keepcache：控制是否在安装软件包后保留缓存文件。设置为 1 表示保留缓存，有助于加速未来的包安装过程，但会占用磁盘空间。
- max_parallel_downloads：设置同时下载的最大软件包数量，可以加速软件包的下载过程。
- installonly_limit：定义系统上可以保留的同一软件包的最大版本数，防止占用过多磁盘空间。这对于内核更新等操作特别有用，允许回滚到旧版本。
- fastestmirror：启用该选项可以使 DNF 尝试从最快的镜像（Mirror）服务器下载软件包，提高下载速度。
- deltarpm：决定是否使用 Delta RPMs 进行更新，这可以只下载包更新的差异部分，而不是整个包，以节省带宽。

银河麒麟服务器版的默认 dnf.conf 文件内容如下：

```
[main]
gpgcheck=1
installonly_limit=3
clean_requirements_on_remove=True
best=True
skip_if_unavailable=False
```

- [main]：这是配置文件的主节，表示下面的配置项适用于 DNF 的全局设置。
- gpgcheck=1：启用 GPG 签名检查。在安装或更新软件包时，DNF 会检查软件包的 GPG 签名，以确保软件包的来源可信且未被篡改。
- installonly_limit=3：限制系统上同一软件包的不同版本的最大保留数量为 3。

- clean_requirements_on_remove=True：在删除软件包时自动清理其依赖项。
- best=True：在安装或更新软件包时选择最佳版本。DNF 会尝试安装或更新到可用的最佳版本的软件包，而不仅仅是满足最低要求的版本。
- skip_if_unavailable=False：在软件源不可用时是否跳过该源。如果设置为 False，则当某个软件包源不可用时，DNF 会停止操作并报告错误；如果设置为 True，则 DNF 会跳过不可用的源并继续操作。

（2）plugins/目录解读。

DNF 的插件系统使得软件包管理的功能得以扩展而不需要修改 DNF 的内核。在 /etc/dnf/plugins/目录下，可以找到各种插件的配置文件，这些文件定义了插件的行为和 DNF 如何与之交互。

插件配置文件遵循下面简单直观的结构：

```
[main]
enabled=1
option1=value1
option2=value2
```

DNF 插件机制可用图 3-59 示意。

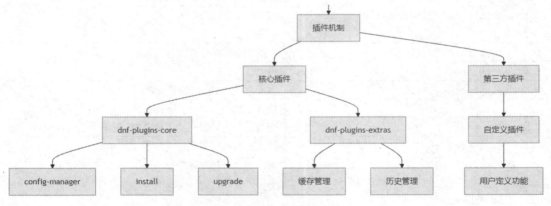

图 3-59　DNF 插件机制

（3）protected.d 的防护机制。

在维护 Linux 系统的过程中，某些关键软件包是必不可少的，它们是系统稳定运行的基础。DNF 提供了一个保护机制，即通过/etc/dnf/protected.d/目录明确指定哪些软件包不能被删除。在这个目录中，每个.conf 文件都列出了需要保护的软件包名称，以确保在管理软件时不会不慎将系统关键组件卸载。

3.2.3.2　DNF 基础应用

dnf 命令的语法遵循以下结构：

```
dnf [options] <command> <package>
```

其中，[options]可以是用于修改 DNF 行为的一系列选项，<command>是用户希望执行的操作，而<package>则是操作的目标包名。

（1）基本命令。

DNF 基本命令的功能包括安装新软件、升级已安装软件、删除软件和搜索仓库中的软件包等，表 3-12 所示的是 DNF 常用命令。

表 3-12　DNF 常用命令

命　　令	解　　释
dnf makecache	下载所有启用的 DNF 仓库元数据，并将其存储在本地缓存中，以加快后续的包查询和安装操作
dnf install nano [nginx]	安装一个或多个软件包
dnf install nginx-1.20.1	指定版本号安装
dnf localinstall *.rpm	安装当前目录下的所有 RPM 软件包
dnf upgrade	更新所有软件包到最新版本
dnf upgrade --setopt=installonly_limit=2 kernel	只升级不删除旧版本
dnf remove nano [nginx]	移除一个或多个软件包
dnf search nano	搜索软件包
dnf deplist nfs-utils	查看包 nfs-utils 的依赖关系
dnf check	检查系统中所有已安装的软件包是否有可用的更新。它会列出所有需要更新的软件包，但不会下载或安装它们
dnf list installed	列出所有已安装的软件包
dnf list available	列出所有可用的软件包
dnf list all	列出所有软件包
dnf list kernel	列出已安装的和可用的内核
dnf provides "*bin/top"	查找 top 命令是由哪个软件包安装的

在使用查询类命令列出大量包时，可以配合使用 grep 命令来过滤结果，仅显示包含特定关键词的包。例如，`dnf list available | grep httpd` 命令可快速定位所有可用的 httpd 相关包。

（2）包组命令。

DNF 中的包组是一组软件包的集合，可以一起安装、更新或删除。这些包组可以根据其功能或用途进行组织，银河麒麟服务器版中的包组如图 3-60 所示。

```
[root@localhost ~]# dnf grouplist
上次元数据过期检查: 0:00:16 前, 执行于 2024年11月04日 星期一  23时48分51秒。
可用环境组:
    最小安装
    基础设施服务器
    文件及打印服务器
    基本网页服务器
    虚拟化主机
已安装的环境组:
    带 UKUI GUI 的服务器
已安装组:
    容器管理
    开发工具
    无图形终端系统管理工具
    传统 UNIX 兼容性
    系统工具
    Man 手册
可用组:
    麒麟安全增强工具
    科学记数法支持
    安全性工具
    智能卡支持
```

图 3-60　银河麒麟服务器版中的包组

DNF 提供了一些命令来管理这些包组：

- `dnf grouplist`：列出已安装的包组和可用的包组。
- `dnf groupinfo <groupname>`：显示特定包组的详细信息和包含的软件包列表。
- `dnf groupinstall <groupname>`：安装包组中的所有软件包。
- `dnf groupupdate <groupname>`：更新包组中的所有软件包。
- `dnf groupremove <groupname>`：删除包组中的所有软件包。

注意中文包组名需要用英文双引号引起来，例如：`dnf install "麒麟安全增强工具"`。

3.2.3.3　DNF 离线环境使用

1. 方法 1：使用 --downloadonly 参数

（1）在有网络连接的计算机上下载软件包。

以下载 vim 及其依赖项为例：

```
sudo dnf install vim --downloadonly --downloaddir=.        # 最后的 "." 代表当前目录
```

将下载的.rpm 文件打包成一个压缩文件或使用其他方式传输到离线计算机。

```
tar -czvf vim-packages.tar.gz *.rpm
```

（2）在离线计算机上安装包。

将下载的.rpm 文件传回离线计算机，解压缩文件（如果需要）：

```
tar -xzvf vim-packages.tar.gz
```

使用 dnf 命令安装下载的 rpm 文件：

```
sudo dnf localinstall *.rpm
```

2. 方法 2：使用物理光驱内光盘搭建本地源

```
sudo mkdir /media/cdrom                          # 新建本地目录
```

/media/cdrom/是 Linux 中用于挂载光盘驱动器的标准目录，在这个目录下，可以创建子目录来挂载不同的设备。这个目录的存在是为了统一可移动媒体设备的挂载点，避免在根目录下出现大量额外的目录。

```
sudo mount /dev/cdrom /media/cdrom               # 挂载光盘设备到/media/cdrom 目录
cd /etc/yum.repos.d/
sudo cp kylin_AARCH64.repo kylin_AARCH64.repo.bak   # 备份原配置文件
```

编辑 kylin_AARCH64.repo 文件，输入如下内容：

```
[cdrom]
name = cdrom
baseurl = file:///media/cdrom
gpgcheck = 0
enabled = 1
```

完成 kylin_AARCH64.repo 编辑后，运行如下命令：

```
dnf clean all
dnf makecache
```

然后就可以使用 dnf 命令安装软件了。

3. 方法 3：使用操作系统 ISO 镜像文件搭建本地源

```
mkdir /media/cdrom              # 新建本地目录
```

挂载操作系统 ISO 文件到/media/cdrom 目录，请根据实际修改 ISO 文件路径和文件名：

```
mount -o loop /mnt/Kylin-Server-V10-SP3-General-Release-2303-ARM64.iso /media/cdrom
cp kylin_AARCH64.repo kylin_AARCH64.repo.bak
```

剩下的操作步骤就是编辑配置文件、更新索引，和前文"使用物理光驱内光盘搭建本地源"完全相同。

3.2.3.4 DNF 高级应用

1. 仓库优先级

当同一个软件包存在于多个仓库中时，系统将根据一系列规则来确定从哪个仓库安装该软件。

（1）仓库优先级参数 priority。

仓库优先级参数 priority 的取值范围是 1~99，数值越小代表软件仓库的优先级越高。可通过如下命令查看当前操作系统的软件仓库优先级：

```
dnf repolist                                      # 查看当前系统存在的软件仓库
dnf config-manager <仓库名称> --dump | grep priority
```

可通过 config-manager 设置不同仓库的优先级（epel 是软件仓库名称）：

```
dnf config-manager --save --setopt=epel.priority=10
```

也可直接在软件仓库的配置文件中设置 priority 参数，如 priority=1。

（2）仓库优先级设置策略。

在操作系统同时使用多个软件仓库时，建议按照如下的策略配置优先级：

a）官方仓库优先。

官方仓库通常提供最稳定和经过彻底测试的软件包，因此应该具有最高的优先级，例如优先级 1。

b）信任的第三方仓库。

信任的第三方仓库，如 EPEL（Extra Packages for Enterprise Linux），应设置略高的优先级，比如 5。这样，当官方仓库中没有可用的软件包时，系统会从这些仓库中检索软件包。

c）测试版或不太稳定的仓库。

对于包含测试版或不稳定软件包的仓库，如包含 testing 或 beta 字眼的仓库，应设置更低的优先级，比如 10 或更低优先级。这确保了除非特别指定，否则不会从这些仓库安装软件包。

这些优先级设置可以帮助确保系统在更新和安装新软件包时的稳定性，并减少软件包冲突的可能性。如果遇到特定问题，还需要根据具体情况对优先级进行微调。

（3）指定软件源仓库。

用户还可以指定从哪个仓库安装软件包，使用--enablerepo（临时启用仓库）和--disablerepo（临时禁用仓库）来调整 DNF 的行为，即使用如下的形式明确指定从某个特定仓库安装软件包：

```
dnf install <package> --disablerepo="*" --enablerepo="some-repo"。
```

2. 解决依赖关系冲突

在复杂的系统中，软件包间的依赖关系有时会导致冲突。DNF 提供了几种工具和方法来帮助解决这些依赖冲突，如表 3-13 所示。

表 3-13 DNF 解决依赖冲突的常用命令

命 令	解 释
dnf deplist <package>	列出包的依赖
dnf repoquery --whatrequires <package>	查找哪些包依赖特定包
dnf check	检查系统中潜在的包冲突

在遇到依赖问题时，仔细分析输出信息，寻找合适的版本或替代包，是解决冲突的关键。

3. DNF 缓存管理机制

DNF 的缓存管理机制是提高包管理效率的关键组成部分，它通过存储已下载的包和元数据，减少了对网络资源的依赖，加快了包的安装和更新过程。

DNF 对以下两个主要类型的缓存进行维护。

- 包缓存：存储已下载的 RPM 包文件。
- 元数据缓存：存储关于包和仓库的信息，如包的依赖关系、版本号和仓库的配置。

默认情况下，DNF 的缓存存储在以下位置。

- 包缓存：/var/cache/dnf/。
- 元数据缓存：/var/cache/dnf/(repository-id)/。

DNF 提供了一些命令来管理缓存：

```
dnf clean all          # 清理所有缓存
dnf clean packages     # 清理已下载的包缓存
dnf clean metadata     # 清理元数据缓存
dnf makecache          # 生成或更新元数据缓存
```

4. DNF 事务历史和回滚

DNF 的事务历史是指记录系统中软件包安装、更新、删除等操作的历史记录，这些记录可以帮助用户在必要时回滚到之前的软件状态。

DNF 的事务历史记录通常存储在以下位置：

- /var/log/dnf.transaction.log。
- /var/log/dnf.rpm.log。

事务历史记录了每次 DNF 操作的详细信息，包括：

- 操作类型（如安装、更新、删除）；
- 操作涉及的软件包；
- 操作的时间和日期；
- 操作的状态（成功或失败）。

DNF 提供了回滚功能，允许用户撤销最近的软件包操作。对 DNF 事务历史进行回滚的步骤如下：

a）使用 `dnf history` 命令查看事务历史列表。

b）使用 `dnf history info <transaction-id>` 命令查看特定事务的详细信息。

c）使用 `dnf history undo <transaction-id>` 命令回滚到特定的事务。

注意：DNF 通常只允许回滚最近的事务，过旧的事务可能无法回滚。

5. DNF 的安全特性

DNF 不仅提供了高效的软件包管理功能，还内置了一系列安全特性来保护系统的安全性和完整性。

- 在安装或更新软件包时，DNF 会进行 GPG 签名验证，确保软件包的来源可信。
- DNF 支持通过 HTTPS 协议安全地与仓库进行通信，确保了数据传输过程中的机密性和完整性。

/etc/yum.repos.d/ 目录中的 .repo 文件定义了仓库的配置，可在其中启用 gpgcheck=1 和 sslverify=1，以充分利用 DNF 的安全特性。

6. 使用 X-CMD 强化 DNF

X-CMD 的 DNF 模块目标是增强用户在命令行中使用 DNF 包管理器的体验，主要体现在以下几个方面。

- 交互式 UI：提供可安装软件包的交互式列表，帮助用户更便捷地搜索软件包。
- 对于选中的软件包，用户可以选择安装、重新安装或查看信息等操作。
- 更换镜像源：`x dnf mirror` 命令可以快速更换适合的 DNF 镜像源
- 使用代理：提供 proxy 命令，使用户更灵活地管理 DNF 的代理设置。
- 对于必须要 sudo 权限才能执行的命令，X-CMD 对其进行了包装，保证所有命令的格式统一为 `x dnf <subcmd>`。

对于使用 `x dnf -h` 查看该模块的详细用法，这里不再赘述。

3.2.4　DNF 图形用户界面前端

YUM/DNF 的图形用户界面前端主要有 Yum Extender、GNOME Software、dnfdragora、gnome-packagekit 等，但这些图形前端都不完善。Yum Extender 已不再开发维护，GNOME 软件商店默认情况下软件数量太少（可通过第三方软件仓库插件进行扩充），dnfdragora 需要从源代码编译安装（银河麒麟下报多种依赖错误），gnome-packagekit 界面简陋。

作为面向服务器的版本，YUM/DNF 的图形用户界面前端对于银河麒麟服务器版来说比较"鸡肋"，不妨仅使用命令行进行软件包管理。

3.2.5 银河麒麟服务器版的第三方软件仓库

3.2.5.1 EPEL 软件仓库

EPEL（Extra Packages for Enterprise Linux）是一个由 Fedora 社区维护的软件仓库，旨在为 Red Hat Linux 及其衍生版本（CentOS、银河麒麟服务器版）提供额外的软件包。为了保证稳定性和安全性，Red Hat Linux 官方仓库中的软件包更新相对保守。EPEL 的出现填补了这一空白，为系统管理员和开发人员提供了一系列额外的、最新的软件包，使得企业级 Linux 系统在保持稳定的同时，也能享受到最新的开源技术。

EPEL 提供了与系统包管理工具（如 YUM 或 DNF）的无缝集成，使得软件包的安装、更新和移除变得简单。默认情况下，EPEL 官方仓库与银河麒麟服务器版不兼容，需要先卸载银河麒麟服务器版的软件包 kylin-release，再启用 EPEL 仓库，具体步骤如下：

```
rpm -e --nodeps kylin-release
wget -O /etc/yum.repos.d/CentOS-Base.repo https://mirrors.***.com/repo/Centos-vault-8.
5.2111.repo
sed -i 's/$releasever/8-stream/g' /etc/yum.repos.d/CentOS-Base.repo
yum install epel-release
```

epel-release 安装后，会在/etc/yum.repos.d/目录下生成多个配置文件，为了避免新增的软件仓库和银河麒麟内置的官方仓库冲突，可以参考上文中为不同的仓库设置不同的优先级部分进行优化，或者直接将以 CentOS 开头的仓库配置文件都删除。

增加新的软件仓库后，需重建软件包索引：

```
yum clean all
yum makecache
```

然后就可以使用 YUM 或 DNF 正常安装 EPEL 仓库中的软件了。如果需要查看 EPEL 仓库中包含哪些软件，则可以使用如下命令：

```
yum repolist
yum list available --disablerepo="*" --enablerepo="epel"
```

上述命令中--disablerepo="*"和--enablerepo="epel"的组合，表示仅启用 EPEL 仓库，禁用其他仓库。

3.2.5.2 RPM Fusion

RPM Fusion 是一个为 Fedora 和 CentOS 及其衍生版本提供附加软件包的第三方仓库。它提供了一系列的自由和非自由软件包，这些软件包通常由于法律或版权问题不包含在主流 Linux 发行版的官方仓库中。RPM Fusion 的目标是为用户提供一个集中的、可靠的源，以获取这些额外的软件包。

RPM Fusion 的主要特点和优势如下所述。

- RPM Fusion 提供了大量的软件包，包括多媒体编解码器、游戏、驱动程序、图形处理软件等。
- RPM Fusion 由一个活跃的社区维护，确保软件包的更新和新软件包的添加。
- RPM Fusion 的软件包经过测试，以确保与 Fedora 和其他 RHEL 衍生版本兼容。

RPM Fusion 仓库分为两个主要部分。

- Free 仓库：包含自由和开源软件，这些软件符合 Fedora 项目的自由软件指南。
- Nonfree 仓库：包含非自由软件或包含非自由组件的软件，这些软件可能受到版权、专利或其他法律限制。

与 EPEL 仓库类似，银河麒麟服务器版若要使用 RPM Fusion 仓库，同样需要先卸载 kylin-release 软件包，然后安装 centos-stream-release 的 RPM 包，最后安装相应版本的 rpmfusion-free-release、rpmfusion-nonfree-release 的 RPM 包。安装成功后，修改/etc/yum.repos.d/目录下以 rpmfusion 开头、以.repo 结尾的文件。具体而言，就是将文件中 "baseurl=" 所在行的注释符 "#" 删除，将国外链接替换为国内镜像源链接。

若不再使用 RPM Fusion 仓库，则可以将安装的两个软件包 rpmfusion-free-release、rpmfusion-nonfree-release 卸载。

04
通用包管理器与第三方软件仓库

尽管 Linux 发行版通常会提供官方软件仓库，以满足用户的软件需求，但由于版权、许可证、安全性或技术标准等因素的限制，官方仓库可能无法满足所有用户的需求。例如，一些非常新或特定领域的软件可能因稳定性、安全性或版权问题，而无法被包含在官方仓库中。为了解决这一问题，社区和一些组织开始创建第三方仓库，提供那些在官方仓库中找不到的软件包，从而促进了第三方软件仓库的诞生。这种做法很快得到了广泛的认可和支持。用户可以通过添加第三方仓库到他们的系统中，轻松地安装和管理软件，极大地扩展了 Linux 系统的功能和灵活性。随着时间的推移，第三方软件仓库不仅仅是填补官方仓库的空白，也开始提供一些独特的、创新的软件解决方案，推动了 Linux 软件生态的发展。

然而，第三方软件仓库在为 Linux 用户提供更多软件包的同时，也面临一系列挑战，包括安全性问题、软件包更新的及时性、与官方软件仓库的兼容性问题，以及维护者的资源限制等。为了克服这些挑战，社区和开发者采取了多种解决方案，以确保用户能够安全、方便地使用这些仓库。

- 针对安全性问题：引入签名机制，确保软件包的来源和完整性；
- 针对更新及时性：自动化构建和测试流程，快速响应软件更新；
- 针对兼容性问题：与官方仓库紧密合作，确保软件包的兼容性；
- 针对资源限制：建立社区支持和捐助系统，鼓励更多的贡献者参与。

当前主流的包管理器大部分都是针对某种特定操作系统（如银河麒麟桌面版的 APT、服务器版的 YUM、DNF）、某种特定编程语言（如 node 的 nvm、Ruby 的 rvm、Python 的 pip）的，不同的操作系统、不同的编程语言需要安装不同的工具，增加了许多烦琐的操作和学习成本。在此背景下，可以管理多种操作系统软件包、多种编程语言运行时[①]的通用包管理器应运而生。

---

① "运行时"（Runtime）是指在程序运行期间所涉及的基础设施、环境和组件。运行时负责管理程序的执行，包括内存管理、输入/输出操作、错误处理和资源分配等。

　　由于多个包管理器涉及软件源的切换，所以在讲解具体的通用包管理器之前首先介绍适用多种包管理器的软件源切换工具。

4.1　通用换源工具 chsrc

　　Linux 平台下多种软件存在切换镜像源（Mirror）的需求，而不同的软件切换镜像源的方法不同，给用户使用带来了诸多不便，于是支持多种软件镜像源切换的通用换源工具应运而生。

　　chsrc 是国内开发的多平台命令行换源工具，软件平台方面支持 Linux、Windows、macOS 和 BSD 等操作系统，硬件架构方面支持龙芯、飞腾等 CPU 架构。chsrc 支持换源的对象有操作系统、编程语言和软件工具 3 类（具体如表 4-1 所示），括号中的内容表示在软件源的角度它们和括号前的内容是一样的。

表 4-1　chsrc 支持换源的目标

操作系统		编程语言	其他软件
ubuntu	solus	python（pip、pypi）	conda（anaconda）
mint	ros（ros2）	js（npm、yarn）	brew（homebrew）
debian	trisquel	perl（cpan）	flathub
fedora	linuxlite	php（composer）	nix
suse（opensuse）	raspberrypi	lua（luarocks）	guix
kali	deepin	rust（cargo）	emacs（elpa）
arch	euler（openeuler）	go（goproxy）	latex（texlive、mpm）
manjaro	openkylin	java（maven、gradle）	
gentoo	msys2（msys）	clojure（clojars、lein、leiningen）	
rockylinux	freebsd	dart（pub、flutter）	
alpine	netbsd	haskell（cabal、stack、hackage）	
voidlinux	openbsd	opam（ocaml）	
		r（cran）	
		julia	

　　上述 3 类目标所使用的镜像（Mirror）服务器如图 4-1 所示。

```
code        服务商缩写          服务商URL                          服务商名称
-------     ----------        -----------                      -----------
mirrorz     MirrorZ           https://mirrors.███████████       MirrorZ 校园网镜像站
tuna        TUNA              https://mirrors.███████████       清华大学开源软件镜像站
sjtu        SJTUG-zhiyuan     https://mirrors.███████████       上海交通大学致远镜像站
zju         ZJU               https://mirrors.███████████       浙江大学开源软件镜像站
lzu         LZUOSS            https://mirror.████████████       兰州大学开源社区镜像站
jlu         JLU               https://mirrors.███████████       吉林大学开源镜像站
bfsu        BFSU              https://mirrors.███████████       北京外国语大学开源软件镜像站
pku         PKU               https://mirrors.███████████       北京大学开源镜像站
bjtu        BJTU              https://mirrors.███████████       北京交通大学自由与开源软件镜像站
sustech     SUSTech           https://mirrors.███████████       南方科技大学开源软件镜像站
ustc        USTC              https://mirrors.███████████       中国科学技术大学开源镜像站
nju         NJU               https://mirrors.███████████       南京大学开源镜像站
ali         Ali OPSX          https://developer.█████████       阿里巴巴开源镜像站
tencent     Tencent           https://mirrors.███████████       腾讯软件源
huawei      Huawei Cloud      https://mirrors.███████████       华为开源镜像站
netease     Netease           https://mirrors.███████████       网易开源镜像站
sohu        SOHU              https://mirrors.███████████       搜狐开源镜像站
api7        api7.ai           https://www.████████████████      深圳支流科技有限公司
rubychina   RubyChina         https://gems.█████████████        Ruby China 社区
emacschina  EmacsChina        https://elpamirror.███████        Emacs China 社区
npmmirror   npmmirror         https://npmmirror.████████        npmmirror（阿里云赞助）
goproxy.cn  Goproxy.cn        https://goproxy.██████████        Goproxy.cn（七牛云赞助）
goproxy.io  GOPROXY.IO        https://goproxy.██████████        GOPROXY.IO
```

图 4-1　chsrc 所使用的镜像服务器

使用下面的命令，可在不同的平台上安装 chsrc。

- x64 平台：

```
sudo curl -L <本书资源仓库地址>/chsrc/releases/download/preview/chsrc-x64-linux -o
/usr/bin/chsrc
sudo chmod +x /usr/bin/chsrc
```

- AARCH64 平台：

```
sudo curl -L <本书资源仓库地址>/chsrc/releases/download/preview/chsrc-AARCH64-linux -o
/usr/bin/chsrc
sudo chmod +x /usr/bin/chsrc
```

- riscv64 平台：

```
sudo curl -L <本书资源仓库地址>/chsrc/releases/download/preview/chsrc-riscv64-linux -o
/usr/bin/chsrc
sudo chmod +x /usr/bin/chsrc
```

- armv7 平台：

```
sudo curl -L <本书资源仓库地址>/chsrc/releases/download/preview/chsrc-armv7-linux -o
/usr/bin/chsrc
sudo chmod +x /usr/bin/chsrc
```

其他的硬件平台，则需要复制源码并编译，具体命令如下：

```
git clone <本书资源仓库地址>/chsrc.git
cd chsrc;
make                  # make 是在当前目录下执行的，无须添加 sudo
sudo make install     # make install 是将编译的结果安装到系统的相关目录下，需要添加 sudo
```

chsrc 常见用法如表 4-2 所示。

表 4-2 chsrc 常见用法

命 令	解 释
chsrc list	列出可用镜像源和可换源软件
chsrc list mirror	列出可用镜像源
chsrc list target	列出可换源软件
chsrc list os	列出可换源的操作系统
chsrc list lang	列出可换源的编程语言
chsrc list ware	列出可换源软件
chsrc list <target>	查看该软件可以使用哪些源
chsrc cesu <target>	对该软件所有源测速
chsrc get <target>	查看当前软件的源使用情况
chsrc set <target>	换源（自动测速后挑选最快源）
chsrc set <target> default	换源（默认使用开发团队设定的源）
chsrc set <target> <mirror>	换源（指定使用某镜像站）

chsrc 使用的各个软件源存储在源代码的 sources.h 文件中，如果需要使用自托管或其他的软件源，那么可以修改该文件后重新编译。例如，查看我们所关心的银河麒麟系统所使用的软件源（如图 4-2 所示），对应的是表 4-1 中的 kylin（openkylin）。

```
os_openkylin_sources[] = {
    {&Upstream,   "https://archive.███████/openkylin/"},
    {&Ali,        "https://mirrors.███████/openkylin/"},
    {&Netease,    "https://mirrors.███████/openkylin/"},
},
```

图 4-2 chsrc 中 kylin/openkylin 使用的源

由于 openKylin（开放麒麟）是 Kylin（银河麒麟）的社区版，二者的软件仓库是可以通用的。

下面使用两个例子，演示如何使用 chsrc 换源。

4.1.1 操作系统换源

执行命令 sudo chsrc set kylin 即可给 kylin 换源，内部执行的过程如图 4-3 所示。

可以看到具体过程是：

a）测速；

b）备份 sources.list 文件；

c）使用 sed 替换 sources.list 中的网址；

d）运行 sudo apt update。

```
→ ~ sudo chsrc set kylin
chsrc: 开发者未提供 upstream 镜像站测速链接，跳过该站点
chsrc: 测速 https://dev▇▇▇.aliyun.com/mirror/ ... 474.62 KByte/s
chsrc: 测速 https://mi▇▇▇.com/ ... 231.90 KByte/s
chsrc: 最快镜像站: 阿里巴巴开源镜像站
chsrc: 选中镜像站: Ali OPSX (ali)
chsrc: 运行 cp /etc/apt/sources.list /etc/apt/sources.list.bak --backup='t'
chsrc: 备份文件名 /etc/apt/sources.list.bak
chsrc: 运行 sed -E -i 's@https?://.*\.*/openkylin/?@https://mirrors.aliyun.com/openkylin/@g' /etc/apt/sources.list
sed: -e 表达式 #1, 字符 66: "s"的未知选项
chsrc: 运行 sudo apt update
命中:1 http://archive2.▇▇▇.cn/DEB/KYLIN_DEB V10-SP1 InRelease
命中:2 http://archive.▇▇▇/kylin/KYLIN-ALL 10.1-2303-updates InRelease
命中:3 http://archive.▇▇▇/kylin/KYLIN-ALL 10.1 InRelease
命中:4 http://archive.▇▇▇/kylin/KYLIN-ALL .tags--10.1-2303-bugfix-limit--quality-0829 InRelease
命中:5 https://repo.za▇▇▇/zabbix-agent2-plugins/1/ubuntu-arm64 focal InRelease
命中:6 https://repo.za▇▇▇/zabbix/6.0/ubuntu-arm64 focal InRelease
正在读取软件包列表... 完成
正在分析软件包的依赖关系树
正在读取状态信息... 完成
有 476 个软件包可以升级。请执行 'apt list --upgradable' 来查看它们。
```

图 4-3　使用 chsrc 给银河麒麟桌面版换源

4.1.2　开发环境换源

使用命令 `chsrc set java` 给 Java 开发环境换源，如图 4-4 所示。这里显示本地找不到 mvn、gradle 命令，意味着本地未安装 Maven 和 Gradle，或者安装了但未将可执行性文件添加到环境变量 PATH 中。

```
→ ~ chsrc set java
× 命令 mvn 不存在
× 命令 gradle 不存在
chsrc: maven 与 gradle 命令均未找到，请检查是否存在其一
```

图 4-4　首次运行 chsrc set java 命令

使用系统内置包管理器（例如 apt）安装缺失的 mvn、gradle。

```
sudo apt install maven gradle
```

再次运行 chsrc set java 命令，具体如图 4-5 所示。

```
[txt@localhost ~]$ chsrc set java
√ 命令 mvn 存在
√ 命令 gradle 存在
chsrc: 测速 https://deve▇▇▇iyun.com/mirror/ ... 400.57 KByte/s
chsrc: 测速 https://mir▇▇▇.com/ ... 75.43 KByte/s
chsrc: 最快镜像站: 阿里巴巴开源镜像站
chsrc: 选中镜像站: Ali OPSX (ali)
chsrc: 请在您的 maven 配置文件 /home/txt/.asdf/installs/maven/3.9.6/conf/settings.xml 中添加:
<mirror>
  <id>ali</id>
  <mirrorOf>*</mirrorOf>
  <name>阿里巴巴开源镜像站</name>
  <url>https://maven.▇▇▇ repository/public/</url>
</mirror>

chsrc: 请在您的 build.gradle 中添加:
allprojects {
  repositories {
    maven { url 'https://ma▇▇▇ ▇▇▇/repository/public/' }
    mavenLocal()
    mavenCentral()
  }
}
```

图 4-5　再次运行 chsrc set java 命令

然后按照图 4-6 中提示修改 maven 配置文件，注意要把<mirror></mirror>内容块放在<mirrors></mirrors>标签内，如图 4-6 所示。

```
<mirrors>
  <mirror>
    <id>ali</id>
      <mirrorOf>*</mirrorOf>
  <name>阿里巴巴开源镜像站</name>
  <url>https://maven.          pository/public/</url>
  </mirror>
</mirrors>
```

图 4-6　在 maven 配置文件中添加镜像源

4.2　通用包管理器 X-CMD

X-CMD 是一款国产的开源多"运行时（Runtime）"的包管理器，可在主流 Shell 环境下，一键运行托管脚本。X-CMD 本质是一堆 Shell 库，采用 x <mod> 的形态封装并增强了其他包管理工具。X-CMD 自身也构建了一个包管理器 pkg，用以安装和管理其他工具。X-CMD 主要功能和特性如下：

- 快速安装传统命令行工具和现代化的命令工具。
- 快速安装和切换编程语言运行时（Python、Perl、Node 和 Java 等）。
- 快速安装建立在上述脚本、运行时之上的应用软件。

目前，X-CMD 的包管理体系提供 1200 多个工具，后面会按需增加。X-CMD 充分考虑到中国地区的可用性，绝大部分网络资源都同时在国内和国际地区进行托管，确保了一致的用户体验。X-CMD 的帮助文档采用了中英双语。

与 X-CMD 类似的通用包管理器还有 version-manager、vfox 等。

4.2.1　X-CMD 的安装与使用

（1）以在线脚本的方式安装 X-CMD。

打开 Shell，执行下面的命令即可安装 X-CMD。若是系统缺少 curl 或 wget，则需先使用系统内置包管理器安装 curl 或 wget。

```
eval "$(curl https://get.x-cmd.com)"
```

或

```
eval "$(wget -O- https://get.x-cmd.com)"
```

若已经安装过 X-CMD，则执行 `x upgrade` 可将 X-CMD 升级至最新版。具体安装过程如图 4-7 所示。

```
[2024-11-10/19:13:57] Download script archieve from https://oss.resourc███████com/x-cmd/release/dist/latest.tgz
[2024-11-10/19:13:58] Download SUCCESS: /home/test/.x-cmd.root/v/latest.17020.2024-11-10_19-13-57/download_tmp.tgz ( size: 1549.08 KB )
[2024-11-10/19:13:58] Deflation SUCCESS: /home/test/.x-cmd.root/v/latest.17020.2024-11-10_19-13-57/download_tmp.tgz
- I|x: Running x boot init
- I|boot: update the /home/test/.x-cmd.root/X
- I|x: Successfully Installed in /home/test/.shinit
- I|x: Successfully Installed in /home/test/.bashrc
- I|x: Successfully Installed in /home/test/.bash_profile        将加载代码写入Shell配置文件
- I|x: Successfully Installed in /home/test/.zshrc
```

图 4-7 　 X-CMD 的安装过程

从图 4-7 可以看到，X-CMD 在安装过程中，将加载其自身的代码写入了用户目录下的多个 Shell 配置文件中。目前 X-CMD 支持的 Shell 有 Bash、Zsh、ash、dash 等。如果你不想让 Shell 加载 X-CMD，则可手动注释掉 X-CMD 加载代码。X-CMD 所有的缓存、包、安装目录，都位于 $HOME/.x-cmd.root 目录下。

（2）在 Docker 容器中安装 X-CMD。

如果 Docker 容器中有 curl 或 wget，则采用上述安装方法即可，否则，需使用如下的容器注入法：

```
x docker run -x -it <容器名>
```

或

```
x docker setup <容器名>
```

4.2.2　X-CMD 中软件使用方式

X-CMD 提供了完善的多版本工具链下载、使用、管理功能。使用 X-CMD 大致有 3 种方式（这里提到的 env 模块下文将有详细介绍）：

- 直接输入 `x <软件名>`，X-CMD 就会自动下载包、安装、直接执行。这种模式下，软件只能通过 `x <软件名>` 来调用，不能直接以 <软件名> 来调用。这种模式不会污染用户的环境变量。
- 用户也可以选择安装软件（以 jq 这个小软件为例），`x env try jq` 就是在当前环境安装 jq，用户可以输入 jq 来调用这个程序。这种方式安装的软件，会改变用户当前 Shell 的环境变量，但不会影响其他 Shell 的环境变量。
- 使用 `x env use jq` 这种方式，此时 jq 的可执行文件会加入 X-CMD 的 bin 目录。该目录会在 X-CMD 加载时自动添加到操作系统的环境变量 PATH 中，因此，此时其他的 Shell 都可使用 jq 软件。

4.2.3　X-CMD 的模块系统

X-CMD 的功能是以模块为单位进行代码封装的，除了内核模块，其他模块是按需加载的。X-CMD 还为部分常用模块中的常用函数提供了直接调用的使用方式。

X-CMD 包含的模块可以分为以下几类。

（1）提供基本的 shell/awk 函数。

- 字符串：str 模块。
- 测试断言：assert 模块。

（2）对现有操作系统常用命令行工具进行增强。

- 包管理类：apt、apk、dnf、pacman、brew，等。
- 常用工具增强：例如 ps、id 等。
- 压缩与解压缩：z、uz 等模块。

（3）自动下载并增强已有的命令行工具。

- 利用 pkg 进行下载并增强：jq、python、ffmpeg 等模块。
- 调用官方的安装脚本安装，并在此之上进行增强：asdf、brew 等模块。

（4）采用 shell/awk/curl 实现的轻量级云服务客户端。

- git 代码托管类：GitHub、Gitee、Gitlab 等模块。
- 云服务类：gddy（Godaddy）、bwh（Bandwagon）等模块。
- SasS 类：shodan 等模块。
- 资讯类：hn（HackNews）、cht、tldr、ascii 等模块。

（5）AI 与大模型。

- 大模型云服务：openai、gemini、moonshot（月之暗面）。
- 本地大模型：llmf、llava、whisper 等模块。

（6）提供开发测试运维的功能。

- 开发类：git、gitconfig、githook 等模块。
- 勿需特权即可安装的包管理：pkg、env 等模块。
- 终端主题美化：theme 模块。

各模块及各模块下的各子命令，均支持使用 -h 参数查看使用帮助：

```
x <模块名> -h
x <模块名> <子命令> -h
```

由于 X-CMD 模块较多，本节仅介绍常见的通用模块。

4.2.3.1 env 模块

上文介绍 X-CMD 中软件使用方式时使用了 env 模块。env 模块是一个管理开发环境和依赖项的工具，用来全局管理所有通过 x 下载的软件、插件、编程语言版本和环境，其具体用法如图 4-8 所示。

```
test@test-pc:~$ x env -h
NAME:
    env - 环境管理

DESCRIPTON:
    TIP:
        输入 `x env` 命令来使用 env 模块的交互式 App

TLDR:
    使用交互式 App 查看和下载软件
        x env
    列出 node 的所有可用版本
        x env ls --all node
    在当前 shell 的会话中使用默认版本的 node
        x env try node
    设置在全局环境中使用 node
        x env use node
    使用 v18.12.0 版的 node 运行 helloworld.js 文件
        x env exec node=v18.12.0 -- node helloworld.js

SUBCOMMANDS:
    ---- environment info ----
    --app    使用交互式 App 查看和安装软件
    ls       列出正在使用或可用的候选版本
    ll       显示所有软件和语言及其分类
    la       列出所有可用的 package 的版本
    depend   依赖关系查看
    which    显示已安装命令的路径
    ---- environment management ----
    use      将指定包设置到全局环境使用
    unuse    移除指定包已经 use link 的环境
    try      将指定包设置在当前 shell 会话环境中尝试使用
    untry    取消当前 shell 会话环境中正在尝试使用的包
    gc       尽量回收删除 pkg 包
    ---- advance ----
    boot     为指定 pkg 应用注入相应环境变量。例如 Java 的 JAVA_HOME
    unboot   清除 `env boot` 命令注入的环境变量
    exec     使用指定 pkg 应用运行可执行文件
    var      备份或恢复环境
```

图 4-8　X-CMD 的 env 模块用法

4.2.3.2 install 模块

install 模块实现了在不同的操作系统中快速查询软件的安装命令，并进行安装。具有如下特点。

- 简单明了：直接给出软件的安装命令和来源，不掺杂其他多余信息。
- 快速：安装命令的检索是在预定的 install 资源包（会定期维护更新）中进行，而非通过网络。
- 全面：对于指定软件，会给出尽可能多的安装方式，以尽可能满足不同的应用场景。

install 模块的用法如图 4-9 所示。

```
→  ~ x install -h
NAME:
    install - 软件安装器

SYNOPSIS:
    x install <software>

DESCRIPTON:
    在不同的操作系统中快速查询软件的安装命令，并进行安装

TLDR:
    启用 install 模块的交互式 UI
        x install
    列出 install 模块支持的软件
        x install ls
    查询并执行 Git 的安装命令
        x install git

SUBCOMMANDS:
    --run                       运行指定的安装命令安装软件
    --cat                       获取某一软件的安装命令
    --get                       获取某一系统或安装器的全部命令
    ls|--ls                     列出 install 模块支持的软件（在需要交互的情况会启用交互 UI）
    ll|--ll                     列出 install 模块支持的软件及其分类（在需要交互的情况会启用交互 UI）
    update|-u|--update          更新包管理资源
    --fzf|--fz                  启用 install 模块的 fzf 交互式 UI
```

图 4-9　install 模块的用法

4.2.3.3　mirror 模块

X-CMD 的 mirror 模块也提供了对多个软件的镜像源进行切换的功能，只是相比 chsrc 支持的软件略少。mirror 模块的子命令如下。

（1）操作系统类。

- x mirror apt：设置 apt 的镜像源。

- x mirror yum：设置 yum 的镜像源。

- x mirror dnf：设置 dnf 的镜像源。

- x mirror apk：设置 apk 的镜像源。

- x mirror pacman：设置 pacman 的镜像源。

- x mirror brew：设置 homebrew 的镜像源。

（2）编程语言类。

- x mirror pip：设置 pip 的镜像源。

- x mirror npm：设置 npm 的镜像源。

- x mirror pnpm：设置 pnpm 的镜像源。

- x mirror go：设置 go 的镜像源。

- x mirror gem：设置 gem 的镜像源。

- x mirror cargo：设置 cargo 的镜像源。

- x mirror yarn：设置 yarn 的镜像源。

（3）容器类。

- `x mirror docker`：设置 docker 的镜像源。

各个子命令的帮助信息可在子命令后面加-h 参数查看，不再赘述。需要说明的是，不同版本的 X-CMD 对不同 Liunx 发行版兼容性不尽相同，例如 v0.4.13 版的 X-CMD，在银河麒麟桌面版执行 `x mirror apt` 命令时会报错（如图 4-10 所示），而较早版本的 X-CMD 则不存在这个问题。

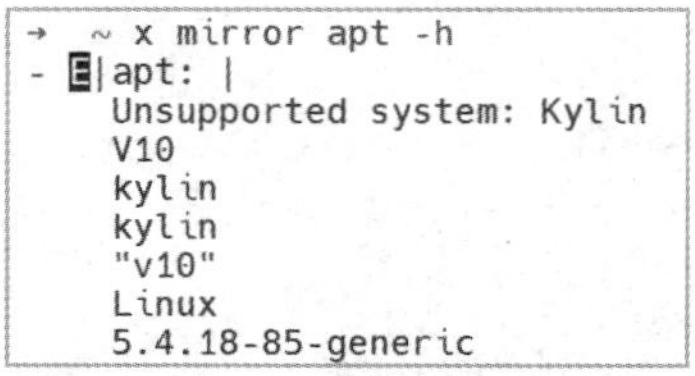

```
→  ~ x mirror apt -h
- ▣|apt: |
     Unsupported system: Kylin
     V10
     kylin
     kylin
     "v10"
     Linux
     5.4.18-85-generic
```

图 4-10　`x mirror apt` 报错信息

4.2.3.4　压缩与解压缩模块

zuz 模块用于压缩、解压文件，以及查看文件内容，支持 tar、gz、xz、7z、zst、zip、bz 等多种常用打包及压缩格式。

（1）zuz 模块的子命令。

```
x zuz z        #压缩文件
x zuz uz       #解压压缩文件
x zuz uzr      #解压压缩文件，然后删除原始文件
x zuz ls       #列出压缩文件内部包含的文件
```

因为压缩和解压两个命令使用频繁，X-CMD 提供了两个简化的别名。

- `x zuz z` 可以缩写为：`x z`。
- `x zuz uz` 可以缩写为：`x uz`。

（2）zuz 模块用法示例。

zuz 模块用法如表 4-3 所示，这里 tar.gz 是典型的 Linux 压缩包后缀，tar 代表着打包（不压缩），gz 代表使用 gzip 压缩。常见的 Linux 压缩包后缀还有 tar.bz2、tar.xz 等。

表 4-3　zuz 模块用法

命　　令	解　　释
`x z test.tar.gz test`	将 test 文件夹打包成命名为 test，格式为.tar.gz
`x uz test.tar.gz`	将 test.tar.gz 压缩包解压至当前目录
`x uz -1 test.tar.gz`	将 test.tar.gz 解压成 test.tar
`x uzr test.tar.gz`	将 test.tar.gz 解压至当前目录后删除原始压缩包

续表

命　令	解　释
x zuz ls test.tar.gz	列出 test.tar.gz 压缩包内部包含的文件
x z -1 test.tar.gz test.tar	将 test.tar 压缩为 test.tar.gz

4.2.3.5　asdf 模块

asdf 模块是一个国外开发的多"运行时（Runtime）"的版本管理器，于 2015 年问世，支持广泛的编程语言和工具，旨在成为"通用语言版本管理器"。asdf 模块通过不同的插件添加对新语言和工具的支持，截至 2024 年 4 月已有近 800 个插件。这些插件除了有多种编程语言的插件，更多的是各种工具软件的插件。

虽然 asdf 模块可以安装的软件数量有 800+，但这 800+的软件工具中的部分已经缺乏维护。此外，asdf 模块的插件托管在 GitHub 网站上，该网站在国内访问并不顺畅。相比而言，X-CMD 为了保证下载源稳定和安全，对大部分工具进行重新打包和发布，保证了软件仓库的可用性。

X-CMD 提供了 asdf 模块（如图 4-11 所示），可间接使用 asdf 庞大的生态。用户可以使用 `x install asdf` 来安装 X-CMD 的 asdf 模块，如果当前环境没有 asdf 模块所依赖的 git 软件包，则 X-CMD 会通过本身包管理系统在不影响全局环境的前提下，自动安装 git。

图 4-11　X-CMD 集成的 asdf 模块

X-CMD 的 asdf 可用子命令如下:

```
x asdf la                  # 列出 asdf 中所有可安装的软件(插件)
x asdf ls                  # 列出 asdf 中已安装的软件
x asdf use <asdf 插件名>   # 下载指定包的安装指定版本,并将其设置为默认版本。
x asdf unuse               # 卸载指定包并移除其 plugin。
x asdf nv                  # 使用交互式 UI 来选择需要安装的应用
x asdf --install           # 安装 asdf
x asdf --uninstall         # 卸载 asdf
x asdf --switch            # 切换 asdf 的版本;如果没有版本号,则默认切换到最新
x asdf --activate          # 激活 asdf,令 asdf 安装的软件可以直接运行
x asdf --deactivate        # 取消激活 asdf,令 asdf 安装的软件不能直接运行
```

如果相关的包没有收录,仍可以执行命令 x <系统包管理器>进行定位查询,现在已支持如下系统包管理器:

- `x apt`   # 银河麒麟桌面版
- `x dnf`   # 银河麒麟服务器版

4.3 沙盒类包管理器

传统的包管理器随着应用程序复杂性的增加以及用户需求的多样化,开始显示出局限性,尤其是在应用的隔离、依赖管理和跨平台兼容性方面。在这样的背景下,Flatpak、Snappy、AppImage 等沙盒类包管理器应运而生,它们代表了 Linux 软件分发的新浪潮,以独特的方式解决了传统包管理器的不足,提供了更加安全、可靠且跨平台的软件分发机制。但这些格式的软件包,由于是自包含的,所以一般尺寸都比较大,这是它们的主要缺点。

Flatpak、Snappy、AppImage 三者的对比如表 4-4 所示。

表 4-4　Flatpak、Snappy、AppImage 对比

特　　性	Flatpak	Snappy	AppImage
开发和支持	由 Red Hat 创建,得到 GNOME 和 Fedora 支持	Canonical 公司开发,支持 Ubuntu 和 IoT 平台	独立的开源项目,较早的打包格式
应用场景	主要用于桌面应用程序	桌面和服务器端应用程序	无须安装的可执行程序
启动时间	启动时间较快	启动较慢	启动时间和性能因应用而异
安全性和沙盒	使用 Linux 命名空间沙盒化	使用 AppArmor 沙盒化	默认不沙盒化,可选用如 firejail 的沙盒软件
分发和更新	支持去中心化分发,如 Flathub,更新需手动或集成到软件中心	通过 Snap Store 中心化分发,自动更新	无中心化软件仓库或自动更新,需手动下载更新
开源与闭源	完全开源,去中心化	内核开源,后端专有	完全开源

4.3.1 Flatpak

Flatpak 着重在所有 Linux 发行版上提供一致的应用运行环境。Flatpak 应用程序及其所有依赖项被封装在一个沙盒中运行，以提高安全性并确保与系统的隔离。

Flathub 是提供 Flatpak 应用程序的官方仓库（以英文版国外软件为主），为用户提供了一个方便的平台，可以浏览、下载和安装各种 Flatpak 应用程序。目前 Flathub 提供的 Flatpak 应用程序有的同时支持 x86_64 和 AARCH64 两种 CPU 架构，有的仅支持 x86_64 一种 CPU 架构。

4.3.1.1 安装 Flatpak

银河麒麟桌面版和服务器版官方仓库中的 Flatpak 版本太老，使用低版本的 Flatpak 安装软件时可能会导致如图 4-12 所示的错误：

```
Error: com.google.Chrome needs a later flatpak version
error: Failed to install com.google.Chrome: app/com.google.Chrome/x86_64/stable needs a later flatpak version (1.8.2)
```

图 4-12 Flatpak 版本太低的错误

遇到此类错误，桌面版本的银河麒麟可以从 Flatpak 的 PPA 仓库安装新版本的 Flatpak，具体步骤如下：

（1）在目录/etc/apt/sources.list.d/下新建后缀为.list 的文件，在其中添加 PPA 仓库源：

```
deb https://ppa.***.net/flatpak/stable/ubuntu focal main
```

（2）然后执行下面的命令安装新版 flatpak：

```
sudo apt update
sudo apt install flatpak
```

（3）验证 Flatpak 是否安装成功：

```
flatpak --version
```

4.3.1.2 Flatpak 的 App 和 Runtime

在 Flatpak 中，软件包分为以下两种。

- App（应用）：应用本体。
- Runtime（运行时）：应用所需的运行时。

Flatpak 中的 App 依赖所谓的 Runtime。Runtime 是库和工具的集合，为 App 提供了运行所需的基本环境。这样 App 就可以在不同的 Linux 发行版上运行，而无须担心依赖问题。Flatpak 中的 Runtime 均是支持 GUI 显示的，与桌面环境相关，一个 App 只依赖一个 Runtime。

Runtime 目前主要有以下四种。

- FreeDesktop：最基础的 Runtime，提供 D-Bus、GTK3、X11、Wayland 等；

- GNOME：提供 Gjs、GStreamer、GVFS 等；
- KDE：提供 Qt 等；
- elementary：提供 elementaryOS 专属的图标、Granite 等。

在安装应用程序时，若该应用程序依赖的 Runtime 未安装，则 Flatpak 会询问用户是否安装依赖的 Runtime。后续其他应用程序若依赖同样版本的 Runtime，则在其安装时就无须安装相同的 Runtime 了。

4.3.1.3　管理远程仓库的命令

Flatpak 管理远程仓库的命令如表 4-5 所示，各命令前省略了 sudo。

表 4-5　管理远程仓库的命令

命　　令	解　　释
`flatpak remote-add --if-not-exists <仓库名> 链接`	添加一个远程仓库
`flatpak remote-modify <仓库名> --url=链接`	修改一个远程仓库
`flatpak remote-delete <仓库名>` `flatpak remote-delete --force <仓库名>`	删除一个远程仓库
`flatpak remotes`	列出已添加的远程仓库
`flatpak remote-list --show-details`	列出已添加的远程仓库详细信息

国内个别开源镜像站提供了 Flathub 镜像（Mirror）服务，相关的镜像是 flathub.org 的智能缓存。当请求镜像中的资源时，如果文件没有被镜像服务器缓存，则会重定向回官方站点，并在后台进行缓存。目前镜像服务器上已经预先缓存了所有 Flathub 软件的分支。

使用方法：

```
flatpak remote-modify flathub --url=https://mirror.***.edu.cn/flathub
```

如果出现密钥相关的错误，则可尝试：

```
wget https://mirror.***.edu.cn/flathub/flathub.gpg
flatpak remote-modify --gpg-import=flathub.gpg flathub
```

4.3.1.4　Flatpak 基础应用

在安装具体的 Flatpak 软件之前有必要了解 Flatpak 中的软件命名规则。Flatpak 使用对象标识符三元组来指定架构和版本。格式是 name/architecture/branch，如 com.company.App/i386/stable。三元组的第一部分是 ID，第二部分是架构，第三部分是分支。标识符三元组也可以通过使用空白来仅指定架构或分支，如 com.company.App//stable 仅指定了分支，com.company.App/i386//仅指定了架构。

Flatpak 基础应用命令如表 4-6 所示。

表 4-6　Flatpak 基础应用命令

命令示例	描　　述
`flatpak search <gimp>`	搜索可用的 Flatpak 应用（以 gimp 为例）
`flatpak install flathub <gimp>`	通过 Flathub 这个软件仓库安装应用
`flatpak install --user flathub <gimp>`	仅为当前用户安装该应用程序

`flatpak run <gimp>`
`flatpak run --runtime-version=<master>`
`<org.gnome.gedit>`
	运行 Flatpak 安装的应用程序
	使用特定 Runtime 运行应用程序

`flatpak update`	更新所有已安装的 Flatpak 应用
`flatpak update --appstream`[1]	更新系统中的所有 Flatpak 应用的元数据
`flatpak uninstall <gimp>`	卸载已安装的 Flatpak 应用

`flatpak list`
`flatpak list --app`
`flatpak list --runtime`
	列出已安装的应用和运行时
	仅列出已安装的应用
	查看已安装的运行时

`flatpak history`	列出 Flatpak 动作的历史记录
`flatpak repair`	修复 Flatpak 安装

　　由于 Flatpak 格式的软件包本身比较大，以及部分软件需要授权，必须从官方服务器下载，无法使用镜像站加速，所以安装部分软件时依然很缓慢。

4.3.1.5　Flatpak 离线使用

　　`flatpak create-usb` 是 Flatpak 提供的一个命令，用于将 Flatpak App 和 Runtime 导出到可移动存储设备，以便在没有互联网连接的情况下进行安装和使用。这一功能在需要离线安装应用程序的场景中非常有用。

1. 命令格式

```
flatpak create-usb [OPTION...] LOCATION REF...
```

- LOCATION：指向可移动存储设备的路径。
- REF：要导出的应用程序或运行时的引用。

[OPTION...]参数选项如下所示。

- --arch=ARCH：指定要导出的架构（默认为当前系统的架构）。
- --no-related：不导出相关的 SDK 和平台。
- -oci：将 App 和 Runtime 作为 OCI[2]镜像导出。

---

① AppStream 旨在提供标准化的应用程序元数据，Flatpak 使用 AppStream 数据来展示应用程序的信息。

② OCI（Open Container Initiative）镜像是一种标准化的容器镜像（Image）格式，旨在确保容器镜像的兼容性和可移植性。本书的 6.3 节对此有详细介绍。

- --repo=REPO：指定要导出的 Flatpak 仓库（默认是系统的仓库）。

2. 导出示例

- 导出应用程序到 USB 驱动器。

假设有一个已挂载的 USB 驱动器在/media/usb 目录下，希望导出 GNOME 计算器应用程序（org.gnome.Calculator）：

```
flatpak create-usb /media/usb org.gnome.Calculator
```

要导出适用于特定架构（如 AARCH64）的应用程序，则可以使用--arch 选项：

```
flatpak create-usb --arch=AARCH64 /media/usb org.gnome.Calculator
```

- 也可以导出运行时。例如，导出 GNOME 3.38 平台运行时：

```
flatpak create-usb /media/usb org.gnome.Platform//3.38
```

- --no-related 选项。

默认情况下，`flatpak create-usb` 在导出 App 的同时会导出依赖的 Runtime，如果不希望导出这些相关内容，则可以使用--no-related 选项：

```
flatpak create-usb --no-related /media/usb org.gnome.Calculator
```

- 作为 OCI 镜像导出。

如果希望将 App 和 Runtime 作为 OCI 镜像导出，则可以使用 --oci 选项：

```
flatpak create-usb --oci /media/usb org.gnome.Calculator
```

3. 在目标系统上使用导出的 App

（1）添加本地仓库。

在目标系统上，首先需要将导出的 App 和 Runtime 添加为本地仓库。假设 USB 驱动器在目标系统上的路径为/media/usb，则可以使用以下命令：

```
flatpak remote-add --user --no-gpg-verify usb-repo file:///media/usb
```

（2）安装 App。

然后，就可以从本地仓库安装 App。例如，安装 GNOME 计算器：

```
flatpak install usb-repo org.gnome.Calculator
```

（3）运行 App。

安装完成后，可以使用以下命令运行 App：

```
flatpak run org.gnome.Calculator
```

4.3.1.6 Flatpak App 权限管理

flatpak 命令既可以在系统级运行，也可以在用户级运行。系统级安装的 App 和 Runtime 可供当前系统的所有用户使用，其安装路径为/var/lib/flatpak/exports/share。而用户级安装的 App 和 Runtime 仅限当前用户使用，其安装路径为~/.local/share/flatpak/exports/share。若要执行用户级命令，则需添加–user 选项，该选项可与大多数 Flatpak 命令结合使用。

　　每个 Flatpak 应用都在一个沙盒环境中运行，这个沙盒环境限制了应用访问系统资源的能力。然而，有时应用需要访问文件系统、网络或其他资源才能正常工作。为了满足这一需求，Flatpak 提供了一个灵活的权限管理系统，使用户能够控制应用的访问权限。

　　表 4-7 是管理 Flatpak 的 App 和 Runtime 权限的相关命令。

表 4-7　管理 Flatpak 的 App 和 Runtime 权限的相关命令

命令示例	描　　述
`flatpak info --show-permissions <应用 ID>`	查看应用的当前权限设置
`flatpak override --share=network <应用 ID>`	修改应用的权限设置
`flatpak update --commit=先前的提交 ID <应用 ID>`	将应用回滚到先前的版本

　　此外，还可以通过带 GUI 界面的工具（例如 Flatseal）以可视化的方式管理 App 权限，如图 4-13 所示。

图 4-13　可视化管理 Flatpak App 权限

使用下面的命令安装和运行 Flatseal：

```
flatpak install flathub com.github.tchx84.Flatseal
flatpak run com.github.tchx84.Flatseal
```

4.3.1.7 Flatpak GUI 前端

Warehouse 是一款用于管理 Flatpak 用户数据、查看 Flatpak 应用信息，以及批量管理已安装的 Flatpak 的开源工具软件，其主界面如图 4-14 所示（无中文界面）。

图 4-14 Warehouse 主界面

1. 主要功能

- 查看 Flatpak 信息：Warehouse 工具可以在图形窗口中显示 `flatpak list` 命令提供的所有信息。每个项目都包含一个按钮，便于复制。
- 管理用户数据：Flatpak 将用户数据存储在特定的系统位置，即使应用被卸载，这些数据通常也会保留下来。Warehouse 工具允许用户在卸载应用的同时删除其数据，或者在保留应用的情况下单独删除数据，还可以仅查看应用是否含有用户数据。
- 批量操作：Warehouse 工具有批量操作模式，支持快速卸载应用、删除用户数据，以及批量复制应用 ID。
- 剩余数据管理：Warehouse 工具能够扫描用户数据文件夹，检查与数据相关的已安装应用。如果未发现与数据相关的应用，Warehouse 可以选择删除这些数据，或者尝试安装与之匹配的 Flatpak 应用。
- 管理远程仓库：可以使用 Warehouse 工具查看、删除已安装和启用的 Flatpak 远程仓库，同时可以添加新的远程仓库。

2. 安装与使用

在线安装：

```
flatpak install flathub io.github.flattool.Warehouse
```

安装完，使用下面的命令启动：

```
flatpak run io.github.flattool.Warehouse
```

4.3.2 Snappy

Snappy（通常称为 Snap）是由 Canonical 公司推出的一种包管理系统，旨在为 Ubuntu 及其他 Linux 发行版提供更优质的软件封装和分发体验。它采用了一种名为"Snap"的封装格式，每个 Snap 包都包含了一个应用程序及其所有运行时环境和依赖项。Snap 是一个只读文件系统，应用程序在其中运行于一个隔离的沙盒环境中，这确保了应用程序的安全性和稳定性。此外，Snap 还具备自动更新功能，使用户能够及时接收最新版本的应用程序和安全补丁。由于 Snap 将所有依赖项都打包在一起，其安装包体积较大，通常达到数十至上百兆字节。

4.3.2.1 Snappy 使用的沙箱技术

Snap 使用 AppArmor 作为其主要的安全机制。AppArmor 是一个 Linux 内核安全模块，它通过定义特定的安全策略来限制应用程序的能力。每个 Snap 包都有自己的 AppArmor 配置文件，这些配置文件定义了应用程序可以访问的资源和权限。

Snap 包默认在严格模式下运行，这意味着它们被限制在一个沙箱环境中，不能随意访问系统的文件和资源。应用程序只能访问其显式请求的权限，例如，网络访问、摄像头访问等。

Snap 使用接口（Interface）来管理和控制应用程序的权限。接口定义了 Snap 包与系统或其他 Snap 包之间的交互方式。例如，一个 Snap 包可能需要访问网络接口才能进行网络通信。

4.3.2.2 Snappy 的安装与使用

使用下面的命令在银河麒麟桌面版上安装 Snap：

```
sudo apt update
sudo apt install snapd
```

然后执行下面的命令安装 Snap 格式的 hello-world 程序：

```
sudo snap install hello-world
```

hello-world 程序安装完毕后，运行该程序测试 Snap 环境是否正常，如图 4-15 所示。

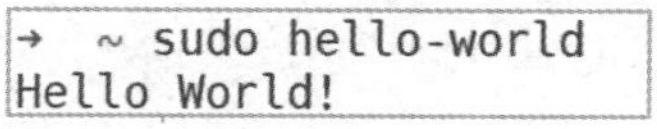

```
→ ~ sudo hello-world
Hello World!
```

图 4-15 Snap 的 hello-world 测试程序

已安装的 Snap 应用的主体部分存储在/snap 目录下，这个目录下每个应用都有自己的子目录。Snap 常用命令用法如表 4-8 所示。

表 4-8   Snap 常用命令用法

命　　令	解　　释
snap install <包名>	安装指定的 Snap 包
snap refresh	更新所有已安装的 Snap 包
snap refresh <包名>	更新指定的 Snap 包
snap remove <包名>	卸载指定的 Snap 包
snap list	列出所有已安装的 Snap 包
snap find <关键字>	搜索可用的 Snap 包
snap revert <包名>	将指定的 Snap 包恢复到上一个版本
snap versions <包名>	查看指定 Snap 包的可用版本
snap info <包名>	显示指定 Snap 包的详细信息
snap changes	显示所有 Snap 包的安装和更新历史
snap disable <包名>	禁用指定的 Snap 包，不再进行自动更新但不删除
snap enable <包名>	重新启用已禁用的 Snap 包
snap services	列出所有作为服务运行的 Snap 包
snap start/stop/restart <服务名>	控制 Snap 包中的服务，如启动、停止或重启
snap set <包名> [选项]	修改 Snap 包的配置
snap logs <包名>	查看 Snap 应用的日志

Snap 国内没有镜像软件源，所以使用 Snap 下载软件时十分缓慢，可以执行下面的命令加快下载速度：

```
sudo snap install snap-store-proxy
sudo snap install snap-store-proxy-client
```

执行上面两条命令后，再使用 snap 命令安装软件包。若下载速度仍然很慢，可以手动设置 Snap 代理（因为 Snap 不使用操作系统代理，也不使用当前 Shell 终端的代理），具体命令如下：

```
sudo snap set system proxy.http="http://127.0.0.1:1080"    # 根据实际情况替换 IP 地址和端口
sudo snap set system proxy.https="http://127.0.0.1:1080"
```

4.3.2.3　Snappy 应用商店

Snappy 应用商店是在 GNOME 软件商店基础之上开发的，GNOME 软件商店通过 Snap 插件实现了对 Snap 包管理器的支持，所以无须单独安装 Snappy 应用商店，使用安装有 Snap 插件的 GNOME 软件商店即可。GNOME 软件商店的安装请参考 4.3.4.2 节。

4.3.3　AppImage

AppImage 是一种用于在 Linux 上分发便携式软件的开源格式。它最初于 2004 年以"klik"的名称发布，后来在 2011 年更名为"PortableLinuxApps"，再于 2013 年改名为"AppImage"。

AppImage 的核心理念是"一应用一文件"。这意味着每个 AppImage 文件都包含了运行一个应用程序所需的所有内容，包括应用程序本身、库依赖、图标和其他资源。这种设计简化了应用程序的安装和运行过程。用户只需下载一个文件，赋予其可执行权限，即可运行应用程序，无须进行传统意义上的安装。这种特点使得 AppImage 类似于 Windows 平台下的"绿色软件"。

4.3.3.1　AppImage 在线仓库

AppImageHub 是一个集中式的 AppImage 网站，提供了大量可下载的 AppImage 应用程序。用户可以浏览和搜索各种类型的应用，并直接下载 AppImage 格式文件，目前有近 1400 个 App 供下载使用。

除此之外，还有一个名为 AppImage GitHub 页面的网站，它汇总了超过 1400 个 AppImage 格式的应用程序。尽管该网站汇总的软件数量较多，但它不直接提供软件下载，而是仅提供了软件下载的外部链接。

4.3.3.2　AppImage 辅助管理工具

Gear Lever 是一款辅助管理 AppImage 的软件，有如下功能：

- 只需单击一次即可将 AppImage 集成到操作系统的应用菜单中；
- 将所有 AppImages 组织在一个自定义文件夹中；
- 可直接用 Gear Lever 打开新的 AppImage；
- 自动保存命令行类 AppImage 应用程序及其可执行名称；
- 管理更新：保留旧版本或用最新版本替换。

Gear Lever 提供了 Flatpak 格式的安装包，使用下面的命令安装与运行：

```
flatpak install flathub it.mijorus.gearlever
flatpak run it.mijorus.gearlever
```

Gear Lever 打开某个 AppImage 格式文件后的界面如图 4-16 所示，单击图中箭头处的"Move to the app menu"按钮，即可在系统应用程序菜单中添加该程序的快捷方式，方便后续启动 AppImage 格式的程序。

图 4-16　Gear Lever 打开 AppImage 格式文件

4.3.3.3　AppImageHub 客户端

AppImagePool 是一个简单的 AppImageHub 客户端，它提供了 AppImage 软件分类、多个历史版本选择与下载（如图 4-17 所示）。通过 AppImagePool，用户还可以轻松地集成和卸载系统中的 AppImage。

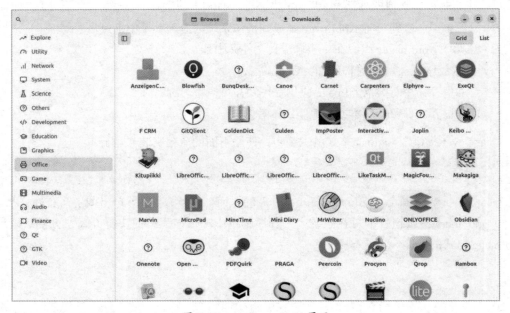

图 4-17　AppImagePool 界面

　　然而，AppImagePool 的官方可执行程序仅支持 x86_64 架构。若要在基于 ARM 处理器架构的银河麒麟系统上使用 AppImagePool，则得从源代码进行编译。为此，编者已经将编译好的 arm64 架构的 AppImagePool 二进制文件放置在本书资源仓库中 appimagepool 项目的 Release 部分，供读者们下载使用。

1. 编译 AppImagePool

　　如果需要自行编译 AppImagePool，可按下面的步骤进行。

　　（1）配置 Flutter 开发环境。

　　AppImagePool 是使用 Flutter 框架（Dart 编程语言）开发的，首先需要配置 Flutter 开发环境。

　　（2）复制源代码。

```
git clone <本书资源仓库地址>/appimagepool.git
```

　　（3）获取 Flutter 项目所需的依赖包。

```
flutter pub get
```

　　（4）启用 Flutter 的 Linux 桌面支持。

```
flutter config --enable-linux-desktop
```

　　（5）在 Linux 桌面环境中运行该程序，在运行之前会自动进行编译。

```
flutter run -v -d linux
```

　　在编译过程中可能会遇到一些语法错误，需要修复后才能正常编译。

　　（6）构建 Linux 发布版本。

```
flutter build linux --release
```

　　（7）打包可执行文件。

　　Flutter 会将所有必要的文件放在 build/linux/release/bundle 目录下。可将这个目录中的内容打包为一个压缩包文件。

```
cd build/linux/release/bundle
tar -czvf AppImagePool.tar.gz *
```

2. AppImagePool 的使用

　　下载压缩包后解压，为文件 appimagepool 添加可执行权限后执行。图 4-18 所示的是打开自行编译的 arm64 版 AppImagePool 的界面，与图 4-17 相比，右侧的软件列表无法显示软件图标，只有软件的名称和描述。

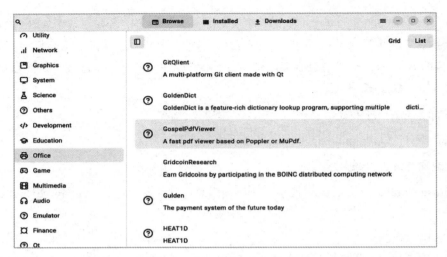

图 4-18　自行编译的 arm64 版 AppImagePool 界面

查看运行日志，发现有报错信息（如图 4-19 所示），这就是无法获取软件图标的原因。

```
[ERROR:flutter/runtime/dart_vm_initializer.cc(41)] Unhandled Exception: HandshakeException: Handshake error in client (OS Error:
    CERTIFICATE_VERIFY_FAILED: Hostname mismatch(handshake.cc:393))
#0    _SecureFilterImpl._handshake (dart:io-patch/secure_socket_patch.dart:99:46)
#1    _SecureFilterImpl.handshake (dart:io-patch/secure_socket_patch.dart:143:25)
#2    _RawSecureSocket._secureHandshake (dart:io/secure_socket.dart:920:54)
#3    _RawSecureSocket._tryFilter (dart:io/secure_socket.dart:1049:19)
<asynchronous suspension>
```

图 4-19　arm64 版 AppImagePool 报错信息

虽然无法获取软件图标，但不影响软件的下载与安装，下载的时候需要注意选择合适的目标 CPU 架构（如图 4-20 所示）。

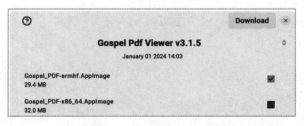

图 4-20　下载时可以选择 CPU 架构

下载的 AppImage 文件默认位于~/Applications 下，该路径可以通过 AppImagePool 右上角的设置进行修改。

4.3.4　Snap、Flatpak 和 AppImag 的通用前端

Snap、Flatpak 和 AppImage 等软件包的最大问题之一就是如何方便地管理它们。大多数内

置的软件包管理器都不能全部支持这些新格式。幸运的是，有个别项目支持以图形用户界面对这几种包格式进统一管理。

4.3.4.1　bauh

bauh 可以管理 Flatpak、Snap、AppImage 格式的软件包，创建者在 2019 年 6 月启动了该项目，此后逐步扩展了该应用程序，添加了对 Linux 发行版 Debian、Arch 的支持，也就是说 bauh 可以同时支持多种包格式，如图 4-21 所示。

图 4-21　bauh 支持的包格式

bauh 主要的安装方式有两种。

（1）使用预编译的 Appimage 包。

这种方式仅支持 x86_64 架构，不支持非 x86 架构。预编译的 Appimage 包已将 bauh 的依赖项全部打包在一起了，添加可执行权限后即可直接运行。

```
wget <本书资源仓库地址>/bauh/releases/download/0.10.7/bauh-0.10.7-x86_64.AppImage
chmod +x bauh-0.10.7-x86_64.AppImage
sudo ./bauh-0.10.7-x86_64.AppImage        #运行 bauh
```

（2）使用 pip 安装。

```
sudo apt install python3 python3-pip python3-yaml python3-dateutil python3-pyqt5 python3-packaging python3-requests        #安装 bauh 的必选依赖项
sudo pip3 install bauh
```

bauh 还依赖下面的可选组件，可根据需要安装。

- aptitude：APT 前端之一。
- timeshift：系统备份。
- aria2：多线程下载工具。
- axel：多线程下载工具。
- libappindicator3-1：支持托盘模式。
- sqlite3、fuse：用于支持 AppImage 格式。

- flatpak：用于支持 Flatpaks。
- snapd：用于支持 Snappy。
- python3-lxml、python3-bs4：用于支持网页类 App。
- python3-venv：用于支持 python 的虚拟环境。
- xdg-utils：用于调用浏览器打开某个网址。

（3）运行 bauh。

```
sudo bauh
```

图 4-22 是在 bauh 中搜索 Chromium（Chrome 浏览器的开源版）的结果界面，第 4 列、第 5 列分别是软件源、软件源图标。可以看到 bauh 同时列出了 Snap（图中的 Canonical 代表 Canonical Snap）、flathub、操作系统内置包管理器（图中的 Ubuntu、Debian 开头的）来源的软件。

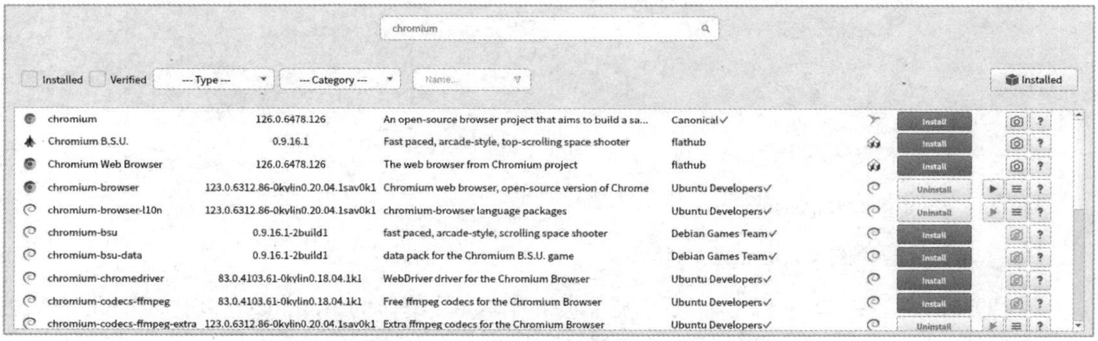

图 4-22　包含多个来源的 bauh 搜索结果界面

4.3.4.2　GNOME 软件商店

GNOME 软件商店是一个图形化的软件管理工具，提供了一种直观的方式来浏览、安装和管理软件包。GNOME 软件商店使用 PackageKit（详情见 4.4 节）作为后台服务，并不直接与操作系统内置包管理器（例如 APT、YUM 等）直接交互。

使用下面的命令安装 GNOME 软件商店，同时安装建议的软件包。

```
sudo apt install gnome-software --install-suggests
```

该命令的执行过程如图 4-23 所示。

由图 4-23 可以看到，推荐的软件包含了 Flatpak 和 Snap 的插件，意味着 GNOME 软件商店可以同时从 Flatpak、Snap 的软件源中安装软件。GNOME 软件商店的主界面如图 4-24 所示。

图 4-24 中部分软件的图标显示不正常，为了排除原因，在运行 GNOME 软件商店时加上 --verbose 参数显示详细的调试信息，发现了大量类似图 4-25 的报错信息。

```
01:00:25 test@test-pc ~ → sudo apt install gnome-software  --install-suggests
正在读取软件包列表... 完成
正在分析软件包的依赖关系树
正在读取状态信息... 完成
下列软件包是自动安装的并且现在不需要了:
  libgarcon-1-0 libgarcon-common
使用'sudo apt autoremove'来卸载它(它们)。
将会同时安装下列软件:
  apt-config-icons-hidpi gnome-software-plugin-flatpak gnome-software-plugin-snap
下列【新】软件包将被安装:
  apt-config-icons-hidpi gnome-software gnome-software-plugin-flatpak gnome-software-plugin-snap
```

图 4-23　安装 GNOME 软件商店及建议的插件

图 4-24　GNOME 软件商店的主界面

```
07:36:35:0395 Gs  failed to load icon for app.devsuite.Manuals: 图标"app.devsuite.Manuals"未在主题 ukui-icon-theme-default 中出现
07:36:35:0395 Gs  failed to load icon for app.devsuite.Ptyxis: 图标"app.devsuite.Ptyxis"未在主题 ukui-icon-theme-default 中出现
07:36:35:0395 Gs  failed to load icon for app.drey.Dialect: 图标"app.drey.Dialect"未在主题 ukui-icon-theme-default 中出现
07:36:35:0395 Gs  failed to load icon for app.drey.KeyRack: 图标"app.drey.KeyRack"未在主题 ukui-icon-theme-default 中出现
07:36:35:0395 Gs  failed to load icon for app.fotema.Fotema: 图标"app.fotema.Fotema"未在主题 ukui-icon-theme-default 中出现
07:36:35:0395 Gs  failed to load icon for app.lith.Lith: 图标"app.lith.Lith"未在主题 ukui-icon-theme-default 中出现
07:36:35:0396 Gs  failed to load icon for app.xemu.xemu: 图标"app.xemu.xemu"未在主题 ukui-icon-theme-default 中出现
```

图 4-25　GNOME 软件商店的报错信息

　　这是因为 GNOME 软件商店图形用户界面（含图标）是针对 GNOME 桌面环境设计的，而银河麒麟桌面版使用的是 UKUI 桌面环境，后者并不包含 GNOME 桌面环境的图标。理论上可以安装缺少的图标，但也可能造成现有桌面环境图标的杂乱。

4.3.5　如意玲珑包格式

　　如意玲珑（简称：玲珑）是国产操作系统 Deepin（深度操作系统）推出的新型独立包管理

工具集。玲珑是"玲珑塔"的简称，既表示容器能对 App 有管控作用，也表明了 App/Runtime/OS 像塔一样分层的思想。玲珑虽然由 Deepin 推出，但其提供了统一的、脱离于操作系统之外的应用程序运行环境，理论上支持其他 Linux 发行版，例如银河麒麟。

目前该项目已正式捐赠给国内的开放原子开源基金会，处于项目孵化期。2024 年 8 月，如意玲珑正式集成至 Deepin 23。在其他 Linux 发行版上使用玲珑软件包格式还处于很早期的阶段，存在不少兼容性和依赖性问题。

4.3.6 小结

从实际使用情况来说，沙盒类包管理器的安装包尺寸普遍较大，国内用户下载体验很差。另外这些包格式是自包含的，往往只有一个可执行程序，直接从各自的官方网站下载、安装即可，没有解决包依赖的需求，从而间接导致了第三方的图形用户界面客户端发展缓慢、功能有限。

4.4 PackageKit

4.4.1 PackageKit 概述

PackageKit 是一个用于软件包管理的系统服务，旨在提供一个统一的接口来简化不同 Linux 发行版的软件包管理。其目标是创建一个跨平台的包管理工具，使应用程序开发者无须关心底层包管理系统的差异。PackageKit 支持多种包管理系统，包括 APT、YUM/DNF 等，通过插件机制实现与这些系统的集成。

（1）优点。

- 跨平台支持：支持多种 Linux 发行版和包管理系统，提供一致的用户体验。
- 易用性：通过图形用户界面工具简化了软件包管理，使得普通用户也能轻松管理软件。
- 自动更新：支持自动检查和安装软件更新，提升系统安全性和稳定性。

（2）局限性。

- 性能问题：由于增加了抽象层，可能会带来一些性能开销。
- 功能限制：某些高级包管理功能可能无法通过 PackageKit 实现，需要直接使用底层包管理工具。

4.4.2 PackageKit 的核心组件和工作流程

（1）核心组件。

- 守护进程：核心后台服务，处理所有的软件包管理请求。

- 后端插件：与具体的包管理系统（如 APT、YUM、ZYpp 等）交互的插件。
- 前端：用户接口，包括命令行工具和图形用户界面工具。

（2）工作流程。

- 用户请求：用户通过前端工具（如 GNOME 软件商店）发出软件包管理请求。
- 调用 API：前端工具调用 PackageKit 提供的 API，将请求传递给守护进程。
- 选择后端：守护进程根据当前系统的包管理器选择相应的后端插件。
- 执行操作：后端插件与具体包管理器通信，执行相应的软件包管理操作。
- 返回结果：操作完成后，后端插件将结果返回给守护进程，后者再将结果传递给前端工具，向用户展示操作结果。

4.4.3   命令行工具 pkcon

pkcon 是 PackageKit 的命令行工具，为高级用户提供灵活的软件包管理功能，其安装如下。

- 银河麒麟桌面版安装 PackageKit。

```
sudo apt update
sudo apt install packagekit
```

- 银河麒麟服务器版安装 PackageKit。

```
sudo yum install PackageKit
```

安装完成后，PackageKit Daemon 将自动启动并运行。pkcon 常见用法如表 4-9 所示。

表 4-9   pkcon 常见用法

命　　令	解　　释
pkcon install <package_name>	安装指定的软件包
pkcon remove <package_name>	卸载指定的软件包
pkcon update	更新所有已安装的软件包
pkcon refresh	刷新软件包缓存
pkcon search name <package_name>	按名称搜索软件包
pkcon search details <package_name>	搜索并显示软件包的详细信息
pkcon get-details <package_name>	获取指定软件包的详细信息
pkcon resolve <package_name>	解析并安装指定的软件包及其依赖项
pkcon repo-list	列出所有已配置的软件包仓库
pkcon repo-enable repo_id	启用指定的软件包仓库
pkcon repo-disable repo_id	禁用指定的软件包仓库

续表

命　　令	解　　释
pkcon download <package_name>	下载指定的软件包，但不安装
pkcon what-provides capability	查找提供指定功能的软件包
pkcon backend-details	显示当前使用的包管理系统的详细信息
pkcon backend-reload	重新加载包管理系统插件
pkcon get-updates	列出所有可用的软件包更新
pkcon offline-get-prepared	检查是否有准备好的离线更新
pkcon offline-trigger	触发系统的离线更新
pkcon offline-status	显示离线更新的状态
pkcon repair	修复系统中的包依赖关系和损坏的软件包
pkcon get-packages	列出所有已安装和可用的软件包

前文提到的 GNOME 软件商店是 PackageKit 的图形前端之一。

4.5　pkgsrc

pkgsrc 是一个由 NetBSD 社区维护的包管理系统，旨在为多种类 UNIX 操作系统提供一个统一的软件包管理界面。与 APT、YUM 这类平台特定的管理器不同，pkgsrc 的设计初衷就是跨平台兼容，使其能够在 Linux、Solaris、Mac OS 等多种系统上运行。目前 pkgsrc 软件仓库包含 25 000 多个开源软件包。

1. pkgsrc 的安装与使用

银河麒麟桌面版和服务器版要安装 pkgsrc 中的软件包，应通过源码编译安装的方式进行，主要分为两步。

（1）pkgsrc 的自举。

```
wget <本书资源仓库地址>/book_resources/raw/master/pkgsrc/pkgsrc.tar.xz && x uz pkgsrc.ta
r.xz                                #下载并解压 pkgsrc 源码包
cd pkgsrc/bootstrap                  #进入解压后的 bootstrap 子目录
sudo ./bootstrap --prefix /opt/pkg-2024Q1 --prefer-pkgsrc yes --make-jobs 4
pathman add /opt/pkg-2024Q1/bin      #使用 X-CMD 的 pathman 模块将 pkgsrc 可执行文件路径加入环境
                                     变量 PATH
```

（2）编译安装某个软件包。

以编译安装 memcached 数据库软件为例，编译命令如下：

```
cd pkgsrc/devel/memcached
bmake install clean                  #推荐使用 root 用户编译，否则中间需要多次确认
```

编译过程中，上述命令会自动下载所需的依赖项。

安装后的可执行文件默认位于${PREFIX}/bin 目录下，${PREFIX}就是 pkgsrc 自举阶段设置的/opt/pkg-2024Q1。默认安装路径由配置文件 pkgsrc/mk/bsd.pkg.m 中的 BINDIR 变量设置。

2. pkgsrc-wip 分支

pkgsrc 存在一个名为 pkgsrc-wip 的分支，包含了一些尚未正式纳入 pkgsrc 的软件包，以及一些正在开发和测试中的软件包。pkgsrc-wip 源码需要放在 pkgsrc 源码根目录下，具体步骤如下：

```
cd pkgsrc/                        #进入pkgsrc源码所在目录
wget <本书资源仓库地址>/book_resources/raw/master/pkgsrc/pkgsrc-wip.tar.gz && x uz
pkgsrc-wip.tar.gz  wip            #下载pkgsrc-wip源码包，并解压到wip文件夹
cd wip/2048-c                     #进入wip目录下某个软件目录，这里以2048这个小游戏为例
bmake install clean               #编译并安装该软件
```

pkgsrc-wip 分支安装后的可执行文件所在路径与 pkgsrc 可执行文件路径相同，如图 4-26 所示。

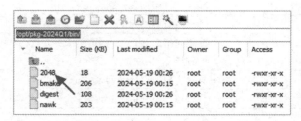

图 4-26　pkgsrc-wip 分支

4.6　Nixpkgs

Nixpkgs，通常简称为 Nix，是 NixOS 这一 Linux 发行版的软件包管理器和软件仓库。Nix 的设计理念是跨平台性，这意味着它能够在任何类 UNIX 系统上运行。Nix 引入了一种独特的声明式语言，用以精确地描述软件包的构建过程。得益于其创新的设计理念，Nixpkgs 为软件包管理带来了一系列显著优势，包括原子性的升级与回滚功能、可重复的构建过程等，提升了软件管理的可靠性、可重复性和灵活性。

4.6.1　Nixpkgs 的本地安装

Nix 包管理器有两种安装方式：全局安装和本地安装。全局安装意味着系统上的每个用户都可以访问 Nix 包管理器，而本地安装仅适用于当前用户。经测试 Nix 包管理器的全局安装和银河麒麟 kysec 安全模块有冲突，所以这里只介绍本地安装。

```
sh <(curl -L <本书资源仓库地址>/book_resources/raw/master/nix_install.sh)
. ~/.nix-profile/etc/profile.d/nix.sh
```

本地安装时生成的配置文件为~/.config/nix/nix.conf，在使用过程中需要对该文件进行修改。

4.6.2　Nixpkgs 的使用

4.6.2.1　频道管理

在 Nix 中，软件源被叫做频道（Channel）。频道是一个网址，指向 Nix 存储库。刚安装完的 Nix 未包含任何频道，需要手动添加频道。在 Nix 中使用 nix-channel 命令对频道进行管理，其用法如表 4-10 所示。

表 4-10　nix-channel 命令用法

命　令	描　述
nix-channel --add <URL> [name]	将位于 URL 的频道添加到订阅列表中。如省略[name]，则默认为 URL 的最后一个组件
nix-channel --remove name	从频道订阅列表中删除某个频道
nix-channel --list	列出所有订阅频道的名称和 URL
nix-channel --update [names…]	如果未指定 names，则更新所有频道；否则只更新包含在 names 中的频道
nix-channel --list-generations	查看历史所有环境列表
nix-env --switch-generation 43	将频道回滚到指定的频道号

这里使用国内的 Nix 镜像源：

```
nix-channel --add https://***/nix-channels/nixpkgs-unstable
```

添加的镜像源默认是不被 Nix 信任的，需要修改配置文件~/.config/nix/nix.conf，在文件中添加如下内容，将当前用户添加到信任列表中。

```
trusted-users = <当前的用户名>
```

同时在/etc/nix/nix.conf 文件中添加如下内容，打开实验特性，方便用户使用。

```
experimental-features = nix-command flakes
```

若要使用镜像源提供的二进制 cache，则还需添加如下内容。

```
substituters = http://***/nix-channels/store https://cache.*****.org/
```

运行命令 nix show-config 查看生效的配置内容。最后运行 nix-channel --update -v 更新频道。

4.6.2.2　软件搜索

在 Nix 中有两种搜索软件的方式：一是通过网站，二是使用命令 nix search 在频道中搜索软件包（如表 4-11 所示），其中 nixpkgs 是频道名称，可使用 nix-channel --list 查看。首次运行可能会比较慢，因为要下载软件包列表。

表 4-11 使用 nix search 命令搜索软件包

命　　令	解　　释
`nix search nixpkgs ^`	显示频道中的所有软件包
`nix search nixpkgs blender`	显示在名称或描述中包含 blender 的软件包
`nix search nixpkgs#gnome3 vala`	搜索频道中 gnome3 属性下软件包
`nix search nixpkgs 'firefox|chromium'`	搜索 Firefox 或 Chromium
`nix search nixpkgs git 'frontend|gui'`	搜索包含 git 且包含 frontend 或 gui 的软件包
`nix search nixpkgs neovim --exclude 'python|gui'`	搜索包含 neovim，但不包含 python 或 gui 的软件包

4.6.2.3　软件管理

在 Nix 中，软件包管理由 nix-env 命令完成（具体如表 4-12 所示），它用于安装、升级和删除/擦除软件包，以及查询已安装或可用于安装的软件包。

表 4-12　nix-env 命令列表

命　　令	解　　释
`nix-env -q`	列出已安装的软件包
`nix-env -qa	grep <package>`	查询可安装的所有软件包。一般与 grep 配合使用，查询特定软件包
`nix-env -i <package>`	安装软件包

`nix-env -u <package>`
`nix-env -u --dry-run`
`nix-env -u`
	更新某个软件包
	试运行更新命令来列出过时的软件包
	更新所有软件包

`nix-env -e <package>`	卸载软件包（实际上并不会释放任何硬盘空间，而仅仅是移除了符号链接）

4.6.2.4　其他命令

除了 nix-env 命令，Nixpkgs 还提供了其他的命令和工具，这些工具可以用于更高级的包管理操作，如构建自定义包、管理配置文件等，具体如表 4-13 所示。

表 4-13　Nixpkgs 的其他命令

命　　令	示　　例	解　　释
`nix-build`	`nix-build <nixpkgs> -A hello`	构建一个包（hello 包），并将结果链接到当前目录
`nix-shell`	`nix-shell -p hello`	启动一个 shell，其中包含了 hello 包的可执行文件和库
`nix-channel`	`nix-channel --update`	更新所有 Nix 频道，以获取最新的软件包集合

命　令	示　例	解　释
nix-collect-garbage	nix-collect-garbage -d	清理不再使用的包版本，释放空间
nix-store	nix-store -q --references	列出所有存储中的软件包及其依赖关系

　　针对 Nix 包管理器，还存在一个完全由社区驱动的软件包存储库（NUR）。它与 Nixpkgs 相比，用户使用其软件包时需要从源代码构建，并且这些源代码未经过任何 Nixpkgs 成员的审查。

05

编程语言包管理器

编程语言不仅是软件开发的基石，更是创新和技术进步的重要驱动力。这些语言各具特色，从简洁易学的 Python 到性能强大的 C++，从前端的 JavaScript 到后端的 Java，每种语言都有其独特的应用场景和发展趋势。表 5-1 是 2024 年 3 月的 TIOBE 编程语言排行榜，不同月份间前几项的排序不会变化太大。

表 5-1　TIOBE 编程语言排行榜

排　　名	编程语言	流 行 度	对比上月	年度明星/年
1	Python	15.63%	0.47%	2021，2020
2	C	11.17%	0.2%	2019，2017
3	C++	10.70%	0.17%	2022，2003
4	Java	8.95%	0.07%	2015，2005
5	C#	7.54%	0.01%	2023
6	JavaScript	3.38%	0.21%	2014
7	SQL	1.92%	0.1%	-
8	Go	1.56%	-0.17%	2016，2009
9	Scratch	1.46%	0.28%	-
10	Visual Basic	1.42%	-0.1%	-
11	Assembly language	1.39%	0.2%	-
12	PHP	1.32%	-0.19%	2004
13	MATLAB	1.24%	-0.02%	-
14	Fortran	1.22%	-0.18%	-
15	Delphi/Object Pascal	1.22%	-0.18%	-
16	Swift	1.08%	-0.08%	-
17	Rust	1.03%	-0.02%	-
18	Ruby	1.01%	0.02%	2006
19	Kotlin	0.95%	-0.12%	-

排　　名	编程语言	流 行 度	对比上月	年度明星/年
20	COBOL	0.83%	-0.18%	-

软件包，也称为库（libraries 或 packages），是一组预先编写好的代码，它们实现特定功能，允许开发者复用这些代码而不是从头开始编写。在编程语言中，包管理器扮演着至关重要的角色，主要用于处理软件包的安装、升级、配置和卸载，从而简化了依赖管理和项目管理的复杂性，提高了开发效率，并促进了代码的共享和重用。本章将从表 5-1 中挑选一些编程语言，对其包管理器进行介绍，旨在帮助非开发人员的普通用户理解这些工具。

编程语言的包管理通常涉及环境管理、版本管理和包管理等方面，其中版本管理和包管理这两个概念容易混淆：

- 版本管理涉及对编程语言自身不同版本的管理，例如 Java 的多个版本，包括 Java 8、Java 11 和 Java 17 等。
- 包管理则是指对软件开发过程中使用的包或库的管理，例如在 Java 项目中常用的 Log4j（用于日志记录）和 Gson（用于 JSON 格式处理）。

在本章中，我们将介绍一些管理器，它们有的同时具备版本管理和包管理的功能，例如 Python 开发者常用的 Conda 包管理器。而有的管理器则仅提供版本管理功能，例如 Node.JS 的 nvm（Node Version Manager）和 Golang 的 gvm（Golang Version Manager）。尽管这两类管理器在功能上有所不同，但它们通常都被统称为包管理器，这是需要注意的一个点。

5.1　Python 包管理器

Python 作为一种在 Web 开发、数据科学、人工智能等多个领域广泛应用的编程语言，其强大功能的实现得益于丰富的第三方库和框架。随着项目规模的增加，管理这些依赖关系变得愈加复杂。高效的包管理工具能够帮助开发者解决依赖冲突、版本控制等难题，从而确保项目的稳定发展。因此，包管理器已经成为 Python 生态系统中不可或缺的组成部分。

Python 因其活跃的社区支持、广泛的应用领域、高度的灵活性和强大的可扩展性，相比其他编程语言，拥有更多种类的包管理工具。Python 的包管理可以分为环境管理、版本管理、包发布和包构建四个方面，相关的 Python 包管理软件生态如图 5-1 所示。由于许多工具具备多种功能，不适合直接按照上述四个方面来组织章节结构，因此本章节将按照包管理工具的名称来划分。

在图 5-1 中，你可能会注意到一些工具在国内的使用频率并不高，而且随着 Python 包管理软件的快速发展，新的工具不断涌现。因此，本章将重点介绍一些在中国地区常用的主流 Python

包管理软件。

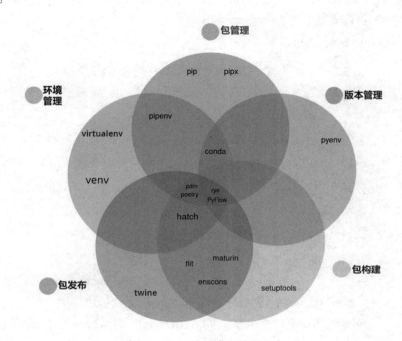

图 5-1　Python 包管理软件生态

Python 有两个主要版本：Python 2 和 Python 3，它们在某些关键方面存在显著差异。尽管 Python 3 早在 2008 年就已经推出，但 Python 2 的某些版本仍然在某些环境中使用。因此，在使用 Python 时，读者需要注意区分这两个版本。除非特别指明，本章中的 Python 指的是 Python 3 版本。

5.1.1　Python 文件格式与安装包格式

Python 文件格式主要包括.py 文件、.pyc 编译过的字节码文件，以及.pyd 动态链接库文件，每种格式都有其特定的应用场景和优势。

- .py 文件：这是 Python 的源代码文件，开发者可以直接阅读和修改。
- .pyc 文件：Python 解释器会将.py 文件编译成.pyc 文件，即字节码。这种格式在加载时速度更快，因为跳过了编译步骤，适用于生产环境，提升程序启动速度。
- .pyd 文件：动态链接库文件，相当于 Windows 平台上的.dll 文件、Linux 平台的.so 文件，允许 Python 程序调用 C 或 C++编写的函数。可以执行比 Python 更快的代码，适用于性能要求高的计算。

Python 安装包的常见格式主要包括 tar.gz、egg 和 wheel 等，通常用户使用包管理器对 Python 软件进行管理，无须直接操作这些格式的安装包。

（1）tar.gz 格式安装包。

这是最传统的包格式之一，也被称为"源码包"。它是一个压缩文件，包含了包的源代码，以及安装该包所需的脚本（通常是 setup.py）。tar.gz 格式的包通常需要在安装时编译，这可能会导致安装过程较慢，并且需要用户有编译环境。

（2）egg 格式安装包。

egg 是一个较老的二进制分发格式，由 setuptools（一种打包工具）引入。它也是一个压缩文件，包含了二进制版的 Python 扩展和一个 EGG-INFO 目录，用于存储包信息。egg 格式在一些旧项目中仍然可以见到，但已逐渐被 whl 格式取代。

（3）wheel 格式安装包。

wheel 格式（后缀为.whl）是为了解决 egg 格式的局限性而诞生的。wheel 包含了已编译的 Python 扩展，可以直接安装，无须编译，这使得安装过程快速且简便。whl 文件也是跨平台的，在支持 wheel 的平台上可以无须修改即可使用。Wheel 格式是当前推荐的 Python 包分发格式，例如，`pip install numpy` 命令实际上会从 PyPI 下载 NumPy 的 wheel 文件进行安装。

5.1.2　PyPI 包索引

Python 编程语言因其简洁直观的语法和强大的功能而深受欢迎。它的普及和成功在很大程度上得益于其庞大的标准库和丰富的第三方库生态系统。Python Package Index（PyPI）是这个生态系统中的一个关键组成部分，它是一个公共的在线存储库，允许用户在全球范围内分享和下载 Python 包。PyPI 的存在极大地推动了 Python 社区的发展，使得开发者能够轻松地共享他们的代码，并且快速地找到并使用他人提供的工具和库。截至目前，PyPI 已经包含了超过 50 万个软件项目，1000 多万个文件，总存储量已经超过了 20TB。

5.1.3　pip

pip 起源于 2008 年一个名为"pip"的项目，意在提供一个比 easy_install（早期 Python 的一个包管理工具）更好的安装方法。pip 已成了 Python 包安装和管理的事实标准，自 Python 2.7.9 和 3.4 版本起，pip 被内置在 Python 安装包中。

pip 的主要特点是有简单直观的命令行界面，用户可以通过一系列简单的命令来安装、升级、卸载和列出包。pip 支持从 Python 包索引（PyPI）安装包，同时支持从其他索引和本地文件安装。

pip 的优点在于其广泛的应用、社区支持，以及与 Python 官方的紧密结合。它能够自动解析和安装依赖关系。然而，pip 也存在一些局限性，最显著的是它不直接支持环境管理，这意味着不同项目的依赖关系时可能会遇到冲突。

在银河麒麟桌面版上，Python 并未内置 pip。要先使用 apt 包管理器安装 python3-pip，才能使用 pip。

5.1.3.1　pip 常用命令

pip 常用命令如表 5-2 所示。

表 5-2　pip 常用命令

命　　令	说　　明
pip --version	查看 pip 版本和路径
pip install <package_name>	从 PyPI 安装包
pip install '包名>=2.28.1'	安装指定版本的包，可使用==、>=、<=、>、< 符号来限定版本号
pip install -r requirements.txt	从文件中安装多个包
pip install -U <package_name>	升级已安装的包到最新版本
pip uninstall <package_name>	卸载已安装的包
pip list	显示已安装的包列表
pip list --outdated	显示已安装包中有更新版本的包
pip show <package_name>	显示指定包的信息
pip freeze > requirements.txt	保存当前环境中已安装包列表
pip install /path/to/<package_name>.whl	从本地文件安装包
pip install git+https://***.com/user/repo.git	安装开发版本或特定的 Git 仓库版本
pip install --proxy="http://[user:passwd@]proxy.server:port" package_name	通过代理服务器安装包
pip install --user <package_name>	将包安装到用户目录
pip check	检查包依赖关系冲突

（1）使用 requirements.txt 安装软件包。

pip 支持使用 requirements.txt 安装软件包，requirements.txt 是一个包含所需包列表及其版本号的文本文件（实际上，该文件可以命名为任何名称，但通常是将文件命名为 requirements.txt）。requirements.txt 文件中每个软件包占用一行，类似下面这样。

```
setuptools==1.14.0
django==1.8.11
xlrd2=1.2.2
```

使用下面的命令通过 requirements.txt 安装依赖的包。

```
pip install -r requirements.txt
```

（2）搜索软件包。

从 pip 20.3 版本开始，pip 不再支持 pip search 命令，因为该命令会消耗 PyPI 服务器的大量资源，所以官方禁用了其使用的 API 接口。但可以安装第三方搜索工具 pypisearch，实现搜索 PyPI 软件包的功能：

```
pip install pypisearch
```

完成后，就可以使用 pypisearch 命令搜索软件包了：

```
pypisearch <package_name>
```

5.1.3.2　pip 镜像源配置

（1）手动设置 pip 镜像源。

使用命令 pip config 配置镜像源，该命令允许用户获取和设置所有的 pip 配置。

```
python3 -m pip config set global.index-url https://m***com/pypi/simple/
```

这会将镜像源地址写入 $HOME/.config/pip/pip.conf 文件中，也可以手动修改该文件。

```
pip config list    #查看镜像源列表，以核对配置是否生效
```

临时设置 pip 镜像源时，使用-i 参数，具体如下：

```
pip install -i https://py***edu.cn/simple <some-package>
```

（2）使用工具设置 pip 镜像源

可以使用换源工具 chsrc、X-CMD 的 mirror 模块快速设置 pip 的镜像源。

5.1.3.3　pip 在离线环境应用

（1）下载软件包。

在联网主机上，下载离线使用的软件包及其依赖项。

```
pip download <包名> -d <存放包的路径>
```

如果同时想下载多个库，并且需要指定版本，则可以使用 requirement.txt 文件，并在里面加入需要下载的软件包和版本，也可利用 pipreqs 这个软件包在当前项目目录下生成 requirement.txt（包含当前已安装的 pip 包和版本）。

```
pip install pipreqs
pipreqs ./ --encoding=utf-8          #成功后会在当前目录生成 requirements.txt
```

然后根据 requirements.txt 的内容再下载。

```
pip download -r /path/to/requirement.txt -d <存放包的路径>
```

（2）在离线环境安装软件包。

```
pip install <包名> --no-index --find-links=<存放包的路径>
```

如果是通过 requirement.txt 下载的软件包，则安装命令如下：

```
pip install --no-index --find-links=<存放包的路径> -r /path/to/requirement.txt
```

离线安装 Python 软件包时，最好保证联网源机器与离线目标机器的架构完全一致，否则可能会出现依赖包安装失败的问题。所谓架构一样，其实就是四个参数一样：--platform、--python-version、--implementation 和 --abi

- --platform：即操作系统，可以通过虚拟机或 Docker 容器保证一致。
- --python-version：Python 版本，可以通过 python 虚拟环境来保证。
- --implementation：Python 的实现，一般只考虑 C 语言实现的 cpython。
- --abi：二进制接口，可以通过虚拟机或 Docker 容器来保证。

在使用 `pip download` 下载离线使用的软件包时，可以通过设置上述 4 个参数尽量保证源和目的架构一致。

```
pip download \
    --only-binary=:all: \            # 只下载二进制包（即 wheel 或 egg）
    --platform linux_x86_64 \        # 限定 Linux 64 位架构
    --python-version 3.8 \           # Python 3.8
    --implementation cp \            # cpython，一般都是这个
    --abi cp33d                      # CPython 3.3 ABI，当前的稳定版二进制接口
    tensorflow                       # 要下载的 Python 包名
```

这些参数其他可用的值请参考 PEP-0425[①]。

5.1.4 Conda

Conda 是 AnaConda 发行版内置的包管理工具。AnaConda 是一个面向科学计算的 Python 套件，它集成了大量的 Python 科学计算包和工具，并支持 Windows、MacOS 和 Linux 等多种操作系统。AnaConda 提供了一个统一的命令行环境和一个可视化的用户界面，这使得用户能够方便地进行数据分析和可视化。

AnaConda 还有一个精简版本，名为 MiniConda，它同样内置了 Conda 包管理器。

Conda 是一个集成了环境管理和包管理两大核心功能的工具，这二者相互补充，为用户提供了一个强大且灵活的解决方案，用于处理依赖管理和环境隔离的挑战。

---

① PEP（Python Enhancement Proposal）是"Python 改进提案"的缩写。

5.1.4.1 安装 Conda

虽然银河麒麟桌面版的软件商店提供了 AnaConda 安装包，但版本太旧，且安装时会卡住长时间没反应。

对于联网用户，推荐在命令行界面使用 MiniConda 安装包安装 Conda，因为 MiniConda 更轻量，用户可以根据需要随时安装特定的包。

首先根据自己的系统平台架构，到 Conda 的官网或镜像网站下载对应 CPU 架构的 MiniConda 的安装包，例如下载 x86_64 架构的安装包。

```
wget https://mirror***edu.cn/anaconda/miniconda/Miniconda3-latest-Linux-x86_64.sh
```

执行下载的命令进行安装：

```
bash Miniconda3-latest-Linux-x86_64.sh -b -u -p ~/miniconda3
```

这条命令将 MiniConda 安装到~/miniconda3 目录下，可以根据个人需要修改。

安装完成后需要初始化 Shell，根据使用 Shell 的不同可以使用下面的初始化命令：

```
~/miniconda3/bin/conda init bash
```

或

```
~/miniconda3/bin/conda init zsh
```

注销当前 Shell，再重新打开 Shell 后就可以看到如图 5-2 所示的界面，这里的（base）表示当前位于名为 base 的 Conda 虚拟环境中，base 是 Conda 默认启动的虚拟环境。

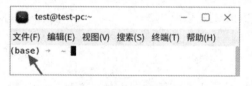

图 5-2 Conda 默认启动环境 base

在飞腾处理器+银河麒麟桌面版的环境下，使用安装包 MiniConda3-latest-Linux-AARCH64.sh 安装时很可能出现如图 5-3 所示的报错信息，导致安装失败。编者测试了多个版本的 AARCH64 架构的 Linux 安装包，均出现如下的报错信息。

```
Unpacking payload ...
Miniconda3-latest-Linux-aarch64.sh: 行 457: 2755939 退出 141        extract_range $boundary1 $boundary2
       2755940 非法指令        （核心已转储）| CONDA_QUIET="$BATCH" "$CONDA_EXEC" constructor --extract-tarball --prefix "$PREFIX"
```

图 5-3 AARCH64 架构的 MiniConda3 安装报错信息

表面上看 MiniConda3-latest-Linux-AARCH64.sh 是一个 Shell 脚本文件，但使用文本编辑器打开该文件，在乱码内容的开头可以看到如图 5-4 圆圈中所示的"ELF"字样，ELF 是 Linux 下可执行文件开头的标识符，这说明 MiniConda3-latest-Linux-AARCH64.sh 嵌入了一个 ELF 可执行文件。

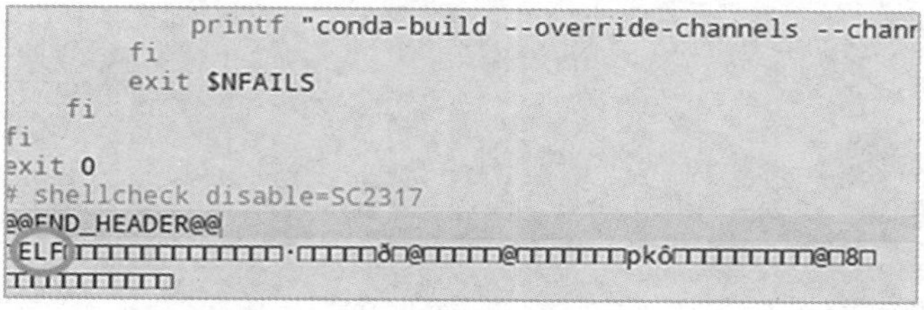

图 5-4　嵌入的 ELF 文件开头

将 MiniConda3-latest-Linux-AARCH64.sh 嵌入的 ELF 文件提取出来后，使用 ELF 文件查看器打开，如图 5-5 所示，嵌入的 ELF 文件确实是 AARCH64 架构的。但由于 AARCH64 架构的芯片过于庞杂，Conda 为国外开发的产品，若没有在国产飞腾处理器上进行测试，则难免会出现兼容性的问题。

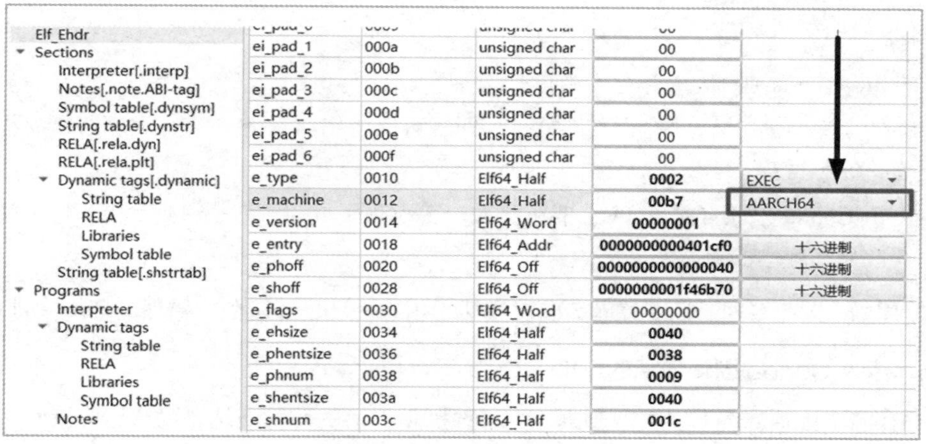

图 5-5　内嵌的 ELF 文件架构

此时就需要使用下文讲解的 Miniforge3 来安装 Conda。

5.1.4.2　Conda 基础命令示例

Conda 经常使用的命令如下：

```
conda info                                        #显示 Conda 详细信息
conda env list                                    #列出所有的环境
conda env remove -n <env_name>                    #移除指定的环境
conda env export > environment.yaml               #将当前环境的配置信息导出到一个 YAML 文件中
conda env create -f environment.yaml              #根据 YAML 文件创建虚拟环境
conda config --show envs_dirs                     #显示当前存储虚拟环境的路径
conda config --add envs_dirs /path/to/your/envs   #添加新的默认环境路径
conda config --remove envs_dirs /old/path/to/envs #删除旧的默认环境路径
```

```
conda create --name test python=3.10      #创建一个新的环境test,并同时安装指定的包python=3.10
conda create --name <env_name> numpy pandas #创建环境时, 安装特定包
conda create --name <env_name> numpy=1.19 pandas=1.1      #创建环境时, 安装特定版本的包
conda create --name <new_env> --clone <existing_env>      #从已有环境复制
conda create --name <env_name> --file environment.yml      #从已有的环境YAML文件创建
conda create --prefix /home/user/myenv python=3.8      #使用--prefix指定环境路径,而不是使用
                                                               环境名

conda activate test                        #激活名为test的Conda环境, 以便在该环境中进行操作
conda deactivate                           #退出当前Conda环境
conda search <package>                     #搜索软件包
conda list                                 #列出当前环境中已安装的包
conda install <package>                    #安装指定的包到当前活动环境中
conda install numpy=1.18                   #安装指定版本的包
conda install -n myenv <package1>  <package2>      #向指定的环境中同时安装多个包
conda install -f requirements.txt          #安装requirements.txt中指定的所有软件包
conda update <package>                     #更新指定的包
conda update numpy=1.20.1                  #更新软件包到指定的版本
conda remove <package>                     #从当前环境中移除指定的包
conda create --clone [源环境名称] [目标环境名称]      #复制一个现有的环境
```

有如下使用技巧:

- 可以使用*通配符来安装多个软件包。
- 在使用 `conda install` 命令安装软件包时，可以使用--yes参数来自动回答所有提示，以简化安装过程。
- 由于 Conda 包通常比 PyPI 上的包更大，更新频率可能较低，可选择 pip 作为补充，以获取最新版本的包。

在使用 conda 命令时，还要注意，确保激活了正确的环境，以免在错误的环境中进行操作。

5.1.4.3 修改 Conda 默认激活的环境

在存在多个虚拟环境时，可以根据需要修改默认激活的环境，这可以通过修改 Conda 的配置文件.condarc（位于用户 "home" 目录下，若没有则新建）实现：

```
auto_activate_base: false
envs_dirs:
 - /home/test/miniconda3/envs      # 请根据Conda的实际安装路径修改
```

然后在 Shell 配置文件（.bashrc 或.zshrc 等）中添加如下内容（假设想要默认激活名为 test 的环境）：

```
conda activate test
```

再运行 `source ~/.bashrc` 或 `source ~/.zshrc` 命令即可（如图 5-6 所示）。

```
(base) → ~ vim .zshrc
(base) → ~ source .zshrc
(test) → ~ █
```

图 5-6 修改默认激活环境

5.1.4.4 Conda 软件源配置

Conda 中不同的软件源也称为频道（Channel），通用的 Conda 频道主要如下所述。

- main：主频道，是 Anaconda 的默认频道，包含经过严格测试和验证的包，适合大多数用户使用。
- conda-forge：社区驱动的 Conda 包管理频道，提供广泛的跨平台软件包。
- free：包含了一些早期的免费软件包。随着时间的推移，部分包可能已迁移到其他频道。

其他针对特定领域的频道主要如下所述。

- msys2：针对 Windows 用户提供的一个包含 UNIX 工具集的频道。
- pro：为专业用户或需要高级特性的用户提供的频道。
- MindSpore：华为 MindSpore 深度学习框架，提供该框架的包和相关库。
- Paddle：百度 Paddle 深度学习框架，提供该框架的包和相关库。
- bioconda：生物信息学相关的软件包频道。
- caffe2：专为 Caffe2 深度学习框架提供包和依赖的频道。
- intel：专注于优化和支持英特尔硬件的包。
- matsci：材料科学相关的 Conda 包频道。
- menpo：专注于视觉计算和图像处理的频道。
- ohmeta：专注于元数据处理或相关工具的频道。
- plotly：为 Plotly 图形库提供的包，支持交互式图表和数据可视化。
- pytorch：为 PyTorch 深度学习框架提供包和相关依赖。
- pyviz：为 Python 可视化库提供软件包的频道。

各操作系统都可以通过修改用户目录下的隐藏文件.condarc 来配置要使用的频道，如下：

```
channels:
 - defaults
show_channel_urls: true
default_channels:
 - https://m***cn/anaconda/pkgs/main
custom_channels:
 conda-forge: https://**/anaconda/cloud
……    #参考上一行，根据需要自行添加专用的频道，仅需更换频道名称……
```

也可以通过 conda config 命令配置镜像源，由于需要配置多个频道，所以推荐使用直接修改.condarc 的方式。

```
conda config --add channels <channel_url>          #添加新的频道，以便从更多的源获取包。
conda config --set default_channels channels...    #更改当前环境的默认频道。
```

频道配置完毕后，可以使用 `conda config --show` 核对生效的 Conda 配置。运行 `conda clean -i` 清除索引缓存，保证用的是镜像站提供的索引。

5.1.4.5 Conda 虚拟环境迁移和离线使用

可以使用 conda-pack 对 Conda 环境进行打包和分发，方便环境迁移和在离线环境下使用，具体步骤如下。

（1）安装 conda-pack。

```
conda install conda-pack
```

（2）备份虚拟环境。

```
conda create -n <目的虚拟环境名> --clone <源虚拟环境名>
```

这一步是避免打包的时候出现问题导致源虚拟环境受损，可选做。

（3）打包刚刚复制的虚拟环境。

```
conda pack -n <虚拟环境名>
```

涉及的库越多，打包时间越长，最后会得到一个以.tar.gz 为后缀的压缩包文件。

（4）将压缩包复制并解压到目标计算机的 Conda 虚拟环境路径下即可。可在目标计算机上输入如下命令查找 Conda 虚拟环境的路径。

```
conda config --show
```

5.1.5 Miniforge3

Miniforge3 是一个轻量级的 Python 分发工具，类似于 Miniconda，但它特别使用 Conda-forge 作为默认的包管理通道。Conda-forge 是一个社区驱动的包集合，提供了大量的科学计算和数据科学相关的包。Miniforge3 主要用于简化 Python 环境的安装和管理，尤其是在科学计算和数据科学应用领域。

安装 Miniforge3 的过程相对简单。用户可以从其官方仓库或本书提供的资源仓库中下载适合自己操作系统的安装包。安装完成后，用户就可以使用 Conda 命令来管理 Python 环境，以及安装所需的包。

之所以在 Miniconda 之外单独介绍 Miniforge3，是因为在某些特定的平台组合下（例如使用飞腾处理器和银河麒麟桌面版操作系统），直接安装 Miniconda 可能会遇到报错，而 Miniforge3 则能够在这种环境下顺利安装。这使得 Miniforge3 成为那些平台用户的优选解决方案。

5.1.6 pipx

与 pip 主要用于库的管理不同，pipx 专注于 Python 应用的管理，这一区别让 pipx 在实际使用中展现出独特的优势。

pipx 依赖 pip 和 venv，它只能在 Python 3.6+的 Python 版本中才能使用。默认情况下，pipx 使用 pip 来安装和管理包，用户无须关心软件镜像源的配置。同时，pipx 也能够像 pip 一样，从本地、git 仓库、wheel 文件中安装包。

为了避免在同一台主机上存在多个 Python 版本可能导致的冲突，pipx 通常会使用 venv 或 virtualenv 等虚拟环境管理工具来创建相互隔离的虚拟环境。然后，它将 Python 应用程序（App）安装到这些不同的虚拟环境中。后续对这个应用程序的管理操作，都需要先进入相应的虚拟环境。这种设计确保了应用程序之间的隔离，减少了依赖冲突，并提高了系统的稳定性。

5.1.6.1 安装 pipx

操作系统包管理器安装的 pipx 版本陈旧，推荐使用下面的安装方式：

```
python3 -m pip install --user pipx
python3 -m pipx ensurepath              # 需要重启 Shell
```

上述命令首先通过 pip 安装 pipx，然后运行 `pipx ensurepath` 将 pipx 的可执行文件路径添加到用户的 PATH 环境变量中，这样在任何目录下都可以通过命令行直接运行 pipx。

当使用 pipx 安装一个 Python 应用程序时，pipx 会自动为该应用程序创建一个独立的虚拟环境，该功能的实现依赖 Python 的 venv 模块。银河麒麟桌面版需要单独安装该模块，venv 具体版本推荐和系统使用的 Python 版本一致：

```
python3 --version                  # 查看系统当前使用的 python 版本
sudo apt install python3.8-venv    # 安装对应版本的 venv
```

安装完毕后，关闭 Shell 再打开，就可以正常使用 pipx 了。

5.1.6.2 pipx 的使用示例

pipx 常用命令用法如表 5-3 所示。

表 5-3 pipx 常用命令用法

命 令	解 释
`pipx install <package>`	安装一个包到隔离环境
`pipx list`	列出已安装的所有包
`pipx uninstall <package>`	从隔离环境中卸载一个包
`pipx reinstall-all`	重新安装所有包，通常用于 Python 版本升级后
`pipx run <package>`	在临时环境中运行一个包，无须安装

假设要安装 httpie，这是一个流行的命令行 HTTP 客户端。使用 pipx 安装 httpie 可以避免与其他项目的依赖冲突：

```
pipx install httpie
```

安装完成后，可以直接在命令行中运行 httpie 来使用这个工具，而不用担心会破坏或干扰到其他 Python 项目的依赖。

5.1.6.3 pipx 高阶应用

一个常见的需求是同时安装一个应用程序的多个版本，以便进行测试或其他目的。pipx 使得这一点变得简单，它允许用户通过指定不同的安装路径来实现。下面以 Python 的包管理工具 pip 为例，展示如何使用 pipx 安装并管理其两个不同版本。

```
pipx install pip==20.2.4 --suffix=@20.2.4
pipx install pip==21.0.1 --suffix=@21.0.1
```

现在就可以通过 pip@20.2.4 和 pip@21.0.1 来分别使用这两个版本的 pip 了。这意味着可以使用 pip 安装 pipx，反过来可以使用 pipx 管理 pip 的版本。

某些 Python 应用在运行时可能需要设置特定的环境变量。pipx 允许你在安装应用时，通过 --env 标志为应用配置环境变量。

假设你正在安装一个名为 example-app 的应用，则该应用需要一个名为 EXAMPLE_VAR 的环境变量：

```
pipx install example-app --env EXAMPLE_VAR=value
```

这会在 example-app 的隔离环境中设置 EXAMPLE_VAR 环境变量。

pipx 只是解决 pip 的一个痛点，因此它的适用场景比较单一，它只适用于安装和运行那些有提供命令行入口的 Python 语言开发的 App。

5.1.7 pyenv

pyenv 允许用户在同一系统上轻松切换多个 Python 版本，其工作原理是在用户的家目录下创建一个.pyenv 目录，用于存放下载的 Python 版本和设置环境变量，使得可以根据当前目录或全局设置切换 Python 版本。此外，pyenv 非常适合与其他工具配合使用，比如 virtualenv 和 pipenv，进一步管理虚拟环境和依赖。

5.1.7.1 安装 pyenv

在 Linux 系统上安装 pyenv 相对简单，但需要先准备好必要的依赖项。安装 pyenv 的具体步骤如下。

（1）安装依赖项。

在银河麒麟桌面版上安装 pyenv 依赖项：

```
sudo apt update
sudo apt install build-essential libssl-dev zlib1g-dev libbz2-dev libreadline-dev \
libsqlite3-dev curl git libncursesw5-dev xz-utils tk-dev libxml2-dev libxmlsec1-dev \
libffi-dev liblzma-dev
```

在银河麒麟服务器版上安装 pyenv 依赖项：

```
sudo yum install gcc make patch zlib-devel bzip2 bzip2-devel readline-devel sqlite \
sqlite-devel openssl-devel tk-devel libffi-devel xz-devel
```

（2）安装 pyenv。

在安装 pyenv 之前，可以通过设置环境变量来自定义 pyenv 的安装路径。例如：

```
export PYENV_ROOT="$HOME/.custom_pyenv"
```

在线安装 pyenv。

```
curl <本书资源仓库地址>/book_resources/raw/master/install_scripts/pyenv_install.sh|bash
```

（3）配置 Shell 环境。

在~/.bashrc 或 ~/.zshrc 中添加以下内容：

```
export PATH="$HOME/.pyenv/bin:$PATH"
eval "$(pyenv init --path)"
eval "$(pyenv init -)"
```

重新加载 Shell 配置：source ~/.bashrc 或 source ~/.zshrc

（4）验证安装。

```
pyenv --version
```

5.1.7.2　pyenv 的基本使用

一旦成功安装 pyenv，就可以开始管理你的 Python 版本。表 5-4 所示的是 pyenv 基础命令的用法。

表 5-4　pyenv 基础命令的用法

命　　令	解　　释
pyenv install --list	列出所有可以安装的 Python 版本
pyenv install \<version>	安装指定版本的 Python，例如：pyenv install 3.9.6
pyenv global \<version>	设置系统级别的全局 Python 版本，例如：pyenv global 3.9.6
pyenv local \<version>	设置当前目录（项目级别）的 Python 版本，会在当前目录创建.python-version 文件
pyenv version	显示当前使用的 Python 版本

命　令	解　释
`pyenv versions`	列出所有已安装的 Python 版本
`pyenv uninstall <version>`	卸载指定版本的 Python，例如：`pyenv uninstall 3.9.6`
`pyenv help`	显示 pyenv 的帮助信息和所有可用命令

5.1.8　Poetry

Poetry 的出现，是对现有 Python 项目管理工具的一次重大改进，它试图解决如依赖管理混乱、包发布烦琐等长期困扰 Python 社区的问题。Poetry 的核心功能如下所示。

- 依赖管理：Poetry 使用 pyproject.toml 文件声明项目的依赖，并自动处理依赖的解析和安装，能够确保项目的环境一致性。
- 虚拟环境管理：Poetry 集成了 virtualenv，在执行 `poetry add`、`poetry install` 等指令时，Poetry 会自动检查当下是否正在使用虚拟环境，如果不是，则会自动创建一个新的虚拟环境，再进行软件包安装。
- 打包与发布：Poetry 简化了 Python 包的构建、打包和发布过程。使用简单的命令，可以轻松地将自己的项目打包并发布到 PyPI 上。
- 版本控制与更新：Poetry 提供了强大的版本控制功能，支持语义化版本控制规则，可以自动更新项目版本号，并管理发布过程。

5.1.8.1　安装与配置

（1）安装 Poetry。

Poetry 的安装方式有多种，官方推荐使用 pipx 安装 Poetry，pipx 会自动创建一个虚拟的隔离环境，并将 Poetry 安装在内：

```
pip install pipx
pipx install poetry
```

也可通过在线的安装脚本安装，这种方式需要手动在 Shell 配置文件（如.bashrc、.zshrc）中，将 Poetry 可执行文件路径（一般是$HOME/.local/bin）添加到 PATH 环境变量中：

```
curl -sSL <本书资源仓库地址>/book_resources/raw/master/install_scripts/poetry_install.py | python3 -
```

不推荐直接使用pip安装Poetry，这种方式可能会与已有环境中的组件产生冲突，因为Poetry所依赖的包比较多。

（2）配置 Poetry。

Poetry 安装完成后，可以进行一些基本配置以优化体验，首先使用 `poetry config --list` 命令查看当前的配置（如图 5-7 所示），以确定有哪些配置项可以修改。

```
→ ~ poetry config --list
cache-dir = "/home/test/.cache/pypoetry"
experimental.system-git-client = false
installer.max-workers = null
installer.modern-installation = true
installer.no-binary = null
installer.parallel = true
keyring.enabled = true
solver.lazy-wheel = true
virtualenvs.create = true
virtualenvs.in-project = false
virtualenvs.options.always-copy = false
virtualenvs.options.no-pip = false
virtualenvs.options.no-setuptools = false
virtualenvs.options.system-site-packages = false
virtualenvs.path = "{cache-dir}/virtualenvs"  # /home/test/.cache/pypoetry/virtualenvs
virtualenvs.prefer-active-python = false
virtualenvs.prompt = "{project_name}-py{python_version}"
warnings.export = true
```

图 5-7　查看 Poetry 的当前配置

poetry config 的语法如下：

```
poetry config <配置项关键字> <值>
```

例如，Poetry 会在统一的位置 virtualenvs.path 下创建和管理虚拟环境，图 5-7 中是
"{cache-dir}/virtualenvs"，对应实际的物理路径是/home/test/.cache/pypoetry/virtualenvs，如果要
更改这个位置，可以使用以下命令：

```
poetry config virtualenvs.path ~/.virtualenvs
```

或者是使用下面的命令，将虚拟环境存储在每个项目文件夹下：

```
poetry config virtualenvs.in-project true
```

这会让 Poetry 在各个项目的根目录中创建虚拟环境（文件夹名称固定为.venv），这样可以
方便管理和区分不同项目的依赖。其他配置项的修改以此类推。

5.1.8.2　Poetry 常用命令

Poetry 常用命令见表 5-5。

表 5-5　Poetry 常用命令

命　　令	解　　释
poetry new my_project	创建新的 Python 项目
poetry add <requests>	添加依赖项
poetry remove <requests>	移除依赖项
poetry install	安装项目的依赖项
poetry update	更新项目的依赖项
poetry run python app.py	在虚拟环境中运行命令
poetry build	构建项目

5.1.8.3 Poetry 的虚拟环境管理

当使用 Poetry 创建新项目时，它会自动为该项目创建一个新的虚拟环境。如果项目已经存在，Poetry 就会在第一次运行 `poetry install` 命令时创建虚拟环境。

（1）创建虚拟环境。

当使用 `poetry new` 或 `poetry init` 命令创建新的 Poetry 项目时，Poetry 将依据配置中的 virtualenvs.in-project 为 true 还是 false，决定将虚拟环境存储在项目下的.venv 目录还是全局位置。然后虚拟环境将被自动激活，当使用 Poetry 运行命令时，都将在这个虚拟环境中执行。

（2）激活虚拟环境。

虽然 Poetry 会自动管理虚拟环境，但有时可能需要手动激活虚拟环境。

```
poetry shell
```

这将激活虚拟环境，并允许在该环境中运行 Python 脚本和其他命令。

（3）切换 Python 版本。

如果系统中安装了多个版本的 Python，则可以指定 Poetry 默认使用哪个版本。

```
poetry env use python3.9
```

将 python3.9 替换为希望使用的 Python 版本，其他常用的虚拟环境管理命令如下：

```
poetry env info
poetry env list
poetry env remove python3.9
```

5.2 C/C++包管理

5.2.1 Glibc 版本管理

在 Linux 环境下，Glibc（GNU C 库）是最基础且最关键的组件之一。它提供了标准库函数和程序接口，几乎其他所有运行时库都依赖 Glibc。因此，Glibc 的任何变动都可能影响到整个系统的稳定性，可以说是"牵一发而动全身"。由于其重要性，Glibc 的更新和维护通常需要非常谨慎，以确保系统的兼容性和可靠性。

5.2.1.1 Glibc 相关环境变量

Glibc 在运行时通过多个环境变量来调整其行为和特性。

（1）环境变量 LD_LIBRARY_PATH。

LD_LIBRARY_PATH 是一个用于指定动态链接库搜索路径的环境变量。当程序启动时，动态链接器会根据 LD_LIBRARY_PATH 的内容，优先在指定目录中搜索所需的共享库。基本用法如下所示。

```
export LD_LIBRARY_PATH=/path/to/library:$LD_LIBRARY_PATH
```

这一命令将指定目录添加到当前会话的库搜索路径中。推荐仅在需要时使用 LD_LIBRARY_PATH，并确保在会话结束后恢复环境以避免干扰系统正常运行。对于长期使用的情况，可以考虑将库路径写入配置文件（如/etc/ld.so.conf）并使用 ldconfig 更新缓存。

（2）环境变量 LD_PRELOAD。

LD_PRELOAD 允许用户在程序运行时预先加载特定的共享库，这一功能使用户可以在运行时覆盖或扩展标准库函数的实现。基本用法如下所示。

```
export LD_PRELOAD=/path/to/custom/library.so
```

此命令会在程序启动时优先加载指定的库。

用户可以通过 LD_PRELOAD 替换标准库函数，以修复 Bug 或添加功能。例如，覆盖 malloc 函数以实现自定义内存管理。使用 LD_PRELOAD 时需谨慎，确保加载的库是可信的，以免引入安全漏洞。

（3）环境变量 LD_DEBUG。

用于启用动态链接器的调试输出，帮助诊断动态链接过程中出现的问题。基本用法如下所示。

```
export LD_DEBUG=all        # 可以输出详细的调试信息。
```

5.2.1.2　Glibc 版本兼容性问题处置

Glibc 版本兼容性问题通常是由于软件依赖的 Glibc 版本与系统当前安装的版本不匹配引起的。

以下是一些常见的 Glibc 版本兼容性问题及其表现形式。

- 应用程序无法运行：系统提示找不到特定的 Glibc 版本。
- 动态链接库错误：在运行应用程序时出现 GLIBC_XX not found 等错误信息。
- 编译错误：在编译软件时出现与 Glibc 相关的错误。

Glibc 版本兼容性问题可能导致应用程序崩溃、功能异常，甚至使系统无法启动。因此，及时排查和解决这些问题至关重要。处理 Glibc 版本兼容性问题的一般步骤如下所示。

（1）查看当前系统 Glibc 版本。

ldd 隶属于 Glibc，其版本号与 Glibc 相同，所以，可以通过 ldd --version 查看 ldd 的版本，以此确定当前系统 Glibc 版本，如图 5-8 所示。

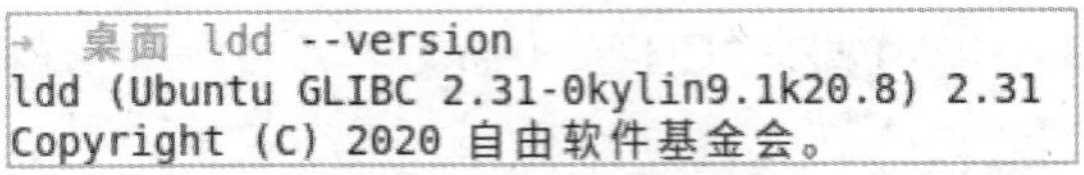

```
→ 桌面 ldd --version
ldd (Ubuntu GLIBC 2.31-0kylin9.1k20.8) 2.31
Copyright (C) 2020 自由软件基金会。
```

图 5-8　当前系统的 Glibc 版本

（2）检查应用程序的 Glibc 依赖。

使用 ldd 命令检查应用程序的依赖库：

```
ldd <可执行程序路径>
```

（3）查看系统日志和错误信息。

查看 /var/log/syslog 和 /var/log/kern.log 文件，以获取更多错误信息。

（4）使用工具检查兼容性问题。

使用 checksec 或 libc-bin 等工具检查系统和应用程序的兼容性。checksec 是一个用于检查 Linux 二进制文件和系统安全特性的工具，可以帮助用户了解系统和应用程序的安全配置情况，以防安全配置不当导致 Glibc 错误。

```
sudo apt-get install checksec libc-bin
```

使用以下命令查看系统的安全配置：

```
sudo checksec --system
```

这个命令将显示系统启用了哪些安全特性，比如 ASLR、NX、和 SELinux 等。使用以下命令查看特定二进制文件的安全配置：

```
checksec --file=/path/to/binary
```

这个命令将显示二进制文件是否启用了堆栈保护、RELRO、PIE 等安全特性。

（5）使用兼容版本的 Glibc。

如果应用程序需要特定版本的 Glibc，可以下载并安装该版本：

```
sudo apt-get install libc6=<version>
```

（6）使用辅助工具 Additional Base Lib。

针对找不到 Glibc 特定版本的兼容性问题，网上流传的解决方案通常是升级系统中的 Glibc，但是由于 Glibc 是 Linux 系统中极其重要的组件，一旦操作不慎，就很容易造成系统损坏。尽管也有一些其他解决方法，但都比较麻烦。位于国内开源代码平台 Gitee 上的项目"Additional Base Lib 附加基础库"较好地解决了这个问题，该项目提供的软件工具简单快捷，方便安装，不会对系统造成隐患。可到其官方仓库下载.deb 或.rpm 格式的安装包，然后使用 dpkg 或 rpm 命令安装。安装完成后，在出现 Glibc 问题的命令前面，加上 ablrun 和空格即可：

```
ablrun <命令 [运行选项 ...]>
```

5.2.2 Conan 依赖管理工具

Conan 是一个开源的 C/C++包管理工具，旨在简化和自动化 C/C++项目的依赖管理，其主要功能和特点如下。

- 跨平台支持：Conan 支持 Windows、Linux、macOS 等多种操作系统，保证了开发环境的一致性。
- 灵活性：Conan 支持多种编译器和构建系统（如 CMake、Makefile、MSBuild 等），提供了极大的灵活性。
- 版本控制：通过 Conan，可以方便地管理库的多个版本，确保项目使用正确的库版本。
- 本地和远程仓库：Conan 支持本地缓存和远程仓库，用户可以从官方 Conan 中心库或自定义的私有仓库中获取包。
- 集成 CI/CD①：Conan 可以与各种持续集成和持续部署工具集成，自动化依赖管理流程。
- 社区支持：Conan 拥有活跃的社区和丰富的文档，用户可以方便地获得支持和资源。

使用下面的命令安装 Conan：

```
sudo pip install conan
```

安装好 Conan 之后，需要进行一些必要的配置，以便能够使用 Conan 构建和管理 C/C++项目。具体的配置如下所述。

1. 设置 Conan 默认参数

根据需要进行 Conan 的默认配置，例如：

```
conan profile new default --detect              #自动检测系统配置并创建一个默认配置文件。
conan profile update settings.compiler.libcxx=libstdc++11 default #指定了 C++标准库的类型
conan config set general.default_package_id_mode=short_paths #将 C/C++库的版本和构建选项
                                      附加到库目录的结尾，以帮助更好地管理和使用 C++库。
```

2. 使用 Conan 管理项目依赖

在使用 Conan 进行依赖管理时，可能需要从多个远程仓库下载包。Conan 允许添加、列出和删除远程仓库。

（1）添加远程仓库。

可以使用 `conan remote add` 命令添加远程仓库，命令格式如下：

```
conan remote add <remote_name> <remote_url>
```

例如，可以使用以下命令将 bincrafters 库添加到 Conan 中，bincrafters 库提供了许多流行的

---

① CI/CD 是持续集成（Continuous Integration）和持续交付/部署（Continuous Delivery/Deployment）的缩写。它是一组现代软件开发实践，旨在提高软件开发和交付的效率、质量和速度。

C/C++库的预构建包，包括 Boost、OpenCV、Qt 等：

```
conan remote add bincrafters https://api***com/conan/bincrafters/public-conan
```

添加远程仓库后，可以使用下面的命令列出所有已配置的远程仓库，以确认是否已正确添加：

```
conan remote list
```

（2）设置远程仓库的优先级。

Conan 在多个仓库中查找包时，按照优先级顺序进行查找。可以使用 `conan remote update` 命令来调整远程仓库的顺序，例如：

```
conan remote update my_remote https://***.com --insert=0
```

这将确保 my_remote 仓库在查找包时具有最高优先级。

（3）搜索软件包。

Conan 可以通过非常方便地搜索依赖的软件包。例如，要查找 Boost 库，可以使用以下命令：

```
conan search boost
```

（4）使用 Conan 安装依赖库。

在使用 Conan 管理依赖库时，需要在项目的根目录下创建一个 conanfile.txt 或 conanfile.py 文件。这个文件定义了项目所需的所有依赖库以及生成所需的配置。下面是一个简单的 conanfile.txt 文件示例：

```
[requires]
boost/1.75.0
poco/1.9.4

[generators]
cmake
```

[requires]部分列出了项目需要的库及其版本，[generators]部分指定了构建工具类型（如 CMake），然后使用下面的命令安装依赖库：

```
conan install . -r my_remote
```

- "."点号表示当前目录，Conan 将在当前目录下查找 conanfile.txt 或 conanfile.py 文件，以确定需要安装的依赖。
- -r my_remote 指定了从哪个远程仓库下载依赖包，my_remote 是之前添加的某个远程仓库的名称。

（5）删除远程仓库（可选）。

如果不再需要某个远程仓库，则可以将其删除：

```
conan remote remove <remote_name>
```

5.3 Node.js 包管理器

在 Node.js 出现之前，JavaScript 通常作为客户端程序设计语言使用，用 JavaScript 写出的程序通常运行在用户端浏览器上。Node.js 的出现使 JavaScript 也能用于服务端编程。Node.js 含有一系列内置模块，使得程序可以脱离 Apache HTTP Server、Nginx 等 Web 服务器，作为 Web 独立服务器执行。

无论选择哪个 Node.js 包管理器，最终的包安装位置都是项目中的 node_modules 文件夹，并且安装的依赖将会在 package.json 中被记录下来，这是 Node.js 的标准。

5.3.1 package.json 文件解析

在 Node.js 生态中，package.json 文件是项目的灵魂，它描述了项目的依赖、配置、脚本和元数据等信息。作为项目的基石，package.json 确保了项目的可维护性、可复现性和协同工作的便捷性。无论是个人项目还是团队协作，package.json 都是不可或缺的。

package.json 是一个 JSON 格式的文件，位于 Node.js 项目的根目录中，定义了项目的依赖、脚本、配置等信息，每当使用 npm 管理项目时，package.json 文件都会被自动创建或更新。

package.json 的主要作用如下所示。

- 依赖管理：指定项目所需的依赖包及其版本。
- 脚本管理：定义可执行的脚本命令，如测试、构建、启动服务等。
- 项目配置：提供项目的基本信息和配置选项，如项目名称、版本、描述等。
- 模块入口：指定模块的入口文件，决定当模块被 require 时的默认加载文件。

package.json 文件是一个标准的 JSON 对象，由一系列字段组成。每个字段都有其特定的含义和格式要求。常见的字段如下所示。

- name：项目的名称，在 npm 软件仓库中必须唯一。
- version：项目的版本号。
- description：项目的简短描述。
- main：项目的入口文件，即当其他项目通过 require( )函数导入该模块时，默认加载的文件。

- scripts：允许开发者定义一系列可执行的命令，这些命令通常在项目的生命周期中执行，如测试、构建、部署等。这些脚本可以通过 npm 命令行工具直接运行，例如 `npm run <script-name>`。
- dependencies：生产环境依赖，是指项目运行所需的包。
- devDependencies：开发环境依赖，是指只在开发过程中需要的包。

一个简单的 package.json 文件可能包含以下内容：

```
{
"name": "my-node-project",
"version": "1.0.0",
"description": "A brief description of my project.",
"main": "index.js",
"scripts": {
  "start": "node index.js"
},
"dependencies": {
  "express": "^4.17.1"
}
}
```

5.3.2 Node.js 版本管理

由于 Node.js 的版本众多，Node.js 生态中的各种软件开发框架可能基于不同的 Node.js 版本，因此很多时候机器上需要同时存在多个不同的版本。如果手动管理多个 Node.js 版本，则效率低下，推荐使用多版本管理工具来进行多个版本 Node.js 的管理。

5.3.2.1 nvm

nvm（Node Version Manager）是一个用于管理不同版本 Node.js 的命令行工具，可以轻松地在多个版本之间切换，同时保持每个版本的环境隔离。

（1）nvm 的优势。

- 自动环境隔离：nvm 为每个版本创建独立的 node_modules 和 npm_cache 目录，避免版本间的冲突。
- 便捷的版本切换：使用 `nvm use <version>` 命令即可快速切换版本。
- 自定义配置：nvm 允许开发者自定义配置，如缓存目录、默认版本等。

（2）nvm 的安装。

推荐使用国内 gitee 平台的安装脚本，具体命令如下：

```
curl -o- <本书资源仓库地址>/nvm-cn/raw/main/install.sh | bash
source ~/.bashrc 或 source ~/.zshrc
```

```
nvm -version          #检查是否安装成功
```

（3）nvm 基础命令。

- `nvm ls-remote`：列出所有可安装的 Node.js 版本。
- `nvm install <version>`：安装指定版本的 Node.js。
- `nvm use <version>`：切换到指定版本的 Node.js。
- `nvm deactivate`：去激活当前使用的 Node.js 版本（在卸载当前使用的 Node.js 前，需要运行该命令）。
- `nvm uninstall <version>`：卸载指定版本的 Node.js。
- `nvm list`：列出已安装的所有版本。
- `nvm-update`：更新 nvm。

5.3.2.2　nvm-desktop

nvm-desktop 是一个图形化的 Node.js 版本管理工具（如图 5-9 所示），使用 Electron 构建，可完美地为不同的项目单独设置和切换 Node 版本，不依赖操作系统的任何特定功能和 Shell。nvm-desktop 提供了多个平台的安装包，对应 Linux 平台的是 AppImage 格式，需添加可执行权限后再执行。

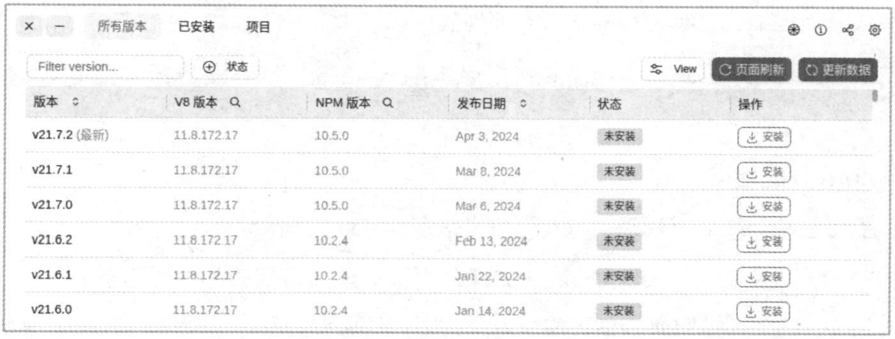

图 5-9　nvm-desktop 界面

5.3.3　Node.js 包管理器（npm）

npm（Node Package Manager）是 Node.js 的官方包管理器。它是一个命令行工具，旨在解决 Node.js 生态中的代码共享和依赖管理问题。npm 使得开发者能够轻松地分享、使用和更新 JavaScript 代码库，从而极大地推动了 Node.js 生态的繁荣和发展。

npm 不仅限于 Node.js 的包管理，还广泛应用于前端项目中。随着现代前端框架和工具的兴起，如 React、Vue、Angular 等，npm 已经成为管理这些项目依赖的事实标准。通过 npm，开发者可以轻松地安装、管理和更新成千上万的第三方包，这极大地提高了开发效率和项目的可维护性。

5.3.3.1 npm 的优点与缺点

（1）优点。

- 广泛的生态系统：npm 拥有世界上最大的软件注册库，提供了超过 120 万个可用的软件包。
- 简单的使用方式：npm 的命令简单易记，便于快速上手。
- 集成性好：与 Node.js 无缝集成，可以直接通过 npm 命令行工具管理 Node.js 项目。

（2）缺点。

- 依赖树的一致性问题：在复杂的依赖关系中，可能会出现依赖树的不一致性问题。
- 性能问题：在大型项目中，安装依赖可能会变得缓慢。
- 安全性问题：由于其开放性和庞大的生态系统，安全漏洞和恶意包的问题仍然存在。

5.3.3.2 安装 npm

推荐使用 nvm 来安装 Node.js，同时会自动安装 npm。

（1）`nvm ls-remote`：列出所有可安装的 Node.js 版本。

（2）`nvm install <version>`：安装指定版本的 Node.js，推荐安装标注有 LTS 的长期支持版本。

5.3.3.3 npm 基础使用

npm 通常随 Node.js 一起安装。以下是一些基本的 npm 命令。

- `npm init`：创建一个 package.json 文件，用于描述项目依赖和配置信息。
- `npm install`：根据 package.json 文件安装所有依赖。
- `npm install <package>`：安装一个包。
- `npm install <package>@<version>`：安装指定版本的包。
- `npm install <package> --save`：安装一个包并将其添加到 package.json 文件的 dependencies 中。
- `npm install <package> --save-dev`：安装一个包并将其添加到 package.json 文件的 devDependencies 中。
- `npm uninstall <package>`：卸载一个包。
- `npm update <package>`：更新一个包。
- `npm search <package>`：搜索包。

- `npm outdated`：检查过时的包。
- `npm run <script>`：运行 package.json 中 scripts 定义的脚本。

例如，要安装一个名为 express 的包，可以使用命令 `npm install express`，这将自动把 express 安装到 node_modules 目录中，并更新 package.json 文件。

5.3.3.4 npm 镜像源配置

（1）配置全局的 npm 镜像源。

```
npm config set registry https://registry.npm.***org    #设置镜像源，这里使用 taobao 的镜像源
npm config get registry                                 #检查是否设置成功
```

（2）给项目单独配置 npm 镜像源。

项目根目录下的.npmrc 的配置，优先级最高，且随着项目一起，可以免去因不同电脑环境配置不同而导致的依赖下载异常的问题。可在.npmrc 文件中添加如下内容设置只对此项目生效的镜像源：

```
registry = "https://registry.npm.***.org"
```

其他常用的 npm 镜像源还有多个，具体见本书资源仓库。除了这里介绍的手动配置 npm 镜像源，还可以使用换源工具 chsrc、X-CMD 的 mirror 模块快速设置 npm 的镜像源。

5.3.4 Node.js 包管理器（Yarn）

Yarn 是由 Facebook、Google、Exponent 和 Tilde 联合推出的 JavaScript 包管理工具，于 2016 年发布。它的出现是为了解决 npm 在性能、安全性和一致性方面的一些问题。Yarn 采用了与 npm 相同的软件仓库，因此可以无缝地访问 npm 上的所有包。

5.3.4.1 Yarn 相对于 npm 的改进之处

- 并行安装：Yarn 可以并行化地安装包，这大大提高了安装速度。
- 确定性安装：Yarn 通过 yarn.lock 文件确保了依赖的版本一致性，每次安装都会生成一个相同的 node_modules 目录。
- 更安全的安装过程：Yarn 在安装包之前会先检查包的完整性，确保安装的每个包都是完整和未被篡改的。
- 更好的网络性能：Yarn 会缓存已经下载的包，避免了重复下载，提高了网络性能。
- 离线模式：Yarn 支持离线模式，允许在没有互联网连接时安装依赖项。

5.3.4.2 Yarn 的安装与使用

（1）Yarn 的安装。

```
npm install --global yarn          #全局安装 Yarn
yarn --version                     #验证 Yarn 是否成功安装
```

（2）Yarn 基础命令。

- `yarn init`：初始化一个新的 Yarn 项目。
- `yarn add <package>`：安装并添加指定的包到依赖。
- `yarn install`：根据 yarn.lock 文件安装所有项目依赖。
- `yarn upgrade <package>`：升级指定包。
- `yarn remove <package>`：移除指定包。
- `yarn list`：列出项目依赖。

5.3.4.3 Yarn 镜像源配置

Yarn 使用的软件源与 npm 相同，所以也可以直接使用 npm 的镜像源：

```
yarn config set registry https://registry.npm.***.org    #设置镜像源
yarn config get registry                                 #检查是否设置成功
```

可以使用换源工具 chsrc、X-CMD 的 mirror 模块快速设置 Yarn 的镜像源。

5.3.5 Node.js 包管理器（pnpm）

pnpm 是一个快速且节省磁盘空间的 Node.js 包管理器，是 npm 和 Yarn 的有力替代品。pnpm 的设计初衷是解决传统包管理器在依赖管理、安装速度，以及磁盘空间利用方面的局限性。pnpm 的核心特色如下。

- 高效存储：pnpm 采用内容寻址存储系统，每个包版本在机器上仅存储一次。这种方法显著减少了磁盘空间的使用，特别是在多个项目共享相同依赖时尤为显著。
- 快速安装：通过利用全局存储，pnpm 可以实现快速安装。它使用硬链接或符号链接指向全局存储，从而消除在不同项目中重复下载和安装相同包的需求。
- 严格的依赖解析：pnpm 强制执行严格的 node_modules 结构，确保依赖是显式声明的。这一机制有助于避免依赖冲突和隐性依赖问题。

5.3.5.1 pnpm 的安装

使用 npm 来安装 pnpm 是最直接的方法：

```
npm install -g pnpm              # 全局安装 pnpm
```

pnpm 还提供了安装脚本，可以通过 curl 或 wget 执行：

```
curl -fsSL <本书资源仓库地址>/book_resources/raw/master/install_scripts/pnpm_install.sh
```

```
wget -qO- <本书资源仓库地址>/book_resources/raw/master/install_scripts/pnpm_install.sh
```

安装完成后，使用以下命令验证 pnpm 是否安装成功：

```
pnpm -v                          # 检查 pnpm 版本
```

5.3.5.2　pnpm 的使用

表 5-6 是 pnpm 的常用命令。pnpm 和 npm 使用相同的软件仓库，同样可以使用前文介绍的通用换源工具切换镜像软件源。

表 5-6　pnpm 常用命令

命　　令	解　　释
pnpm init	交互式初始化项目，生成 package.json 文件
pnpm init -y	初始化项目并接受所有默认配置
pnpm add <package>	将 package 安装为生产依赖
pnpm add -D <package>	将 package 安装为开发依赖
pnpm install	安装 package.json 中列出的所有依赖
pnpm install --verbose	启用详细日志，获取安装过程中的详细信息
pnpm run start	运行 package.json 中定义的 start 脚本
pnpm run build	运行 package.json 中定义的 build 脚本
pnpm -r run start	递归地在所有工作区运行 start 脚本
pnpm store path	显示 pnpm 全局存储的路径
pnpm store status	显示 pnpm 全局存储的当前状态
pnpm store prune	清理 pnpm 的全局存储，删除不再需要的包
pnpm list	显示项目的依赖树，帮助识别依赖冲突
pnpm update	更新所有依赖到最新版本
pnpm config set registry https://custom-registry.***.com	设置自定义的包仓库地址

npm、Yarn 和 pnpm 三个包管理器的比较如表 5-7 所示。

表 5-7　npm、Yarn 和 pnpm 的比较

功　　能	npm	Yarn	pnpm
安装速度	中等	快	非常快
磁盘空间使用	较高（重复文件）	比 npm 低	极低（唯一存储）
依赖提升	宽松	可配置	严格
Monorepo[①]支持	通过 npm workspaces	原生支持	通过 workspaces 原生支持
锁文件一致性	良好	出色	出色

---

① Monorepo（单一代码库）是一种软件开发策略，将多个项目或模块的源代码存储在同一个版本控制仓库中，而不是分散在多个独立的仓库中。这个术语由"Mono"（单一）和"Repository"（仓库）组合而成，强调所有相关项目共享一个统一的代码库。

5.4　Java 包管理器

Java 包管理器是一类用于管理 Java 开发环境、依赖包和构建过程的工具。它们的主要作用如下所示。

- 版本管理：确保在不同开发环境中使用特定版本的 JDK 或其他工具。
- 依赖管理：自动下载和管理项目所需的各种库和依赖包。
- 构建自动化：简化和自动化项目的构建、测试和发布流程。

5.4.1　Java 版本管理器

Java 版本管理器是一种工具，用于管理和切换不同版本的 Java 开发工具包（JDK）和 Java 运行时环境（JRE）。其中，JDK 包含了 JRE。在开发和部署 Java 应用程序时，开发者可能需要在多个项目中使用不同的 Java 版本，因此使用版本管理器可以简化这一过程。

5.4.1.1　sdkman

sdkman（Software Development Kit Manager）是一个用于管理多个开发工具版本的工具，包括 Java、Groovy、Scala 等，它提供了方便的命令行界面和 API 接口，用于安装、切换、删除多种 JVM 相关 SDK。

（1）安装 sdkman。

```
curl -s "<本书资源仓库地址>/book_resources/raw/master/install_scripts/sdkman_install.sh"
 | bash                                          #通过在线脚本安装 sdkman
source "/home/<用户名>/.sdkman/bin/sdkman-init.sh"#手动使配置生效，将<用户名>替换为实际用户名
sdk help                                         #测试安装是否成功
```

（2）使用 sdkman 管理 JDK。

查看当前的 JDK 版本：

```
sdk current java
```

执行命令 `sdk list java` 查看远程仓库中可用的 JDK 版本列表（如图 5-10 所示）。

如图 5-10 所示，在选择要安装的 JDK 版本时，首先需要查看 Vendor 及 Version 这两个字段，确认自己想要使用的版本后，再使用对应的 Identifier 安装 JDK（如果不输入 Identifier，则会自动安装最新的稳定版本）。比方说，想要安装 Corretto 的 8.0.412 版本，则 Identifier 就是8.0.412-amzn。

```
Available Java Versions for Linux ARM 64bit

 Vendor       | Use | Version   | Dist     | Status | Identifier
 ----------------------------------------------------------------------
 Corretto     |     | 22.0.1    | amzn     |        | 22.0.1-amzn
              |     | 21.0.3    | amzn     |        | 21.0.3-amzn
              |     | 17.0.11   | amzn     |        | 17.0.11-amzn
              |     | 11.0.23   | amzn     |        | 11.0.23-amzn
              |     | 8.0.412   | amzn     |        | 8.0.412-amzn
 Dragonwell   |     | 17.0.11   | albba    |        | 17.0.11-albba
              |     | 11.0.23   | albba    |        | 11.0.23-albba
              |     | 8.0.412   | albba    |        | 8.0.412-albba
 GraalVM CE   |     | 22.0.1    | graalce  |        | 22.0.1-graalce
              |     | 21.0.2    | graalce  |        | 21.0.2-graalce
              |     | 17.0.9    | graalce  |        | 17.0.9-graalce
 GraalVM Oracle|    | 24.ea.1   | graal    |        | 24.ea.1-graal
              |     | 23.ea.15  | graal    |        | 23.ea.15-graal
              |     | 23.ea.14  | graal    |        | 23.ea.14-graal
              |     | 23.ea.13  | graal    |        | 23.ea.13-graal
              |     | 23.ea.10  | graal    |        | 23.ea.10-graal
              |     | 23.ea.9   | graal    |        | 23.ea.9-graal
              |     | 22.0.1    | graal    |        | 22.0.1-graal
              |     | 21.0.3    | graal    |        | 21.0.3-graal
              |     | 17.0.11   | graal    |        | 17.0.11-graal
 Java.net     |     | 24.ea.4   | open     |        | 24.ea.4-open
              |     | 24.ea.3   | open     |        | 24.ea.3-open
              |     | 24.ea.2   | open     |        | 24.ea.2-open
              |     | 24.ea.1   | open     |        | 24.ea.1-open
```

图 5-10　JDK 版本列表

- 使用 sdkman 安装 JDK：

```
sdk install java 8.0.412-amzn
```

- 临时使用指定版本的 JDK，仅在当前 Shell 生效：

```
sdk use java 8.0.412-amzn
```

- 指定全局 JDK 版本，在全局生效：

```
sdk default java 8.0.412-amzn
```

- 卸载 JDK：

```
sdk uninstall java 8.0.412-amzn
```

sdkman 除了支持 Java 之后，对于 Groovy、Scala 语言也有很好的支持，只需要把用于 Java 的命令中的 java 换成 groovy 或者 scala 就可以了。

（3）使用 sdkman 安装 Java 构建工具。

首先使用 sdk list 列出所有支持用 sdkman 安装的 SDK，查找是否存在相关包管理器，再查找是否存在 Maven，从图 5-11 中可以看到 sdkman 使用的 Maven 是 3.9.6 版本。

```
→ ~ sdk list |grep maven
including autocomplete, syntax highlighting, type inference and maven
Maven (3.9.6)
                                                        $ sdk install maven

Maven Daemon (1.0-m8-m39)
The mvnd project aims to provide a daemon infrastructure for maven based builds.
```

图 5-11　sdkman 使用的是 Maven 3.9.6

使用下面的命令安装包管理器 Maven：

```
sdk install maven
```

用同样的方法安装 Gradle。

```
sdk install gradle
```

5.4.1.2 Jabba

Jabba 是另一款跨平台的 Java 版本管理工具。它是受 Node.js 的 nvm 启发，并且采用 Go 语言开发的。

（1）安装 Jabba。

安装最新版本：

```
curl -sLk <本书资源仓库地址> /book_resources/raw/master/install_scripts/jabba_install.sh
| bash && . ~/.jabba/jabba.sh
```

测试安装是否成功：

```
jabba --version
```

（2）Jabba 的使用。

查看可用的 JDK 版本：

```
jabba ls-remote
```

查看所有安装的 JDK 版本：

```
jabba ls
```

安装指定版本的 JDK：

```
jabba install openjdk@1.14.0
```

卸载指定版本的 JDK：

```
jabba uninstall openjdk@1.14.0
```

切换 JDK 版本：

```
jabba use openjdk@1.11.0
```

5.4.2　Java 构建工具

在 Java 生态中，最常用的构建工具包括 Maven 和 Gradle，它们各有特点和优势。

- Maven 是 Apache 基金会开发的一个项目管理工具，基于项目对象模型（POM）概念，使用基于 XML 的 pom.xml 文件来管理项目的构建、报告生成等步骤。
- Gradle 是一个基于 Groovy 语言的开源自动化构建工具，综合了 Ant 和 Maven 的优点，并使用领域特定语言（DSL）来描述和操作构建逻辑，支持多种语言和平台，特别是在大型项目表现出强大的功能和灵活性。

这两个工具都提供了强大的依赖管理和项目构建能力，但 Gradle 在性能和配置灵活性上通常被认为优于 Maven。

5.4.2.1　Maven

Maven 的核心是其项目对象模型（POM），能够管理项目的构建、依赖、配置及其他方面。POM 文件是一个 XML 文件，其中包含了项目的基本信息、构建目录结构、依赖库信息、构建插件和目标等。

Maven 的工作流程可以分为以下几个主要步骤。

- 清理：删除之前的构建生成结果。
- 编译：编译项目的源代码。
- 测试：使用单元测试框架运行测试。
- 打包：按照指定的格式（如 JAR、WAR）打包编译后的代码。
- 部署：将包部署到远程仓库，供其他开发者和项目使用。

1. 使用包管理器安装 Maven

除了上文介绍的使用 sdkman 安装 Maven，还可以使用操作系统的包管理器安装，具体命令如下：

```
sudo apt install maven        # 银河麒麟桌面版
sudo dnf install maven        # 银河麒麟服务器版
```

不过这种方式安装的 Maven 版本比较旧。

2. 手工安装 Maven

在网络受限环境下，则可手动下载 Maven 安装包，然后配置环境变量，较麻烦，具体步骤如下。

（1）下载并解压 Maven 的二进制包到/opt 目录，以 3.9.6 版本为例。

（2）修改配置文件。

编辑/etc/profile.d/maven.sh（若不存在则新建），加入如下内容：

```
export M2_HOME=/opt/apache-maven-3.9.6
export PATH=${M2_HOME}/bin:${PATH}
```

编辑 maven.sh 后，对其加上可执行权限，并重新载入该文件：

```
sudo chmod +x /etc/profile.d/maven.sh
source /etc/profile.d/maven.sh
```

（3）验证是否安装成功：

```
mvn --version
```

若出现类似图 5-12 所示的信息，则表明安装成功。

```
→  ~ mvn --version
Apache Maven 3.9.6 (bc0240f3c744dd6b6ec2920b3cd08dcc295161ae)
Maven home: /opt/apache-maven-3.9.6
Java version: 11.0.18, vendor: Private Build, runtime: /usr/lib/jvm/java-11-openjdk-amd64
Default locale: zh_CN, platform encoding: UTF-8
OS name: "linux", version: "5.4.18-85-generic", arch: "amd64", family: "unix"
→  ~
```

图 5-12 验证 Maven 安装是否成功

3. Maven 基础命令

Maven 的常用命令如表 5-8 所示。

表 5-8 Maven 的常用命令

命 令	解 释
mvn --version	查看正在运行的 Maven 版本
mvn clean	清除 Maven 构建项目的目标目录
mvn install	构建 Maven 项目，并将生成的构件（JAR）安装到本地 Maven 仓库
mvn package	构建项目并将生成的 JAR 文件打包到目标目录
mvn package -Dmaven.test.skip=true	构建项目并将生成的 JAR 文件打包到目标目录（跳过单元测试）
mvn verify	运行项目中找到的所有集成测试
mvn dependency:copy-dependencies	从远程 Maven 仓库复制依赖项到本地 Maven 仓库
mvn dependency:tree	打印项目的依赖树

5.4.2.2 Gradle

与传统的 Java 构建工具如 Maven 和 Ant 相比，Gradle 提供了更高的灵活性和更强大的功能。Gradle 采用 Groovy（或 Kotlin）基于领域特定语言（DSL）来声明项目设置，使得构建脚本不仅易于编写，还易于理解和维护。

Gradle 使用了基于增量构建的机制，能够智能地确定哪些部分的代码已经改变，从而只重新构建必要的部分，显著提高了构建速度。Gradle 支持多种语言和平台，不仅仅是 Java，还包括 C/C++、Python 等，这使得它在多语言项目中尤为有用。

表 5-9 比较了 Gradle 与其他 Java 构建工具。

表 5-9 Java 构建工具比较

特 性	Gradle	Maven	Ant
语言支持	多语言	Java	Java
构建速度	快	一般	慢

续表

特　　性	Gradle	Maven	Ant
配置方式	DSL	XML	XML
灵活性	高	中	高

正是由于这些优势，Gradle 被许多大型项目和公司采用。

（1）安装 Gradle。

使用操作系统的包管理器安装 Gradle，具体命令如下：

```
sudo apt install gradle   # 银河麒麟桌面版
sudo dnf install gradle   # 银河麒麟服务器版
```

完成安装后，可以在命令行中输入以下命令来验证安装是否成功：

```
gradle -v
```

如果不使用包管理器，也可以手动下载 Gradle 的压缩包并解压，然后配置环境变量，具体步骤和手动安装 Maven 类似，不再赘述。

（2）Gradle 基础命令。

Gradle 基础命令如表 5-10 所示。

表 5-10　Gradle 基础命令

命　　令	解　　释
gradle tasks	显示项目中所有可用的任务列表
gradle build	编译项目并构建输出
gradle clean	清理项目构建输出
gradle run	运行项目
gradle test	运行项目的测试
gradle dependencies	显示项目的依赖关系
gradle help	显示 Gradle 帮助信息
gradle wrapper	生成 Gradle Wrapper 脚本

5.4.3　Adoptium 仓库

Adoptium 仓库起源于 AdoptOpenJDK，这是一个由开发者社区发起的开源项目，旨在构建和发布高质量的 OpenJDK（一种开源的 Java 实现）二进制文件。2017 年，AdoptOpenJDK 正式成立，通过提供免费的、经过严格测试的 Java SE 实现而迅速受到了开发者的青睐。2021 年，AdoptOpenJDK 项目与 Eclipse 基金会合作，正式更名为 Eclipse Adoptium。

5.4.3.1　Adoptium 的核心功能

Adoptium 的核心功能集中在提供高质量、跨平台的 OpenJDK 发行版。其主要功能和特点如下所示。

- 多版本支持：Adoptium 提供多个版本的 OpenJDK，包括 8、11、17 等 LTS（长周期支持）版本，以及最新的非 LTS 版本，满足不同项目的需求。
- 跨平台兼容：支持多种操作系统和硬件架构，如 Windows、Linux、macOS，以及 ARM64、x64 等架构。
- 可靠的安全性：定期发布安全补丁和更新，确保开发和生产环境的安全性。

5.4.3.2　使用 Adoptium 仓库

（1）银河麒麟桌面版添加 Adoptium 仓库。

安装依赖：

```
sudo apt-get update && apt-get install -y wget apt-transport-https
```

导入 GPG 密钥：

```
wget -qO - https://packages.***.net/artifactory/api/gpg/key/public|sudo apt-key add -
```

添加 Adoptium 仓库：

```
echo "https://mirrors.***.com/Adoptium/deb focal main"|sudo tee /etc/apt/sources.list.d/adoptium.list
```

由于银河麒麟桌面版 V10 SP1 基于 Ubuntu20.04（focal）版开发，所以这里使用的是 Ubuntu20.04（focal）的软件源。

更新软件包列表：

```
sudo apt-get update
```

安装 OpenJDK：

```
sudo apt-get install temurin-11-jdk
```

（2）银河麒麟服务器版添加 Adoptium 仓库。

首先，将下列内容添加到/etc/yum.repos.d/adoptium.repo：

```
[Adoptium]
name=Adoptium
baseurl=https://mirrors.***.com/Adoptium/rpm/rhel8-$basearch/
enabled=1
gpgcheck=1
gpgkey=https://packages.***.net/artifactory/api/gpg/key/public
```

由于银河麒麟服务器 V10 版是基于 CentOS 8 构建的，所以这里使用的是 rhel8。rhel 是 "Red

Hat Enterprise Linux"的缩写，与对应版本的 CentOS 采用同一套源代码。

然后执行：

```
yum makecache
```

最后，可以安装软件包，例如：

```
sudo yum install temurin-17-jdk
```

5.5 Go 包管理器

Golang（简称 Go）语言以其出色的性能、高效的并发机制及简洁的语法设计，赢得了广泛的认可和使用。自 2009 年由 Google 推出以来，Go 语言迅速成了构建高并发、可扩展软件系统的重要语言。它不仅适用于开发大型分布式系统，云服务和微服务架构，还被广泛应用于命令行工具、网络服务器及内存数据库等多种场景中。

Go 包管理器是一类用于管理 Go 开发环境、依赖包和构建过程的工具。它们的主要作用如下所示。

- 版本管理：确保在不同开发环境中使用特定版本的 Go 语言。
- 依赖管理：自动下载和管理项目所需的各种库和依赖包。
- 构建自动化：简化和自动化项目的构建、测试和发布流程。

5.5.1 Go 版本管理器 GVM

GVM（Go Version Manager）是一个用于管理多版本 Go 的工具，支持安装和管理多个 Go 版本。

5.5.1.1 GVM 的安装与卸载

在 Bash 下使用下面的在线脚本安装 GVM：

```
bash < <(curl -s -S -L <本书资源仓库地址>/book_resources/raw/master/install_scripts/gvm-installer.sh)
```

在 Zsh 下使用下面的在线脚本安装 GVM：

```
zsh < <(curl -s -S -L <本书资源仓库地址>/book_resources/raw/master/install_scripts/gvm-installer.sh)
```

执行下面的命令手动使配置生效或者打开一个新的终端：

```
source ~/.gvm/scripts/gvm
```

GVM 提供了完全删除 GVM 自身和所有已安装的 Go 版本和软件包的命令：

```
gvm implode
```

5.5.1.2 使用 GVM

（1）GVM 常用命令。

GVM 常用命令见表 5-11。

表 5-11　GVM 常用命令

命　　令	解　　释
`gvm listall`	列出所有可安装的 Go 语言版本
`gvm list`	列出当前已安装的所有 Go 版本
`gvm install go1.16.3`	安装指定版本的 Go 语言
`gvm install go1.16.3 -B`	安装指定版本的 Go 语言（以直接下载二进制文件方式安装）
`gvm use go1.16.3`	临时切换到指定版本的 Go 语言
`gvm use go1.16.3 --default`	指定默认的 Go 版本
`gvm uninstall go1.16.3`	卸载指定版本的 Go 语言

　　GVM 在安装 Go 时有两种方式：第 1 种是下载 Go 源码然后再编译，第 2 种是直接下载二进制形式的 Go，默认是第 1 种方式。但 Go 语言在 1.5 版本后，自身就是使用 Go 语言来开发的，如果使用源码安装的方式安装 Go，就出现了自己编译自己的问题，也就是说无法直接利用 `gvm install` 命令以源码编译方式安装 1.5 版之后的 Go。一般的解决方法是先安装 Go 1.4，再安装 1.5 之后的版本。具体命令如下：

```
gvm install go1.4 -B          # -B 代表直接安装二进制（Binary）版本，而不是从源代码编译
gvm use go1.4 --default
gvm install go1.16.3
```

　　如果要安装的 Go 版本非常新，那么可能要逐步前进几次来安装新版本 Go 所依赖的中间版本 Go，十分不便。所以如无特殊需求，则强烈建议使用带-B 参数的 `gvm install` 来安装 Go，安装后使用 `go version` 验证安装是否成功。

（2）GVM Pkgset 命令。

　　GVM Pkgset 命令用于管理 GVM 中的包集合，如表 5-12 所示。包集合是一种机制，允许用户为不同的项目或环境创建隔离的包环境，从而避免不同项目之间的包冲突，非常类似于 Python 中的虚拟环境。通过使用包集合，用户可以在同一个 GVM 环境中管理多个独立的包集合，每个集合都有自己独立的依赖库。

表 5-12　GVM Pkgset 命令示例

命　　令	解　　释
`gvm pkgset create mypkgset`	创建一个新的包集合并切换到该集合
`gvm pkgset use mypkgset`	切换到指定的包集合
`gvm pkgset list`	列出当前可用的所有包集合

命　　令	解　　释
`gvm pkgset delete mypkgset`	删除指定的包集合
`gvm pkgset export mypkgset-config`	导出当前包集合的配置信息到文件
`gvm pkgset import mypkgset-config`	从文件导入包集合的配置信息

5.5.2　Go 语言基础

在 Go 语言开发环境中，GOROOT 和 GOPATH 是两个重要的环境变量，它们在 Go 的构建和包管理过程中起着关键作用。

5.5.2.1　GOROOT

GOROOT 是 Go 编译器的安装目录。它指向包含 Go 标准库和工具的目录。一般情况下不需要手动设置 GOROOT，因为 Go 的安装程序会自动配置它。如果需要手动设置（例如自定义安装路径），那么可以按照以下步骤进行配置。

（1）查找 Go 安装路径：

```
go env GOROOT
```

（2）编辑 Shell 配置文件（如 .bashrc 或 .zshrc），添加以下行：

```
export GOROOT=/usr/local/go        # 假设 Go 安装在/usr/local/go
export PATH=$PATH:$GOROOT/bin
source ~/.bashrc 或 source ~/.zshrc      # 应用更改
```

（3）配置完成后，可以使用以下命令检查 GOROOT 是否正确配置：

```
go env GOROOT
```

5.5.2.2　GOPATH

GOPATH 是 Go 工作区的根目录，工作区中有三个子目录：src、pkg 和 bin。

- src：存放源代码。
- pkg：存放编译后的包文件。
- bin：存放编译后的可执行文件。

可以根据个人喜好和项目需求设置 GOPATH。以下是配置步骤。

（1）创建工作区目录：

```
mkdir -p $HOME/go/{src,pkg,bin}
```

（2）编辑 Shell 配置文件（如 .bashrc 或 .zshrc），添加以下行：

```
export GOPATH=$HOME/go
```

```
export PATH=$PATH:$GOPATH/bin
source ~/.bashrc 或 source ~/.zshrc  # 应用更改
```

（3）配置完成后，可以使用以下命令检查 GOPATH 是否正确配置：

```
go env GOPATH
```

5.5.3 Go 构建工具

在 Go 语言中，包（Package）是一种将代码组织为可重用单元的方式。每个包可以包含一个或多个 .go 文件，这些文件通常位于同一个目录下。为了有效地管理这些包，Go 语言提供了一套工具和规范，主要有 Go Modules 依赖管理系统、go get 命令和 Mage 构建工具等。

5.5.3.1 依赖管理系统 Go Modules

Go Modules 是 Go 官方推荐的依赖管理工具，自 Go 1.11 版本起引入，并在 Go 1.13 版本后成为默认的依赖管理方式。Go Modules 简化了依赖管理，使得在大型项目中管理依赖变得更加便捷。Dep 是 Go 早期的依赖管理工具，在 Go Modules 推出之前广泛使用，已经被 Go Modules 取代。

GO111MODULE 是一个环境变量，用来控制 Go Modules 功能的启用状态，可以设置以下三个值。

- off：禁用模块支持。Go 会使用 $GOPATH 和 vendor 文件夹来查找依赖项。
- on：启用模块支持。Go 会忽略 $GOPATH 并且只使用模块（即 go.mod 文件）来查找依赖项。
- auto（默认值）：在模块根目录（包含 go.mod 文件）或者其子目录中启用模块支持。

运行下面的命令，将 GO111MODULE 设置为 on，这意味着无论当前目录是否包含 go.mod 文件，Go 都会启用模块支持。

```
go env -w GO111MODULE=on
```

假设你正在开发一个新项目，则需要依赖 gorilla/mux 和 go-sql-driver/mysql 两个库。下面的步骤展示了如何使用 Go Modules 管理这些依赖。

（1）初始化模块：

```
go mod init myproject
```

（2）添加依赖：

```
go get ***.com/gorilla/mux
go get ***.com/go-sql-driver/mysql
```

（3）查看和更新依赖列表：

```
go mod tidy      # 清理 go.mod 和 go.sum 文件，移除未使用的依赖，如果没有错误输出，则说明当前所有依
赖项都已被正确解析和安装
go list -m all   # 列出项目中所有直接和间接依赖的包
go mod graph     # 生成模块依赖关系图
```

这些命令会自动在项目目录下创建一个 go.mod 文件和一个 go.sum 文件，记录下依赖的具体版本和校验和。通过这种方式，Go Modules 不仅确保了项目依赖的清晰和一致性，还简化了跨环境的项目构建和部署流程。

5.5.3.2　go get 命令

go get 命令用于下载和安装 Go 包。随着 Go Modules 的引入，go get 命令得到了增强，以便更好地与其协同工作。使用 Go Modules 时，go get 命令可以用来：

- 添加新的依赖到当前模块的 go.mod 文件中，并下载到本地缓存。
- 更新现有依赖到最新版本，并相应地更新 go.mod 文件。
- 升级到指定的依赖版本，包括版本号或版本标签。
- 切换到不同的主要版本。
- 清理旧的、不再使用的依赖项。

在 Go Modules 模式下，go get 命令会修改 go.mod 文件，记录下项目的依赖项和所使用的特定版本。这样，当其他开发者复制这个项目或将其作为依赖时，可以确保使用相同版本的依赖，从而保证构建的一致性。

若在 Go 项目中使用名为 gorilla/mux 的 HTTP 路由包，则只需打开终端执行以下命令：

```
go get -u ***.com/gorilla/mux
```

这里的 -u 参数告诉 go get 工具不仅安装这个包，还要检查是否有可用的更新，如果有，就升级到最新版本。

5.5.3.3　go mod vendor 命令

Go 1.5 引入了 vendor 目录的概念，用于支持包的版本控制。从 Go 1.6 开始，Go 工具链开始支持 vendor 目录，允许 Go 项目将它们的依赖项作为项目的一部分进行管理。这样，每个项目都可以有自己的依赖项副本，确保了构建的可重复性和一致性。

go mod vendor 是 Go Modules 中的一个命令，用于将所有依赖项的源代码复制到项目的 vendor 目录中。这种方式可以确保项目的所有依赖项都在本地可用，避免了在构建或部署时依赖网络访问。同时，使用 vendor 目录也可以提高构建速度，因为依赖项不需要从网络下载。

当你运行 go mod vendor 命令时，Go 工具链会执行以下操作：

- 创建一个 vendor 目录（如果不存在）。

- 将项目中所有直接和间接依赖的源代码复制到 vendor 目录中。
- 更新 vendor/modules.txt 文件，列出所有被复制到 vendor 目录中的模块及其版本。

在项目根目录下运行以下命令：

```
go mod vendor
```

这会创建一个 vendor 目录，并将所有依赖项的源代码复制到该目录中。

默认情况下，go build 和 go test 等命令会自动使用 vendor 目录中的依赖项。如果你明确想要使用 vendor 目录，则可以使用-mod=vendor 标志：

```
go build -mod=vendor
go test -mod=vendor
```

要清理 vendor 目录，可以手动删除该目录：

```
rm -rf vendor
```

在使用 vendor 目录时，要更加小心地管理和更新依赖项，以确保 go.mod 和 vendor 目录的一致性。vendor 目录中的依赖项版本由 go.mod 文件中的版本决定，如果更新了 go.mod 文件中的依赖版本，则需要重新运行 go mod vendor 以同步 vendor 目录。

5.5.3.4 现代化的构建工具 Mage

Mage 是一个现代化的 Go 构建自动化工具，类似于 Makefile，但使用 Go 编写构建脚本。它提供了灵活的构建自动化解决方案，适用于各种类型的 Go 项目。使用 Mage 构建 Go 项目的一般步骤如下所示。

（1）安装 Mage：

```
go get -u g***.com/magefile/mage
```

（2）在项目根目录下创建一个 Magefile.go 文件，用于定义构建任务。一个简单的 Magefile.go 文件示例如下：

```
package main

import (
    "fmt"
    "github.com/magefile/mage/mg"
    "github.com/magefile/mage/sh"
)

var Default = Build

func Build() error {
    fmt.Println("Building project...")
    return sh.Run("go", "build", "-o", "myapp")
}
```

```
func Clean() {
    fmt.Println("Cleaning...")
    sh.Rm("myapp")
}
```

（3）运行构建任务：

```
mage
```

5.5.4　Go 镜像源配置

Go 通过环境变量 GOPROXY 指定在拉取依赖包时使用的网址。通过设置这个环境变量，Go 工具链可以从指定的代理服务器或镜像源下载依赖包，而不是直接从源仓库拉取。可以手动设置 GOPROXY，也可以使用第三方工具设置。

（1）手动设置。

可以通过下面的命令手动设置 GOPROXY：

```
go env -w GOPROXY=https://***.cn,direct
```

- go env：这是 Go 语言工具链中的一个命令，用于查看和设置 Go 环境变量。
- -w：表示 "write"，即写入或设置一个环境变量。
- GOPROXY=https://***.cn,direct：表示先尝试从 https://***.cn 这个代理下载依赖包。如果下载失败，则直接从默认官方站点下载。

（2）使用 X-CMD 的 mirror 模块设置。

```
x mirror go ls    # 查看可用的 go 镜像源
x mirror go set   # 自动设置 go 镜像源
```

（3）使用 chsrc 设置。

```
chsrc list go    # 查看可用的 go 镜像源
chsrc set go     # 自动设置 go 镜像源
```

5.6　Rust 包管理器

Rust 是一门注重安全、速度和并发的系统编程语言，其包管理工具 Cargo 为开发者提供了强大的支持。Cargo 不仅简化了项目构建和依赖管理过程，还通过其丰富的功能使 Rust 项目的管理变得更加高效和直观。

5.6.1 Rust 版本管理器 Rustup

Rust 语言凭借独特的内存安全保证和出色的性能，已经成为系统级编程的首选工具。Rust 的版本管理主要通过 Rustup 完成，这是一个管理 Rust 版本和相关工具的命令行工具。Rustup 的主要优势在于它能够轻松管理多个 Rust 版本，可以在不同的项目中灵活切换 Rust 版本，同时保持各自的依赖和配置独立。

5.6.1.1 Rustup 的安装

使用下面的命令，利用国内镜像源安装 Rustup。

```
export RUSTUP_DIST_SERVER="https://***.cn"
export RUSTUP_UPDATE_ROOT="https://***.cn/rustup"
curl --proto '=https' --tlsv1.2 -sSf https://***.cn/rustup-init.sh | sh
```

安装过程中，可能会询问你一些配置选项，例如安装位置等。大多数情况下，接受默认设置即可。安装完成后，rustup 会自动将 Rust、Cargo 可执行文件路径添加到系统环境变量中。安装完成后，重启 Shell，通过运行以下命令来验证 Rust 是否正确安装：

```
rustc --version
```

如果系统返回了 Rust 的版本信息，说明安装成功。

5.6.1.2 Rustup 的使用

使用 Rustup 命令，可以非常方便地管理不同的 Rust 版本，具体如表 5-13 所示。

表 5-13　Rustup 命令概览

命　　令	解　　释
rustup --version	显示 rustup 自身的版本信息
rustup toolchain list	列出已安装的 Rust 版本
rustup target list	列出所有可用目标版本
rustup show	显示当前目录将使用的工具链
rustup toolchain install <version>	安装指定版本的 Rust
rustup override set <version>	在当前目录下设置 Rust 版本
rustup update	更新所有已安装的工具链到最新版本
rustup default nightly	将默认工具链设置为最新的 nightly 版本
rustup set profile minimal	设置默认配置文件
rustup target add arm-linux-androideabi rustup target remove arm-linux-androideabi	安装、移除交叉编译目标平台的环境
rustup run nightly bash	运行配置为 nightly 编译器的 Shell
rustup toolchain uninstall nightly	卸载给定的工具链

5.6.2　Cargo 的使用

在 Rust 编程语言中，Crates 是 Rust 代码组织和重用的基本单位，类似于其他编程语言中的库或者包，代表了一个模块的集合，可以包含代码、库、二进制文件或者其他资源。

Rust 中的 Crates 可以分为两种主要类型。

- 库 Crates：这些 Crates 包含可重用的代码，可以被其他项目作为依赖项使用。
- 二进制 Crates：这些 Crates 包含可执行的代码，可以编译成可运行的程序。每个二进制 Crates 通常都有一个 main.rs 文件，作为程序的入口点。

Crates 的管理是通过 Rust 的官方包管理器 Cargo 实现的，使用 Rustup 安装 Rust 时会自动安装 Cargo。Cargo 允许开发者创建、构建、测试和分享 Crate。每个 Crate 都有自己的 Cargo.toml 文件，这个文件包含了 Crate 的元数据，如名称、版本、作者和依赖等。

Cargo 的基本使用涵盖了从创建新项目到编译、运行和测试代码的过程。表 5-14 所示的是使用 Cargo 管理 Rust 项目的基本命令。

表 5-14　Cargo 常用命令概览

命　　令	解　　释
cargo new	创建一个新项目
cargo build	编译项目
cargo run	编译并运行项目
cargo test	运行项目测试
cargo fmt	格式化项目代码
cargo doc	为项目生成文件
cargo publish	将项目发布到 crates.io
cargo update	更新项目的依赖
cargo clean	清理项目的构建文件

5.6.3　Cargo 镜像源配置

使用 cargo 命令拉取包的时候会请求网址 crates.io，可能会出现网络问题，此时可以修改 cargo registry 地址。优先使用 X-CMD 的 mirror 模块自动修改，如下所示：

```
x mirror cargo
```

也可以手动修改文件 ~/.cargo/config（若没有该文件则新建），如下所示：

```
[source.crates-io]
replace-with = 'rsproxy-sparse'
[source.rsproxy]
registry = "https://***.cn/crates.io-index"
```

```
[source.rsproxy-sparse]
registry = "sparse+https://***.cn/index/"
[registries.rsproxy]
index = "https://***.cn/crates.io-index"
[net]
git-fetch-with-cli = true
```

5.7　PHP 包管理器

PHP（Hypertext Preprocessor）是一种在 Web 开发中广泛使用的服务器端脚本语言。自 1995 年首次发布以来，PHP 因其易于学习、高效执行和丰富的支持库，成了众多 Web 应用程序和网站的首选编程语言。然而，随着项目规模的增长和复杂度的提升，管理 PHP 项目中的依赖关系变得尤为重要。在 PHP 生态系统中，常见的 PHP 包管理器包括：

- Composer：目前最流行的 PHP 包管理器，几乎已成为行业标准。
- PEAR（PHP Extension and Application Repository）：早期包管理器，目前使用较少。
- Pyrus：PEAR 的继承者，采用更现代的设计，但未能广泛普及。

Composer 自 2012 年发布以来，迅速成了 PHP 开发者的首选包管理工具。其成功的关键在于解决了 PHP 依赖管理的许多问题，并提供了强大的功能和灵活性。Composer 的开发灵感来源于 Node.js 的 npm 和 Ruby 的 Bundler，其设计目标是解决 PHP 项目中依赖管理的复杂性，提供一种一致且高效的解决方案。Composer 的主要特点和功能如下所示。

- 依赖解析：通过分析 composer.json 文件中的依赖声明，自动下载并安装相关包。
- 自动加载：通过 PSR-4 和 PSR-0 标准，实现类的自动加载，简化开发流程。
- 版本锁定：使用 composer.lock 文件确保所有开发环境和生产环境使用一致的依赖版本。
- 灵活配置：支持多个仓库、私有包、脚本和插件扩展。

以下是一个简单的 composer.json 文件示例：

```
{
    "require": {
        "monolog/monolog": "^2.0"
    }
}
```

这个文件声明了项目依赖 monolog/monolog 包的 2.0 版本及其以上版本。通过运行 `composer install` 命令，Composer 会自动下载并安装这个依赖包。

5.7.1　Composer 的安装

（1）安装必要的系统依赖。

银河麒麟桌面版：

```
sudo yum update -y
sudo yum install curl php-cli php-mbstring git unzip -y
```

银河麒麟服务器版：

```
sudo yum install php curl
```

（2）下载 Composer 安装脚本。

通过 curl 下载 Composer 安装脚本：

```
curl -sS <本书资源仓库地址>/book_resources/raw/master/install_scripts/composer-setup.php
-o composer-setup.php
```

（3）执行安装脚本。

```
sudo php composer-setup.php --install-dir=/usr/local/bin --filename=composer
```

（4）确认安装完成。

```
composer --version
```

5.7.2　Composer 的基本使用

（1）初始化项目。

Composer 允许快速初始化一个 PHP 项目，命令如下：

```
composer init
```

根据提示输入项目名称、描述、作者、依赖等信息，完成项目的初始化。

（2）安装依赖。

初始化项目后，可以根据需求安装各类 PHP 包，例如，安装 monolog 库：

```
composer require monolog/monolog
```

（3）更新依赖包。

为了保持依赖包的最新版本，建议定期更新：

```
composer update
```

也可以更新特定的包，例如，更新 monolog/monolog 包：

```
composer update monolog/monolog
```

（4）移除依赖包，

若不再需要某个依赖包，则可使用 remove 命令来移除它。例如，移除 monolog/monolog 包：

```
composer remove monolog/monolog
```

5.7.3　Composer 的高级使用技巧

（1）版本控制。

Composer 提供灵活的版本控制功能，以确保依赖的稳定性和兼容性。示例如下：

```
"require": {
    "monolog/monolog": "^2.0"
}
```

（2）自定义脚本。

Composer 支持在安装或更新依赖之后执行自定义脚本，例如清理缓存或生成优化文件：

```
"scripts": {
    "post-update-cmd": [
        "php artisan clear-compiled",
        "php artisan optimize"
    ]
}
```

（3）自动加载。

Composer 的自动加载功能简化了类和命名空间的加载配置。在 composer.json 中添加以下配置：

```
"autoload": {
    "psr-4": {
        "App\\": "src/"
    }
}
```

完成后，运行 composer dump-autoload 生成自动加载文件。

5.8　Ruby 包管理器

Ruby 是一种动态、面向对象的编程语言。无论是在 Web 开发、自动化脚本编写，还是在数据处理领域，Ruby 都拥有广泛的应用。

5.8.1　Ruby 版本管理

尽管你可以使用 Linux 发行版自带的系统包管理器来安装 Ruby，但官方软件仓库通常只提供单个 Ruby 版本，这可能无法满足特定需求，并且手动管理多个不同版本的 Ruby 可能会很复杂。Ruby 版本管理工具主要包括 RVM、rbenv、ry 和 rbfu。RVM 是最早出现的，也是使用最广泛的工具；rbenv 是 RVM 的一个轻量级替代品；ry 和 rbfu 看起来更为轻便，但它们的普及程度不高。

在本章中，我们将介绍 RVM 和 rbenv 这两种 Ruby 版本管理工具。你可以选择其中一种使用，不建议同时使用不同的版本管理工具，以免造成混淆和管理上的困难。

5.8.1.1　使用 RVM 管理 Ruby 版本

RVM（Ruby Version Manager）是一个流行的 Ruby 版本管理工具，功能丰富，支持多个 Ruby 版本的安装和切换。

1. 安装 RVM

推荐使用添加 PPA 仓库的方式安装 RVM，相关命令如下：

```
sudo apt-get install software-properties-common
sudo apt-add-repository -y ppa:rael-gc/rvm  # 在银河麒麟系统下需要按照 3.1.5.2 节的步骤操作。
sudo apt-get update
sudo apt-get install rvm
```

在上述安装过程中若遇到缺少密钥相关报错，请参考本书"3.1.3.4　APT 的安全特性"一节中的密钥相关故障处置。

安装完毕后，刷新 Shell 配置文件。

```
source /etc/profile.d/rvm.sh
```

检查一下 RVM 是否已正确安装：

```
rvm -v
```

2. RVM 常用命令

RVM 常用命令见表 5-15，其中 gemset 的概念介绍见下一节。使用 `rvm install` 安装 Ruby 时，可以使用 chsrc 和 X-CMD 将软件源设置为国内源，以加快安装速度。下面讲解的 RubyGems 和 Bundler 同样支持使用这种方式修改软件源。

表 5-15　RVM 常用命令

命　　令	解　　释
rvm list known	列出所有可用的 Ruby 版本
rvm install <version>	安装指定版本的 Ruby。安装后需重启 Terminal
rvm list	列出已安装的 Ruby 版本
rvm use <version>	切换到指定版本的 Ruby
rvm use <version> --default	设置默认的 Ruby 版本
rvm uninstall <version>	卸载指定版本的 Ruby
rvm gemset create <gemset_name>	创建新的 gemset
rvm gemset list	列出当前 Ruby 版本的所有 gemset
rvm gemset use <gemset_name>	使用指定的 gemset
rvm gemset delete <gemset_name>	删除指定的 gemset

命　　令	解　　释
rvm gemset empty <gemset_name>	清空指定的 gemset
rvm use <version>@<gemset_name>	切换到指定版本的 Ruby 和指定的 gemset
rvm alias create <alias> <version>	为 Ruby 版本创建别名
rvm alias delete <alias>	删除指定的别名
rvm alias list	列出所有别名
rvm implode	完全卸载 RVM 及其安装的所有 Ruby 版本和 gemset
rvm reload	重新加载 RVM 环境
rvm info	显示当前 Ruby 环境的信息
rvm rubygems current	安装最新版本的 RubyGems

rvm install 命令首先尝试查找是否存在当前平台对应的二进制版本的 Ruby，若没有则下载 Ruby 的源码进行编译安装。使用 rvm install 命令安装的 Ruby 位于 /usr/share/rvm/rubies/ 目录下，相关二进制程序位于该目录下的 bin 子目录下（如图 5-13 所示）。如果使用 rvm install 安装 Ruby 后，无法执行这些二进制程序，则需检查环境变量 PATH 中是否包含该目录。

```
(base) → ~ ls -lh /usr/share/rvm/rubies/ruby-2.2.10/bin/
总计 196K
-rwxrwxr-x 1 root root  555  9月 28 11:48 bundle
-rwxrwxr-x 1 root root 4.8K  9月 28 11:48 erb
-rwxrwxr-x 1 root root  546  9月 28 11:48 gem
-rwxrwxr-x 1 root root  190  9月 28 11:48 irb
-rwxrwxr-x 1 root root 1.3K  9月 28 11:48 rake
-rwxrwxr-x 1 root root  938  9月 28 11:48 rdoc
-rwxrwxr-x 1 root root  188  9月 28 11:48 ri
-rwxrwxr-x 1 root root 162K  9月 28 11:48 ruby
```

图 5-13　Ruby 的 bin 子目录下的二进制程序

注意，这里的 gem 二进制程序与下一节 Gem 概念的区别与联系。

3. Gemset

Gem 是 Ruby 中的库或包，它包含了代码、文档、测试和元数据（如版本信息、依赖关系）。Gemset 是 RVM 中的一个概念，用于管理和隔离不同 Ruby 项目的 Gem 依赖。Gemset 为每个项目提供了独立的 Gem 环境，确保项目之间不会互相干扰。使用 gem 二进制程序（下文有详细介绍）对 Gem 进行管理，注意二者的首字母大小写不同。

Gemset 是附着在某个 Ruby 语言版本下面的，例如，用 1.9.2 版本的 Ruby 建立了一个叫 rails3 的 Gemset，当切换 Ruby 到其他版本的时候，在新版本的 Ruby 环境中 rails3 这个 Gemset 并不存在。以下是 Gemset 操作具体示例。

（1）安装 Ruby 版本。

```
rvm install 2.7.2
```

（2）创建 Gemset。

```
rvm gemset create project1
```

（3）使用创建的 Gemset。

```
rvm use 2.7.2@project1
```

（4）安装 Gem 到指定的 Gemset。

```
gem install rails
```

（5）验证 Gem 安装。

```
gem list
```

5.8.1.2　使用 rbenv 管理 Ruby 版本

rbenv 是一个轻量级的 Ruby 版本管理工具，通过修改环境变量来控制当前使用的 Ruby 版本。它不会干扰系统自带的 Ruby 环境，而是为用户提供一个隔离的 Ruby 运行环境。

1. 安装 rbenv

推荐使用国内开源项目 rbenv-cn 来安装 rbenv，该项目针对国内用户进行了优化。执行下面的命令利用 rbenv-cn 提供的脚本来安装 rbenv。

```
bash -c "$(curl -fsSL <本书资源仓库地址>/rbenv-cn/raw/main/tool/install.sh)"
```

安装效果见图 5-14，安装完成后需重启终端或使用执行命令 `export PATH="$HOME/.rbenv/bin:$PATH"` 立即在本终端生效。

```
Name:         rbenv-cn
Version:      0.3.3
Author:       ccmywish
Bug track:    https://gitee.com/RubyMetric/rbenv-cn/issues
Thanks:       Ruby China, UpYun CDN and Gitee

=> 以下仓库均位于 Gitee
rbenv-cn: 安装 rbenv 自仓库 mirrors_rbenv/rbenv (由 Gitee 维护)
rbenv-cn: 安装插件 ruby-build 自仓库 mirrors/ruby-build (由 Gitee 维护)
rbenv-cn: 安装插件 rbenv-cn 自仓库 RubyMetric/rbenv-cn
rbenv-cn: 添加rbenv命令至环境变量(Bash,Zsh)
rbenv-cn: 安装完成!
rbenv-cn: 请您重启终端或使用 `export PATH="$HOME/.rbenv/bin:$PATH"` 立即在本终端生效
rbenv-cn: 在安装Ruby前请确保您的系统已经安装了编译所需的所有依赖:
=> https://github.com/rbenv/ruby-build/wiki#suggested-build-environment
```

图 5-14　利用 rbenv-cn 项目在线安装 rbenv

由图 5-14 可以看到，除了 rbenv，该项目还同时安装了 ruby-build 插件和 rbenv-cn 插件，相比原生的 rbenv，通过 rbenv-cn 安装的 rbenv 多了一个 `rbenv cninstall` 命令。该命令自动从 Ruby China 提供的镜像（Mirror）源下载某指定版本的 Ruby 并接着运行编译等过程，可以替换原生的 `rbenv install` 命令。

若需卸载 rbenv，则执行下面的命令即可：

```
bash -c "$(curl -fsSL <本书资源仓库地址>/rbenv-cn/raw/main/tool/uninstall.sh)"
```

2. rbenv 的基本使用

（1）使用 rbenv 安装 Ruby。

`rbenv install` 命令不随 rbenv 一起提供，而是由 ruby-build 插件提供的。在尝试安装 Ruby 之前，需要先检查构建环境是否具有必要的工具和库，再执行 `rbenv install` 命令：

```
rbenv install -l      # 列出最新的稳定版本
rbenv install -L      # 列出所有本地版本
rbenv install 3.3.0   # 安装特定版本的 Ruby
```

（2）管理 Ruby 版本。

安装 Ruby 后，还需要指定系统全局或本地的 Ruby 版本。可以使用 `rbenv versions` 命令查看已安装的版本列表。使用下面的命令指定全局或本地的 Ruby 版本：

```
rbenv global <ruby 版本号>    # 设置本机全局默认 Ruby 版本
rbenv local <ruby 版本号>     # 设置当前所在目录的 Ruby 版本
rbenv local --unset          # 取消设置本地版本
rbenv shell <ruby 版本号>     # 设置当前 Shell 环境的 Ruby 版本
rbenv shell --unset          # 取消设置当前 Shell 环境的 Ruby 版本
```

（3）卸载 Ruby。

通常 rbenv 安装的 Ruby 都位于 ~/.rbenv/versions 目录中。要删除旧的 Ruby 版本，只需要删除旧版本的目录即可。可以使用 `rbenv prefix` 命令查找特定 Ruby 版本的目录，例如，rbenv prefix 3.3.0。此外，ruby-build 插件提供了 rbenv uninstall 命令来自动执行删除过程。

```
rbenv uninstall 3.3.0          # 自动执行删除 Ruby 版本
```

（4）安装 Ruby gem。

例如，使用 `rbenv local 3.3.0` 为你的项目选择 Ruby 版本。然后，像平常一样安装 Ruby 软件包或库：

```
gem install <Ruby 软件包或库名称>
```

不推荐执行 gem 命令时添加 sudo 前缀，因为这样的安装方式可能会遇到"你没有写入权限"的错误。这个报错表明当前使用的 Ruby 版本是全局默认版本。可以使用 `rbenv global <version>` 更改它，然后重试。可以使用 `gem env home` 检查 Ruby 软件包或库的安装位置：

```
gem env home   # 输出当前 Ruby 软件包或库使用的 "home" 目录，即安装目录的位置
```

3. rbenv 中的环境变量

rbenv 中的环境变量如表 5-16 所示。

表 5-16　rbenv 中的环境变量

名　　称	解　　释
RBENV_VERSION	指定要使用的 Ruby 版本

续表

名　　称	解　　释
RBENV_ROOT	定义 Ruby 版本和 shims 所在的目录
RBENV_DEBUG	输出调试信息，例如：rbenv --debug <subcommand>
RBENV_HOOK_PATH	搜索 rbenv hooks 查看路径列表
RBENV_DIR	开始搜索 .ruby-version 文件的目录

4. rbenv 的插件

rbenv 还支持通过插件来扩展功能。例如，ruby-build 和 rbenv-vars 插件可以让你更方便地安装和管理 Ruby 版本。

- ruby-build：提供了一个方便的命令行工具来安装和管理不同版本的 Ruby，使得用户可以轻松地切换和使用所需的 Ruby 版本。rbenv install 命令就是该插件提供的。
- rbenv-vars：允许用户为每个项目设置环境变量，通过在项目目录中创建 .rbenv-vars 文件，确保环境变量在使用 rbenv 切换 Ruby 版本时自动加载。

5.8.2　RubyGems 包管理器

RubyGems 是 Ruby 社区开发的第一个官方包管理工具，方便了 Gem（Ruby 中软件包或库）的分发和管理。RubyGems 负责 Gem 的安装、更新和发布，功能类似于 apt-get，可自动处理 Gem 的依赖关系，提供了较为丰富的功能来管理 Gem。注意 RubyGems（单词之间无空格）与 Ruby Gems（单词之间有空格）的区别与联系，前者用来管理后者。包管理器 RubyGems 提供的命令行工具为 gem，其基础命令见表 5-17。

表 5-17　RubyGems 基础命令

命　　令	解　　释
`gem install rails`	安装 Gem
`gem update rails`	更新 Gem
`gem list`	列出已安装的 Gem
`gem info rails`	查看 Gem 信息
`gem build my_gem.gemspec`	创建 Gem
`gem push my_gem-0.0.1.gem`	发布 Gem

RubyGems 也存在一些问题，主要是缺乏对 Gem 的版本控制，并且大多数 Gem 都被安装到同一个路径下，不同 Ruby 项目的 Gem 可能冲突。为了解决这些问题，Bundler 应运而生。

5.8.3 Bundler 包管理器

Ruby 的另一个包管理器 Bundler 的出现，解决了 RubyGems 未能解决的问题，它允许项目根据定义来使用 Gem，并在安装 Gem 时自动解决版本冲突。Ruby 开发者只需列出项目所需的 Gem，Bundler 便会负责找出合适的版本，确保它们能够协同工作。

在应用程序的根目录中，在 Gemfile 文件中声明所有依赖的 Gem 后，Bundler 会根据 Gemfile 中的内容去官方仓库查找并安装所需的 Gem。一旦所有必要的 Gem 都安装成功，Bundler 就会将这些 Gem 及其版本号记录在应用程序根目录下的 Gemfile.lock 文件中。这个文件确保了在不同环境中应用程序的依赖关系保持一致，从而提高了开发团队之间的协作效率和应用程序的稳定性。

Bundler 常用命令见表 5-18。

表 5-18　Bundler 常用命令

命　　令	解　　释
bundle install	安装 Gem
bundle update	更新 Gem
bundle list	列出已安装的 Gem
bundle viz	查看依赖关系树
bundle init	初始化 Gemfile
bundle add <gem_name>	添加 Gem 到 Gemfile

06
虚拟化技术生态

虚拟化技术通过在硬件和操作系统之间引入一个虚拟层（Hypervisor），实现硬件资源的抽象和共享，从而使多个操作系统和应用可以在同一台物理设备上独立运行。虚拟化技术主要包括以下几种类型。

- 全虚拟化：通过完全模拟底层硬件，使得操作系统和应用在虚拟机中感知不到虚拟化的存在。例如，KVM（Kernel-based Virtual Machine）通过内核支持的方式实现虚拟化。
- 半虚拟化：通过对操作系统进行修改，使其能够直接与 Hypervisor 进行交互，从而提高性能和效率。例如，Xen 通过对操作系统进行修改，提高虚拟化性能。
- 容器化：通过操作系统级别的虚拟化，将应用及其依赖环境打包成容器，实现运行环境的隔离。

这几种 Linux 虚拟化技术的对比如表 6-1 所示。

表 6-1　Linux 虚拟化技术比较

	全虚拟化	半虚拟化	容 器 化
定义	完全模拟硬件环境，虚拟机无须修改操作系统即可运行	需要修改客操作系统以适应虚拟化接口	共享主机操作系统的内核，不模拟硬件
性能	由于完全模拟硬件，所以性能损耗较大	减少了硬件模拟的性能损耗	直接使用主机操作系统的内核，几乎无性能损耗
隔离性	高，每个虚拟机都有独立的操作系统和硬件资源	高，每个虚拟机都有独立的操作系统和硬件资源	较低，共享主机操作系统的内核，但有独立的文件系统和网络
资源开销	高，需要完整的操作系统实例和模拟的硬件资源	较高，需要完整的操作系统实例，但减少了硬件模拟	低，仅需容器的应用和依赖，共享主机操作系统的内核
启动速度	慢，启动一个完整的操作系统实例需要较长时间	较慢，启动一个完整的操作系统实例需要较长时间	快，启动容器只需初始化应用和依赖

续表

	全虚拟化	半虚拟化	容 器 化
操作系统支持	可以运行不同类型的操作系统	需要支持虚拟化接口的操作系统	只能运行与主机操作系统相同或兼容的操作系统
管理复杂度	高，需要管理多个完整的操作系统实例	高，需要管理多个完整的操作系统实例	低，只需管理应用和依赖，简化了操作系统管理
安全性	高，虚拟机之间隔离较好	高，虚拟机之间隔离较好	较低，容器之间共享主机内核，可能存在安全风险
典型实现	ESXi、Hyper-V、KVM	Xen、ESXi（某些模式下）	Docker、K8s、Podman
适用场景	需要运行不同操作系统或高度隔离的多租户环境	需要高性能和隔离性的虚拟化场景，且操作系统支持修改	需要快速启动、低资源开销的应用部署和微服务架构场景

6.1　x86 架构下的虚拟化方案

在 x86 架构下，Linux 提供了多种虚拟化解决方案，每种方案都有其独特的特点和适用场景。以下是一些主要的虚拟化解决方案。

（1）KVM。

KVM 是 Linux 内核中的一个虚拟化模块，允许将 Linux 转变为一个虚拟机监控程序（Hypervisor）。

- 完全虚拟化：支持运行未修改的操作系统。
- 高性能：直接利用 CPU 内置的硬件虚拟化扩展（如 Intel VT-x 和 AMD-V）。
- 可与 QEMU 集成：通常与 QEMU 配合使用，提供完整的虚拟化解决方案。

适用于需要高性能和灵活性的虚拟化环境，如服务器虚拟化和云计算平台。

（2）Xen。

Xen 是一个开源的虚拟机监控程序，支持完全虚拟化和半虚拟化。

- 半虚拟化：可以运行经过修改的操作系统以提高性能。
- 完全虚拟化：支持硬件虚拟化扩展，运行未修改的操作系统。
- 多种管理工具：如 XenCenter 和 libvirt。

适用于需要高性能和安全性的虚拟化环境，如数据中心和云服务提供商。

（3）桌面虚拟机软件。

如 VMware Workstation、VirtualBox 都有 x86 架构的 Linux 版，提供了用户友好的图形用户界面，拥有快照、复制、动态资源调配、和宿主机共享文件夹、USB 支持等丰富功能。

（4）容器技术。

容器技术的详细内容见 6.3 节。

（5）QEMU。

QEMU（Quick Emulator）是一个通用的开源仿真器和虚拟化工具，支持多种处理器架构和设备仿真，可以实现全虚拟化和半虚拟化，支持硬件虚拟化和软件虚拟化，适用于需要跨架构仿真和虚拟化的环境，如开发测试和嵌入式系统开发。QEMU 可以与 KVM 集成。

6.2　ARM 架构下的虚拟化方案

表 6-2 是主要的国产 CPU 架构及指令集，其中 ARM v8 指令集最为常见，所以本节主要讨论该指令集下银河麒麟操作系统的虚拟化。

表 6-2　国产 CPU 架构及指令集

CPU 架构	主要型号系列	指令集架构
兆芯（Zhaoxin）	ZX-C+、ZX-C+2	x86
飞腾（Phytium）	FT-2000、FT-1500A	ARMv8
龙芯（Loongson）	龙芯 1、龙芯 2、龙芯 3	LoongISA、MIPS
申威（Shenwei）	SW 系列	自主指令集
华为鲲鹏（Kunpeng）	Kunpeng 920	ARMv8
海光（Hygon）	Dhyana 系列	x86
紫光展锐（Unisoc）	唐古拉 T710、虎贲 T7520	ARMv8

常见的桌面虚拟化软件，例如 Vmware Station、VirtualBox 都没有 ARM 架构下的 Linux 版本，需要采取其他的虚拟化技术方案。由于 QEMU 技术支持的 CPU 架构最为丰富，所以 ARM 架构下虚拟化解决方案可以借助 QEMU。QEMU 可与 KVM 结合使用，KVM 通过硬件虚拟化提供 CPU 和内存的加速，使得虚拟机的性能接近本地运行的水平。通过二者结合，就可以在多种处理器架构（如 ARM）上实现高效的虚拟化。

6.2.1　Windows 下体验 ARM 架构银河麒麟

可在线体验的 Linux 发行版多是国外版本，且都是 x86 架构，没有对应国产 CPU 架构（如飞腾、龙芯等）的发行版。要体验已适配国产 CPU 架构的 Linux 发行版，在没有相应物理电脑主机的情况下，可以采用虚拟机的方式。要在 x86 架构的物理机器上运行其他架构的虚拟机，只能选用 QEMU 虚拟化方案，常见的 Vmware、VirtualBox 无法满足要求。由于是模拟异构的 CPU 架构，所以虚拟机的性能损失会比较大，运行不会太流畅。可以考虑关闭界面特效、安全模块，提升运行流畅度。

下面简述在 x86_64 架构的 Windows 10 下，运行 arm64 架构银河麒麟桌面版的步骤。

1. 准备相关软件

- 银河麒麟桌面版操作系统 Kylin-Desktop-V10-SP1-General-Release-2303-ARM64.iso。
- 下载 QEMU 的 64 位 Windows 安装包。
- 下载虚拟机要使用的 BIOS 固件 QEMU_EFI.fd 和 Windows 下的 TAP 驱动，可以在本书的仓库地址下载。

将下载的软件统一放置在某个目录下，下文以放置在 E:\kylin_book\目录下为例。

2. 安装相关软件

安装已下载的 QEMU 安装包，默认路径不要有中文。安装完成后，将安装路径加入 Windows 的环境变量 PATH 中（如图 6-1 所示），这样就可以在任意目录下执行 QEMU 相关命令。

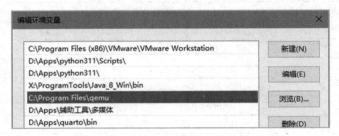

图 6-1　将 QEMU 安装路径加入 PATH

（1）创建虚拟机的硬盘。

打开 Windows 命令行终端，进入目录 E:\kylin_book\，运行下面命令，创建虚拟机要使用的虚拟磁盘。路径和磁盘大小可以根据需要自定义。

```
qemu-img create -f qcow2 E:\kylin_book\kylindisk.qcow2 100G
```

（2）启动虚拟机。

执行下面的命令从光盘镜像（Image）启动虚拟机，为方便阅读，使用续行符"\"将每个参数独立一行放置。

```
qemu-system-AARCH64.exe \
-M virt \
-m 8192 \
```

```
-cpu cortex-a76 \
-smp 8,sockets=4,cores=2 \
-bios .\QEMU_EFI.fd \
-device VGA \
-device nec-usb-xhci \
-device usb-mouse \
-device usb-kbd \
-drive if=none,file=.\kylindisk.qcow2,id=hd0 \
-device virtio-blk-device,drive=hd0 \
-drive if=none,file=.\Kylin-Desktop-V10-SP1-General-Release-2303-ARM64.iso,id=cdrom,
media=cdrom \
-device virtio-scsi-device \
-device scsi-cd,drive=cdrom \
-net nic,model=virtio \
-net user
```

部分参数含义如下。

- -M virt：指定机器类型为"virt"。这是一个用于虚拟化的基本虚拟平台，适用于各种设备模拟。

- -m 8192：分配 8192 MB（8 GB）的内存给虚拟机。

- -cpu cortex-a76：模拟 Cortex-A76 CPU 模型。

- -smp 8,sockets=4,cores=2：配置虚拟机的 CPU 拥有 8 个内核，分布在 4 个 Socket 中，每个 Socket 有 2 个核心。

- -bios .\QEMU_EFI.fd：使用当前目录下的 QEMU_EFI.fd 文件作为虚拟机的 UEFI 固件。

- -device VGA：添加一个 VGA 图形显示设备到虚拟机。

- -device nec-usb-xhci：添加 NEC USB 3.0 控制器到虚拟机，以支持 USB 3.0 设备。

- -device usb-mouse：添加一个 USB 鼠标到虚拟机。

- -device usb-kbd：添加一个 USB 键盘到虚拟机。

- -drive if=none,file=.\kylindisk.qcow2,id=hd0：指定名为 kylindisk.qcow2 的磁盘映像文件，用 if=none 选项来标记它不关联任何接口类型，并且标识为 hd0。

- -net nic,model=virtio：创建一个虚拟网卡。

- -net user：使用用户模式网络，其默认使用 NAT（网络地址转换）模式，该模式下虚拟机可以访问外部网络，但外部网络无法直接访问虚拟机。外部网络若要访问虚拟机，需要做端口转发。

启动后的系统界面如图 6-2 所示，注意此时操作系统处于 Live 模式，任何修改在重启后将丢失。如果需要数据持久化，则可以将系统安装到虚拟硬盘中，单击图中的"安装 Kylin"就可以开始执行安装过程。

图 6-2　Live 模式的银河麒麟桌面版

　　将系统安装到虚拟硬盘后，就不需要系统的安装光盘了，可以将相关参数从命令中删除，删除后的命令如下：

```
qemu-system-aarch64.exe \
-M virt \
-m 8192 \
-cpu cortex-a76 \
-smp 8,sockets=4,cores=2 \
-bios .\QEMU_EFI.fd \
-device VGA \
-drive if=none,file=.\kylindisk.qcow2,id=hd0 \
-device virtio-blk-device,drive=hd0 \
-net nic,model=virtio \
-net user
```

　　虽然 QEMU 有图形用户界面的管理工具，但这些工具要么只能运行在 Linux 平台上，要么虽然可在 Windows 平台上运行，但功能过于陈旧，无法满足要求。所以推荐的启动方式是：将上述启动命令添加到以.bat 后缀的批处理文件中，再将这个批处理文件与虚拟机的磁盘镜像文件和 EFI 固件文件放在同一个目录下。以后每次启动虚拟机，双击这个批处理文件即可，实现一键启动。

　　为了避免虚拟机鼠标和宿主机的鼠标不同步，可以通过虚拟机的"视图"菜单设置虚拟机为全屏模式，或者使用快捷键 Ctrl+Alt+F 在全屏模式与窗口模式间切换。

6.2.2　Linux 下体验 ARM 架构银河麒麟

以 x86 架构上的 Linux 作为宿主机,安装运行 ARM 架构的银河麒麟。从实际使用体验来看,QEMU 在 Linux 系统下运行效率更高,CPU 占用更低。

这里直接使用上一节的虚拟磁盘镜像(Image)文件:kylindisk.qcow2,不同的是这一次使用"桥接"的网络模式,这样一来,虚拟机可以访问外部网络,外部网络也可直接访问虚拟机。

相关命令如下:

```
sudo apt-get install bridge-utils    #安装管理网桥的命令行工具 bridge-utils
sudo brctl addbr br0                  #新建网桥,命名为 br0
```

编辑 /etc/network/interfaces 文件,加入如下内容(假设物理网卡名为 eth0):

```
auto br0
iface br0 inet dhcp
    bridge_ports eth0
    bridge_stp off
    bridge_fd 0
    bridge_maxwait 0

iface eth0 inet manual
```

然后重启网络服务:

```
sudo systemctl restart NetworkManager
```

运行下面的命令启动虚拟机:

```
sudo qemu-system-AARCH64 \
    -M virt \
    -m 8192 \
    -cpu cortex-a72 \
    -smp 8,sockets=2,cores=4 \
    -device VGA \
    -device nec-usb-xhci \
    -device usb-mouse \
    -device usb-kbd \
    -drive if=none,file=kylindisk.qcow2,id=hd0 \
    -device virtio-blk-device,drive=hd0 \
    -netdev bridge,id=net0,br=br0 \
    -device virtio-net-pci,netdev=net0 \
    -drive file=./QEMU_EFI.fd,if=pflash,format=raw,readonly=on
```

上面的命令中需要解释的参数如下。

- -netdev bridge,id=net0,br=br0。
  - -netdev bridge:指定网络后端类型为桥接模式。
  - id=net0:为这个网络后端分配一个标识符 net0。net0 不是系统中已存在的物理或虚拟网络设备,而是在命令行中定义的一个标识符,是在 QEMU 命令中动态创建的一个抽象概念，用来将 QEMU 的网络设备与网络后端连接起来。

- ■ br=br0：指定宿主机上的实际网桥接口名称为 br0。此选项告诉 QEMU 使用网桥 br0 将虚拟机连接到宿主机网络，并且分配 id=net0 这个标识符供后面的网络设备引用。
- • -device e1000,netdev=net0。
  - ■ -device e1000：告诉 QEMU 在虚拟机中添加一个 e1000 类型的网卡。这是一种模拟的 Intel 82540EM 千兆以太网卡。
  - ■ netdev=net0：指定之前定义的 net0 作为这个网络接口卡的网络后端。这使得 QEMU 能够将这个网卡与 net0 的网络后端连接起来，从而实现网络通信。

执行上面的命令可能会报如下错误。

（1）错误 1 及解决方法。

报错信息：

```
qemu-system-AARCH64: device requires 67108864 bytes, block backend provides 2097152 byte
```

解决方法：

```
qemu-img resize -f raw QEMU_EFI.fd 64M
```

（2）错误 2 及解决方法。

报错信息：

```
failed to parse default acl file '/etc/qemu/bridge.conf'
qemu-system-AARCH64: -netdev bridge,id=net0,br=br0: bridge helper failed
```

解决方法：创建文件 /etc/qemu/bridge.conf，在文件中添加如下内容。

```
allow br0
```

6.2.3　ARM 架构银河麒麟宿主机上的虚拟化

6.2.3.1　检查 ARM 处理器是否支持虚拟化扩展

要检查 ARM 处理器是否支持虚拟化扩展，可以通过以下几种方法进行确认。

（1）查看处理器规格文档。

查阅制造商提供的处理器规格文档或用户手册，通常会明确标明处理器是否支持虚拟化扩展。

（2）通过系统信息工具检查。

在银河麒麟中，可以用/proc/cpuinfo 文件来查看 CPU 信息。

```
cat /proc/cpuinfo | grep Features
```

在输出中查找 Features 字段，查看是否包含虚拟化相关特性（如 virt、vmx、el2 等）。对于 ARM 处理器，如果 Features 字段中包含 virt 或 el2 或其他虚拟化相关特性，则说明该处理器支持虚拟化扩展。图 6-3 是飞腾 D2000/8 处理器单个核心的/proc/cpuinfo 信息，其 Features 字段中并不包括虚拟化相关的特性，说明该款 CPU 不支持硬件虚拟化，只能使用软件虚拟化的形式来运行虚拟机，软件虚拟化性能通常较差，因为它们无法直接利用 CPU 的虚拟化特性。

```
→ ~ cat /proc/cpuinfo
processor       : 0
model name      : Phytium,D2000/8 E8C
BogoMIPS        : 96.00
Features        : fp asimd evtstrm aes pmull sha1 sha2 crc32 cpuid
CPU implementer : 0x70
CPU architecture: 8
CPU variant     : 0x1
CPU part        : 0x663
CPU revision    : 3
```

图 6-3　飞腾 D2000/8 处理器的/proc/cpuinfo 信息

（3）使用 lscpu 命令。

在大多数 Linux 发行版中，lscpu 工具通常已预装。如果未安装，可以使用包管理器安装 util-linux 软件包（lscpu 是 util-linux 软件包中的一个小工具）：

```
sudo apt install util-linux
```

运行 lscpu 命令：

```
lscpu
```

在输出中查找"标记（flags）"字段，查看是否显示 virt、VT 或 Extensions 信息。

（4）使用 kvm-ok 工具。

在银河麒麟系统上可以使用 cpu-checker 包中的 kvm-ok 命令检查虚拟化支持：

```
sudo apt-get install cpu-checker
sudo kvm-ok
```

如果输出显示"KVM acceleration can be used"，则说明处理器支持虚拟化扩展。

6.2.3.2　PhyVirt

PhyVirt 是一款可直接运行在飞腾平台+国产操作系统的虚拟化平台软件，支持桌面融合技术，满足终端虚拟化和应用虚拟化的需求。PhyVirt 的底层基于 KVM + QEMU 技术栈。

用户可在主流的国产系统（麒麟、统信等）直接运行 PhyVirt 软件。考虑到不同用户使用需求和操作环境的复杂性，PhyVirt 提供了虚拟机和桌面融合两种使用模式。虚拟机模式下可按需创建一个或多个虚拟机，虚拟机支持各种 Linux 版本和 Windows 版本，同时支持无缝切换宿主机与虚拟机桌面，极大地方便了运维管理。

1. 安装 PhyVirt

（1）软硬件要求。

- 硬件要求：飞腾腾锐 D2000/FT-2000 处理器。
- 宿主机操作系统要求：麒麟/统信/Ubuntu 等。宿主机操作系统内核需升级到支持 KVM 的版本，银河麒麟需要 V10 SP1 2303 版本及以上。
- 虚拟机操作系统需要 ARM 版。

（2）安装 PhyVirt。

已经连接互联网的计算机，可直接在软件商店中搜索 PhyVirt 并安装，如图 6-4 所示。

图 6-4　通过软件商店中安装 PhyVirt

未连接到互联网的计算机，可下载 .deb 安装包手动安装，如图 6-5 所示。

图 6-5　PhyVirt 安装包下载地址

2. 新建虚拟机

打开 PhyVirt 后，单击新建虚拟机页面，选择 ARM 版的操作系统 ISO 镜像，或者基于已有的虚拟磁盘（QCOW2 格式）。配置基本参数后，会自动启动虚拟机的安装界面（如图 6-6 所示），按照提示进一步安装即可。

图 6-6　虚拟机的安装引导界面

图 6-7 是在银河麒麟桌面版中运行 UOS 虚拟机的界面，桌面中间窗口里是 PhyVirt 运行的虚拟机，外面是银河麒麟桌面版的桌面环境。

图 6-7　在银河麒麟桌面版中运行 UOS 虚拟机

6.3 容器技术

容器（Container）技术是一种轻量级的操作系统层面的虚拟化技术，它能够为软件应用及其依赖组件提供一个资源独立的运行环境。在容器化过程中，应用程序及其所有必要的依赖关系（包括代码、运行时、系统工具和系统库等）会被打包成一个可重用的镜像（Image）。这个镜像的内容可以通过配置文件（例如 Dockerfile 和 docker-compose.yml）中的指令来定义。镜像运行环境不与主操作系统共享内存、CPU 和硬盘空间，从而保证了容器内部进程与容器外部进程的独立关系。

与传统虚拟机相比，容器技术具有许多优点，包括快速启动、运行环境可移植、弹性伸缩、快速部署以及低系统资源消耗等。随着云原生、DevOps[①]、CI/CD 等概念的流行与普及，容器技术在软件开发和运维方面展现出了广阔的应用前景。

6.3.1 容器技术的演进历史

容器技术的概念最早可以追溯到 UNIX 系统中的 chroot 命令。chroot 通过改变进程的根目录，提供了一种简单的文件系统隔离方式。尽管 chroot 并不是真正的容器，但它为容器技术的发展奠定了基础。

2008 年，Linux Containers（LXC）项目的诞生标志着第一个真正意义上的容器实现。LXC 结合了 cgroups（控制组）和 namespaces（命名空间），提供了进程、网络和文件系统的隔离。然而，LXC 的配置相对复杂，使用门槛较高。

2013 年，Docker 的出现彻底改变了容器技术的使用方式。Docker 是一个易于使用的容器化平台，它通过提供简单的命令行工具和友好的用户体验，使得容器技术迅速普及。Docker 的镜像（Image）机制和 Docker Hub 仓库极大地简化了应用程序的打包和分发过程。

为了推动容器技术的标准化，2015 年，Open Container Initiative（OCI）成立，旨在制定容器运行时和镜像的标准。同时，Cloud Native Computing Foundation（CNCF）也应运而生，这是一个致力于推动云原生技术发展的开源组织。CNCF 支持了许多与容器相关的项目，如 Kubernetes，这是一个用于自动化部署、扩展和管理容器化应用程序的开源平台。这些努力共同推动了容器技术的成熟和广泛应用。

---

① DevOps 是一种结合软件开发（Development）和信息技术运维（Operations）的方法论，旨在通过促进开发和运维团队之间的协作，提升软件开发和交付的效率、质量和连续性。DevOps 强调自动化、持续集成/持续部署（CI/CD）、监控和反馈，并通过一系列工具和实践来实现这些目标。容器技术正是 DevOps 实践中不可或缺的一部分，它帮助实现了应用程序的快速迭代和部署，同时为微服务架构提供了坚实的基础。

6.3.2 标准规范

6.3.2.1 CNCF 规范

CNCF 是一个致力于推动云原生技术发展的基金会,旗下有多个项目和规范,旨在标准化和促进云原生应用的开发和部署。

- Container Network Interface(CNI):CNI 是一个用于配置容器网络接口的标准,广泛应用于 Kubernetes 和其他容器编排系统。
- Container Storage Interface(CSI):CSI 是一个用于配置容器存储的标准接口,旨在简化存储插件的开发和集成。
- Kubernetes:虽然 Kubernetes 本身不是一个容器规范,但它定义了容器编排和管理的标准,成为云原生应用的事实标准。

6.3.2.2 OCI 规范

随着容器技术的兴起,特别是 Docker 的流行,容器在应用程序打包和部署方面变得越来越重要。然而,不同的容器运行时和工具链导致了互操作性问题。为了促进标准化和互操作性,Docker 和其他行业领导者在 2015 年发起了 Open Container Initiative(OCI)。OCI 规范分为三个主要部分:OCI 镜像(Image)规范、OCI 分发规范和 OCI 运行规范。这些规范共同构建了一个完整的容器生态系统,涵盖了容器镜像的格式、分发及运行时行为。以下是对这三个规范及其关系的详细介绍。

1. OCI 镜像规范

OCI 镜像规范得到了广泛的支持和应用,成为容器镜像的事实标准。OCI 镜像规范定义了容器镜像的结构和元数据,如下所示。

- 镜像清单(Manifest):描述镜像的内容和层次结构。
- 配置文件(Config):包含运行时所需的元数据,如环境变量、入口点等。
- 镜像层(Layers):文件系统变更集,记录了镜像的增量变化。
- 索引(Index):允许一个镜像引用多个平台特定的镜像,以支持多种 CPU 架构。

OCI 镜像规范确保了不同容器运行时和工具可以使用相同的镜像格式,从而实现互操作性。

(1)清单(Manifest)。

清单是镜像的顶层描述,包含了镜像的层和配置文件的引用。每个清单条目包括以下信息。

- schemaVersion:规范版本。
- mediaType:清单的媒体类型。
- config:配置文件的描述,包括其媒体类型和哈希值。

- layers：镜像层的列表，每一层都是一个文件系统变更集。

（2）配置（Config）。

配置文件包含了容器运行时所需的元数据，例如：

- architecture：CPU 架构。
- os：操作系统。
- rootfs：根文件系统的描述，包括各层的哈希值。
- config：运行时配置，包括环境变量、命令、入口点等。

（3）层（Layers）。

镜像层是文件系统变更集，包含了镜像文件系统的增量变化。每一层都是一个 tarball 文件[①]，记录了文件的添加、修改和删除操作。

（4）索引。

索引是一个 JSON 对象，包含对多个镜像清单（Manifests）的引用，每个清单对应一个特定的平台（如 amd64、arm64 等）。这使得一个索引可以表示多个针对不同平台的镜像。索引的 JSON 结构主要包括以下部分。

- schemaVersion：表示 JSON 结构的版本。
- mediaType：索引对象的媒体类型。
- manifests：一个数组，每个元素是一个清单对象，描述一个具体平台的镜像。
- annotations：一个键值对，提供额外的元数据。

通过索引，用户可以拉取同一个镜像名称，而后台会根据用户使用的平台架构自动选择合适的镜像清单。索引还可以用来管理不同版本的镜像。每个索引可以引用多个版本的镜像清单，方便在不同版本之间切换和管理。

2. OCI 运行时规范

OCI 运行时规范定义了容器运行时的行为和接口，确保了不同的容器运行时（如 Docker、runc、containerd 等）可以使用相同的接口，从而实现一致的行为。这包括：

- 配置文件：包含了容器运行时所需的全部配置信息。
- 容器生命周期管理：启动、停止和删除容器的操作。
- 资源限制：CPU、内存等资源的限制和配额。

---

① tarball 文件是一种常见的压缩文件格式，主要用于打包和分发文件及目录。tarball 是由 tar 工具生成的文件，通常带有.tar 扩展名，压缩后的文件可能带有.tar.gz、.tar.bz2 或.tar.xz 等扩展名。

- 隔离和安全性：命名空间、控制组和安全策略的配置。

（1）配置文件（Config.json）。

配置文件是容器运行时的核心文件，包含了容器运行时所需的全部配置信息。主要内容如下所示。

- 进程（Process）：定义容器内运行的进程，包括可执行文件、参数、环境变量等。
- 根文件系统（Root Filesystem）：定义容器使用的根文件系统路径。
- 挂载点（Mounts）：定义容器内的文件系统挂载点。
- 资源限制（Resources）：定义容器的资源限制，如 CPU、内存等。
- 命名空间（Namespaces）：定义容器的命名空间配置，如 PID、网络、用户等。
- 控制组（Cgroups）：定义容器的控制组配置，用于资源管理和限制。
- 安全性（Security）：定义容器的安全配置，如能力、SELinux、AppArmor 等。

（2）容器生命周期管理。

OCI 运行时规范定义了容器的生命周期管理操作，主要内容如下所示。

- 创建（Create）：创建一个新的容器实例。
- 启动（Start）：启动一个已创建的容器，使其进入运行状态。
- 停止（Stop）：停止一个正在运行的容器。
- 删除（Delete）：删除一个已停止的容器。

（3）资源限制和隔离。

通过配置文件，OCI 运行时规范允许用户定义容器的资源限制和隔离策略，主要内容如下所示。

- CPU 限制：如 CPU 配额和优先级。
- 内存限制：如内存上限和交换空间限制。
- 网络隔离：如网络命名空间和虚拟网络接口。
- 文件系统隔离：如挂载点和只读文件系统。

（4）安全性。

OCI 运行时规范提供了多种安全配置选项，以确保容器的隔离和安全性，主要内容如下所示。

- 命名空间隔离：如 PID、用户、网络等命名空间。
- 控制组：用于资源限制和管理。
- 安全模块：如 SELinux、AppArmor 和 seccomp。

- 能力：用于限制容器内进程的特权。

3. OCI 分发规范

OCI 分发规范定义了容器镜像的分发协议，标准化了镜像的上传、下载和分发方式，使得不同的镜像仓库和工具可以互操作。主要内容如下所示。

- 镜像推送和拉取：定义了如何将镜像推送到仓库，以及从仓库拉取镜像。
- 清单（Manifests）：描述镜像的元数据，并定义了如何通过 HTTP API 接口进行操作。
- 层（Blobs）：定义了镜像层的存储和传输方式。

一个典型的分发操作可能涉及以下 HTTP API 请求，

- 获取镜像清单：`GET /v2/<name>/manifests/<reference>`。
- 上传镜像层：`POST /v2/<name>/blobs/uploads/`。

OCI 分发规范设计足够通用，可以用做任何类型内容的分发机制。上传的清单的格式可以不使用 OCI 镜像规范定义的格式，只要它正确引用对应的 blobs 即可。

4. 三个规范的协作流程

a）创建镜像：根据 OCI 镜像规范创建的镜像，包含所有必要的层和配置文件。

b）分发镜像：使用 OCI 分发规范，将创建好的镜像推送到镜像仓库，或者从仓库拉取镜像。

c）运行容器：根据 OCI 运行时规范，从镜像创建和运行容器，容器运行时遵循规范中的配置和行为定义。

6.3.3 容器技术概览

为了更好地理解 Docker 的优势，我们需要将其与传统的虚拟机技术进行比较。

（1）传统虚拟机（VM）的工作原理。

虚拟机（VM）通过在物理主机上运行一个完整的操作系统实例来实现资源隔离和应用隔离。每个虚拟机都有自己的操作系统内核和硬件抽象层，这意味着虚拟机之间是完全独立的。以下是传统虚拟机的主要特点。

- 独立的操作系统：每个虚拟机都运行一个独立的操作系统。
- 资源开销大：由于每个虚拟机都需要自己的操作系统内核，资源开销较大。
- 启动速度慢：由于需要启动整个操作系统，虚拟机的启动速度较慢。

（2）容器化技术的原理及优势。

与虚拟机不同，容器化技术通过共享主机操作系统内核，实现更高效的资源利用。容器是进程级的隔离环境，包含应用程序及其所有依赖。以下是容器化技术的主要优势。

- 启动速度快：容器不需要启动完整的操作系统，因此启动速度非常快，通常在几秒内即可启动一个容器。
- 资源利用率高：容器共享主机操作系统内核，减少了资源开销。
- 高度便携性：容器包含应用程序及其所有依赖，使得应用可以在任何支持 Docker 的环境中一致运行。

容器技术生态比较庞杂，为了便于读者从宏观上整体把握，本节对常见容器技术进行了汇总梳理（如表 6-3 所示）。

表 6-3　常见容器技术概览

容器技术	简　　介	特　　点	适用场景
LXC	操作系统级虚拟化	轻量级、灵活性高、共享主机内核	开发和测试环境、轻量级虚拟化
OpenVZ	操作系统级虚拟化	高密度、资源管理、共享主机内核	虚拟主机、高密度虚拟化
Podman	无守护进程的容器管理工具	无守护进程、兼容 Docker CLI、更好的安全性	开发和测试、替代 Docker 的场景
CRI-O	Kubernetes 容器运行时接口	专为 Kubernetes 设计、轻量级、高性能	Kubernetes 集群
rkt	应用容器运行时	安全性高、兼容 AppC 和 OCI 镜像	安全性要求高的应用、替代 Docker 的场景
kata-runtime	通过轻量级虚拟机来运行容器	将虚拟机（VM）的安全性与容器的速度和灵活性相结合	安全敏感的云环境
Singularity	高性能计算容器	适用于 HPC、用户友好、兼容 Docker 镜像	高性能计算、科学计算
Docker	应用容器化平台	轻量级、易于使用、丰富的生态系统	应用开发和部署、微服务架构、CI/CD 管道
iSulad	国产容器引擎	开销小，有轻、灵、巧、快的特点，不受硬件规格和架构限制	适用于资源限制高的场景

本节的剩余部分对各个容器技术进行进一步的介绍。

6.3.3.1　LXC

LXC（Linux Containers）是一种基于 Linux 内核的操作系统级虚拟化方法，它允许在单个 Linux 主机上运行多个隔离的容器。LXC 提供了一种轻量级的虚拟化解决方案。与传统的虚拟机相比，LXC 容器共享主机的内核，但在用户空间上是完全隔离的。LXC 是用 C 语言编写的，因此资源占用较少，特别适用于对资源限制较高的场景。国产容器引擎 iSulad 的默认运行时就是 LXC。

在 LXC 之上，LXD 是一个更高级的容器管理系统。它提供了更丰富、更高级的管理功能，如快照、迁移、存储池管理和网络管理。LXD 支持集群模式，可以在多个主机上管理容器。此外，LXD 还提供了更好的安全性特性，如非特权容器和 AppArmor 配置，这些都极大地提升了容器的安全性和易用性。

6.3.3.2 runc

runc 是一个符合 Open Container Initiative（OCI）运行时规范的参考实现，由 Docker 贡献并已成为 OCI 的官方项目。runc 是一个轻量级的容器运行时。它直接与 Linux 内核交互，用于创建和管理容器。

6.3.3.3 containerd

containerd 是一个专注于容器生命周期管理的高性能运行时，支持 OCI 规范。它最初是 Docker 的一部分，现在作为 CNCF 的项目独立发展。Docker 和 containerd 之间的关系可以理解为一个层次化的架构，在这个架构中，Docker 作为上层工具，依赖 containerd 提供的低级容器管理功能。具体来说，Docker 使用 containerd 作为其容器运行时，以分离高层次的用户接口和低层次的容器管理逻辑。

6.3.3.4 rkt（Rocket）

rkt 是由 CoreOS 开发的一种应用容器运行时，旨在提供更高的安全性和灵活性。rkt 是一个开源项目，符合 AppContainer（AppC）规范[①]，并且支持 OCI 镜像格式。rkt 提供了多种运行模式，以满足不同的隔离需求。

6.3.3.5 Podman

Podman 是一个无守护进程的容器管理工具，提供与 Docker 类似的命令行接口。Podman 主要功能如下所示。

- 无守护进程：Podman 不需要中央守护进程，容器由用户进程直接管理。
- 兼容 Docker CLI：Podman 提供与 Docker 命令行工具兼容的命令，方便用户迁移。
- Pod 支持：Podman 支持 Kubernetes 风格的 Pod，允许多个容器共享同一个网络命名空间。

---

① AppC 规范在容器技术的早期发展中起到了推动作用，帮助塑造了关于容器安全性和可移植性的理念。随着容器技术的发展，OCI 成了容器镜像和运行时的行业标准，而 AppC 则作为一个具体的实现案例逐渐被 OCI 所整合。

- Rootless 模式：Podman 支持以非 root 用户身份运行容器，提高安全性。
- 镜像管理：Podman 支持拉取、推送和管理容器镜像。

6.3.3.6 CRI-O

CRI-O 是一个开源的容器运行时，专为 Kubernetes 设计，旨在提供一个符合 Kubernetes 容器运行时接口的运行时环境。CRI-O 是 Kubernetes 社区的一部分，旨在简化和优化 Kubernetes 的容器运行时管理。

Kubernetes 是一个流行的容器编排平台，用于自动化容器化应用的部署、扩展和管理。为了使 Kubernetes 能够支持多种容器运行时，Kubernetes 引入了容器运行时接口（CRI），这是一个与具体容器运行时无关的抽象层。CRI-O 直接实现了 CRI 规范，并与 OCI 规范兼容，支持使用 runc 或其他 OCI 兼容运行时来运行容器。

6.3.3.7 Kata Runtime

Kata Runtime 是一个轻量级的虚拟化容器运行时。它旨在结合虚拟机和容器的优点，提供更高的安全性和隔离性，同时保持容器的快速启动和高效性能。Kata Runtime 是 Kata Containers 项目的一部分，该项目由 OpenStack 基金会管理。

在 Kata Runtime 中，每个容器都运行在一个独立的虚拟机中，这提供了比传统容器更强的隔离性和安全性。尽管使用了虚拟机技术，Kata Runtime 仍然保持了容器的轻量级特性，启动速度快，资源开销低。此外，Kata Runtime 与 Open Container Initiative（OCI）标准兼容，可以与现有的容器生态系统（如 Docker、Kubernetes）无缝集成，这使得它成为那些对安全性和隔离性有更高要求的场景的理想选择。

6.3.3.8 Singularity

Singularity 是一个专为高性能计算环境设计的容器平台，于 2015 年创建，旨在解决高性能计算环境中的容器化需求。Singularity 通过提供安全、便捷的容器化解决方案，使科学家和研究人员能够在不同的计算环境中轻松运行复杂的应用程序。

6.3.3.9 国产容器引擎 iSulad

iSulad 是一个国内开源的由 C/C++编写实现的轻量级容器引擎，具有轻、灵、巧、快的特点，不受硬件规格和架构限制，开销更小，可应用的领域更为广泛。

- iSulad 支持多种容器运行时，包括 lxc、runc 和 kata。
- iSulad 支持多种镜像格式，包括 OCI 标准镜像格式和 external rootfs[①]镜像格式。

---

① external rootfs 镜像格式允许用户自行准备可启动的 root fs 目录，主要用于系统容器场景。

- iSulad 提供两种不同的镜像和容器管理操作接口，分别为 CLI（命令行接口）和 CRI（容器运行时接口）。

6.3.4 Docker 的使用

在众多容器技术中，Docker 无疑是最受欢迎的容器化技术，已成为事实上的行业标准。Docker 通过提供标准化的运行时环境，可以将同一个软件构建版本用于开发、测试、预发布、生产等任何环境，并且与底层操作系统解耦，从而实现"构建一次，随处运行"的目标。

在当今 DevOps 领域，Docker 已经成了一种不可或缺的技术。它通过轻量级容器和便捷的镜像（Image）管理，为开发者和运维人员提供了一种快速、高效的方式来部署和扩展应用程序。目前国产平台的软件生态还不够丰富，很多软件需要借助 Docker 形式实现软件的平滑迁移，例如银河麒麟高级服务器操作系统有一个 host 版，就是专为运行 Docker 所准备的。

本节旨在向读者详细介绍 Docker 的基础知识、安装配置、基本使用和较为高级的用法。

6.3.4.1 Docker 基础知识

1. Docker 引擎

Docker 引擎是一个运行时（Runtime）环境，负责管理和运行 Docker 容器。它包括以下几个主要部分。

- 守护进程：Docker 守护进程是 Docker 引擎的核心组件，负责处理 Docker API 请求、管理容器和镜像等任务，可以将其看作 Docker 的服务端。
- REST API：Docker 通过 REST API 提供了一组接口，用于与外部系统和工具进行集成。

Docker 守护进程作为 Docker 架构中的核心组件，负责管理 Docker 容器的生命周期，包括容器的创建、运行、暂停、停止和删除等操作。正确配置 Docker 守护进程不仅可以优化容器的运行效率，还可以增强系统的安全性。

Docker 守护进程是一个后台进程，运行在主机上，负责处理 Docker 容器的所有请求。它通过 Docker API 接收来自客户端的指令，并管理低层次的容器虚拟化组件。为了实现这些功能，守护进程提供了多种配置选项，使用户可以根据需要调整 Docker 的行为。

守护进程的配置文件通常位于/etc/docker/daemon.json，这是一个 JSON 格式的文本文件，允许用户定义各种参数，如网络配置、日志记录策略和存储选项。如果这个文件不存在，Docker 会以默认设置启动。

下面是/etc/docker/daemon.json 一些常见的配置参数及其用途。

- 镜像仓库（registry-mirrors）：指定一个或多个备用 Docker Image 仓库，以加速 Docker

Image 的下载过程。

- 非加密仓库（insecure-registries）：允许使用非加密的 Docker 仓库。在局域网部署私有 Docker 仓库时，往往不会配置加密措施，insecure-registries 参数可以同时指定多个私有 Docker 仓库的 IP 地址和端口。

以下是一个典型的 daemon.json 文件的配置示例：

```
{
"registry-mirrors": [
   "https://hub-mirror.***.com",
   "https://mirror.***.com"
 ],
"insecure-registries": ["192.168.8.5:5000", "registry.***.com"],
}
```

修改完 daemon.json 后，需要重启服务。

```
sudo systemctl daemon-reload
sudo systemctl restart docker
```

2. Docker 对象

Docker 对象是 Docker 中的核心组件，用于构建、运行和管理应用程序。这些对象包括镜像（Images）、容器（Containers）、网络（Networks）、卷（Volumes），以及其他支持和管理功能的对象。理解这些对象的概念和用途是掌握 Docker 基础知识的关键。

（1）镜像。

Docker 镜像是一个只读的模板，它包含了运行容器所需的所有文件和配置。镜像是容器的基础，通过镜像可以快速创建和启动容器。Docker 镜像由多个层组成，每一层都是只读的。这种层叠的镜像结构使得 Docker 能够高效地管理和存储镜像。每次对镜像进行修改时，Docker 只需创建一个新的层，而不是复制整个镜像。

（2）容器。

容器是运行时环境，基于 Docker 镜像创建，包含了应用程序及其所有依赖。容器通过共享宿主机操作系统内核，实现轻量级的资源隔离。容器的生命周期包括创建、启动、停止到销毁，容器的生命周期可以通过 Docker 命令进行管理。

（3）网络。

Docker 网络用于连接容器，使它们能够相互通信，或通过不同的网络实现容器之间的隔离。Docker 提供了几种默认的网络驱动程序，如 bridge、host 和 overlay。客户可以自定义网络配置，如子网、网关等。

（4）卷。

Docker 卷是用于持久化和共享数据的容器存储机制。卷独立于容器的生命周期，即使容器被删除，卷中的数据仍然存在。可以方便地备份和恢复卷中的数据。

（5）网络插件。

网络插件（Network Plugins）允许用户创建自定义的网络驱动程序，以满足特定的网络需求。

（6）日志驱动程序。

Docker 支持多种日志驱动程序（Log Drivers），用于收集和存储容器日志。例如，使用 json-file、syslog、fluentd 等不同的日志驱动程序适配不同的 Docker 日志收集方式。

3. Dockerfile

Dockerfile 是一个文本文件，包含了一组指令，用于定义如何构建 Docker 镜像。通过 Dockerfile，用户可以自动化地创建自定义镜像。

Dockerfile 包含多条指令，每条指令对应于镜像的一层。常用指令包括 FROM、RUN、COPY 等。通过运行 `docker build` 命令，可以根据 Dockerfile 构建自定义镜像。一个简单的 Dockerfile 示例如下：

```
FROM python:3.8-slim          # 使用官方的 Python 基础镜像
WORKDIR /app                  # 设置工作目录
COPY . /app                   # 复制当前目录下的所有文件到容器的工作目录
RUN pip install --no-cache-dir -r requirements.txt   # 安装依赖包
CMD ["python", "app.py"]      # 设置容器启动命令
```

通常，网络运维和软件开发人员会更多地接触 Dockerfile，因为它们需要构建和定制自己的 Docker 镜像。普通用户则通常直接使用已经构建完成的 Docker 镜像来运行容器，而不需要深入了解 Dockerfile 的细节。因此，在本节中，我们将不详细介绍 Dockerfile 的具体内容。

6.3.4.2　Docker 的安装

首先运行下面的命令，检查系统是否已经安装了 Docker。

```
docker --version
```

因为 KMRE（麒麟移动运行环境）内置了 Docker。若已安装了 KMRE 环境，为了避免冲突就无须再单独安装 Docker。

有多种方式安装 Docker，具体如下。

1. 利用操作系统官方仓库安装 Docker

```
sudo apt install docker.io   # 银河麒麟桌面版
```

```
sudo yum install docker        # 银河麒麟服务器版
```

这种方式安装的 Docker 版本较旧，不少新特性无法支持。

2. 通过在线脚本安装 Docker

```
sudo curl -fsSL <本书资源仓库地址>/docker_installer/releases/download/latest/docker_inst
aller.sh | bash -s docker --mirror Aliyun
sudo service docker start
```

3. 利用操作系统第三方仓库安装 Docker

（1）银河麒麟桌面版。

如果要安装全新版本的 Docker，就得将系统中安装的旧版本 Docker 卸载。执行如下命令卸载 Docker：

```
for pkg in docker.io docker-doc docker-compose docker-compose-v2 podman-docker containerd
runc; do sudo apt-get remove $pkg; done
```

安装一些必要的工具，执行如下命令：

```
sudo apt-get -y install vim apt-transport-https ca-certificates curl software-properti
es-common gpg-agent
```

添加 Docker 官方 GPG key：

```
curl -fsSL https://mirrors.***.com/docker-ce/linux/ubuntu/gpg | sudo apt-key add -
```

写入 Docker 软件源信息。新建文件/etc/apt/sources.list.d/docker.list，输入如下内容：

```
deb https://mirrors.***.com/docker-ce/linux/ubuntu focal stable
```

更新软件包列表，安装 Docker（同时安装了两个常用的 Docker 插件）。

```
sudo apt-get -y update
sudo apt-get -y install docker-ce docker-ce-cli docker-buildx-plugin \
docker-compose-plugin
```

执行如下命令即可查看 Docker 版本信息：

```
docker --version
```

（2）银河麒麟服务器版。

要安装全新版本的 Docker，得先将系统中安装的旧版本 Docker 卸载。执行如下命令卸载 Docker：

```
for pkg in docker docker.io docker-ce docker-compose docker-compose-v2 podman-docker
containerd runc; do sudo yum remove $pkg; done        # 使用 for 循环，批量卸载多个软件包
```

写入软件源信息：

```
sudo wget -O /etc/yum.repos.d/docker.repo https://mirrors.***.com/docker-ce/linux/cent
os/docker-ce.repo
```

先将/etc/yum.repos.d/docker.repo 中的$releasever 替换为 8，然后更新软件包列表，安装 Docker（同时安装了两个常用的 Docker 插件）：

```
sudo dnf makecache
sudo dnf install docker-ce docker-ce-cli docker-buildx-plugin docker-compose-plugin
```

执行如下命令即可查看 Docker 版本信息：

```
docker --version
```

4. 手工离线安装 Docker

（1）银河麒麟桌面版离线安装 Docker。

参考 3.1.3.3 节 APT 离线环境使用，下载 docker-ce 及其依赖项的 deb，安装完以后执行下面的命令：

```
sudo docker -v              # 查看 Docker 版本，验证 Docker 是否安装成功
sudo usermod -aG docker $USER # 将当前用户添加到 Docker 用户组，免得 docker 命令前要加 sudo
newgrp docker
sudo systemctl enable docker # 设置 Docker 服务开机自启动
sudo systemctl start docker  # 启动 Docker 服务
```

（2）银河麒麟服务器版离线安装 Docker。

参考 3.2.3.3 节 DNF 离线环境使用，下载 docker-ce 及其依赖项的 rpm 软件包，安装完以后执行下面的命令：

```
sudo docker -v              # 查看 Docker 版本，验证 docker 是否安装成功
sudo usermod -aG docker $USER # 将当前用户添加到 Docker 用户组，免得 docker 命令前要加 sudo
newgrp docker
sudo systemctl enable docker # 设置 Docker 服务开机自启动
sudo systemctl start docker  # 启动 Docker 服务
```

6.3.4.3　Docker 客户端的基础使用

Docker 技术栈是典型的 C/S 架构，用户接触最多的是其命令行客户端。Docker 命令行客户端是用户与 Docker 引擎交互的主要工具。这里将 Docker 命令行客户端的常用命令按照功能进行分类。假设已经将当前操作系统用户加入了 docker 用户组，即 docker 命令前无须添加 sudo。

1. Docker 系统管理命令

Docker 系统管理命令如表 6-4 所示。

表 6-4　Docker 系统管理命令

命　　令	解　　释
docker info	显示 Docker 系统的详细信息
docker version	显示 Docker 的版本信息
docker system df	显示磁盘使用情况

续表

命　令	解　释
`docker system prune`	清理未使用的对象（容器、镜像、网络等）
`docker system events`	实时显示 Docker 的事件
`docker system info`	显示系统范围的信息

2. Docker 镜像管理命令

在使用 Docker 客户端管理镜像前，最好对 Docker 镜像的命名规则有一定了解。Docker 镜像的命名规则确保了镜像在存储和分发时具有唯一性和可识别性。Docker 镜像名称通常包括仓库名称、镜像名和可选的标签，基本结构如下：

```
[REGISTRY_HOSTNAME/]REPOSITORY[:TAG]
```

- REGISTRY_HOSTNAME（可选）：镜像仓库的主机名或地址。仓库主机名可以是域名或 IP 地址，可以包含端口号。如果省略，则表明使用的是 Docker 官方的 Docker Hub 仓库。
- REPOSITORY（必需）：表示镜像的仓库名或路径。仓库名可以包含多个路径段，每个路径段之间用斜杠（/）分隔。路径段的长度不能超过 255 个字符。官方仓库的 Docker 镜像名的 REPOSITORY 部分一般省略仓库名，例如：`docker pull hello-world` 中的 "hello-world" 实际为 "library/hello-world"。
- TAG：镜像的标签，用于标识镜像的版本或变体。如果省略，则默认为 latest。latest 标签是一个特殊标签，通常表示镜像的最新版本。虽然 latest 标签常被使用，但不应依赖其作为默认版本，特别是在生产环境中，最好使用明确的版本标签。因为随着时间的推移，latest 标签不一定表示镜像的最新版本。

用于拉取官方 hello-world 镜像的命令：

```
docker pull hello-world
```

实际完整的格式应为：

```
docker pull docker.io/library/hello-world:latest
```

Docker 镜像管理命令如表 6-5 所示。

表 6-5　Docker 镜像管理命令

命　令	解　释
`docker build -t my-image.`	从 Dockerfile 构建镜像
`docker images`	列出所有本地镜像
`docker search <关键字>`	在远程仓库中搜索镜像
`docker pull [选项] [仓库地址[:端口号]/]镜像名[:标签]`	从 Docker Hub 或其他仓库拉取镜像

续表

命　令	解　释
docker push my-repo/my-image	将镜像推送到 Docker Hub 或其他仓库
docker rmi <镜像名或 ID> [镜像名或 ID] ……	删除一个或多个镜像
docker tag my-image <镜像名或 ID>	给镜像打标签
docker save -o my-image.tar <镜像名或 ID> docker save [image1] [image2] …… > my_img.tar	将镜像保存为 tar 归档文件
docker load -i my-image.tar	从 tar 归档文件加载镜像
docker history <镜像名或 ID>	查看镜像的历史记录
docker import my-image.tar <镜像名>	从 tar 归档文件导入镜像

3. Docker 容器管理命令

Docker 容器管理命令如表 6-6 所示。

表 6-6　Docker 容器管理命令

命　令	解　释
docker run -d --name my-container <镜像名或 ID>	创建并启动一个新的容器
docker ps	列出正在运行的容器
docker ps -a	列出所有容器（包括暂停、已退出但未删除的）
docker stop <容器名或 ID>	停止一个或多个正在运行的容器
docker start <容器名或 ID>	启动一个或多个已停止的容器
docker restart <容器名或 ID>	重启一个或多个容器
docker rm <容器名或 ID>	删除一个或多个容器
docker rm $(docker ps -a -q)	删除所有已停止或已退出的容器
docker kill <容器名或 ID>	杀掉一个或多个容器
docker exec -it <容器名或 ID> <具体命令>	在运行的容器中执行某个命令
docker logs <容器名或 ID>	获取容器的日志输出
docker inspect <Docker 对象名或 ID>	查看 Docker 对象的详细信息
docker commit <容器名或 ID> <镜像名>	从容器创建一个新的镜像
docker attach <容器名或 ID>	附加到一个正在运行的容器
docker rename old-name new-name	重命名一个容器
docker pause <容器名或 ID>	暂停一个或多个容器的所有进程
docker unpause <容器名或 ID>	恢复一个或多个容器中的所有进程
docker wait <容器名或 ID>	阻塞直到一个容器停止，然后打印其退出代码
docker top <容器名或 ID>	显示一个容器内运行的进程
docker stats <容器名或 ID>	显示容器的实时资源使用统计信息
docker update --restart=always <容器名或 ID>	更新一个或多个容器的配置

续表

命　令	解　释
docker cp <容器名或 ID>:/path/in/container/local/ path	从容器复制文件到本地
docker cp /local/path <容器名或 ID>:/path/in/container	从本地复制文件到容器
docker export <容器名或 ID> > name.tar	导出容器的文件系统为 tar 归档文件

图 6-8、图 6-9 分别是执行 docker ps 和 docker ps --all 命令的结果，注意二者的区别。

```
(base) → ~ docker ps
CONTAINER ID   IMAGE               COMMAND               CREATED        STATUS                PORTS                                              NAMES
3c634359fe4a   lissy93/dashy:3.1.0  "docker-entrypoint.s…"  2 weeks ago   Up 3 days (healthy)   0.0.0.0:40209->8080/tcp, [::]:40209->8080/tcp     1Panel-dashy-ICpo
```

图 6-8　命令 docker ps 执行结果

```
(base) → ~ docker ps --all
CONTAINER ID   IMAGE            COMMAND               CREATED          STATUS                    PORTS                                              NAMES
1357a528c918   phpmyadmin       "/docker-entrypoint…"  About a minute ago  Exited (0) 26 seconds ago                                                   cnpmcore-phpmyadmin-1
de68aacf3bdc   cnpmcore         "docker-entrypoint.s…"  About a minute ago  Exited (1) 26 seconds ago                                                   cnpmcore-cnpmcore-1
86d1f7dbc33e   mariadb          "docker-entrypoint.s…"  About a minute ago  Exited (0) 23 seconds ago                                                   cnpmcore-mysql-1
7eadaa51dcf4   redis:6-alpine   "docker-entrypoint.s…"  About a minute ago  Exited (0) 24 seconds ago                                                   cnpmcore-redis-1
3c634359fe4a   lissy93/dashy:3.1.0  "docker-entrypoint.s…"  7 weeks ago      Up 4 minutes (healthy)    0.0.0.0:40209->8080/tcp, [::]:40209->8080/tcp     1Panel-dashy-ICpo
```

图 6-9　命令 docker ps -all 执行结果

由于 docker run 是 Docker 客户端最核心的命令，所以进一步将该命令的各个选项的用法汇总于表 6-7 之中。

表 6-7　docker run 用法汇总

选　项	解　释	示　例
-d	后台运行容器，并返回容器 ID	docker run -d <nginx>
-i	以交互模式运行容器	docker run -i <ubuntu>
-t	为容器分配一个伪终端	docker run -t <ubuntu>
-it	以交互模式运行容器并分配一个伪终端	docker run -it <ubuntu> /bin/bash
--name	为容器指定一个名称。若没有使用该参数，则 Docker 会根据一定的算法和格式来随机生成容器名称	docker run --name xxxx <nginx>
--rm	容器退出时自动删除容器	docker run --rm <ubuntu>
-p	指定端口映射	docker run -p 8080:80 <nginx>
-P	随机端口映射	docker run -P <nginx>
-v	挂载一个卷	docker run -v /host/path:/container/path <nginx>
--mount	配置挂载卷的高级选项	docker run --mount type=bind,source=/host/path, target=/container/path <nginx>
-e	设置环境变量	docker run -e MYVAR=myvalue <ubuntu>

选　项	解　释	示　例
--env-file	从文件读取环境变量	docker run --env-file ./env.list <ubuntu>
--network	指定容器的网络模式	docker run --network host <nginx>
--link	链接到另一个容器	docker run --link other_container:alias <nginx>
--cpus	限制容器使用的 CPU 数量	docker run --cpus=2 <nginx>
--memory	限制容器使用的内存	docker run --memory=512m <nginx>
--restart	容器退出后的重启策略	docker run --restart always <nginx>
--log-driver	指定日志驱动	docker run --log-driver=syslog <nginx>
--log-opt	配置日志驱动选项	docker run --log-opt max-size=10m <nginx>
--entrypoint	覆盖镜像的默认入口点	docker run --entrypoint /bin/bash <ubuntu>
--user	指定容器内运行的用户	docker run --user 1000:1000 <ubuntu>
--privileged	给予容器特权模式	docker run --privileged <ubuntu>
--detach-keys	覆盖容器的分离键序列	docker run --detach-keys="ctrl-x" <ubuntu>
--health-cmd	设置容器的健康检查命令	docker run --health-cmd="curl -f http://local-host/"
--health-interval	设置健康检查的时间间隔	docker run --health-interval=30s <nginx>
--health-retries	设置健康检查失败的重试次数	docker run --health-retries=3 <nginx>
--health-timeout	设置健康检查的超时时间	docker run --health-timeout=10s <nginx>
--health-start-period	设置健康检查的启动等待时间	docker run --health-start-period=30s <nginx>

　　由于 docker run 命令的可用参数较多，为了便于确定在执行 docker run 命令时哪些参数可用，可以提前通过 docker inspect 命令查看要启动的 Docker 镜像的配置信息，以此作为参考。

docker inspect 用于获取 Docker 对象（Docker 对象的具体内容见 6.3.4.1 节）。其输出是结构化的数据（通常为 JSON 格式），包含了对象的所有元数据和状态信息。假设我们有一个名为 myimage 的 Docker 镜像，执行命令 docker inspect myimage，摘取输出信息的 Config 部分：

```
"Config": {
    "Hostname": "",
    "Domainname": "",
    "User": "",
    "AttachStdin": false,
    "AttachStdout": false,
    "AttachStderr": false,
    "ExposedPorts": {
        "80/tcp": {}
    },
    "Tty": false,
    "OpenStdin": false,
    "StdinOnce": false,
    "Env": [
        "PATH=/usr/local/sbin:/usr/local/bin:/usr/sbin:/usr/bin:/sbin:/bin",
```

```
        "MY_ENV_VAR=myvalue"
    ],
    "Cmd": [
        "nginx",
        "-g",
        "daemon off;"
    ],
    "ArgsEscaped": true,
    "Image":
"sha256:4bb46517cac2e6e5e11e056ea1b4b8d7f6b59cbbf01d3e6d9b35b7b2a5d0c7d4",
    "Volumes": {
        "/var/cache/nginx": {}
    },
    "WorkingDir": "",
    "Entrypoint": null,
    "OnBuild": null,
    "Labels": {
        "maintainer": "NGINX Docker Maintainers <docker-maint@nginx.com>"
    }
}
```

docker inspect 命令输出信息的 Config 部分，提供了镜像的默认配置和期望的运行环境，例如：

- Cmd 和 Entrypoint 定义了容器运行时的默认入口命令和参数，可以被 docker run 命令行中自定义的入口命令和参数覆盖。
- Env 字段定义了镜像的默认环境变量。在运行容器时，可以直接使用这些环境变量，也可以通过 -e 参数覆盖或追加新的环境变量。
- ExposedPorts 字段定义了镜像暴露的端口，它只是表明镜像设计时希望暴露哪些端口。在运行容器时，用户仍需使用 -p 参数来指定实际的端口映射。
- Volumes 字段仅指示镜像设计时哪些目录应被挂载为卷，但实际挂载卷时需要在 docker run 命令中手动指定 -v 参数。例如，将本地目录挂载到容器内的特定目录。

基于上述 Config 部分的信息，可以确定执行 docker run 命令时的参数：

```
docker run -d \
 -e MY_ENV_VAR=myvalue \              # 设置环境变量
 -v /local/cache:/var/cache/nginx \   # 将宿主机/local/cache 映射到容器内/var/cache/nginx
 -p 8080:80 \                         # 将宿主机的 8080 端口映射到容器内的 80 端口
 myimage
```

4. Docker 网络管理命令

Docker 网络管理命令如表 6-8 所示。

表 6-8 Docker 网络管理命令

命 令	解 释
docker network ls	列出所有网络
docker network create my-net	创建一个新的网络
docker network rm my-net	删除一个或多个网络
docker network connect my-net <容器名或 ID>	将容器连接到网络
docker network disconnect my-net <容器名或 ID>	将容器从网络断开
docker network inspect my-net	查看网络的详细信息
docker network prune	删除所有未使用的网络

图 6-10 所示的是执行 docker network ls 命令的结果。

```
(base) → ~ docker network ls
NETWORK ID     NAME            DRIVER    SCOPE
1e452a24f97c   1panel-network  bridge    local
a445c7d0b51d   bridge          bridge    local
9e2d789204b3   cnpm      ←     bridge    local
d53dae66d843   host            host      local
c959e25c8f5e   none            null      local
```

图 6-10 docker network ls 命令执行结果

图 6-11 所示的是使用 docker network inspect 查看名为 cnpm 的 Docker 网络的详细信息。由图 6-11 可知该网络的驱动类型为 bridge（桥接）。当未指定网络驱动时，Docker 默认使用 bridge 驱动，适用于单个宿主机上的多个容器之间通信。所有连接到同一 bridge 网络的容器可以相互通信，但与其他 bridge 网络的容器隔离。此时容器通过宿主机的 IP 地址以 NAT（地址转换）的方式与外部网络通信。用户可以创建自定义的桥接网络，例如对图 6-11 的 IP 地址段进行自定义，以便更好地管理和组织容器。

```
(base) → ~ docker network inspect cnpm
[
    {
        "Name": "cnpm",
        "Id": "d2c66989293190e8fa871783361ce28f576c88053739a85a0474e550b277ed14",
        "Created": "2024-11-06T22:38:13.749488073+08:00",
        "Scope": "local",
        "Driver": "bridge",    ←
        "EnableIPv6": false,
        "IPAM": {
            "Driver": "default",
            "Options": null,
            "Config": [
                {
                    "Subnet": "172.19.0.0/16",
                    "Gateway": "172.19.0.1"
                }
            ]
        },
```

图 6-11 docker network inspect cnpm 命令执行结果

Docker 的网络驱动除了默认的 bridge 类型，还有如下这些。

• 主机（host）：共享宿主机网络，适用于高性能需求。

- 无网络（none）：完全隔离，适用于不需要网络的容器。
- 覆盖（overlay）：跨主机通信，适用于集群环境。
- Macvlan：为容器分配独立的 MAC 和 IP 地址，适用于需要直接与物理网络交互的场景。
- Ipvlan：类似于 macvlan，但提供更细粒度的控制，支持 L2 和 L3 模式。
- 插件（plugin）：集成第三方或自定义网络驱动，适应特定需求。
- 自定义驱动（custom）：根据需求开发专属网络驱动。

5. Docker 数据卷管理命令

Docker 数据卷管理命令如表 6-9 所示。

表 6-9　Docker 数据卷管理命令

示　　例	解　　释
docker volume ls	列出所有数据卷
docker volume create my-volume	创建一个新的数据卷
docker volume rm my-volume	删除一个或多个数据卷
docker volume inspect my-volume	查看数据卷的详细信息
docker volume prune	删除所有未使用的数据卷

图 6-12 所示的是执行 docker volume ls 命令的结果，图 6-13 所示的是使用 docker volume inspect 命令查看名为 cnpmcore_cnpm-mysql 数据卷的详细信息。

```
(base) → ~ docker volume ls
DRIVER    VOLUME NAME
local     02d4a7e04e2418476563f2e593d641dc4417579cfc0c8bdaa19bb5a17987287d
local     6e2c5ce4b37453d4a17d12872895e5a402fd6cb5aab96a9ca3f6858df920b168
local     40a9a94a78dc16ddfd40f7186264a141f62c446418e76b2faefc7bc1698a24d0
local     237b868b598932a81c3e62c79867b6861352db177f661857ad64ee3ba6437b93
local     519a32f58ed16dd43a9a8eb5de1c94c32c5fe2a52b060261db47ed59a64d50a1
local     a5ce5f960c03c42135ab740fa33c4732557fb5634d90870a4f3008782da34362
local     b24843a8be075bf2ab7b73ed64d699cb938b574e6cfd811bb1350b4f96eaf468
local     cnpmcore_cnpm-mysql    ←
local     cnpmcore_cnpm-redis
local     d263720440f603b3b52d881ba9eb9bcf868d613aae19c26e961ee97a59ac990a
local     f3c94121b0c3b1c189fc999ec909cdd634a8e09a32caffc4db8811749273e02e
```

图 6-12　docker volume ls 命令执行结果

```
(base) → ~ docker volume inspect cnpmcore_cnpm-mysql
[
    {
        "CreatedAt": "2024-09-25T06:19:39+08:00",
        "Driver": "local",    ←
        "Labels": {
            "com.docker.compose.project": "cnpmcore",
            "com.docker.compose.version": "2.29.2",
            "com.docker.compose.volume": "cnpm-mysql"
        },
        "Mountpoint": "/mirror/docker_data/volumes/cnpmcore_cnpm-mysql/_data",
        "Name": "cnpmcore_cnpm-mysql",
        "Options": null,
        "Scope": "local"
    }
]
```

图 6-13　docker volume inspect 命令执行结果

图 6-12 和图 6-13 中的数据卷的后端存储驱动都是 local，代表使用的是本地文件系统。除了 local，Docker 的后端存储驱动还有如下这些。

- NFS：跨主机共享文件，简单易用，适合中小规模部署。
- Azure File：微软 Azure 云环境中的文件共享，云端托管，弹性扩展。
- Amazon EFS：亚马逊 AWS 云环境中的可扩展文件存储，高可用性，自动扩展。
- Portworx：企业级生产环境，高性能，数据管理丰富，支持多云。
- REX-Ray：跨多种存储后端的灵活存储解决方案。
- Ceph：分布式存储，支持多种协议，高可用性。
- GlusterFS：大规模数据存储，弹性扩展，高可用性，灵活配置。
- Flocker：容器数据管理和数据卷编排，支持跨主机移动，但已停止维护。
- Custom：特定存储需求，需要高度定制化的存储解决方案。

6. 在 Docker 命令行中使用环境变量

在 Docker 命令行中使用环境变量有多种方法，可以通过 `docker run` 命令直接传递环境变量，或者使用环境变量文件。

（1）直接在命令行中传递环境变量。

使用-e 或--env 标志在 `docker run` 命令中传递环境变量。

```
docker run -d \
  --name my-container \
  -e MYSQL_ROOT_PASSWORD=my-secret-pw \
  -e MYSQL_DATABASE=my-database \
  -e MYSQL_USER=my-user \
  -e MYSQL_PASSWORD=my-password \
  mysql:5.7
```

在这个示例中，启动了一个 MySQL 容器，并传递了如下几个环境变量。

- MYSQL_ROOT_PASSWORD：MySQL 根用户的密码。
- MYSQL_DATABASE：数据库名称。
- MYSQL_USER：用户名。
- MYSQL_PASSWORD：用户密码。

（2）使用环境变量文件。

可以使用 --env-file 标志从文件中加载环境变量。环境变量文件是一个简单的文本文件，每行包含一个 KEY=VALUE 对。

环境变量文件示例（env.list）：

```
MYSQL_ROOT_PASSWORD=my-secret-pw
```

```
MYSQL_DATABASE=my-database
MYSQL_USER=my-user
MYSQL_PASSWORD=my-password
```

使用环境变量文件的示例：

```
docker run -d \
  --name my-container \
  --env-file ./env.list \
  mysql:5.7
```

这种方法更适合管理大量环境变量，并且可以将敏感信息与命令分离，便于管理和维护。

（3）使用宿主机的环境变量。

可以通过传递宿主机的环境变量给容器。例如，假设宿主机上已经设置了环境变量 MY_ENV_VAR，则可以使用以下命令将其传递给容器。

示例：

```
export MY_ENV_VAR=my-value
docker run -d --name my-container -e MY_ENV_VAR  my-image
```

在这个示例中，-e MY_ENV_VAR 将宿主机的 MY_ENV_VAR 环境变量传递给容器。

（4）组合使用。

可以组合使用以上方法，根据具体需求传递不同的环境变量。示例如下：

```
export HOST_ENV_VAR=host-value
docker run -d \
  --name my-container \
  -e CONTAINER_ENV_VAR=container-value \
  -e HOST_ENV_VAR \
  --env-file ./env.list \
  my-image
```

在这个示例中，组合使用了命令行传递、宿主机环境变量和环境变量文件的方法。

7. 更改 Docker 的默认数据目录

磁盘空间不足是用户使用 Docker 时面临的常见问题之一，可以通过更改 Docker 的默认数据目录解决该问题。

（1）停止 Docker 服务。

```
sudo systemctl stop docker.service
sudo systemctl stop docker.socket
```

（2）移动 Docker 的数据目录。

在大多数 Linux 系统上，Docker 将所有数据存储在默认目录（/var/lib/docker）中，包括镜像、容器、卷和网络。假设要将默认的 Docker 目录数据移动到/data/docker 目录下，则执行以下命令。

```
sudo rsync -aP /var/lib/docker/ /data/docker/
```

- -a：（归档模式）允许递归复制文件，同时保留所有符号链接、文件权限、用户和组所有权，以及时间戳。
- -P：在传输中断时保留部分传输的文件。它还显示每个被复制文件的传输进度。

（3）更新 Docker 配置。

复制数据后，必须告诉 Docker 在哪里找到它的新位置，这可以通过编辑/etc/docker/daemon.json 来完成，在其中设置 data-root 为新的目录。

```
{
    "data-root": "/data/docker"
}
```

（4）启动 Docker 并验证新设置。

```
sudo systemctl start docker.socket
sudo systemctl start docker.service
sudo systemctl status docker
docker info | grep "Docker Root Dir"
```

确保所有的 Docker 容器都按预期运行。如果它们没有设置为自动启动，请手动逐个运行它们，并检查其操作中是否有任何异常。确认一切运行顺利之后，可以删除之前用于存储数据的 Docker 目录来释放磁盘空间。

```
sudo rm -rf /var/lib/docker/
```

6.3.4.4　Docker 拉取加速

Docker Hub 是一个 Docker 官方的镜像存储库，用户可以从中下载和上传镜像。除了默认的官方仓库 Docker-Hub，常见的可公开访问的第三方 Docker 仓库还有如下这些。

- ghcr.io：GitHub 提供的用于托管容器镜像的仓库。
- gcr.io：Google Cloud 提供的容器镜像仓库。
- k8s.gcr.io：Kubernetes 项目的官方镜像前缀，托管在 Google Container Registry 上，专门用于 Kubernetes 相关的镜像。
- quay.io：由 Red Hat 提供的容器镜像仓库。
- nvcr.io：由 NVIDIA 维护的容器镜像，通常包含为 GPU 优化的深度学习和高性能计算框架。

普通用户使用 Docker 的最常见场景就是 Pull（拉取）Docker 镜像，然后运行，所以能否快速拉取 Docker 镜像将极大地影响用户使用体验。加快 Docker 拉取速度的方法有以下几种。

1. 使用 Docker 镜像源加速

由于官方 Docker-Hub 的庞大，国内目前还没有 Docker-hub 的全量镜像（Mirror）站，目前大多是提供缓存加速的方案，算是镜像（Mirror）方案之外的一个折中策略。通过 Docker 镜像源加速的方式又可分为两种。

- 修改守护进程的配置文件。
- 修改 Docker Image 名称（一般是增加前缀或替换前缀）。

（1）将加速地址写入 Docker 守护进程配置文件。

在/etc/docker/daemon.json（如果文件不存在则新建）中添加 registry-mirrors 的网址，例如，下面在 daemon.json 中添加了两个 registry-mirrors 的网址。

```
{
  "registry-mirrors": [
    "https://d***.io/",
    "https://docker.***.live"
  ]
}
```

需要注意的是，一定要保证该文件符合 JSON 规范，否则 Docker 将无法启动。修改文件/etc/docker/daemon.json 之后需重新启动服务：

```
sudo systemctl daemon-reload
sudo systemctl restart docker
```

如果从执行 `docker info` 命令的结果中看到了类似下面的内容，则说明配置成功。

```
Registry Mirrors:
 https://d***.io/
```

更多的 registry-mirrors 网址可参考本书资源仓库，读者可根据下载速度合理筛选。

除了手动修改该文件，还可以使用 X-CMD 的 mirror 模块进行 Docker 的镜像源修改（如图 6-14 所示）：

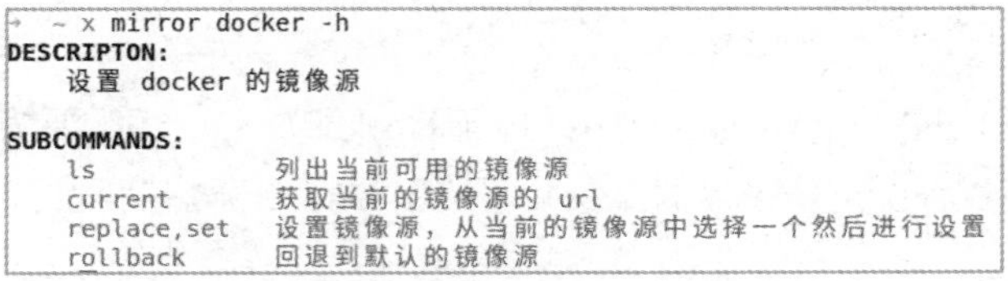

```
→ ~ x mirror docker -h
DESCRIPTON:
    设置 docker 的镜像源

SUBCOMMANDS:
    ls          列出当前可用的镜像源
    current     获取当前的镜像源的 url
    replace,set 设置镜像源，从当前的镜像源中选择一个然后进行设置
    rollback    回退到默认的镜像源
```

图 6-14　修改 Docker 的镜像源

（2）修改 Docker Image 名称。

一般通过添加 Docker Image 前缀的方式实现，例如，使用国内 DaoCloud 公司提供的网络加速服务。除此之外，国内一些高校也提供了此种方式的 Docker 下载加速服务。这种添加前缀的加速服务，并不是对所有 Docker Image 都适用，加速服务提供方一般预先配置了可通过添加前缀加速的 Docker Image 列表，只有在列表内的才能获得加速效果。

```
k8s.gcr.io/coredns/coredns ===> m.daocloud.io/k8s.gcr.io/coredns/coredns
```

2. 使用网络代理加速

若在一台无法直接访问互联网的机器上使用 Docker，就需要使用代理进行外部连接，此时可以通过配置网络代理实现访问外网。

（1）Docker 守护进程使用代理。

docker pull 等操作由 Docker 守护进程执行，并不会使用当前 Shell 配置的网络代理，所以需要为 Docker 守护进程单独配置网络代理。

新建配置目录：

```
sudo mkdir -p /etc/systemd/system/docker.service.d
```

在该目录下新建文件 http-proxy.conf，编辑该文件，输入如下内容（用合适的值替换 proxy.server 和 port）：

```
{
 "proxies":
 {
  "default":
  {
   "httpProxy": "http://proxy.server:port",
   "httpsProxy": "http://proxy.server:port",
   "noProxy": "localhost,127.0.0.1"
  }
 }
}
```

修改配置文件之后需重新启动服务：

```
sudo systemctl daemon-reload
sudo systemctl restart docker
```

（2）Docker build 和 Docker Compose 使用代理。

如果使用 docker build 或 docker-compose 构建 Docker Image，还需要为构建过程再单独配置网络代理，因为构建过程中更新镜像的命令并不使用 Docker 守护进程的网络代理。

创建文件~/.docker/config.json，内容如下（用合适的值替换 proxy.server 和 port）：

```
{
 "proxies":
 {
  "default":
  {
   "httpProxy": "http://proxy.server:port",
```

```
    "httpsProxy": "http://proxy.server:port",
    "noProxy": "localhost,127.0.0.1"
  }
}
}
```

修改此配置文件后，无须重启 Docker 服务。

6.3.4.5　Docker 的离线使用

尽管在连接互联网时使用 Docker 很便捷，但在离线环境中使用 Docker 时却面临诸多挑战。离线使用 Docker 的需求来源于多个方面，如在安全要求严格的内网环境中、在网络连接不稳定的现场作业、或在需要确保环境可重复性的教学与培训中。

要在离线环境中使用 Docker，首先需要在有网络连接的环境下下载并保存所需的 Docker 镜像。

（1）选择所需镜像。

确定应用程序需要的基础镜像和依赖镜像。通常可以通过 Docker Hub 或其他公共镜像库查找和选择合适的镜像。

（2）下载镜像。

使用 `docker pull` 命令下载所需的镜像，例如：`docker pull ubuntu:latest`。需要注意的是，Docker 镜像也区分 CPU 架构，`docker pull` 会自动下载当前系统 CPU 架构的 Docker 镜像，若要下载其他 CPU 架构的 Docker 镜像，则需要使用--platform 参数指定，例如下载 arm64 架构的 Docker 镜像：`docker pull --platform=linux/arm64 ubuntu:latest`。

（3）保存镜像。

下载完成后，可以使用 `docker save` 命令将一个或多个镜像保存为 tar 打包文件。例如，将 Ubuntu 镜像保存为文件 ubuntu_latest.tar：

```
docker save -o ubuntu_latest.tar ubuntu:latest
```

（4）恢复镜像。

一旦将打包的镜像传输到离线环境中，就可以使用 `docker load` 命令将镜像文件加载到 Docker 中，包括其所有层和元数据。例如，加载 Ubuntu 镜像文件：

```
docker load -i ubuntu_latest.tar
```

（5）save/load 与 export/import 的区别。

在 Docker 中，save/load 和 export/import 两对命令都可以导出或导入 Docker 镜像，功能非常类似，具体区别如下。

- save 与 load：适用于将镜像从一个环境转移到另一个环境，保留完整的镜像信息。
  - save 命令：保存镜像的所有层和元数据，适用于镜像的备份和传输。
  - load 命令：从 tar 文件中恢复完整的镜像，包括其历史记录和元数据。
- export 与 import：适用于创建轻量级的镜像，去除不必要的历史记录和元数据。
  - export 命令：导出容器的文件系统，不包含元数据和历史记录。
  - import 命令：从 tar 文件中创建一个新的镜像，不包含原始镜像的历史记录和元数据。

6.3.4.6　运行异构 Docker 容器

异构 Docker 是指不同硬件架构的 Docker。随着非 x86 架构的 CPU 广泛应用，跨 CPU 硬件架构运行 Docker 容器的需求逐渐浮现。运行异构的 Docker 面临诸多挑战。首先，不同架构之间存在显著的硬件差异，这导致了指令集和二进制兼容性问题。其次，性能和资源消耗也是必须考虑的因素，跨架构运行可能会带来额外的性能开销。最后，配置和管理的复杂性也增加了技术障碍，需要对底层技术有深入的理解和掌握。

为了运行异构 Docker，主要有以下几种解决方案。

1. 通过 QEMU 实现多架构支持

QEMU 是一个开源的虚拟化和仿真工具，能够在不同架构之间进行仿真。通过在 Docker 中集成 QEMU，实现对多种架构容器的仿真运行。优点是支持广泛的架构，缺点是性能开销较大。

2. 使用 Docker Buildx 构建多架构镜像

Docker Buildx 是 Docker 提供的多架构构建工具，支持同时构建适用于不同架构的镜像（Image）。通过 Buildx，可以构建并推送包含多架构支持的 Docker 镜像。其优点是无缝支持多架构，缺点是需要额外的配置和学习成本。

下面以 ARM 架构下的银河麒麟桌面版运行 x86 架构的 Docker 为例，讲解如何通过 QEMU 运行异构的 Docker 容器。

（1）安装 QEMU。

```
sudo apt-get install qemu qemu-user-static
```

（2）下载辅助工具 qus。

qus（qemu-user-static）是一组实用程序。它支持在用户模式下使用 QEMU 构建和执行异构的 Docker 镜像。该工具本身也是通过 Docker 镜像的形式提供的，这个 Docker 镜像支持七种宿主机 CPU 架构，分别为 amd64、i386、arm64v8、arm32v7、arm32v6、s390x 和 ppc64le。这意味着可以在这些不同 CPU 架构的计算机上使用 qus 来执行为不同架构构建的 Docker 镜像。

由于这个 Docker 镜像支持多种宿主机 CPU 架构和多种操作系统，实际上存在多个版本，所以它们要通过 Docker Tag 来区分。这里根据飞腾处理器+银河麒麟桌面版的实际软硬件环境选择了 aptman/qus:arm64v8-d7.2 这个 Docker 镜像，这里的 arm64v8 是飞腾处理器的指令集架构，d7.2 中的"d"代表 Debian，因为银河麒麟桌面版是 Debian 的子孙衍生版。若是银河麒麟服务器版操作系统，则要将 arm64v8-d7.2 替换为 arm64v8-f7.2，其中"f"代表 Fedora，因为银河麒麟服务器版是 Fedora 的子孙衍生版。

使用下面的命令下载该镜像：

```
docker pull aptman/qus:arm64v8-d7.2
```

（3）向操作系统注册 aptman/qus。

使用下面的命令向操作系统注册 aptman/qus：

```
docker run --rm --privileged aptman/qus:arm64v8-d7.2 -s -- -p <TARGET_ARCH>
```

这条命令各参数含义如下。

- --rm：在容器退出时自动删除该容器。
- --privileged：以特权模式运行容器。这使得容器能够执行一些需要更高权限的操作。
- -s：这是传递给 aptman/qus 镜像的一个参数，表示要注册 QEMU 模拟器。
- --：这个双破折号用于分隔 Docker 命令和传递给镜像内部命令的参数。它告诉 Docker，后面的参数是传递给容器内部的命令，而不是 Docker 自身的参数。
- -p <TARGET_ARCH>：这是传递给 aptman/qus 镜像内部命令的具体参数。
- <TARGET_ARCH>：指定要注册的目标架构，也就是想要 QEMU 翻译的目标架构，aptman/qus 支持这些目标架构：i386、i486、x86_64、alpha、arm、armeb、sparc32plus、ppc、ppc64、ppc64le、m68k、mips、mipsel、mipsn32、mipsn32el、mips64、mips64el、sh4、sh4eb、s390x、aarch64、aarch64_be、hppa、riscv32、riscv64、xtensa、xtensaeb、microblaze、microblazeel 和 or1k。

由于我们要运行 x86 架构的 Docker 容器，所以这里的<TARGET_ARCH>选择 x86_64。

```
docker run --rm --privileged aptman/qus:arm64v8-d7.2 -s -- -p x86_64
```

注册后，x86_64 架构的 Docker 容器在运行时，会调用 aptman/qus:arm64v8-d7.2 进行动态翻译，将 x86_64 指令集动态翻译为 arm64v8 指令集。

（4）判断 Docker 镜像架构。

docker inspect 命令能够提供关于 Docker 镜像的详细信息。以下命令利用--format 参数对 docker inspect 命令输出进行过滤，仅显示操作系统和 CPU 架构的信息：

```
docker inspect --format='{{.Os}}/{{.Architecture}}' <镜像名或镜像 ID>
```

（5）正向测试验证。

```
docker run --rm --platform linux/amd64 amd64/ubuntu uname -a
```

这条命令启动一个特定平台的 Ubuntu 镜像，并在 Docker 容器中执行命令 `uname -a`，这条命令用于显示操作系统的内核信息。下面逐步解释每个部分的含义。

- --rm：在容器退出时自动删除该容器。仅是测试，用完即删。
- --platform linux/amd64：指定要运行的容器的平台。linux/amd64 表示目标 Docker 平台是 Linux 操作系统上的 AMD64 架构（即 x86_64 架构）。
- amd64/ubuntu：这是要运行的 Docker 镜像名称。
- uname -a：这是要在容器中执行的命令，用于显示目标 Docker 的系统信息。

图 6-15 是实际测试效果。图 6-15 中第 1 条命令 `uname -a` 是在宿主机上执行的，证实宿主机是 ARM 架构，即图中显示的 AARCH64。图 6-15 中第 2 条命令就是实际测试命令，可以看到正常显示了 x86_64 Docker 镜像的内核架构，即图中显示的 x86_64，表明成功在 AARCH64 架构的宿主机上执行了异构的 amd64 的 Docker 镜像。

```
→ ~ uname -a
Linux test-pc 5.4.18-85-generic #74-KYLINOS SMP Fri Mar 24 11:20:19 UTC 2023 aarch64 aarch64 aarch64 GNU/Linux
→ ~ sudo docker run --rm --platform linux/amd64 amd64/ubuntu uname -a
Linux c5ec711c060a 5.4.18-85-generic #74-KYLINOS SMP Fri Mar 24 11:20:19 UTC 2023 x86_64 x86_64 x86_64 GNU/Linux
```

图 6-15 正向验证执行异构 Docker 容器

（6）反向验证。

使用下面的命令从操作系统中取消 aptman/qus 的注册：

```
docker run --rm --privileged aptman/qus:arm64v8-d7.2 -- -r
```

这条命令最后的-r 代表 reset（重置）。取消注册后，再次执行目标架构为 x86_64 的 Docker 镜像，效果如图 6-16 所示，可以看到报错："执行格式错误"，说明默认情况下是无法执行异构 Docker 容器的。

```
→ ~ sudo docker run --rm --privileged aptman/qus:arm64v8-d7.2 -- -r
cat ./qemu-binfmt-conf.sh | sh -s -- --path=/qus/bin -r
→ ~ sudo docker run --rm --platform linux/amd64 amd64/ubuntu uname -a
exec /usr/bin/uname: exec format error
```

图 6-16 反向验证执行异构 Docker 容器

6.3.4.7 Docker 容器编排

在实际应用中，通常需要多个容器协同以完成较为复杂的功能，容器之间的协同可以通过容器编排实现。Docker 编排是指管理和协调多个 Docker 容器的过程，不仅仅是启动和停止容器，还包括容器的调度、负载均衡、服务发现、扩展和恢复等操作。Docker 编排通常用于以下场景。

- 自动化部署：自动将应用部署到多个节点上。
- 扩展和缩减：根据需求自动扩展或缩减容器数量。
- 负载均衡：自动分配流量到不同的容器实例。

在 Docker 编排中，有几个核心组件需要理解。

- 容器（Container）：运行应用程序的独立单元。
- 服务（Service）：一组相同容器的集合，用于实现负载均衡和扩展。
- 任务（Task）：服务中的一个容器实例。
- 节点（Node）：运行容器的主机，可以是物理机或虚拟机。

Docker Compose、Docker Swarm 和 Kubernetes 是几种常用的容器编排工具，分别适用于单机个人、中小型项目、大型分布式系统及生产环境。由于本书主要面向普通用户，所以这里仅介绍 Docker Compose。

Docker Compose 是一个用于定义和运行多容器 Docker 应用程序的工具，即 Docker Compose 是一种 Docker 编排工具，它使用 YAML 文件来配置应用程序的服务，并允许用户通过一个简单的命令来启动、停止和重建应用程序中的所有服务。

1. Docker Compose 的安装

Docker Compose 有多种安装方式，根据安装方式的不同，对应的命令可能是 docker compose 或 docker-compose。

（1）使用操作系统包管理器安装。

参考 6.3.4.2 节 Docker 的安装，该节在安装 Docker 的同时安装了 Docker Compose。

（2）通过 python 包管理器 pip 安装。

```
pip3 config set global.index-url https://pypi.***edu.cn/simple
pip3 install -U docker-compose
```

（3）手动下载二进制包。

```
sudo wget -O /usr/local/bin/docker-compose <本书资源仓库地址>/compose/releases/download/
v2.27.1/docker-compose-linux-aarch64
sudo chmod +x /usr/local/bin/docker-compose          #添加可执行权限
sudo ln -s /usr/local/bin/docker-compose /usr/bin/docker-compose  #创建软链接
docker-compose --version                             #测试是否安装成功
```

2. Docker Compose 常用命令

Docker Compose 常用命令如表 6-10 所示（根据安装方式的不同，表中的 docker-compose 命令也可能为 docker compose）。

表 6-10　Docker Compose 常用命令

命　　令	解　　释
`docker-compose up`	启动 docker-compose.yml 文件中定义的所有服务
`docker-compose up -d`	在后台运行所有服务
`docker-compose stop`	停止运行的所有服务
`docker-compose down`	停止并删除容器、网络、卷和镜像
`docker-compose logs`	查看所有服务的日志
`docker-compose logs <service_name>`	查看指定服务的日志
`docker-compose restart`	重新启动所有服务
`docker-compose restart <service_name>`	重新启动指定服务
`docker-compose build`	构建 docker-compose.yml 文件中定义的镜像
`docker-compose ps`	查看所有服务的状态
`docker-compose exec <service_name> /bin/bash`	进入指定服务容器的终端
`docker-compose pull`	仅拉取 docker-compose.yml 文件中定义的服务镜像
`docker-compose config`	验证和查看 docker-compose.yml 文件的配置信息

3. 容器编排模板

docker-compose.yml 是 Docker Compose 的核心文件，它定义了服务、容器、网络和卷等，用以指导如何编排容器。docker-compose.yml 的实际例子可以参考 6.3.5.2 节。使用 Docker Compose 进行 App 编排的一般步骤如下。

（1）编写 docker-compose.yml 文件，或直接下载使用已有的 docker-compose.yml。

（2）启动服务：使用 `docker-compose up` 命令启动所有服务。

（3）管理服务：使用 `docker-compose` 命令来管理和监控服务。

6.3.5　Docker 与 GUI 图形用户界面

6.3.5.1　Docker 内运行 GUI 程序和桌面环境

默认情况下，Docker 容器内是无法运行 GUI 程序的，但通过 x11docker 却可以实现在 Docker 容器中运行 GUI 应用程序及桌面环境。

（1）安装 x11docker。

可以直接运行一个 bash 脚本安装 x11docker。例如，使用 curl 命令下载并以 sudo 权限执行安装脚本，同时更新至最新版本：

```
curl -fsSL <本书资源仓库地址>/x11docker/raw/master/x11docker | sudo bash -s -- --update
```

x11docker 的运行依赖 X11 服务，所以在运行 x11docker 前，需要安装该依赖项，该依赖项以 docker 形式提供，使用 docker pull 下载即可：

```
docker pull x11docker/xserver
```

（2）运行 GUI 应用。

使用 x11docker 运行容器内的 GUI 应用，需要指定 Docker 镜像名和镜像内可启动的 GUI 应用名称。例如，运行镜像 x11docker/xfce 中的 XFCE4 终端（对应的可执行程序为 xfce4-terminal），该终端是一个带 GUI 的终端。

```
x11docker x11docker/xfce xfce4-terminal
```

（3）运行桌面环境。

可以使用--desktop 选项启动一个完整的桌面环境，如启动带有 XFCE（一个轻量级的 Linux 桌面环境）的容器，命令如下：

```
x11docker --desktop x11docker/xfce
```

运行效果如图 6-17 所示。

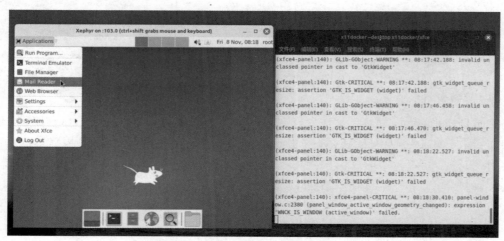

图 6-17　x11docker 运行完整桌面环境

（4）硬件加速。

若要利用 GPU 硬件加速，则需要添加--gpu 选项，可以显著提升图形密集型应用性能。

```
x11docker --gpu x11docker/xfce glxgears    # glxgears 是一个带有图形界面的小程序
```

（5）网络与文件共享。

通过--network 参数启用网络访问，使用--share 共享宿主机目录，例如，共享宿主机视频文件夹给 Kodi 媒体中心（对应的 Docker Image 为 erichough/kodi）：

```
x11docker --gpu --pulseaudio --share ~/Videos erichough/kodi
```

6.3.5.2　Docker 内运行 Windows 系统

开源项目 dockur/windows 在 Docker 内运行 GUI 程序的基础上更进一步，实现了在 Docker 容器内运行完整的 Windows 系统。该项目支持运行 x86 架构和 ARM64 架构的多个 Windows 版本。

1. Docker 内运行 x86 架构 Windows 系统

该项目推荐使用 Docker Compose 运行，默认的 Docker Compose 配置文件内容如下：

```
services:
 windows:
  image: dockurr/windows
  container_name: windows
  environment:
   VERSION: "win7"
  devices:
   - /dev/kvm
  cap_add:
   - NET_ADMIN
  ports:
   - 8006:8006
   - 3389:3389/tcp
   - 3389:3389/udp
  stop_grace_period: 2m
```

（1）kvm 加速。

上面 Docker Compose 配置文件中的 devices 字段：/dev/kvm，表明使用了 kvm 加速，所以在启动容器之前需要确保已安装 kvm，且 kvm 能正常启用。可使用下面的命令检测 kvm 是否正常启用：

```
sudo apt install cpu-checker
sudo kvm-ok
```

（2）选择 Windows 版本。

上面 Docker Compose 配置文件中的 VERSION 字段用于指定具体的 Windows 版本，该项目支持在 Docker 中运行的 x86 架构的 Windows 版本如表 6-11 所示。

表 6-11　可以在 Docker 中运行的 Windows 版本（x86 架构）

VERSION 字段值	Windows 版本	系统镜像大小
win11	Windows 11 Pro	6.4 GB
win11e	Windows 11 Enterprise	5.8 GB
win10	Windows 10 Pro	5.7 GB
ltsc10	Windows 10 LTSC	4.6 GB
win10e	Windows 10 Enterprise	5.2 GB

续表

VERSION 字段值	Windows 版本	系统镜像大小
win8	Windows 8.1 Pro	4.0 GB
win8e	Windows 8.1 Enterprise	3.7 GB
win7	Windows 7 Enterprise	3.0 GB
vista	Windows Vista Enterprise	3.0 GB
winxp	Windows XP Professional	0.6 GB
2022	Windows Server 2022	4.7 GB
2019	Windows Server 2019	5.3 GB
2016	Windows Server 2016	6.5 GB
2012	Windows Server 2012	4.3 GB
2008	Windows Server 2008	3.0 GB
core11	Tiny 11 Core	2.1 GB
tiny11	Tiny 11	3.8 GB
tiny10	Tiny 10	3.6 GB

该项目使用的 Docker Image 在启动时会根据 VERSION 字段值，自动下载对应的 Windows 安装用的 ISO 镜像文件，如图 6-18 所示。

```
[+] Running 1/0
 ✓ Container windows  Created
Attaching to windows
windows  | > Starting Windows for Docker v3.12...
windows  | > For support visit https://github.com/dockur/windows
windows  | > CPU: 13th Gen Intel Core TM i5 13500H | RAM: 13/16 GB | DISK:
windows  |
windows  | > Downloading Windows 7 in Chinese from massgrave.dev ...
windows  |
windows  |        0K ........ ........ ........    1% 6.57M 7m49s
windows  |    32768K ........ ........ ........    2% 6.15M 8m0s
windows  |    65536K ........ ........ ........    3% 7.22M 7m36s
windows  |    98304K ........ ........ ........    4% 8.56M 7m6s
```

图 6-18　自动从网址 massgrave.dev 下载 ISO 文件

实际下载 Windows ISO 文件的网站提供了多个版本的 Windows，每个版本的 Windows 都包括了多个国家语言版本。虽然该项目说明中指出，用户可以使用自定义的 Windows 安装光盘镜像，但经编者测试，使用其他来源的 Windows 系统安装镜像可能会导致 Docker 长时间卡死无响应。

在 Docker Compose 配置文件中，除可以使用 VERSION 字段选择 Windows 版本外，还有多个字段可以用来对 Docker 内的 Windows 系统进行设置。下面将添加了这些字段的 Docker Compose 配置文件汇总如下，供读者按需裁剪：

```
services:
 windows:
   image: dockurr/windows
```

```
  container_name: windows
  environment:
    VERSION: "win7"
  # VERSION: "https://example.com/win.iso"  #设置下载 Windows 安装盘的自定义网址
LANGUAGE: "Chinese"          #指定下载中文版的 Windows
    RAM_SIZE: "8G"           #设置 Docker 内 Windows 使用的内存
    CPU_CORES: "4"           #设置 Docker 内 Windows 使用的 CPU 核心数
    DISK_SIZE: "256G"        #设置 Docker 内 Windows 使用的存储大小
    DISK2_SIZE: "512G"       #设置 Docker 内 Windows 使用的第 2 块存储的大小，可以使用多个存储设备
    USERNAME: "test"         #设置 Docker 内 Windows 的用户名，默认是 Docker
    PASSWORD: "123456"       #设置 Docker 内 Windows 的密码，默认为空
  volumes:
    - /home/test/Windows7_SP1_x64_201905.iso:/custom.iso #可以使用位于本地的安装光盘，跳过
下载。使用此选项时，需要注释掉 VERSION 字段。
    - /home/test/windows:/storage #Docker 内 Windows 第 1 个存储设备挂载到的宿主目录，该宿主目
录下的内容如图 6-19 所示。
    - /home/example:/storage2       #Docker 内 Windows 第 2 个存储设备挂载到的宿主目录
    - /home/test/shared:/shared     #宿主与 Docker 内 Windows 共享的文件夹，如图 6-20 所示。
  devices:
    - /dev/kvm
    - /dev/sdb:/disk1     #将宿主硬盘直通给 Docker 内的 Windows。/dev/sdb 是宿主的硬盘编号
    - /dev/sdc:/disk2     #直通另外一块硬盘给 Docker 内的 Windows。可以直通多块，以此类推。
  cap_add:
    - NET_ADMIN
  ports:
    - 8006:8006          #Web 服务端口
    - 3389:3389/tcp      #远程桌面服务端口
    - 3389:3389/udp
  stop_grace_period: 2m
```

图 6-19　挂载到容器/storage 的宿主目录下的内容

图 6-20　宿主机与 Docker 内 Windows 共享的文件夹

在容器首次启动时，会自动下载并安装选定版本的 Windows，在安装的过程中，可以使用浏览器访问宿主机（容器和宿主机共享相同的 IP 地址）的 8006 端口，查看安装进程（如图 6-21 所示）。

图 6-21　通过浏览器查看安装进程

网页查看器主要在安装过程中临时使用，因为其图像质量较低，并且没有音频或剪贴板等功能。为了获得更好的体验，在安装完成后，推荐使用远程桌面远程访问容器中的 Windows，远程桌面的用户名密码可在 Docker Compose 配置文件中设置。

2. Docker 内运行 ARM 架构 Windows 系统

开源项目 dockur/windows 也支持在 Docker 内运行 ARM 架构 Windows 系统，但编者的 ARM 架构计算机的 BIOS 没有启用虚拟化的选项，导致无法启用 kvm 加速。在 x86 架构的宿主机上，使用 Docker 运行 ARM 架构 Windows 系统属于运行异构容器，是使用软件进行指令集的翻译，导致占用大量 CPU 且响应极其缓慢，如图 6-22 所示，qemu-system-aarch64 进程占用了大量 CPU。

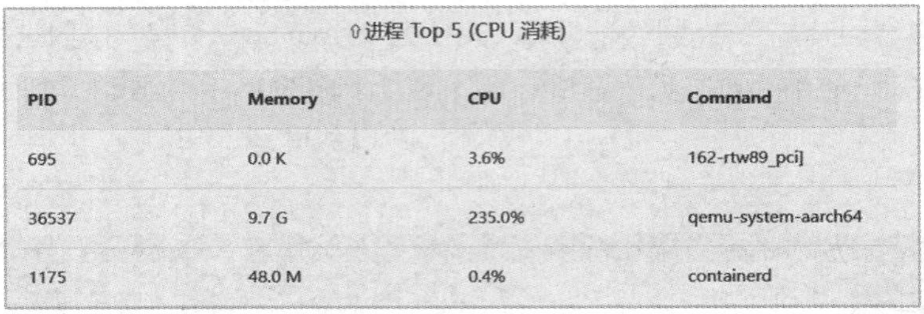

〇进程 Top 5 (CPU 消耗)			
PID	Memory	CPU	Command
695	0.0 K	3.6%	162-rtw89_pci]
36537	9.7 G	235.0%	qemu-system-aarch64
1175	48.0 M	0.4%	containerd

图 6-22   在异构容器内运行 Windows 系统占用大量 CPU，响应缓慢

6.3.5.3　Docker 面板

Docker 命令行客户端功能丰富，但命令众多且参数烦琐，管理多个容器、镜像、网络和卷需要记住大量的命令和选项，对于新手用户，掌握 Docker 命令行需要较长的时间，且使用命令行检查容器状态、查看日志、管理资源等操作效率低下，于是出现了诸多带图形用户界面的Docker 管理工具，称之为 Docker 面板。

Docker 面板让用户能够通过图形用户界面而非仅仅通过命令行来管理 Docker 容器，大大降低了 Docker 使用门槛。通过这些工具，用户可以直观地看到容器的运行状态，轻松地执行启动、停止、删除等操作，并管理镜像和网络配置。此外，一些图形用户界面工具还提供了高级功能，如容器编排、集群管理和安全性设置。常见的 Docker 面板如表 6-12 所示。

表 6-12　常见的 Docker 面板

Docker 面板	简　　介	是否支持 Docker-Compose
Portainer	一个轻量级的 Docker 管理工具，具有直观的 Web 界面，支持 Docker Swarm 和 Kubernetes 集群，功能包括容器、镜像、网络和卷的管理	√
DockStation	一个专注于开发人员的 Docker GUI 工具，提供了项目管理、容器管理和日志查看等功能	√
Kitematic	开源的 Docker GUI 工具，主要用于单个容器的基本管理操作。Kitematic 支持从 Docker Hub 拉取镜像	×
Lazydocker	一个终端用户界面的 Docker 管理工具，允许用户通过键盘快捷键快速管理 Docker 容器、镜像、卷和网络。适合喜欢在终端中操作的用户，提供了直观的界面和高效的操作体验	部分支持
Dockge	Dockge 是一款功能全面的 Docker-Compose 管理工具，其提供了一个直观的界面，帮助用户高效管理和监控 Docker 容器和 Compose 文件	√

下面简要介绍 LazyDocker、Dockge 这两个 Docker 面板的安装与使用。

1. LazyDocker 面板

LazyDocker 提供了一个基于终端的用户界面（TUI），使用户能够通过直观的界面管理

Docker 容器和服务，无须记住复杂的命令和参数，通过简单的键盘操作即可完成大部分 Docker 管理任务。LazyDocker 还提供了容器、镜像、网络、卷等 Docker 资源的可视化展示，方便用户实时监控容器的性能和资源使用情况。

LazyDocker 具有多种安装方式，这里仅列出适合银河麒麟桌面版和服务器版的安装方法。

（1）手动下载二进制包。

下载对应平台的二进制压缩包，例如：

```
wget <本书资源仓库地址>/lazydocker/releases/download/v0.23.3/lazydocker_0.23.3_Linux_arm
64.tar.gz
```

下载后，给解压出来的 lazydocker 二进制文件添加可执行权限，然后将 lazydocker 移动到 PATH 环境变量里面的某个目录下，例如/usr/local/bin。

（2）使用官方提供的 Docker 镜像。

```
docker run --rm -it \
-v /var/run/docker.sock:/var/run/docker.sock \
-v /yourpath:/.config/jesseduffield/lazydocker \
lazyteam/lazydocker
```

请将该条命令中的/yourpath 替换为实际的宿主机路径。

（3）运行 LazyDocker。

执行 `sudo lazydocker` 命令即可打开 LazyDocker 的管理界面，如图 6-23 所示。

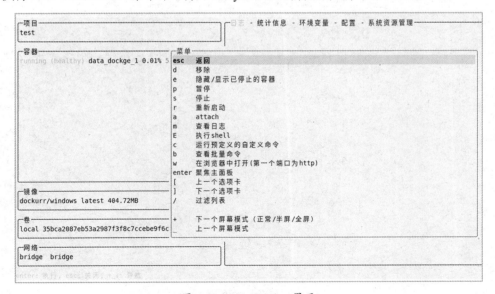

图 6-23　LazyDocker 界面

2. Dockge 面板

Dockge 是一个开源的 Docker-Compose 的图形化管理工具，其核心特性如下所示。

- 实时响应的界面：Dockge 提供了一个基于现代网页技术构建的响应式用户界面，使得用户能够实时交互并直观管理容器和服务。
- 交互式体验：通过内置的交互工具，Dockge 允许用户轻松访问和操作容器，优化了管理和监控流程。
- 多代理实例管理：支持管理多个代理实例，使用户能够高效处理庞大而复杂的容器环境。
- 组织与管理 compose.yaml 文件：Dockge 提供了一个直观的文件管理器，允许用户轻松上传、编辑和管理 compose.yaml 文件。

Dockge 自身也就是通过 Docker-Compose 形式提供下载安装的。

```
curl <本书资源仓库地址>/dockge/raw/master/compose.yaml --output compose.yaml
docker compose up -d
```

待 Dockge 安装完毕，用浏览器访问 http://localhost:5001，就可以看到 Dockge 的管理界面了（如图 6-24 所示）。 更新过程同样简单，停止现有容器，拉取最新镜像，再次启动即可。

图 6-24 Dockge 的管理界面

07
搭建自托管镜像源

为了方便用户下载和安装各 Linux 发行版及其软件包，Linux 发行版的维护者们建立了镜像（Mirror）源。镜像源是位于世界各地的服务器，用于存储 Linux 发行版和软件包的副本。这样用户使用包管理器（如 APT、YUM）可以从离他们最近的镜像服务器下载所需的软件，提高下载速度并减轻原始服务器的负载。除了操作系统的软件仓库有镜像源，多种编程语言和 Docker 镜像仓库都有镜像源。

国内有很多开源镜像站点，特别是各大高校纷纷建立自己的镜像站点，部分镜像站点在提供 Web 服务之外，还提供了 Rsync 远程同步服务，大大便利了自托管镜像源。不少高校还将其搭建开源镜像站所使用的代码反馈给开源社区，这方面典型的代表有清华大学开源的 tunasync、tunasync-scripts、tunasync-web 等项目。在此基础上诞生了校园网联合镜像站，该镜像站对外提供国内各高校开源镜像站的元数据索引服务。

本章搭建自托管镜像软件源遵循的几条总体思路如下：

- 优先使用 Rsync 方式从国内已有的镜像站点同步软件仓库。
- 优先使用开源的同步解决方案。
- 优先使用全量同步方式，其次选用代理缓存方式。

7.1 使用 tunasync 管理 Rsync 同步任务

tunasync 是清华大学开源的一个用于管理多个镜像（Mirror）源同步任务的开源平台，其本身并不直接承担同步软件源的任务，而是调用另一个开源项目 tunasync-scripts 中的不同脚本程序完成不同软件源的同步任务。

7.1.1　tunasync 的逻辑架构

tunasync 的逻辑架构主要包含以下几个部分（如图 7-1 所示）。

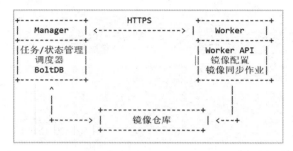

图 7-1　tunasync 的逻辑架构

（1）Manager（管理器）。

- 中心实例，负责状态监测、任务调度和管理。
- 使用 BoltDB 存储数据。

（2）Worker（工作节点）。

- 包含各个待同步软件仓库的镜像源配置。
- 同时执行多个软件仓库的同步作业。

（3）通信。

- Worker 通过 HTTPS 向 Manager 报告任务状态。
- Manager 通过 HTTPS 向 Worker 发送任务控制命令（开始/停止等）。

7.1.2　tunasync 自身的构建

首先复制 tunasync、tunasync-scripts 两个项目的源代码。因为 tunasync 要调用 tunasync-scripts 下的脚本，建议这里将复制下来的 tunasync-scripts 放在 tunasync 项目的根目录下。

```
git clone <本书资源仓库地址>/tunasync.git
cd tunasync
git clone <本书资源仓库地址>/tunasync-scripts.git
```

经测试，在 ARM 架构飞腾处理器+银河麒麟操作系统下构建会报错无法通过，所以这里使用的目标架构是 linux-amd64。不过 tunasync 项目提供了可供下载的 ARM 版的预编译二进制包，也可到本书资源仓库下载。经测试，在 ARM 架构飞腾处理器+银河麒麟操作系统下可正常运行官方预编译的二进制文件。如果要在其他平台下编译，就需要修改项目根目录下 Makefile 中的 ARCH 为目标系统架构。

构建命令如下：

```
sudo apt-get install build-essential
make all
```

正常构建的过程应该如图 7-2 所示。

```
→ tunasync git:(master) x make all
mkdir -p build-linux-amd64
GOOS=linux GOARCH=amd64 go get ./cmd/tunasync
go: downloading github.com/gin-gonic/gin v1.9.1
go: downloading golang.org/x/sys v0.8.0
go: downloading golang.org/x/net v0.10.0
go: downloading google.golang.org/protobuf v1.30.0
go: downloading github.com/mattn/go-isatty v0.0.19
go: downloading github.com/go-playground/validator/v10 v10.14.0
go: downloading github.com/pelletier/go-toml/v2 v2.0.8
go: downloading github.com/ugorji/go/codec v1.2.11
go: downloading github.com/bytedance/sonic v1.9.1
go: downloading github.com/pelletier/go-toml v1.2.0
go: downloading github.com/goccy/go-json v0.10.2
go: downloading github.com/json-iterator/go v1.1.12
go: downloading github.com/modern-go/concurrent v0.0.0-20180306012644-bacd9c7ef1dd
go: downloading github.com/modern-go/reflect2 v1.0.2
go: downloading golang.org/x/text v0.9.0
go: downloading github.com/gabriel-vasile/mimetype v1.4.2
go: downloading github.com/go-playground/universal-translator v0.18.1
go: downloading github.com/leodido/go-urn v1.2.4
go: downloading golang.org/x/crypto v0.9.0
go: downloading github.com/go-playground/locales v0.14.1
go: downloading github.com/chenzhuoyu/base64x v0.0.0-20221115062448-fe3a3abad311
go: downloading golang.org/x/arch v0.3.0
go: downloading github.com/klauspost/cpuid/v2 v2.2.4
go: downloading github.com/twitchyliquid64/golang-asm v0.15.1
GOOS=linux GOARCH=amd64 go build -o build-linux-amd64/tunasync -ldflags "-X main.buildstamp=`date -u '+
%s'` -X main.githash=`git rev-parse HEAD`" github.com/tuna/tunasync/cmd/tunasync
GOOS=linux GOARCH=amd64 go get ./cmd/tunasynctl
GOOS=linux GOARCH=amd64 go build -o build-linux-amd64/tunasynctl -ldflags "-X main.buildstamp=`date -u
'+%s'` -X main.githash=`git rev-parse HEAD`" github.com/tuna/tunasync/cmd/tunasynctl
```

图 7-2　正常构建的过程

编译完成后，生成的二进制文件位于项目根目录下的 build-linux-amd64 子目录下，如图 7-3 所示。

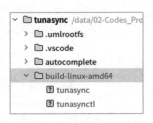

图 7-3　生成的二进制文件的位置

建议将 build-linux-amd64 目录加入系统环境变量 PATH，或者将 tunasync 和 tunasynctl 这两个可执行程序移到/usr/bin/目录下，以方便在任何其他目录下直接执行。

7.1.3　Worker 软件源的配置

在启动 Worker 同步上游软件源之前，需要提前配置对应的软件仓库信息。tunasync 项目的配置文件是 workers.conf，该文件默认位于项目根目录下的 docs/zh_CN/路径下。该文件已内置多个上游软件仓库的配置信息，这些配置信息对应的同步方式分为两种。

- rsync 方式：在 workers.conf 文件中直接指定上游软件仓库的 rsync 地址，然后通过 rsync 协议从上游仓库同步。当使用这种方式同步时，配置信息中的 provider = "rsync"。在众多数据同步工具中，rsync 以其高效的数据传输能力、灵活的同步选项，成了 Linux 平台下数据同步的首选工具。rsync 采用了独特的算法来检测文件之间的差异，并仅传输那些不同的部分，从而具有更高的效率和速度。

- command 方式：调用其他脚本，实现某个仓库的同步。默认情况下，调用的是 tunasync-scripts 项目中的脚本文件，这些脚本文件主要是 Python 脚本、Shell 脚本。其中不少脚本需要特别的软件环境，tunasync-scripts 项目将这些特别的软件环境封装在 Docker 容器中，通过脚本和容器的配合共同完成 command 方式的软件仓库同步。

下面分别是 rsync 方式、command 方式的配置信息示例：

```
[[mirrors]]
name = "apache"
provider = "rsync"
upstream = "rsync://rsync.***.org/apache-dist/"
use_ipv4 = true
rsync_options = [ "--delete-excluded" ]
memory_limit = "256M"

[[mirrors]]
name = "AdoptOpenJDK"
interval = 5760
provider = "command"
command = "/home/scripts/adoptopenjdk.py"
upstream = "https://adoptopenjdk.***/adoptopenjdk"
docker_image = "tunathu/tunasync-scripts:latest"        # 需要具备 Docker 运行环境
```

在 workers.conf 的配置信息中，无论是 rsync 方式还是 command 方式，都是直接从各软件仓库的官方源进行同步的，这保证了软件仓库的可信和完整性。但这些官方软件源多位于国外，对网络条件要求较高。与此同时，国内的多个开源镜像站已将其同步下载的各个软件仓库通过 rsync 服务对外开放，所以其他用户没有必要再次从各软件仓库的官方源进行同步，直接使用国内开源镜像站提供的 rsync 服务地址作为上游软件源即可，也就是说，将 workers.conf 中的绝大多数 command 同步方式修改为 rsync 同步方式，这样可以大大加快自托管软件源的搭建进程。

可以通过如下的命令查看某个开源镜像站是否开启了 rsync 服务，以及允许 rsync 同步哪些软件仓库（如图 7-4 所示）：

```
rsync -L rsync://rsync.***.edu.cn/
```

```
(base) → ~ rsync -L rsync://rsync.mirrors.ustc.edu.cn/ | less
Served by rsync-proxy (https://███████/ustclug/rsync-proxy)

CPAN
CRAN
CTAN
Xorg
alpine
anthon
apache
archive.raspberrypi.org
archlinux
archlinuxarm
archlinuxcn
bjlx
blackarch
bmclapi
centos-cloud
centos-stream
centos-vault
```

图 7-4　查看开源镜像站点是否开启了 rsync 服务

具体有哪些开源镜像站通过 rsync 开放了哪些软件仓库下载，可以先通过"校园网联合镜像站"查询开源镜像站网址，然后再通过命令 `rsync -L` 查询。表 7-1 列出了部分可通过 rsync 同步的软件仓库及其容量大小（数据截至 2024 年 9 月）。

表 7-1　部分可通过 rsync 同步的软件仓库及其容量大小

软件仓库名称	功能和包含内容	仓库大小
Adoptium	提供 OpenJDK 的构建和发行版	121GB
AOSP	安卓系统的开源项目仓库	1.5TB
adobe-fonts	字体库	65GB
alpine	AlpineLinux 的软件仓库	3.33TB
anaconda	Anaconda 发行版的包管理和环境管理工具	14.65TB
apache	Apache 软件基金会的项目仓库	261GB
centos-stream	CentOS Stream 的软件仓库，提供滚动更新的 CentOS 版本	2.42TB
centos-vault	CentOS 的旧版本和存档仓库，包含不再维护的版本	4.15TB
ceph	Ceph 存储系统的软件仓库	292GB
clojars	Clojure 语言的软件仓库	127GB
CPAN	Perl 语言的软件仓库	36GB
CRAN	R 语言的软件仓库	451GB
crates.io-index	Rust 语言的软件仓库	4GB
CTAN	TeX 和 LaTeX 的软件和文档仓库	59GB
ctex	中文 TeX 相关的软件和文档仓库	16GB
cygwin	Cygwin 的软件仓库，Cygwin 提供 Windows 上的类 UNIX 环境和工具	106GB
dart-pub	Dart 语言的软件仓库	834GB
debian	Debian 的官方软件仓库	1.73TB
debian-cd	Debian 的安装光盘 ISO 仓库	216GB

续表

软件仓库名称	功能和包含内容	仓库大小
debian-elts	Debian 的长期支持软件仓库	761GB
debian-multimedia	Debian 的多媒体软件仓库，提供音频、视频和图像处理相关的软件包	16.1GB
debian-nonfree	Debian 的非自由软件仓库	81GB
debian-security	Debian 的安全更新仓库，提供安全补丁和更新	200GB
deepin	Deepin 发行版的软件仓库	725GB
deepin-cd	Deepin 安装光盘 ISO 仓库	28GB
docker-ce	Docker 社区版的软件仓库，提供 Docker 的安装和更新	676GB
eclipse	EclipseIDE 的软件仓库，提供 Eclipse 的插件和工具	1.87TB
elasticstack	ElasticStack 的软件仓库，包括 Elasticsearch、Logstash 和 Kibana	725GB
elrepo	ELRepo 的软件仓库，提供 RHEL 和 CentOS 的额外驱动程序和内核	86GB
epel	Extra Packages for Enterprise Linux 软件仓库，为 RHEL 和 CentOS 提供额外软件包	371GB
erlang-solutions	Erlang 和 Elixir 的软件仓库，提供相关工具和库	3.2GB
fdroid	F-Droid 的软件仓库，提供 Android 应用的开源替代品	3.06TB
flutter	Flutter 的软件仓库，提供 Flutter 开发框架和工具	4.15TB
github-release	部分 GitHub 仓库 Release 内容的镜像	50GB
gnu	GNU 项目的软件仓库，提供 GNU 工具和库	189GB
golang	Go 编程语言的安装仓库	865GB
grafana	Grafana 的软件仓库，提供监控和可视化工具	632GB
hackage	Haskell 的软件仓库，提供 Haskell 生态系统中的库和工具	19GB
harmonyos	鸿蒙系统的软件仓库	1TB
influxdata	InfluxDB 和相关工具的仓库，提供时间序列数据库的安装和更新	32GB
ius	Inline with Upstream Stable，提供 RHEL 和 CentOS 的额外软件包	35GB
jenkins	Jenkins CI/CD 的软件仓库	35GB
julia-releases	Julia 编程语言的发布版本仓库，提供 Julia 的安装和更新	225GB
kali	Kali Linux 的官方软件包仓库，提供渗透测试和安全工具	668GB
kali-images	Kali Linux 的镜像仓库，提供 Kali 的 ISO 安装镜像	177GB
kernel	Linux 内核的源代码和二进制包的仓库	1.18TB
kubernetes	Kubernetes 的软件包仓库，提供容器编排和管理工具	36GB
libnvidia-container	开源的 NVIDIA Container Toolkit 的二进制软件包	6GB
llvm-apt	LLVM 项目的 APT 软件仓库，提供编译器和工具链的安装和更新	38GB
loongson	Loongson 处理器的软件仓库	23GB
lxc-images	LXC（Linux 容器）的镜像仓库	373GB
mariadb	MariaDB 数据库的软件仓库	1.13TB
mongodb	MongoDB 数据库的软件仓库	287GB

续表

软件仓库名称	功能和包含内容	仓库大小
mozilla	提供 Firefox 和其他 Mozilla 软件的安装和更新	53GB
msys2	MSYS2 的软件仓库，旨在为 Windows 提供一个类 UNIX 的环境，支持使用 GNU 工具和软件包	858GB
mysql	MySQL 数据库的官方软件仓库	79GB
nix	Nix 包管理器自身安装包仓库	43GB
nix-channels	Nix 包管理器管理的软件仓库	4.83TB
nodejs-release	Node.js 的发布版本仓库，提供 Node.js 的安装和更新	453GB
oepkgs	OpenEuler 生态圈软件仓库	3.68TB
openeuler	OpenEuler 的软件仓库	5.56TB
openkylin	开放麒麟软件仓库	257GB
openkylin-cdimage	开放麒麟安装光盘 ISO 仓库	93GB
openvz	基于 OpenVZ 虚拟化技术的系统的软件仓库	387GB
osdn	OSDN 网站的软件仓库	389GB
packman	为 Debian、Fedora、openSUSE、Ubuntu 提供额外和过期软件包的仓库	180GB
parrot	Parrot Security OS 的软件仓库，提供安全和渗透测试工具	462GB
pkgsrc	NetBSD 的包管理系统，提供跨平台的包管理和构建工具	2.76TB
postgresql	PostgreSQL 数据库的官方软件仓库	399GB
proxmox	ProxmoxVE 的软件仓库，提供虚拟化管理平台的工具和更新	170GB
qt	Qt 框架的官方软件仓库，提供跨平台应用开发的工具和库	1.87TB
raspberrypi	RaspberryPi 的软件仓库，提供 RaspberryPi 相关的工具和库	475GB
raspberry-pi-os-images	RaspberryPi 操作系统的 ISO 安装镜像	644GB
remi	Remi 的软件仓库，提供 PHP 和相关工具的安装和更新	162GB
riscv-toolchains	提供 risc-v 处理器平台下的开发工具链	362GB
rpmfusion	RPMFusion 的软件仓库，提供 Fedora 和 RHEL 的多媒体和非自由软件	170GB
rustup	rustup 工具使用的软件仓库	1.15TB
rubygems	Ruby 编程语言的软件仓库	915GB
sourceware	Sourceware 网站的软件仓库，提供开源软件的托管和下载服务	113GB
ubuntu	Ubuntu 的官方软件仓库	2.94TB
ubuntu-cdimage	Ubuntu 及其衍生版的安装光盘 ISO 库	807GB
ubuntu-old-releases	Ubuntu 旧版本的软件、镜像仓库	7.39TB
virtualbox	VirtualBox 的软件仓库，提供虚拟化软件的安装和更新	169GB
wine-builds	Wine 的构建版本仓库	192GB
winehq	WineHQ 的软件仓库，提供 Wine 的安装和更新	52GB
zabbix	Zabbix 监控工具的软件仓库	344GB
仓库大小汇总		约 100TB

在各软件仓库中，还有其他若干个无法通过 rsync 方式同步，而这些软件仓库往往需要的存储空间比较大，例如 PyPI 约需 20TB。再考虑到存储设备组建 RAID 造成的可用存储缩减，保守估计总的自托管镜像源约需可用存储空间 200TB。

7.1.4 tunasync 的启动与控制

tunasync 的启动与控制包含 Manager 的启动控制和 Worker 的启动控制两部分。

7.1.4.1 Manager 的启动与控制

Manager 的启动与控制分为以下几个步骤。

（1）新建并修改 Manager 配置文件。

Manager 接受配置文件 manager.conf 的控制，在启动 Manager 前需要创建并修改该文件。在项目根目录下新建配置文件 manager.conf，内容如下：

```
debug = true

[server]
addr = "127.0.0.1"
port = 12345
ssl_cert = ""
ssl_key = ""

[files]
db_type = "bolt"
db_file = "/mirror/test/manager.db"
ca_cert = ""
```

- addr 和 port 指定了运行 Manager 的服务器 IP 地址和 TCP 端口，可以根据实际修改。若要修改，Worker 中的对应内容则需同步修改。
- db_type 指定了本项目使用的数据库为 Bolt。Bolt 数据库是一个嵌入式键值存储库，主要用于 Go 语言开发的项目。它具有高性能和低开销的特点，适合小型应用程序需要快速访问和持久化数据的应用场景。除了 Bolt 数据库，tunasync 还支持使用 badger、leveldb 和 redis 数据库作为后端。对于 badger 和 leveldb，只需要修改 db_type。如果使用 redis 作为数据库后端，则把 db_type 改为 redis，还需要把 db_file 设为 redis 服务器的地址：redis://user:password@host:port/db_number。
- db_file 指定了后端数据库的存储路径，如果路径包含有目录，则需要确保目录必须存在，否则会报错，所以需要先创建/mirror/test/目录。

（2）命令行启动 Manager。

```
#根据实际情况修改 manager.conf 的路径
sudo tunasync manager --config /mirror/tunasync/manager.conf
```

若无错误，则应该看到如图 7-5 所示的 Manager 启动界面。

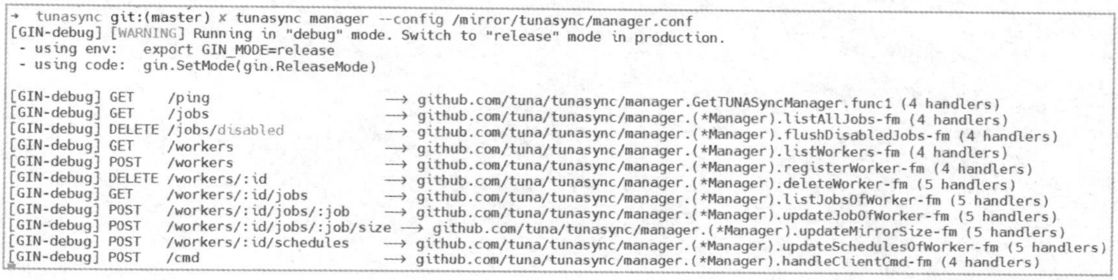

```
→  tunasync git:(master) x tunasync manager --config /mirror/tunasync/manager.conf
[GIN-debug] [WARNING] Running in "debug" mode. Switch to "release" mode in production.
 - using env:    export GIN_MODE=release
 - using code:   gin.SetMode(gin.ReleaseMode)

[GIN-debug] GET    /ping                  → github.com/tuna/tunasync/manager.GetTUNASyncManager.func1 (4 handlers)
[GIN-debug] GET    /jobs                  → github.com/tuna/tunasync/manager.(*Manager).listAllJobs-fm (4 handlers)
[GIN-debug] DELETE /jobs/disabled         → github.com/tuna/tunasync/manager.(*Manager).flushDisabledJobs-fm (4 handlers)
[GIN-debug] GET    /workers               → github.com/tuna/tunasync/manager.(*Manager).listWorkers-fm (4 handlers)
[GIN-debug] POST   /workers               → github.com/tuna/tunasync/manager.(*Manager).registerWorker-fm (4 handlers)
[GIN-debug] DELETE /workers/:id           → github.com/tuna/tunasync/manager.(*Manager).deleteWorker-fm (5 handlers)
[GIN-debug] GET    /workers/:id/jobs      → github.com/tuna/tunasync/manager.(*Manager).listJobsOfWorker-fm (5 handlers)
[GIN-debug] POST   /workers/:id/jobs/:job → github.com/tuna/tunasync/manager.(*Manager).updateJobOfWorker-fm (5 handlers)
[GIN-debug] POST   /workers/:id/jobs/:job/size → github.com/tuna/tunasync/manager.(*Manager).updateMirrorSize-fm (5 handlers)
[GIN-debug] POST   /workers/:id/schedules → github.com/tuna/tunasync/manager.(*Manager).updateSchedulesOfWorker-fm (5 handlers)
[GIN-debug] POST   /cmd                   → github.com/tuna/tunasync/manager.(*Manager).handleClientCmd-fm (4 handlers)
```

图 7-5　Manager 启动界面

（3）Manager 的开机自启动。

tunasync 项目在其子目录 systemd 下提供了 Manager 的后台服务配置文件 tunasync-manager.service（文件内容如下所示），将该文件 ExecStart 一行中的路径根据实际情况修改后，再将此文件复制到/etc/systemd/system/目录下，就可以实现 Manager 的开机自启动：

```
[Unit]
Description = TUNA mirrors sync manager
After=network.target
Requires=network.target

[Service]
Type=simple
User=tunasync
ExecStart = /usr/bin/tunasync manager -c /mirror/tunasync/manager.conf --with-systemd

[Install]
WantedBy=multi-user.target
```

7.1.4.2　启动 Worker

Worker 接受配置文件 docs/zh_CN/workers.conf 的控制。在文件 workers.conf 中，除了 7.1.3 节介绍的各软件仓库镜像源的配置信息，就是 Worker 的基础配置，基础配置内容如下：

```
[global]
name = "mirror_worker"
log_dir = "/mirror/test/log/tunasync/{{.Name}}"
mirror_dir = "/mirror/test"
concurrent = 10
interval = 120
```

```
[docker]
enable = true

[manager]
api_base = "http://localhost:12345"
token = "some_token"
ca_cert = ""

[cgroup]
enable = false
base_path = "/sys/fs/cgroup"
group = "tunasync"

[server]
hostname = "localhost"
listen_addr = "127.0.0.1"
listen_port = 6000
ssl_cert = ""
ssl_key = ""
```

该配置文件 mirror_dir 指定了同步下载的各软件仓库在本地的存储路径，需要提前创建该目录。api_base 中的主机名和端口号要和 manager.conf 中的相关内容对得上。[cgroup]部分用于设置是否启动 cgroup（默认不启用），cgroup 用于对 Worker 进行资源限制，例如，限制 Worker 可以使用的内存等。

可在不同的主机上（或容器中）启动多个 Worker，实现对多个上游软件源的并行下载。需要注意的是，如果 Worker 和 Manager 的 IP 地址不同，则配置文件 manager.conf 和 workers.conf 中的 IP 地址和主机名就不能使用 127.0.0.1 和 localhost 环回地址了，需要使用实际 IP 地址，以保证 Worker 和 Manager 可以互相通信。

在修改完 workers.conf 后，运行下面的命令启动 Worker 进程：

```
#根据实际情况修改 workers.conf 的路径
sudo tunasync worker --config /mirror/tunasync/workers.conf
```

图 7-6 是在终端复用器 Tmux 中运行 Manager、Worker 和查看 Worker 状态时的界面，右下角的窗口是执行命令 tunasynctl list --all 的结果。

与 Manager 一样，也可以使用 Systemd 后台服务的方式实现 Worker 开机自启动，此处不再赘述。

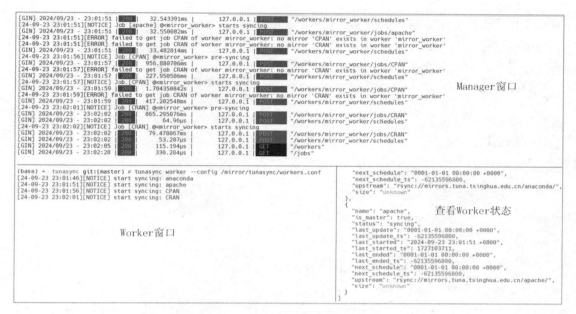

图 7-6　Manager、Worker 运行窗口

7.1.4.3　Worker 状态的监测与控制

　　tunasync 支持分布式同时部署多个 Worker，为了保证同步任务的可靠运行，有必要对 Worker 的工作状态进行实时监测和控制，Worker 状态监测有两种方式。

　　（1）通过日志监测 Worker 工作状态。

　　每个 Worker 在工作时，会将日志写到配置文件 workers.conf 的 log_dir 参数指定的目录下，图 7-7 是查看同步 Apache 软件仓库的 Worker 日志截图。

图 7-7　同步 Apache 软件仓库的 Worker 日志

　　（2）通过 tunasynctl 监测和控制 Worker。

　　tunasynctl 是在构建 tunasync 时，生成的第 2 个可执行程序。tunasynctl 也支持配置文件，配置文件默认放在/etc/tunasync/ctl.conf 或者~/.config/tunasync/ctl.conf 两个位置，后者可以覆盖前者的配置值。配置文件内容如下：

```
manager_addr = "127.0.0.1" #manager_addr 和 manager_port 需要和 manager 的 IP 地址和端口号一致
manager_port = 12345
ca_cert = ""
```

tunasynctl 可用子命令如图 7-8 所示，可以输入 `tunasynctl <子命令> --help` 查看某个子命令的帮助信息。

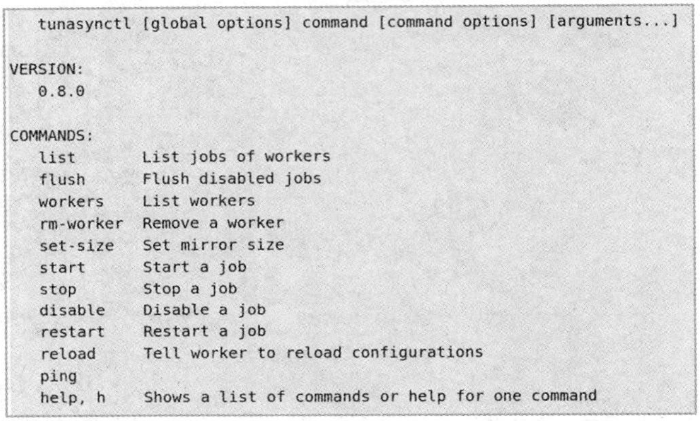

```
tunasynctl [global options] command [command options] [arguments...]

VERSION:
   0.8.0

COMMANDS:
   list       List jobs of workers
   flush      Flush disabled jobs
   workers    List workers
   rm-worker  Remove a worker
   set-size   Set mirror size
   start      Start a job
   stop       Stop a job
   disable    Disable a job
   restart    Restart a job
   reload     Tell worker to reload configurations
   ping
   help, h    Shows a list of commands or help for one command
```

图 7-8　tunasynctl 可用子命令

7.2　银河麒麟桌面版镜像源搭建

银河麒麟桌面版未对外提供 rsync 的同步服务，tunasync-scripts 也未包含同步银河麒麟桌面版软件源的脚本，所以需要单独搭建。在 Debian、Ubuntu 及其衍生版中，用于同步 APT 仓库到本地目录的工具主要有 apt-mirror 和 aptly。与 apt-mirror 相比，aptly 虽然功能较多，但使用起来较为复杂，在仅同步软件源的场景下反而不如 apt-mirror 实用，所以本章介绍如何基于 apt-mirror 搭建银河麒麟桌面版镜像（Mirror）源。

使用 apt-mirror 搭建镜像源的具体步骤如下：

```
sudo apt install apt-mirror   # 安装 apt-mirror
```

上述命令安装的 apt-mirror 为 v0.54 版，该版本存在几个 Bug 需要修复，编者已将修复后的 apt-mirror 脚本程序放在了本书的资源仓库中。

然后对 apt-mirror 进行配置，配置文件位于/etc/apt/mirror.list。

```
sudo vim /etc/apt/mirror.list
```

在银河麒麟桌面版系统下，原始状态的 mirror.list 内容如下：

```
############# config #################
#
# set base_path    /var/spool/apt-mirror
#
# set mirror_path  $base_path/mirror
# set skel_path    $base_path/skel
# set var_path     $base_path/var
# set cleanscript $var_path/clean.sh
# set defaultarch  <running host architecture>
# set postmirror_script $var_path/postmirror.sh
# set run_postmirror 0
set nthreads      20
set _tilde 0
#
############# end config #############
deb http://archive.***.com/ubuntu bionic main restricted universe multiverse
……（省略的内容）
clean http://archive.***.com/ubuntu
```

在上面内容中，各个参数的具体含义如下。

- base_path：apt-mirror 的工作目录，所有操作（包括下载、存储等）都会在这个目录下进行。

- mirror_path：存放镜像文件的目录，通常是 base_path 的子目录。

- skel_path：存放镜像架构的目录，通常用于存储临时文件。这也是 base_path 的一个子目录。

- var_path：存放 apt-mirror 运行时生成的各种状态文件和日志的目录。

- cleanscript：用于清理镜像的脚本路径。这个脚本会删除不再需要的文件，释放空间。通常位于$var_path/clean.sh。

- defaultarch：设置下载哪个 CPU 架构的软件包，默认下载本地主机 CPU 架构的软件，例如电脑是 ARM 架构的 CPU，则只下载 ARM 架构的软件包。若需下载其他架构的软件包，则要特别指定。如果要同时下载多个架构的软件包，则无法使用该参数实现。该参数只能设置为单个 CPU 架构。图 7-9 是银河麒麟桌面版支持的 CPU 架构。

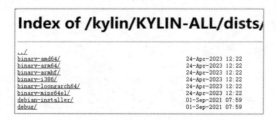

图 7-9 银河麒麟桌面版支持的 CPU 架构

- postmirror_script：一个在镜像同步完成后运行的脚本，可以用于执行一些清理工作或更新通知。
- run_postmirror：这个选项决定是否执行 postmirror_script 脚本。设置为 1 表示执行，0 表示不执行。
- nthreads：并发下载线程数。set nthreads 20 表示同时下载 20 个文件。
- _tilde：该选项用于控制是否下载名称中包含波浪线（~）的软件包，这些包通常是预发布版本或测试版本。设置为 1 表示下载，0 表示不下载。
- deb 和 deb-src：这两个指令分别用于指定二进制包和源代码包的镜像源地址。其具体语法已在 3.1.3.1 节解析 sources.list 文件时详细阐述过。

除了 mirror.list 文件中直接给出的参考配置参数，实际还有一些参数可以使用，apt-mirror 使用的参数默认值如图 7-10 所示。

```
my %config_variables = (
    "defaultarch"  => `dpkg --print-architecture 2>/dev/null` || 'i386',
    "nthreads"     => 20,
    "base_path"    => '/var/spool/apt-mirror',
    "mirror_path"  => '$base_path/mirror',
    "skel_path"    => '$base_path/skel',
    "var_path"     => '$base_path/var',
    "cleanscript"  => '$var_path/clean.sh',
    "_contents"    => 1,
    "_autoclean"   => 0,
    "_tilde"       => 0,
    "limit_rate"   => '100m',
    "run_postmirror" => 1,
    "auth_no_challenge" => 0,
    "no_check_certificate" => 0,
    "unlink"       => 0,
    "postmirror_script" => '$var_path/postmirror.sh',
    "use_proxy"    => 'off',
    "http_proxy"   => '',
    "https_proxy"  => '',
    "proxy_user"   => '',
    "proxy_password" => ''
);
```

图 7-10　apt-mirror 使用的参数默认值

图 7-10 中 base_path 指向的目录 /var/spool/apt-mirror 下仅有两个文件，且这两个文件都是空的，如图 7-11 所示，因此可以随意修改 base_path 值，将其修改为软件下载存储的目录。

```
test@kylin-desktop:/var/spool/apt-mirror$ tree
.
├── mirror
├── skel
└── var
    ├── clean.sh
    └── postmirror.sh

3 directories, 2 files
test@kylin-desktop:/var/spool/apt-mirror$ cat var/clean.sh
test@kylin-desktop:/var/spool/apt-mirror$ cat var/postmirror.sh
test@kylin-desktop:/var/spool/apt-mirror$ 
```

图 7-11　/var/spool/apt-mirror 内容

　　另外一个需要修改的地方就是二进制包和源代码包的镜像源地址，删除原有的镜像源地址，将银河麒麟桌面版的 sources.list 文件内容插在这里就行了。

　　apt-mirror 使用的默认 limit_rate 为 100m，通过分析 apt-mirror 这个 perl 脚本文件得知，最终这个 limit_rate 是应用在 wget 的 --limit-rate 参数上的。wget 的 --limit-rate 参数的单位为 Byte（字节），即 apt-mirror 默认使用的 100m 实际对应网络带宽为 800mb/s（兆比特每秒），读者可以根据实际网络带宽合理调整该数值。

　　配置完成后，完整的 mirror.list 文件应具有如下形式，完整内容请参考本书资源仓库中的 mirror.list。

```
set base_path  /mirror/kylin
set nthreads 20
set _tilde 0
deb-i386 http://archive.***.cn/kylin/KYLIN-ALL 10.1 main restricted universe multiverse
deb-i386 http://archive.***.cn/kylin/KYLIN-ALL 10.1-2303-updates main universe multiverse restricted
deb-i386 http://archive2.***.cn/deb/kylin/production/PART-V10-SP1/custom/partner/V10-SP1 default all
deb-arm64 http://archive.***.cn/kylin/KYLIN-ALL 10.1 main restricted universe multiverse
deb-arm64 http://archive.***.cn/kylin/KYLIN-ALL 10.1-2303-updates main universe multiverse restricted
deb-arm64 http://archive2.***.cn/deb/kylin/production/PART-V10-SP1/custom/partner/V10-SP1 default all
deb-mips64el http://archive.***.cn/kylin/KYLIN-ALL 10.1 main restricted universe multiverse
deb-mips64el http://archive.***.cn/kylin/KYLIN-ALL 10.1-2303-updates main universe multiverse restricted
deb-mips64el http://archive2.***.cn/deb/kylin/production/PART-V10-SP1/custom/partner/V10-SP1 default all
deb-loongarch64 http://archive.***.cn/kylin/KYLIN-ALL 10.1 main restricted universe multiverse
deb-loongarch64 http://archive.***.cn/kylin/KYLIN-ALL 10.1-2303-updates main universe multiverse restricted
deb-loongarch64 http://archive2.***.cn/deb/kylin/production/PART-V10-SP1/custom/partner/V10-SP1 default all
```

　　上述 mirror.list 用于下载银河麒麟桌面版 v10.1 支持的所有 CPU 架构软件包，由于目前没有可以同时指定多个 CPU 架构的方法，只能每个 CPU 架构都将软件源地址重复一遍。这里的"deb-amd64"等同于"deb [arch=amd64]"。

　　可供添加的其他版本软件源可到上述 mirror.list 中包含的网址查看，因为这些网址均对用户开放了目录浏览权限，也就是说可直接在网页端查看软件仓库包含的所有文件。其中网址 http://archive.***.cn/kylin/KYLIN-ALL 还提供了一个静态的 Web 页面，但该 Web 页面内容并未随着新版本的发布同步更新，也没有包括麒麟软件商店的软件源，所以推荐以列目录的方式直接访问该网址的 dists 子目录，该子目录包含的软件源更多更新（如图 7-12 所示）。

```
../
10.0/                                              20-Aug-2024 18:00
10.0-2101-KCM/                                     18-May-2023 05:33
10.0-210507-yun-SZSW/                              17-Feb-2023 07:45
10.0-fixs/                                         09-Nov-2022 09:43
10.0-jxsw/                                         29-Nov-2022 10:24
10.0-upgrade/                                      24-Jul-2024 06:42
10.0-zyi/                                          01-Feb-2023 16:01
10.1/                                              12-Aug-2024 08:12
10.1-0820-2/                                       04-Aug-2022 13:38
10.1-2107-990-DKY/                                 16-May-2023 08:03
10.1-2107-DKY/                                     29-May-2023 07:57
10.1-2107-bugfix/                                  06-Sep-2024 07:15
10.1-2107-bugfix-limit/                            02-Jul-2024 01:30
10.1-2107-bugfix-oem/                              25-Jun-2024 07:04
10.1-2107-hwe-bugfix/                              06-Sep-2024 06:28
10.1-2107-hwe-bugfix-limit/                        20-Jul-2024 11:05
10.1-2107-hwe-updates/                             17-Jan-2023 06:28
10.1-2107-updates/                                 03-Feb-2023 09:06
10.1-2107-wayland-kirin9006c-bugfix/               06-Sep-2024 06:45
10.1-2107-wayland-kirin9006c-bugfix-limit/         19-Jul-2024 05:09
```

图 7-12　银河麒麟的多个版本软件源（部分截图）

图 7-13 是各版本银河麒麟软件商城的软件源，其中最后一行为 openKylin（开放麒麟）的软件商城源。开放麒麟作为银河麒麟的社区版，其软件可能在可靠性和兼容性上有所欠缺，但它对外提供了 rsync 服务，在搭建镜像源这一点上更加方便友好。

```
../
CITRIX-V10-SP1-9006C/                  15-Aug-2022 06:46    -
CITRIX-V10-SP1-990/                    15-Aug-2022 06:48    -
CITRIX-V10-SP1-D2000/                  15-Aug-2022 06:49    -
KY-990-arm64/                          12-Apr-2024 10:53    -
KY-9a0-arm64/                          12-Apr-2024 10:56    -
KY-HNXX/                               15-Aug-2022 06:44    -
KY-V10-KMRE/                           13-Jul-2022 05:56    -
KY-V10-SP1-Eclass-amd64/               15-Aug-2022 07:01    -
KY-V10-SP1-HWE-amd64/                  07-Sep-2022 06:26    -
KY-V10-SP1-amd64/                      12-Apr-2024 11:02    -
KY-V10-SP1-arm64/                      12-Apr-2024 11:04    -
KY-V10-SP1-loongarch64/                07-Sep-2022 02:07    -
KY-V10-SP1-mips64el/                   02-Jul-2024 16:49    -
KY-V10-SP1-sw64/                       11-Aug-2022 03:14    -
KY-V10-amd64/                          12-Apr-2024 10:59    -
KY-V10-arm64/                          12-Apr-2024 11:01    -
KY-V10-mips64el/                       02-Jul-2022 11:41    -
KY-V4-SP1-amd64/                       21-May-2021 03:02    -
KY-V4-SP1-arm64/                       21-May-2021 03:03    -
KY-V4-SP1-mips64el/                    21-May-2021 03:04    -
KY-V4-SP2-amd64/                       21-May-2021 03:04    -
KY-V4-SP2-arm64/                       21-May-2021 03:05    -
KY-V4-SP2-mips64el/                    21-May-2021 03:05    -
KY-V4-SP3-amd64/                       21-May-2021 03:13    -
KY-V4-SP3-arm64/                       21-May-2021 03:13    -
KY-V4-SP3-mips64el/                    21-May-2021 03:14    -
KY-V4-SP4-amd64/                       21-May-2021 03:14    -
KY-V4-SP4-arm64/                       21-May-2021 03:15    -
KY-V4-SP4-mips64el/                    21-May-2021 03:16    -
KY-V4-amd64/                           21-May-2021 02:59    -
KY-V4-arm64/                           21-May-2021 03:00    -
KY-V4-mips64el/                        21-May-2021 03:01    -
PART-10.1-edu/                         25-Oct-2023 19:01    -
PART-10.1-edu-wayland/                 25-Sep-2023 04:03    -
PART-10.1-ilscreen/                    09-Feb-2023 03:16    -
PART-10.1-kirin990/                    13-Feb-2024 06:02    -
PART-10.1-kirin9a0/                    27-May-2024 19:03    -
PART-10.1-mavis/                       27-Nov-2023 07:42    -
PART-V10/                              27-May-2024 19:04    -
PART-V10-SP1/                          27-May-2024 19:03    -
PART-openKylin/                        29-Apr-2024 19:02    -
```

图 7-13　各版本银河麒麟软件商城的软件源

下一步就是启动同步过程，以创建或更新本地镜像。这一过程可能会花费相当长的时间，具体取决于所选择同步的软件源大小及网络速度。要启动同步过程，只需运行以下命令：

```
sudo apt-mirror
```

该命令将根据/etc/apt/mirror.list 的配置从指定的软件源下载数据。apt-mirror 会检查本地镜像与远程软件源之间的差异，并下载必要的文件以确保本地镜像是最新的。apt-mirror 会按照首先下载 release files，然后再下载 index files，最后下载 archive files 的步骤进行同步（如图 7-14 所示）。

```
(base) → /mirror sudo apt-mirror
Downloading 45 release files using 20 threads...
Begin time: Sun Nov 10 12:34:25 2024
[20]... [19]... [18]... [17]... [16]... [15]... [14]... [13]... [12]... [11]... [10].
End time: Sun Nov 10 12:34:26 2024

Processing metadata files from releases [MMMMMMMMMMMMMMMMMMMMMMMMMMMMMMMMMMMMMMMMM

Downloading 250 index files using 20 threads...
Begin time: Sun Nov 10 12:34:26 2024
[20]... [19]... [18]... [17]... [16]... [15]... [14]... [13]... [12]... [11]... [10].
End time: Sun Nov 10 12:34:26 2024

Processing indexes: [PPPPPPPPPPPPPPPPPPPPPPPPPPPPPPPPPPPPPPPPPPPPPPPPPPPPPPPPPPPPPP]

480.8 GiB will be downloaded into archive.
Downloading 342140 archive files using 20 threads...
Begin time: Sun Nov 10 12:36:04 2024
[20]... ^C
```

图 7-14 apt-mirror 的运行状态

7.3 银河麒麟服务器版镜像源搭建

对于基于 RPM 的发行版，也存在类似于 apt-mirror 的工具，其中最著名的是 reposync。reposync 是一个随 yum-utils 包附带的工具。它可以同步一个或多个 YUM 仓库到本地目录。reposync 命令实质上是个 Python 脚本，属于 dnf 的一部分，如图 7-15 所示。

```
[txt@localhost ~]$ whereis reposync
reposync: /usr/bin/reposync /usr/share/man/man1/reposync.1.gz
[txt@localhost ~]$ file /usr/bin/reposync
/usr/bin/reposync: symbolic link to /usr/libexec/dnf-utils
[txt@localhost ~]$ file /usr/libexec/dnf-utils
/usr/libexec/dnf-utils: Python script, ASCII text executable
```

图 7-15 reposync 路径与类型

reposync 命令可以使用的参数如下所示。

- -m，--downloadcomps：下载 comps.xml 文件，它包含了关于软件包分组信息的元数据，用于设置支持包组安装的本地仓库。
- -n，--newest-only：只同步最新版本的包。如果不使用此选项，则 reposync 会尝试同步仓库中所有版本的包。
- -a ARCH，--arch=ARCH：同步指定架构的包，如果不指定，则默认同步当前系统架构的包。

- --delete：删除本地目录中那些在仓库中不再存在的包，有助于保持本地镜像的精简和最新状态。
- --download-metadata：除了软件包，还下载仓库的元数据，对于确保 YUM 能够理解并使用本地镜像仓库是必要的。
- --repoid=REPOID：指定要同步的仓库的 ID。可以通过 `yum repolist` 命令查看可用的仓库列表及其 ID。
- -p，--download_path=PATH：指定软件包和元数据下载到的目录。如果不指定，reposync 将使用当前目录。

这里使用包含下面参数的 reposync 命令：

```
reposync -m --delete --download-metadata --repoid=<repoid> -p /mirror
```

银河麒麟服务器版的 repoid 如图 7-16 所示，支持的 CPU 架构如图 7-17 所示。

```
[txt@localhost ~]$ yum repolist
仓库标识                      仓库名称
ks10-adv-os                   Kylin Linux Advanced Server 10 - Os
ks10-adv-updates              Kylin Linux Advanced Server 10 - Updates
```

图 7-16　银河麒麟服务器版的 repoid

```
../
aarch64/                                      09-Jun-2023 11:34        -
loongarch64/                                  09-Jun-2023 11:30        -
x86_64/                                       09-Jun-2023 11:32        -
```

图 7-17　银河麒麟服务器版支持的 CPU 架构

最终，使用的远程仓库同步命令如下：

```
reposync -m --delete --download-metadata --arch=x86_64,aarch64,loongarch64 --repoid=ks
10-adv-os -p /mirror
reposync -m --delete --download-metadata --arch=x86_64,aarch64,loongarch64 --repoid=ks
10-adv-updates -p /mirror
```

7.4　使用 shadowmire 同步 PyPI 仓库

PyPI 仓库特别大（几十 TB）且包含大量小文件，因此国内各镜像（Mirror）网站都没有对外提供 PyPI 仓库的 Rsync 同步服务。这是因为这样做会给服务器磁盘 IO 造成过大的压力。所以，我们需要使用专门的同步工具来同步 PyPI 仓库。Bandersnatch 就是一个由 Python 官方支持的项目，旨在帮助用户创建和维护 PyPI 的本地镜像。它可以同步 PyPI 仓库中的所有包，包括包的元数据、文件和索引页面。但是 Bandersnatch 有两个问题长期没有得到解决：

- Bandersnatch 要求上游必须实现 XML-RPC API，这对于大多数镜像站点来说是难以实现的。

- Bandersnatch 不支持删除已从上游删除的软件包，从而容易成为供应链攻击的目标。

作为解决这些问题的轻量级 PyPI 同步解决方案的 shadowmire 应运而生。shadowmire 是基于 Python 的项目，要求 Python 的版本大于 3.11。可参考本书的 5.1 节，安装符合要求的 Python。克隆 shadowmire 项目源码后，执行下面的命令即可同步 PyPI 仓库（如图 7-18 所示）：

```
./shadowmire.py --repo /mirror/pypi sync --sync-packages --shadowmire-upstream \
https://<上游 PyPI 镜像站>/pypi/web/
```

上述命令各参数含义如下所示。

- --repo：指定存储 PyPI 仓库的本地路径。
- --sync-packages：表示需要同步软件包。若未设置该参数，则仅同步包索引元数据。
- --shadowmire-upstream：指定上游 PyPI 仓库网址。若未设置该参数，则使用 PyPI 官方仓库。

```
(base) → shadowmire git:(master) ./shadowmire.py --repo /mirror/pypi sync --sync-packages --shado
wmire-upstream https://mirrors.              web/
2024-09-23 13:36:31,729 INFO: Remote has 552641 packages (shadowmire.py:930)
2024-09-23 13:36:32,308 INFO: File saved to remote.json. (shadowmire.py:933)
2024-09-23 13:36:33,487 INFO: updating acrobotics (shadowmire.py:942)
2024-09-23 13:36:33,487 INFO: updating rurusetto-allauth (shadowmire.py:942)
2024-09-23 13:36:33,506 INFO: updating heps-ds-utils (shadowmire.py:942)
2024-09-23 13:36:33,595 INFO: downloading file https://mirrors.              /pypi/web/packa
ges/31/87/a09c22c52a3e92449add372ea7c7e1c1028da9d32372793144a66d7938b9/acrobotics-0.0.2.tar.gz →
/mirror/pypi/packages/31/87/a09c22c52a3e92449add372ea7c7e1c1028da9d32372793144a66d7938b9/acrobotic
s-0.0.2.tar.gz (shadowmire.py:981)
2024-09-23 13:36:33,740 INFO: downloading file https://mirrors.tuna.              /pypi/web/packa
ges/92/39/abe34c507a9083421ca124446634f4fd286bd7a5f1921a7baa262658e37f/acrobotics-0.0.3.tar.gz →
/mirror/pypi/packages/92/39/abe34c507a9083421ca124446634f4fd286bd7a5f1921a7baa262658e37f/acrobotic
s-0.0.3.tar.gz (shadowmire.py:981)
```

图 7-18   使用 shadowmire 同步 PyPI 仓库

在上述命令行中，可以使用--exclude 参数配合正则表达式过滤不需要的软件包，也可以使用--prerelease-exclude 参数对预发布版本进行过滤。由于 PyPI 仓库较大（图 7-18 显示有 55 万多个软件包），所以根据需要合理使用这两个参数可以大大减少仓库的容量。

shadowmire 还提供了 verify 命令，用于验证下载的 PyPI 仓库，例如，删除不在上游仓库中的包、删除 packages 中未引用的文件等。建议定期执行如下的 verify 命令以保持本地 PyPI 仓库的良好状态：

```
./shadowmire.py verify --sync-packages
```

7.5　使用 cnpmcore 搭建 NPM 镜像源

NPM（Node Package Manager）的软件仓库与 Python 的 PyPI 类似，但包含了更多的小文件，具体来说有超过 500 万个软件包和 4000 多万个版本。由于这些小文件的数量庞大，目前并没有基于 Rsync 同步的 NPM 镜像源搭建解决方案。不过，存在一些使用其他方式搭建 NPM 镜像源的解决方案，其中包括开源项目 cnpmcore、verdaccio、Nexus Repository OSS 等。

verdaccio 和 Nexus Repository OSS 主要是代理缓存加速类型的，它们并不适合搭建自托管的全量镜像源。因此，本章将基于 cnpmcore 来搭建全量 NPM 镜像源。

cnpmcore 是由阿里巴巴团队开发和维护的一个开源项目，旨在为中国的开发者提供更好的 npm 生态系统体验。cnpmcore 的主要功能包括镜像服务和包管理。它还提供了定制的命令行工具 cnpm。cnpmcore 与 npm 生态系统保持兼容，用户可以无缝地在项目中使用。此外，cnpmcore 拥有一个活跃的社区支持，这对于遇到问题时寻求帮助和分享经验来说是非常宝贵的。

7.5.1 复制并修改源代码

cnpmcore 有源码安装部署和 Docker 容器部署两种方式。考虑到更好的可迁移性，这里采用 Docker 容器部署方式。官方提供的 Docker 镜像（Image）没有跟随源代码同步更新，所以需要自己构建 Docker 镜像。

使用下面命令克隆 cnpmcore 源代码：

```
git clone <本书资源仓库地址>/cnpmcore.git
```

然后修改相关代码文件，一共需要修改如下 3 个文件。

7.5.1.1 修改 config/config.default.ts 文件

项目目录下的 config/config.default.ts 是系统默认配置文件，需要根据自身实际情况进行修改。具体修改的内容如下，以 "-" 开头的行是修改前的内容，以 "+" 开头的行是修改后的内容，其他内容保持不变。

```
- sourceRegistry: 'https://registry.***.org',
+ sourceRegistry: 'https://registry.***.com',                    #以国内镜像站作为上游源
- sourceRegistryIsCNpm: false,
+ sourceRegistryIsCNpm: true,
- syncMode: SyncMode.none,
+ syncMode: SyncMode.all,                                        #允许从上游源进行全量包同步
- changesStreamRegistry: 'https://replicate.***.com',
+ changesStreamRegistry: 'https://registry.***.com/_changes',   #实时广播包变更
- registry: process.env.CNPMCORE_CONFIG_REGISTRY || 'http://localhost:7001',
+ registry: process.env.CNPMCORE_CONFIG_REGISTRY || 'http://192.168.8.207001', #设置实
际域名或 IP 地址
- config.dataDir = process.env.CNPMCORE_DATA_DIR || join(appInfo.root, '.cnpmcore');
+ config.dataDir = process.env.CNPMCORE_DATA_DIR || '/npm_data'; #定义本地数据存储路径
- host: process.env.CNPMCORE_REDIS_HOST || '127.0.0.1', # 官方配置文件的这一行有 Bug，缺少
了环境变量 REDIS_HOST，导致在构建 Docker Image 后无法连接 Redis 服务。
+ host: process.env.CNPMCORE_REDIS_HOST || process.env.REDIS_HOST || '127.0.0.1', # 修
复 Bug
```

cnpmcore 存储后端支持阿里云 OSS、亚马逊云的 S3 和本地文件存储，考虑到可能要在无互联网的局域网部署，上面的配置文件采用了本地文件存储。

7.5.1.2 修改 Dockerfile 文件

Dockerfile 是构建 Docker 镜像的配置文件。官方的 Dockerfile 设置了环境变量 NODE_ENV=production，而 cnpmcore 的源代码不允许在 production 环境（生产环境）下使用本地文件存储，所以这里需要将 NODE_ENV 修改为其他值。编者这里直接将相关的两个环境变量都修改为 test。

```
ENV NODE_ENV=test \
 EGG_SERVER_ENV=test
```

Dockerfile 的第 2 处修改就是将 config/config.default.ts 中设置的本地数据存储路径暴露出去（如图 7-19 所示），以便宿主机能够映射挂载它。

```
16    EXPOSE 7001
17    VOLUME /npm_data
18    CMD ["npm", "run", "start:foreground"]
19
```

图 7-19　将容器中的本地数据存储路径暴露出去

7.5.1.3 修改 docker-compose.yml

cnpmcore 依赖 Redis 缓存数据库和 MySQL 关系数据库。官方的 Docker 部署方案中使用 Docker Compose 运行 Redis 和 MySQL，但又额外使用 `docker run` 命令行的方式运行 cnpmcore 容器，较为混乱。编者这里将 cnpmcore 容器运行命令也添加到文件 docker-compose.yml 中，以便统一部署方式。在 docker-compose.yml 的 services 节下面添加如下内容：

```
cnpmcore:
  image: cnpmcore
  build:                  # 需要自行构建镜像
    context: ./           # 指定构建镜像的上下文路径为当前目录
  restart: always
  environment:
    - MYSQL_HOST=mysql # 设置环境变量，以便可以在 config/config.default.ts 中访问 MySQL 服务
    - REDIS_HOST=redis # 设置环境变量，以便可以在 config/config.default.ts 中访问 Redis 服务
    - TZ=Asia/Shanghai # 设置时区为东八区
  volumes:
    - /mirror/npm_data/:/npm_data # 将宿主机的目录映射到容器内的/npm_data 目录
  ports:
    - 7001:7001           # 将容器中的 7001 端口映射为宿主机的 7001 端口
  networks:
    - cnpm
  depends_on:
    - mysql
    - redis
```

7.5.2 启动 cnpmcore

完成上述 3 个文件的修改后，就可以使用下面的命令启动 cnpmcore：

```
docker compose up --build
```

上面命令中的--build 表示先要构建 cnpmcore 这个 Docker 镜像，然后再启动。--build 仅首次运行需要，后续直接执行 `docker compose up` 即可。如果后续又修改了 cnpmcore 的源代码，则还需再次添加--build 参数。

待 `docker compose up` 正常启动后，首先需要对 MySQL 数据库进行初始化，初始化的命令如下（在 cnpmcore 项目的根目录下执行）：

```
sudo apt install mysql-client #下一行命令中的 prepare-database.sh 脚本调用了命令 mysql，这里
需提前安装
MYSQL_DATABASE=cnpmcore bash ./prepare-database.sh
```

执行完上述命令后，可以访问部署在 8080 端口的 phpmyadmin，查看 MySQL 中名为 cnpmcore 库中的表结构是否已正常建立。然后执行下面的命令进行 NPM 仓库的登录测试，192.168.8.20 是部署 cnpmcore 的主机 IP 地址：

```
npm login --registry=http://192.168.8.20:7001
```

若 cnpmcore 正常启动的话，则会出现如图 7-20 所示的提示信息。

```
C:\Users\regoo>npm login --registry=http://192.168.8.20:7001
npm notice Log in on http://192.168.8.20:7001/
Login at:
http://192.168.8.20:7001/-/v1/login/request/session/566c24df-f280-47ff-848d-de803315bb52
Press ENTER to open in the browser...
```

图 7-20　登录时的提示信息

按 Enter 键后，将弹出浏览器的登录窗口，使用默认的管理员账号密码登录：

- 账号：cnpmcore_admin。
- 密码：12345678。

若 MySQL 正常初始化的话，会弹出如图 7-21 所示的界面。

图 7-21　管理员账号登录成功

7.5.3　启动数据同步任务

在 NPM 成功登录后，可查看已存储到本地的授权信息。授权信息位于用户"home"目录下的文件.npmrc 中，该文件的内容如下：

```
registry=https://registry.***.org/
strict-ssl=false
//192.168.8.20:7001/:_authToken=cnpm_1KNrqgPEh2boBnO5LnJMHOCGlwL4sekSh_27JOSG
```

其中，cnpm_1KNrqgPEh2boBnO5LnJMHOCGlwL4sekSh_27JOSG 是管理员的 token，将用这个 token 来进行同步任务的初始化，具体命令如下：

```
curl -H "Authorization: Bearer cnpm_1KNrqgPEh2boBnO5LnJMHOCGlwL4sekSh_27JOSG" -X PUT
http://192.168.8.20:7001/-/package/cnpmcore/syncs
```

上述命令将回显如下信息，表明已经开始同步软件包了。

```
{"ok":true,"id":"66f57ff18f4ffc00359dcd79","type":"sync_package","state":"waiting"}
```

进入设定的本地数据存储目录查看软件包下载情况，如图 7-22 所示，图中右下角为实时下载速度。

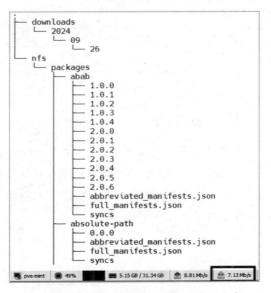

图 7-22　本地数据存储目录已下载的内容

最后尝试从已搭建的 cnpmcore 安装 npm 包，以安装 cnpm（China Node Package Manager）这个软件包为例（如图 7-23 所示）。

cnpm 是一个国产版的 Node.js 包管理工具，可以用来替代命令行工具 npm 使用。安装 cnpm后，再尝试使用 cnpm 安装其他软件包（如图 7-24 所示）。

```
C:\Users\regoo>npm install -g cnpm --registry=http://192.168.8.20:7001

added 1 package in 21s

59 packages are looking for funding
  run `npm fund` for details

C:\Users\regoo>cnpm --help

  Usage: cnpm [options]

  Options:

    -h, --help                    output usage information
    -v, --version                 show full versions
    -r, --registry [registry]     registry url, default is https://registry.npmmirror.com
```

图 7-23　从已搭建的 cnpmcore 仓库安装 npm 包

```
C:\Users\regoo>cnpm install vue --registry=http://192.168.8.20:7001
√ Linked 24 latest versions fallback to C:\Users\regoo\node_modules\.store\node_modules
√ Linked 4 public hoist packages to C:\Users\regoo\node_modules
Recently updated (since 2024-09-19): 10 packages (detail see file C:\Users\regoo\node_modules\.recent
ly_updates.txt)
  Today:
    → vue@latest(3.5.9) (19:31:07)
    → vue@3.5.9 › @vue/shared@3.5.9(3.5.9) (19:31:02)
    → vue@3.5.9 › @vue/server-renderer@3.5.9(3.5.9) (19:30:58)
    → vue@3.5.9 › @vue/compiler-sfc@3.5.9(3.5.9) (19:30:39)
    → vue@3.5.9 › @vue/server-renderer@3.5.9 › @vue/compiler-ssr@3.5.9(3.5.9) (19:30:42)
    → vue@3.5.9 › @vue/compiler-dom@3.5.9(3.5.9) (19:30:34)
    → vue@3.5.9 › @vue/runtime-dom@3.5.9(3.5.9) (19:30:54)
    → vue@3.5.9 › @vue/compiler-sfc@3.5.9 › @vue/compiler-core@3.5.9(3.5.9) (19:30:30)
    → vue@3.5.9 › @vue/runtime-dom@3.5.9 › @vue/reactivity@3.5.9(3.5.9) (19:30:46)
    → vue@3.5.9 › @vue/runtime-dom@3.5.9 › @vue/runtime-core@3.5.9(3.5.9) (19:30:50)
√ Installed 1 packages on C:\Users\regoo
√ All packages installed (24 packages installed from npm registry, used 3s(network 3s), speed 1.61MB/
s, json 24(920.18KB), tarball 3.22MB, manifests cache hit 0, etag hit 0 / miss 0)

dependencies:
+ vue ^3.5.9
```

图 7-24　使用 cnpm 安装其他软件包

cnpmcore 的软件包搜索功能默认是关闭的，因为它依赖 Elasticsearch。由于 NPM 软件仓库中的文件数量非常庞大，所以要获得良好的搜索体验，Elasticsearch 搜索所需的资源消耗也相对较大。在局域网环境下，对于普通用户来说，npm 软件包的搜索需求并不是必需的，因此可以选择不启用这一功能，以节省资源。

除了 npm，其他与 npm 兼容的包管理器，如 Yarn 和 pnpm，也可以使用 cnpmcore 搭建的 NPM 软件源。

7.6　Docker 私有 Registry 镜像源搭建

Docker 私有 Registry 是一个用于存储和分发 Docker 镜像的服务器。与公有 Registry（如 Docker Hub）不同，私有 Registry 运行在企业内部网络或专用服务器上，提供更高的控制和安全性。私有 Registry 的主要用途如下所示。

- 存储和管理内部镜像（Image）：便于团队共享和版本控制。
- 提高下载速度：减少对外部网络的依赖，提高镜像（Image）下载和部署的速度。
- 增强安全性：通过严格的访问控制，保护敏感的企业内部应用和数据。

搭建 Docker 私有 Registry 有多种技术方案可供选择，每种方案都有其独特的优势和适用场景。Docker 官方提供了开源的 Registry 实现，但其功能过于简单，只提供了 Docker Registry API，没有图形化界面，不方便管理。

本章选用开源的企业级 Docker 仓库管理工具 Harbor 来搭建 Docker 私有 Registry。Harbor 目前已成为自建容器镜像托管及分发服务的首选。Harbor 的主要特性如下所示。

- 图形用户界面：提供友好的用户界面，使用户可以方便地浏览、搜索和管理镜像。Harbor 的图形用户界面可在不同的自然语言间快速切换。
- 基于角色的访问控制：提供细粒度的权限控制，可以为不同用户分配不同的访问权限，确保镜像的安全性和管理的灵活性。
- 镜像复制：可以在多个 Harbor 实例之间复制镜像，支持多数据中心和混合云的镜像同步。
- 镜像签名和验证：通过对镜像进行签名和验证，确保镜像的完整性和来源可靠性。
- 漏洞扫描：集成了 Clair 工具，可以对上传的镜像进行安全漏洞扫描，提供详细的安全报告。
- 审计日志：记录所有的操作日志，方便管理员进行审计和追踪。
- 多租户支持：支持项目的概念，每个项目可以拥有自己的镜像库，适用于多个团队或部门的管理需求。
- LDAP/AD 集成：支持与企业的 LDAP 或 Active Directory 集成，简化用户管理。
- RESTful API：提供丰富的 API 接口，方便与其他系统集成。

由于 Docker 客户端默认启用了 SSL，所以推荐安装 Harbor 时也启用 SSL 功能，这样用户的 Docker 客户端无须修改配置就可以直接访问 Harbor。

7.6.1　使用 Harbor 内置复制机制

Harbor 支持直接从其他类型的 Docker Registry 复制 Docker 镜像。要实现这个目标，需要做两项工作：创建 Registries Endpoint 和创建复制规则。

7.6.1.1　创建 Registries Endpoint

这里之所以使用 Endpoint（端点）这个词，因为它既可能是源（Pull 场景下）也可能是目的（Push 场景下）。Harbor 的中文版直接将 Endpoint 翻译为"目标"，不够准确，容易引起歧义。创建 Registries Endpoint 的操作步骤见图 7-25~图 7-29（这里特意切换为英文界面）。

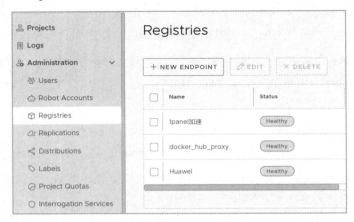

图 7-25　新建 Endpoint 的入口

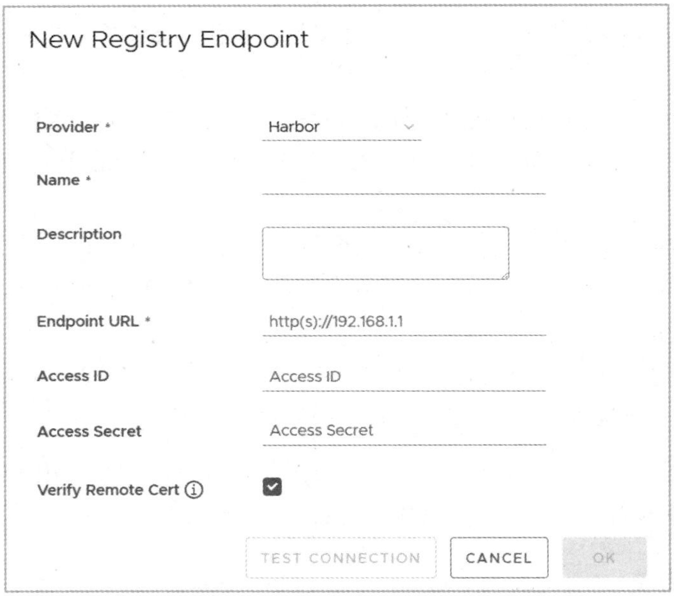

New Registry Endpoint

Provider *　　　　　　　Harbor

Name *

Description

Endpoint URL *　　　　　http(s)://192.168.1.1

Access ID　　　　　　　　Access ID

Access Secret　　　　　　Access Secret

Verify Remote Cert ⓘ　　☑

TEST CONNECTION　CANCEL　OK

图 7-26　初始状态的新建 Registry Endpoint 界面

　　从图 7-27 可以看到，Harbor 支持的厂商 Registry 里面包含了国内三家云计算厂商（阿里巴巴、华为、腾讯）的容器云服务，但国内的这几家容器云服务仅限它们的云计算租户使用，也就是需要在图 7-27 中配置 Aceess ID 和 Access Secret，匿名用户无权限使用。所以本书选择 Docker Registry 类型的 Provider（供应商），如图 7-28 所示。

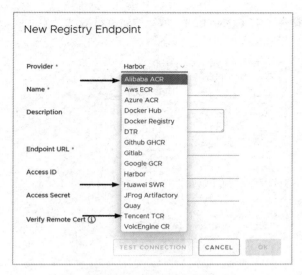

图 7-27　Harbor 支持的厂商 Registry 类型

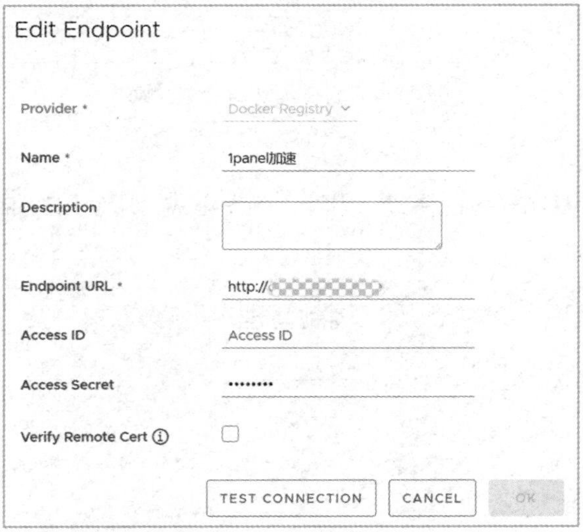

图 7-28　配置 Registry Endpoint

图 7-28 中的重要参数如下所示。

- Endpoint URL：这里使用了国内的无须登录的 Docker 加速网址。
- Verify Remote Cert：取消选择，即不要验证远端证书，因为我们使用匿名方式拉取公共镜像。
- Aceess ID 和 Access Secret 留空即可。

编辑完成后，单击"TEST CONNECTION"按钮进行测试。测试成功的提示信息如图 7-29 所示。

图 7-29　测试成功的提示信息

7.6.1.2　创建复制规则

复制规则用于设置复制任务的模式、内容、触发方式、所使用的带宽等参数。新建复制规则的入口如图 7-30 所示。

图 7-30　新建复制规则的入口

初始状态的"新建规则"窗口处于"Push-based"模式（如图 7-31 所示），与我们要从其他 Registry 复制（即 Pull）Image 的目标不符，因此，需要将其切换到"Pull-based"模式（如图 7-32 所示）。

新建规则

名称 *

描述

复制模式   ● Push-based ⓘ   ○ Pull-based ⓘ

源资源过滤器   名称   ⓘ
                 Tag: 匹配   ∨   ⓘ
                 标签: 匹配   ∨   ⓘ
                 资源: 全部   ∨   ⓘ

目标仓库 *

目标   名称空间: ⓘ
                 仓库扁平化: 替换1级   ∨   ⓘ

触发模式 *   手动   ∨

带宽 *   -1   Kbps ∨

                                    取消   保存

图 7-31　初始状态的"新建规则"窗口

复制模式   ○ Push-based ⓘ   ● Pull-based ⓘ

源仓库 *   ∨

源资源过滤器   名称   ⓘ
                 Tag: 匹配   ∨   ⓘ
                 标签: 匹配   ∨   ⓘ
                 资源: 全部   ∨   ⓘ

图 7-32　切换到"Pull-based"模式

切换到"Pull-based"模式之后，"源仓库"输入框变为下拉框，下拉框中的内容就是已创建的各个 Registries Endpoint，这里选择上一节创建的"1panel 加速"这个 Endpoint，如图 7-33 所示。

复制模式   ○ Push-based ⓘ   ● Pull-based ⓘ

源仓库 *   1panel加速-http://docker.1panel.live   ∨
                 Huawei-https://swr.cn-north-4.▩▩▩▩.com
源资源过滤器   1panel加速-http://docker.▩▩▩.live   ⓘ
                 docker_hub_proxy-https://hub.▩▩▩▩.com
                 资源: image

图 7-33　选择已配置的"Registries Endpoint"

图 7-32 和图 7-33 中的资源过滤器部分的参数配置要求熟悉 Docker 镜像名称格式，所以把 6.3.4.3 节中提及的 Docker 镜像名称格式再次列出来，以方便讲解。Docker 镜像名称通常包括

仓库名称、镜像名和可选的标签，基本结构如下：

```
[REGISTRY_HOSTNAME/]REPOSITORY[:TAG]
```

图 7-32 和图 7-33 中的资源过滤器部分的各参数解读如下。

- 名称：输入 Docker 镜像的仓库名或路径，也就是上面 Docker 镜像名称结构中的 REPOSITORY，支持通配符。如果要复制 Docker Hub 的官方镜像，则必须添加 library。例如，官方名为 hello-world 的镜像，在这里应该填 library/hello-world。
- Tag：对应上面 Docker 镜像名称结构中的 TAG，同样支持通配符。常用的 Docker 镜像包含的 Tag 数量很多，例如官方的 Python 镜像包含的 Tag 有近 3000 个，在搭建私有 Registry 的场景下，仅需复制常用的若干个版本即可，所以需要充分利用通配符进行筛选过滤。

名称和 Tag 支持的通配符规则如下。

- `*` ：匹配任何非分隔符 "/" 的字符序列。
- `**` ：匹配任何字符序列，包括路径分隔符 "/"。
- `?` ：匹配任何单个非分隔符 "/" 的字符。
- `{alt1,…}` ：匹配逗号分隔的任一项。

这里给出几个使用通配符的示例，如表 7-2 所示。

表 7-2 Harbor 支持的通配符使用示例

带通配符的名称	匹配/不匹配示例	
library/*	library/hello-world	匹配
	library/my/hello-world	不匹配
library/**	library/hello-world	匹配
	library/my/hello-world	匹配
{library,goharbor}/**	library/hello-world	匹配
	goharbor/harbor-core	匹配
	google/hello-world	不匹配
1.?	1.0	匹配
	1.01	不匹配

图 7-32 和图 7-33 中的其他参数如下所示。

- 触发模式：根据需要采取手动或定时自动执行。
- 其他参数：保持默认即可。

可以使用 `skopeo list-tags` 命令列出 Docker 镜像包含的所有 Tag（命令 `skopeo` 将在下一节详细讲解）。以官方的 haproxy 这个镜像为例，它包含的 Tag 格式和数量分别如图 7-34 和图

7-35 所示。

```
        "Repository": ████████████/library/haproxy",
        "Tags": [
            "1",
            "1-alpine",
            "1.4",
            "1.4-alpine",
            "1.4.25",
            "1.4.26",
            "1.4.27",
            "1.4.27-alpine",
            "1.5",
            "1.5-alpine",
            "1.5.10",
            "1.5.11",
            "1.5.12",
            "1.5.13",
            "1.5.14",
            "1.5.15",
            "1.5.16",
            "1.5.16-alpine",
```

图 7-34　haproxy 的 Tag 格式

```
→ ~ skopeo list-tags docker://████████████/library/haproxy | jq -r '.Tags[]' | wc -l
1497
```

图 7-35　haproxy 的 Tag 数量

由于 haproxy 的 Tag 数量有 1497 个，若想只复制形如"1.4""1.5"这种 Tag 的镜像，在图 7-36 的 Tag 部分使用通配符"?.?"即可。由于通配符的表达能力有限，"?.?"同时会匹配到形如"a.b"的 Tag，好在 haproxy 没有这种形式的 Tag。

图 7-36　使用通配符对 haproxy 的 Tag 进行过滤

7.6.1.3　手动启动复制

创建完"复制规则"后，就可以启动"复制任务"了，这里采取手动启动模式，如图 7-37 所示。

图 7-37　启动"复制任务"的按钮

单击"复制"按钮就可以启动"复制任务"，任务启动后可以实时查看复制任务的状态，如图 7-38 所示。

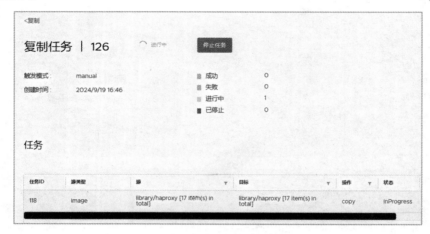

图 7-38　复制任务的运行状态

已成功复制的 Image 可在"项目"菜单里查看，如图 7-39、图 7-40 所示。

图 7-39　镜像仓库中的 haproxy 镜像

图 7-40　实际复制下来的 haproxy Image 包含的 Tag

由图 7-40 可以看到，实际复制下的镜像中多出了形如 "1.5.9" "1.5.18-alpine" 这种 Tag，这些 Tag 也是匹配通配符 "?.?" 的，只是不是我们想要的。这也再次说明了通配符的功能局限性，所以需要过滤功能（例如支持正则表达式）更为强大的工具。Skopeo 就是这样一款支持正则表达式和语义化版本控制规则的 Docker Registry 间复制工具。

7.6.2　使用 Skopeo 同步功能

Skopeo 是一个开源的命令行工具，用于在不同的 Docker 镜像存储库（Registry）之间进行镜像的检查、签名、复制和同步。它不需要 Docker 守护进程，因此可以在没有 Docker 的平台上使用。Skopeo 支持多种容器镜像存储库，包括 Docker Hub、私有 Registry、OpenShift、Quay.io 等。

7.6.2.1　Skopeo 的安装

Skopeo 官方并不提供编译好的静态二进制可执行文件。常见的 Linux 发行版操作系统软件源中已经包含了 Skopeo，但由于 Skopeo 的版本更新迭代比较快，操作系统软件源提供的安装包版本可能比较低，因此最好从源码编译 Skopeo。从源码编译 Skopeo 要求 1.22 版本以上的 Go 语言环境，请先参考本书的 5.5 节准备好所需的 Go 环境，然后执行下面的命令编译 Skopeo：

```
sudo apt install libgpgme-dev libassuan-dev libbtrfs-dev pkg-config
```

克隆 Skopeo 源码仓库，然后进入克隆下来的 Skopeo 源码目录，执行如下命令：

```
make bin/skopeo
```

成功编译后，将生成的二进制文件 skopeo 所在路径添加到环境变量 PATH，以方便执行命令 skopeo。

7.6.2.2　Skopeo 的使用

Skopeo 的常用命令和参数如表 7-3 所示。

表 7-3　Skopeo 的常用命令和参数

命　令	解　释
skopeo list-tags docker://docker.io/library/alpine	列出存储库中指定名称镜像的 Tag
skopeo inspect docker://docker.io/library/alpine:latest	查看某个镜像详细信息
skopeo copy docker://busybox:latest dir:/tmp/busybox	从 A 到 B 复制一个镜像，A 和 B 可以为本地 Docker 镜像或者远端 Registry 上的镜像
skopeo sync --src docker --dest dir docker://docker.io/library/alpine /path/to/local/dir	用于 A 到 B 之间同步镜像，A 和 B 可以为本地 Docker 镜像或者 Registry 上的镜像

续表

命　　令	解　　释
skopeo delete docker://myregistry.local/library/alpine:latest	从存储库中删除镜像
--override-arch <arch>	使用<arch>代替当前机器的架构来选择镜像
--override-os <os>	使用<os>代替当前机器的 OS 来选择镜像
--override-variant <variant>	使用<variant>表示的变体来选择镜像。有不同变体，如 redis 镜像的 arm/v7 和 arm/v8 两种变体
--insecure-policy	在不进行任何策略检查的情况下运行该工具（如果没有配置 policy 的话，就需要加上该参数）

表 7-3 中的 skopeo sync 支持将一个或多个镜像从 A 同步到 B，A 和 B 可以为本地目录或者远端 Registry。从 Docker Hub 批量复制镜像到自建的 Hardor 中，如下所示。

```
skopeo --insecure-policy sync --all --src yaml --dest docker sync.yaml 192.168.8.20/library/
```

该命令使用 skopeo sync 根据 sync.yaml 文件中的配置，将指定的容器镜像同步到目标为 192.168.8.20（这是 Harbor 的 IP 地址）的 library 仓库中。library 仓库是 Harbor 的默认仓库，可公开访问，无须登录。该命令的各参数含义如下所示。

- --insecure-policy：绕过默认的策略验证。通常用于测试环境或不想配置安全策略时。默认情况下，Skopeo 会根据本地的策略文件（如 /etc/containers/policy.json）决定是否允许拉取或推送镜像。加上这个选项后，将忽略策略验证。
- --all：默认情况下，skopeo sync 只会同步与当前平台（包括 CPU 架构和操作系统架构）相匹配的 Docker 镜像，使用--all 后，将同步 Docker 镜像支持的所有平台架构。
- --src yaml：指定同步的来源类型是一个 YAML 格式的文件，在该文件中定义要同步的镜像列表。
- --dest docker：指定要同步到的目标类型是一个标准的 Docker Registry。
- sync.yaml：指定同步来源的配置文件（文件名任意，后缀为 yaml），参考内容如下：

```
docker.1panel.live:                     # 使用国内 Docker 镜像拉取加速网址
tls-verify: false
    images:                             # 明确指定要同步的 Tag
        sonatype/nexus3:
            - "3.70.2"
        library/perl:
            - "5.20"
            - "5.41.3-slim-threaded-bullseye"
    images-by-tag-regex:                # 使用正则表达式进行 Tag 过滤
        library/ubuntu: ^[0-9.]+$
library/haproxy: ^\d+(\.\d+)?$
```

```
images-by-semver:                    # 使用 SemVer 语义进行 Tag 过滤
    library/convertigo: ">= 8.3.0"
    library/alpine: ">= 3.12.0 <3.17.0"
```

这个 YAML 文件使用了三种方式来指定要同步的 Docker 镜像。

- 直接明确指定要同步的镜像 Tag。
- 使用正则表达式对要同步的镜像 Tag 进行过滤。
- 使用 SemVer 规范对要同步的镜像 Tag 进行过滤。SemVer（语义化版本控制）是一种版本控制方案，旨在通过版本号的变化来传达软件的变化和兼容性。符合 SemVer 规范的版本号通常采用“主版本号.次版本号.补丁版本号”的格式，不同的 SemVer 版本号间可以进行语义化比较，如上述文件中 images-by-semver 字段各镜像的 Tag 语法。

使用国内 Docker 镜像加速网址后，可以获取比较高的同步速度，如图 7-41 所示。

```
Writing manifest to image destination
Copying image sha256:3d21bd1522ad7bc388516a0168d8caa1d8abf8093954a9f8f44bdbf3a6310ef1 (11/16)
Getting image source signatures
Copying blob 09b50f551003 [--------------------------------------] 0.0b / 450.0b | 0.0 b/s
Copying blob 0e8896573227 [====>---------------------------------] 1.3MiB / 8.9MiB | 31.1 MiB/s
Copying blob 4f4fb700ef54 skipped: already exists
Copying blob 2bb5773fd81c skipped: already exists
Copying blob ef73fedcab81 skipped: already exists
Copying blob 89502a0eae32 skipped: already exists
```

图 7-41 镜像同步速度

在执行上述 skopeo sync 命令的过程中，可以查看 Harbor 已经接收到的 Docker 镜像，如图 7-42 所示。

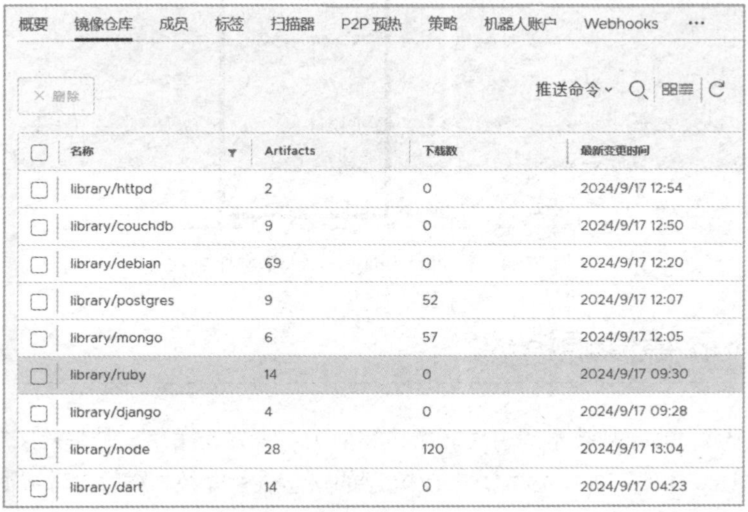
概要 镜像仓库 成员 标签 扫描器 P2P 预热 策略 机器人账户 Webhooks
删除
推送命令
名称
Artifacts
下载数
最新变更时间
library/httpd 2 0 2024/9/17 12:54
library/couchdb 9 0 2024/9/17 12:50
library/debian 69 0 2024/9/17 12:20
library/postgres 9 52 2024/9/17 12:07
library/mongo 6 57 2024/9/17 12:05
library/ruby 14 0 2024/9/17 09:30
library/django 4 0 2024/9/17 09:28
library/node 28 120 2024/9/17 13:04
library/dart 14 0 2024/9/17 04:23

图 7-42 查看 Harbor 中已接收到的多个 Docker 镜像

部分 Docker 镜像的单个 Tag 对应的文件存储占用还是比较大的，例如，图 7-43 中的 Go 单个 Tag 存储占用高达十几 GB，充分说明了对 Docker 镜像的 Tag 筛选过滤的必要性。

	Artifacts	Tags	大小
	sha256:8b596858	1.9	12.00GiB
	sha256:4746d264	1.21	6.16GiB
	sha256:3025bf67	1.19	6.45GiB
	sha256:87262e4a	1.17	7.23GiB
	sha256:ea080cc8	1.15	10.75GiB

图 7-43　Go 镜像各 Tag 存储占用情况

单击某个 Tag 对应的文件夹图标，可以打开如图 7-44 所示的某个 Tag 所包含的 Artifacts（工件）界面。可以看到包含了多种架构，说明 skopeo sync 的--all 参数确实可以实现其标称的功能。虽然可以在 skopeo sync 命令行中通过参数--override-arch、--override-os 指定要下载的 Image 架构，但这种方式每次只能指定 1 种架构，且下一次指定的架构会覆盖上一次指定的架构，并不推荐使用。

	Artifacts	OS/ARCH	大小
	sha256:adc30ee3	linux /amd64	273.08MiB
	sha256:84d654b1	linux /arm/v7	239.77MiB
	sha256:f936e4f5	linux /arm64/v8	244.32MiB
	sha256:32568679	linux /386	267.98MiB
	sha256:093a679f	linux /ppc64le	252.22MiB
	sha256:0962fcc4	linux /s390x	245.70MiB
	sha256:3e13d6db	windows /amd64	5.29GiB

图 7-44　Docker Image 支持的多种架构

7.7　Flathub 镜像源搭建

Flathub 是基于 Flatpak 技术的应用商店，类似于"官方仓库"，是由社区维护的。Flathub 本质是一个 OSTree 仓库，本节先对 OSTree 仓库的概念进行介绍，然后再讲解如何使用 OSTree 同步 Flathub。

7.7.1 OSTree 仓库概念

OSTree（Operating System Tree）是一个用于管理和更新操作系统文件树的工具，为操作系统部署、升级和回滚提供了一种一致且高效的解决方案。OSTree 使用内容寻址存储，将操作系统文件树的每个版本存储为"快照"。每次更新系统时，新版本的文件树会以独立的快照保存，确保系统可以无缝地回滚至以前的版本。

一个 OSTree 仓库就是存储和分发这些文件树快照的仓库。Flathub 实际上是用 OSTree 技术来管理和分发 Flatpak 应用的仓库。通过这一机制，Flathub 能够提供高效且可靠的应用更新与分发服务，主要如下所示。

- 应用存储：每个应用程序版本都被存储为独立的文件树快照，可以非常高效地进行版本管理。
- 原子更新：用户在安装或更新应用时，通过 OSTree 技术确保操作的原子性，不会影响系统其余部分或导致部分安装的中断问题。
- 版本管理：开发者和用户可以方便地选择和切换不同版本的应用，确保兼容性和稳定性。

7.7.2 使用 OSTree 同步 Flathub

使用 OSTree 同步 Flathub，可以自己选择同步哪些软件包，以及哪些架构和版本，也可以自行对软件包的历史版本进行控制。

具体操作步骤如下：

（1）安装 OSTree 和 Flatpak。

```
sudo dnf install flatpak ostree          # 以银河麒麟服务器版为例
```

（2）初始化本地的 OSTree 仓库。

```
mkdir flathub
ostree --repo=./flathub init --mode=archive --collection-id=org.flathub.Stable
```

- --repo=./flathub：用于指定存储库的本地路径。
- init：ostree 命令的子命令，用于初始化一个新的 OSTree 存储库。
- --mode=archive：用于指定存储库的模式为存档模式。存档模式是一种高效的存储方式，适用于静态内容的分发，比如操作系统或应用程序的镜像（Image）。
- --collection-id=org.flathub.Stable：设置存储库的 collection-id。collection-id 通常用于标识和管理存储库中的内容，这里设置为 org.flathub.Stable，表示这是 Flathub 的稳定版本集合。

（3）给本地的 OSTree 仓库添加 Flathub 的地址。

```
ostree --repo=./flathub remote add --no-gpg-verify flathub https://dl.***.org/repo/
```

- --repo=./flathub：指定要操作的本地 OSTree 存储库的路径。
- remote add：ostree 命令的子命令，用于向本地存储库添加一个远程存储库。
- --no-gpg-verify：禁用 GPG 签名验证。通常在添加远程存储库时，会验证其内容的 GPG 签名，以确保其来源可信。使用这个选项会跳过签名验证。
- flathub：为远程存储库指定的名称，后面就可以使用这个名称来引用该远程存储库。
- https://dl.***.org/repo/：这是远程存储库的 URL，它指向 Flathub 的远程存储库地址。

可在本地仓库目录中的 config 文件中查看生成的配置信息。

（4）开始同步 Flathub 仓库。

```
ostree -v --repo=./flathub pull --mirror flathub
```

这里使用了-v 参数，以便在命令执行过程中打印详细日志信息，如图 7-45 所示。

```
OT: Preparing transaction in repository 0x558f47928130
OT: Pushing lock non-blocking with timeout 30
OT: Opening repo lock file
OT: Push lock: state=unlocked, depth=0
OT: Locking repo shared
OT: Reusing tmpdir staging-341aff05-b7d6-4f0e-85b6-af7825574f97-pdbAPI
OT: resuming legacy transaction
OT: starting fetch of 56283ba60fdab9825c378acd4195cf430f3789039b8be57ffa27aad4f843c979.commit (detached)
OT: starting fetch of 1b781afeb758aea89c1c2d966acd1c9ebd0787f6907a72de77030ebdc7c25f71.commit (detached)
OT: starting fetch of cf762849786c565787ae77ef82ca1c7f6667c1637b52d7bcefcd34fa0267315c.commit (detached)
OT: starting fetch of e8794e8249ce190db47ba640e3870f243e41ede0d7f9a0c7068c6e6480103999.commit (detached)
OT: starting fetch of 8658e827d28f57880b6fd718bb97d6812a8a4d8a843d29dc69b261597bf91e0a.commit (detached)
OT: starting fetch of 1fdb2cb31bdc01ab6dae17b092d2d9eaf9053503fa652b298fba77929e68c0a4.commit (detached)
OT: starting fetch of d934ed28cf11da11a013bf4842d090c6f9f7a3849c8e1035742371f817cf0d3f.commit (detached)
OT: starting fetch of 5fd5fb56f0ffdd428aecaaef141efa22a6ae937963260d637c461c25b3fc88fc.commit (detached)
```

图 7-45　同步 Flathub 仓库时的日志

（5）优化。

命令 ostree pull --mirror 原生是不支持对要同步的软件包进行过滤的，但可以通过仅同步特定分支变相地实现过滤。

下面的命令可列出远程 Flathub 仓库中所有可用的分支：

```
ostree --repo=./flathub remote refs flathub
```

这会输出类似如下的分支列表：

```
......
flathub:app/org.gnome.Recipes/x86_64/stable
flathub:app/org.gnome.Recipes/x86_64/test
flathub:runtime/org.gnome.Platform/x86_64/3.36
flathub:runtime/org.gnome.Platform/x86_64/3.38
......
```

然后使用 ostree pull --mirror 命令同步特定分支的数据。例如仅同步 org.gnome.Recipes

应用的 stable 分支，可以按照如下方式操作：

```
ostree --repo=./flathub pull --mirror flathub:app/org.gnome.Recipes/x86_64/stable
```

若硬盘空间不大，则也可尝试清除一段时间以前的 Commit 历史以节约空间，以 7 天为例：

```
ostree --repo=./flathub prune --keep-younger-than="7 day ago"
```

还可以生成 Summary，Summary 是对每个应用程序或软件包的简短描述。

```
ostree summary --repo=./flathub --update
flatpak build-update-repo ./flathub
```

7.8　Nexus Repository 搭建代理镜像源

7.8.1　Nexus Repository 基础

Nexus 是一款由 Sonatype 公司开发的软件仓库管理系统，主要用于存储和管理软件构建的 Artifacts（工件）。其主要功能如下所示。

- 支持多种仓库格式；
- 提供丰富的管理界面和 API 支持；
- 强大的用户和权限管理；
- 版本控制和依赖管理。

Nexus 分为两个版本：Nexus Repository OSS（开源版）和 Nexus Repository Pro（商业版）。开源版已经能满足大部分需求，而商业版提供了更多高级功能，如高可用性和技术支持。

Nexus Repository 仓库按照类型区分，主要分为以下 3 个类型。

- 代理仓库（proxy）：用来代理远程公共仓库，如 Maven 中央仓库。
- 宿主仓库（hosted）：又称 Nexus 本地仓库，该仓库通常用来部署本地项目所产生的构件。
- 仓库组（group）：用来聚合代理仓库和宿主仓库，为这些仓库提供统一的服务地址，以便可以更加方便地获得这些仓库中的构件。

为了更加直观地理解仓库组、代理仓库和宿主仓库的概念，通过图 7-46 展示它们的用途和区别（以 Maven 仓库为例）。需要注意的是，代理仓库并不是全量镜像仓库，只是缓存用户请求的数据包，无法直接应用于无互联网环境下的内部局域网。

虽然 Nexus Repository 支持搭建的软件仓库较多，如图 7-46 所示，但搭建方法非常类似，下面仅以 Maven 仓库的搭建为例。

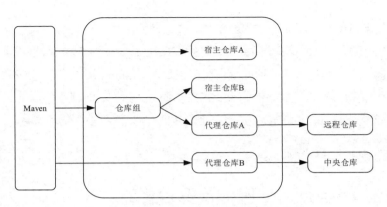

图 7-46 Nexus Repository 仓库类型示意图

7.8.2 安装 Nexus Repository

Nexus Repository 是使用 Java 开发的，Nexus 各版本对 Java 版本支持情况如表 7-4 所示。

表 7-4 Nexus Repository 各版本对 Java 版本支持情况

Nexus Repository 版本	支持的 Java 版本
3.66.0 之前的所有版本	Java 8
3.67.0 及以上版本	Java 11
3.69.0 及以上版本	Java 17

使用 Nexus Repository 搭建镜像源，硬件配置要求可参考表 7-5。

表 7-5 不同规模 Nexus Repository 推荐的硬件配置要求

应用规模	描 述	CPU 核心	存 储	RAM
小型	<20 个存储库 <20GB 总 Blob 存储大小 单一存储库格式类型	8	20GB	8GB
中型	<50 个存储库 <200GB 总 Blob 存储大小 几种存储库格式	8+	200GB	16GB
大型	<200 个存储库 >200GB 总 Blob 存储大小 多样的存储库格式 此规模以上的部署应使用 PostgreSQL 数据库	12+	200GB 或更多	32GB
非常大	200+存储库 总共约 10TB 的 Blob 存储大小 多种存储库格式	16+	10TB 或更多	64GB

7.8.2.1 Docker 方式部署 Nexus Repository

1. 运行 Nexus Repository 容器

官方提供了 Docker 形式的 Nexus Repository，可直接使用下面的命令启动该容器：

```
mkdir /mirror/nexus-data && chown -R 200 /mirror/nexus-data
docker run -d --name nexus -p 8081:8081 -v /mirror/nexus-data:/nexus-data sonatype/nexus3
```

服务在新容器中启动可能需要一些时间（2~3 分钟），可以通过下面的命令跟踪容器运行日志以确定 Nexus Repository 容器何时准备就绪：

```
docker logs -f nexus
```

Nexus Repository 容器启动完毕后，执行下面命令查看管理员密码：

```
docker exec -it nexus cat /nexus-data/admin.password
```

这条命令的具体含义如下所示。

- docker exec：用于在运行中的 Docker 容器内执行命令。
- -it：是-i 和-t 两个参数的组合，用于交互式地执行命令。
  - -i (--interactive)：使 Docker 保持标准输入（stdin）打开，以与容器内部的进程进行交互。
  - -t (--tty)：分配一个伪终端，使得命令执行时的输出更加友好。
- nexus：容器的名称，由 docker run 命令的--name 参数指定。
- cat /nexus-data/admin.password：这是在容器内执行的具体命令，即使用 cat 读取文件 /nexus-data/admin.password 内容。

然后访问管理界面 http://<Nexus 的 IP 地址>:8081，使用用户名 admin 和上面命令获取的管理员密码登录。

若需停止容器，则可以设置超时时间，确保有足够的时间让数据库完全关闭，避免数据丢失损坏：

```
docker stop --time=120 nexus
```

2. Nexus Repository 容器中的环境变量

之所以单独讲解 Nexus Repository 容器中的环境变量，是因为该容器有 4 个表示目录的环境变量，容易引起混乱。Docker 镜像 sonatype/nexus3 在构建时使用的环境变量如下所示。

- SONATYPE_DIR=/opt/sonatype。
- NEXUS_HOME=${SONATYPE_DIR}/nexus。
- NEXUS_DATA=/nexus-data。

- SONATYPE_WORK=${SONATYPE_DIR}/sonatype-work。
- NEXUS_CONTEXT=''。
- INSTALL4J_ADD_VM_PARAMS="-Xms2703m -Xmx2703m -XX:MaxDirectMemory Size=2703m -Djava.util.prefs.userRoot=${NEXUS_DATA}/ javaprefs"。

前 4 个环境变量都是关于目录的，可通过图 7-47、图 7-48 快速理解这几个目录。图 7-47 是执行命令 `docker inspect sonatype/nexus3` 输出的部分内容。图 7-48 是容器内/opt/sonatype/sonatype-work 目录下的内容。

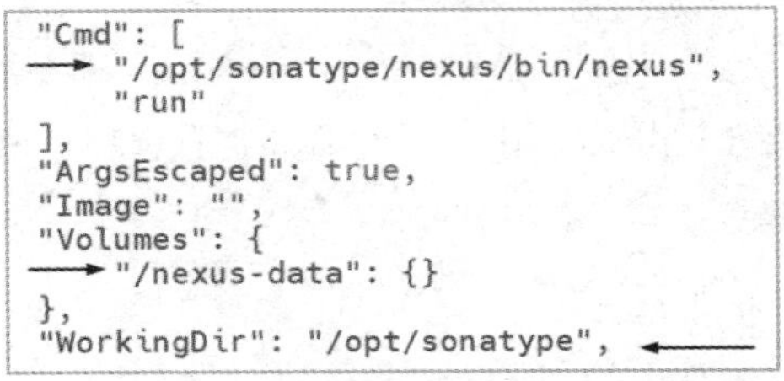

```
"Cmd": [
    "/opt/sonatype/nexus/bin/nexus",
    "run"
],
"ArgsEscaped": true,
"Image": "",
"Volumes": {
    "/nexus-data": {}
},
"WorkingDir": "/opt/sonatype",
```

图 7-47　sonatype/nexus3 镜像中的目录信息

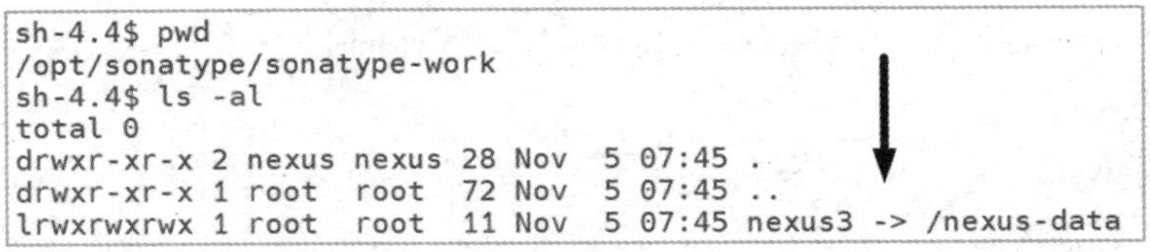

```
sh-4.4$ pwd
/opt/sonatype/sonatype-work
sh-4.4$ ls -al
total 0
drwxr-xr-x 2 nexus nexus 28 Nov  5 07:45 .
drwxr-xr-x 1 root  root  72 Nov  5 07:45 ..
lrwxrwxrwx 1 root  root  11 Nov  5 07:45 nexus3 -> /nexus-data
```

图 7-48　nexus 容器内目录的内容

由图 7-47、图 7-48 梳理出关于容器内目录的如下信息：

```
/opt/sonatype                                    # 父目录
/opt/sonatype/nexus/                             # 子目录，存放 nexus 程序
/opt/sonatype/sonatype-work/nexus3 --> /nexus-data   # 子目录，是/nexus-data 的软链接(快捷
方式)
```

/nexus-data 目录是唯一需要暴露给宿主机的目录，结合其名字中的 data，推测它是数据目录，是需要做数据持久化的目录。如果要做数据迁移，则只要迁移映射到容器内/nexus-data 的宿主机目录即可，例如上面启动容器命令中的宿主机目录/mirror/nexus-data。

环境变量 INSTALL4J_ADD_VM_PARAMS 用于设置 Java 虚拟机运行参数，可根据需要修改。

7.8.2.2　Docker Compose 方式部署

也可以使用 Docker Compose 方式部署 Nexus Repository，文件 docker-compose.yml 内容参考如下：

```
version: "3"
services:
  nexus:
    image: sonatype/nexus3
container_name: nexus
    restart: always
    volumes:
      - "/mirror/nexus-data:/nexus-data"
    ports:
      - "8081:8081"
environment:
    - INSTALL4J_ADD_VM_PARAMS=-Xms4200m -Xmx4200m -XX:MaxDirectMemorySize=4g -Djava.ut
il.prefs.userRoot=/nexus-data/javaprefs
```

7.8.3　使用 Nexus Repository 搭建 Maven 私服

登录 Nexus Repository 的管理后台，首先创建一个自己的 maven-central（如图 7-49 所示）。

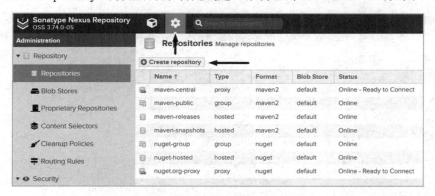

图 7-49　新建 Repository

选择 proxy 类型的 Maven，用来代理中心仓库（如图 7-50 所示）。

图 7-50　选择 proxy 类型的 Maven

国内可用的 Maven 镜像源可以运行如下命令得到（前提是已安装了 chsrc 换源工具）：

```
chsrc cesu maven
```

然后，设置要使用的 Maven 代理源（如图 7-51 所示）。

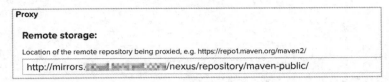

图 7-51　设置 Maven 镜像的源

再创建一个 Group 类型的 Maven 仓库，收纳上面创建的镜像仓库。在成员仓库内，把要用的仓库移到其中。单击 Group 集合的"复制"按钮，即可复制本地接入地址（如图 7-52 所示）。

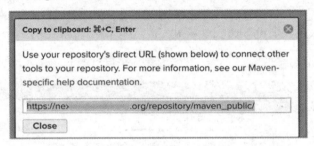

图 7-52　复制本地接入地址

假设，你复制的 URL 为：

```
http://nexus.***.com/repository/maven_public/
```

那么就可以在使用 Maven 管理项目依赖的 pom.xml 内直接添加私有的仓库地址：

```
<repositories>
 <repository>
   <!-- ID 可以自定义，但是要全局唯一 -->
   <id>nexus_public</id>
   <url>http://nexus.***.com/repository/maven_public/</url>
 </repository>
</repositories>
```

若使用 Maven 的插件进行构建（如 mvn clean、mvn install），则还需添加 pluginRepository 节点：

```
<pluginRepositories>
   <pluginRepository>
      <!-- ID 可以自定义，但是要全局唯一 -->
      <id>nexus_public</id>
      <name>mirror_from_nexus</name>
      <url>https://nexus.***.eu.org/repository/maven_public/</url>
   </pluginRepository>
</pluginRepositories>
```

这样，在 Maven 进行项目依赖包下载的时候，会优先到私有仓库内寻找，若找不到，则可再到全局 settings.xml 内寻找。所以，也可以直接在 Maven 的全局配置文件 setting.xml 内直接添加上述接入地址：

```
<mirror>
 <!-- ID 可以自定义，但是要全局唯一 -->
 <id>nexus</id>
 <mirrorOf>*</mirrorOf>
 <url>http://nexus.***.com/repository/maven_public/</url>
</mirror>
```

7.9　对外提供服务

7.9.1　对外提供 Web 服务

各软件仓库大部分通过 HTTP 协议为用户提供服务，只有极个别的使用专有协议。搭建镜像（Mirror）网站是搭建自托管镜像源的最后一步。镜像网站的主要业务通常是提供静态文件服务，因此可以选择高性能的静态文件 Web 服务器软件，如 Nginx、Apache 等。不建议使用不常见的或过于侧重动态业务的 Web 服务器软件，如 Python 的 SimpleHTTPServer、Tomcat 等。

要使用户界面更加友好，则可以在主页前端、目录索引等功能上进行界面改进。可以参考国内的一些开源项目，如清华大学镜像站源码和中国科学技术大学镜像站源码。这些开源项目在国内都有不少用户，可以提供一些搭建镜像网站的参考。

这里以清华大学的 mirror-web 开源项目为例，进行镜像网站的搭建。通过使用这些开源项目，可以快速搭建起一个功能完善、界面友好的镜像网站，为用户提供更好的服务体验。

7.9.1.1　使用 mirror-web 生成静态站点

首先复制项目源码和下载静态数据：

```
git clone <本书资源仓库地址>/mirror-web
cd mirror-web
wget https://mirrors.***.cn/static/tunasync.json -O static/tunasync.json
mkdir -p static/status
wget https://mirrors.***.cn/static/status/isoinfo.json -O static/status/isoinfo.json
```

该项目除具体页面内容外，供用户进行自定义修改的配置文件如下所示。

- _config.yml：Jekyll 配置文件，包括站点名称、描述、链接等。
- _data/options.yml：Jekyll 数据文件，主要包括各个镜像的简要描述和部分特殊镜像的配置。
- geninfo/genisolist.ini：生成各 Linux 发行版安装光盘 ISO 下载链接的配置文件。

该项目编译生成静态站点时，依赖 Ruby（≥3.0）和 Node.js（≥18）的环境，需要提前安装好。执行下面的命令进行网站的预览（如图 7-53 所示）和编译：

```
bundle install --deployment
npm install
bundle exec jekyll serve --livereload    # 实时预览网站 Demo
bundle exec jekyll build                 # 编译生成静态网站到 _site/子目录
```

图 7-53　实时预览镜像网站 Demo

镜像站各个仓库的使用手册编写可以参考 MirrorZ Help 网站，这是一个开源软件镜像的帮助文档整合站点。

7.9.1.2　部署静态网站

由于项目 mirror-web 使用了 Nginx 的 fancy-index 模块对网站的文件列表展示效果进行了美化（fancy-index 模块应用前后的效果对比如图 7-54、图 7-55 所示），所以 Web 服务器软件在选型上直接使用 Nginx 即可。

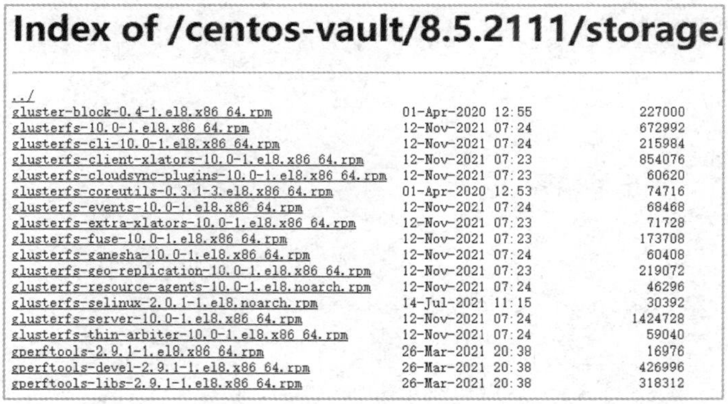

Index of /centos-vault/8.5.2111/storage/

../		
gluster-block-0.4-1.el8.x86_64.rpm	01-Apr-2020 12:55	227000
glusterfs-10.0-1.el8.x86_64.rpm	12-Nov-2021 07:24	672992
glusterfs-cli-10.0-1.el8.x86_64.rpm	12-Nov-2021 07:24	215984
glusterfs-client-xlators-10.0-1.el8.x86_64.rpm	12-Nov-2021 07:23	854076
glusterfs-cloudsync-plugins-10.0-1.el8.x86_64.rpm	12-Nov-2021 07:23	60620
glusterfs-coreutils-0.3.1-3.el8.x86_64.rpm	01-Apr-2020 12:53	74716
glusterfs-events-10.0-1.el8.x86_64.rpm	12-Nov-2021 07:24	68468
glusterfs-extra-xlators-10.0-1.el8.x86_64.rpm	12-Nov-2021 07:23	71728
glusterfs-fuse-10.0-1.el8.x86_64.rpm	12-Nov-2021 07:23	173708
glusterfs-ganesha-10.0-1.el8.x86_64.rpm	12-Nov-2021 07:24	60408
glusterfs-geo-replication-10.0-1.el8.x86_64.rpm	12-Nov-2021 07:23	219072
glusterfs-resource-agents-10.0-1.el8.noarch.rpm	12-Nov-2021 07:24	46296
glusterfs-selinux-2.0.1-1.el8.noarch.rpm	14-Jul-2021 11:15	30392
glusterfs-server-10.0-1.el8.x86_64.rpm	12-Nov-2021 07:24	1424728
glusterfs-thin-arbiter-10.0-1.el8.x86_64.rpm	12-Nov-2021 07:24	59040
gperftools-2.9.1-1.el8.x86_64.rpm	26-Mar-2021 20:38	16976
gperftools-devel-2.9.1-1.el8.x86_64.rpm	26-Mar-2021 20:38	426996
gperftools-libs-2.9.1-1.el8.x86_64.rpm	26-Mar-2021 20:38	318312

图 7-54 使用 fancy-index 模块前的文件列表显示效果

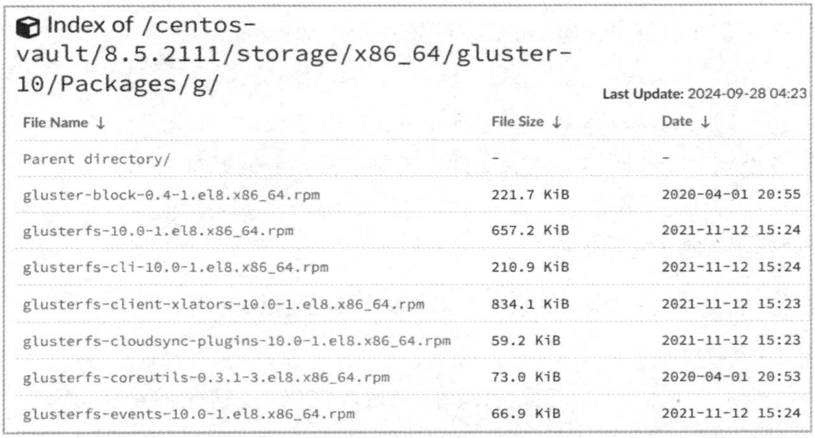

Index of /centos-vault/8.5.2111/storage/x86_64/gluster-10/Packages/g/

Last Update: 2024-09-28 04:23

File Name ↓	File Size ↓	Date ↓
Parent directory/	-	-
gluster-block-0.4-1.el8.x86_64.rpm	221.7 KiB	2020-04-01 20:55
glusterfs-10.0-1.el8.x86_64.rpm	657.2 KiB	2021-11-12 15:24
glusterfs-cli-10.0-1.el8.x86_64.rpm	210.9 KiB	2021-11-12 15:24
glusterfs-client-xlators-10.0-1.el8.x86_64.rpm	834.1 KiB	2021-11-12 15:23
glusterfs-cloudsync-plugins-10.0-1.el8.x86_64.rpm	59.2 KiB	2021-11-12 15:23
glusterfs-coreutils-0.3.1-3.el8.x86_64.rpm	73.0 KiB	2020-04-01 20:53
glusterfs-events-10.0-1.el8.x86_64.rpm	66.9 KiB	2021-11-12 15:24

图 7-55 使用 fancy-index 模块后的文件列表显示效果

Nginx 的 fancy-index 模块的具体配置方法如下。

（1）确保 Nginx 安装了 ngx_http_fancyindex_module 和 ngx_http_js_module，并确保后者的版本不低于 0.7.9。

（2）在 nginx.conf 对应的 server 配置块中添加如下配置：

```
js_path /path/to/build_output/static/njs;

# 以下设定不能修改，以便与 mirror-web 的前端代码配合
fancyindex_time_format "%d %b %Y %H:%M:%S +0000";
fancyindex_show_path on;
fancyindex_header /fancy-index/before;
fancyindex_footer /fancy-index/after;

# 以下设定为推荐设置，fancyindex 的其他设定亦可按需修改
```

```
fancyindex_exact_size off;
fancyindex_name_length 256;

location /fancy-index {
  internal;
  root /path/to/build_output;
  subrequest_output_buffer_size 100k;
  js_import fancyIndexRender from fancy_index.njs;

  location = /fancy-index/before {
    js_content fancyIndexRender.fancyIndexBeforeRender;
  }
  location = /fancy-index/after {
    js_content fancyIndexRender.fancyIndexAfterRender;
  }
}
```

（3）然后在需要开启目录浏览 location 配置块中添加：

```
fancyindex on;
```

配置完 Nginx 的 fancy-index 模块后，将 mirror-web 生成的_site/子目录复制或设置为网站的根目录，再将各个软件仓库同步下载的文件夹复制或链接到网站根目录下即可。

7.9.2　对外提供 rsync 服务

自托管镜像站若对外提供 rsync 服务，可按如下步骤进行配置：

（1）安装 rsync。

```
sudo apt install rsync        # 银河麒麟桌面版
sudo dnf install rsync        # 银河麒麟服务器版
```

安装完成后，可以通过以下命令验证 rsync 是否安装成功：

```
rsync --version
```

（2）配置 rsyncd.conf 文件。

需要编辑 rsync 的主配置文件 rsyncd.conf。这个文件通常位于/etc/rsyncd.conf，如果不存在，可以手动创建。rsyncd.conf 文件包含全局配置和模块配置。一个基本的配置示例如下：

```
# 全局配置
uid = nobody
gid = nobody
use chroot = yes
read only = yes
hosts allow = 192.168.1.0/24
log file = /var/log/rsyncd.log
pid file = /var/run/rsyncd.pid
```

```
# 模块配置
[kylin-desktop]
   path = /mirror/kylin-desktop
   comment = kylin-desktop directory
   auth users = rsync
   secrets file = /etc/rsyncd.secrets
```

全局配置如下所示。

- uid 和 gid：指定运行 rsync 守护进程的用户和组。

- use chroot：提高安全性，将 rsync 进程限制在指定目录中。

- read only：是否为只读模式，设置为 no 允许写入。

- hosts allow：允许访问的源 IP 地址或网段。

- log file 和 pid file：日志文件和 PID 文件的位置。

模块配置如下所示。

- path：对应的本地目录。

- comment：对模块的描述。

- auth users：允许访问该模块的用户列表。

- secrets file：存储用户认证信息的文件。

（3）设置用户和权限。

创建存储用户认证信息的文件/etc/rsyncd.secrets，添加以下内容：

```
rsync:password
```

保存并关闭文件，然后设置合适的权限：

```
sudo chmod 600 /etc/rsyncd.secrets
```

（4）配置 rsync 守护进程。

为了使 rsync 服务在系统启动时自动运行，需要将 rsync 服务配置为 systemd 服务。创建一个新的 systemd 服务文件 /etc/systemd/system/rsyncd.service，添加以下内容：

```
[Unit]
Description=Rsync Daemon
After=network.target

[Service]
ExecStart=/usr/bin/rsync --daemon --no-detach
ExecReload=/bin/kill -HUP $MAINPID
PIDFile=/var/run/rsyncd.pid
Restart=always

[Install]
WantedBy=multi-user.target
```

设置 rsync 服务为开机自动启动：

```
sudo systemctl enable rsyncd
```

7.10 镜像源软件的增量更新

当镜像（Mirror）服务器无法直接连接到互联网时，可以采用一种间接同步方案。这种方案涉及在内部网络和外部网络中各设置一台存储服务器。外部网络中的存储服务器可以连接到互联网，而内部网络中的存储服务器则连接到内部网络中的用户。这两台服务器之间没有直接的网络连接，但可以通过外部服务器将数据传输到内部服务器。

一种推荐的方法是在两台服务器上都使用 ZFS 文件系统。在外部网络中的存储服务器上，按照前面提到的方法与上游源保持同步。定期在外部服务器上创建 ZFS 文件系统的快照，并使用 zfs send 命令导出该快照与前一个快照之间的增量信息（如果是首次传输，则是全量信息）。然后将导出的数据复制到内部网络中的存储服务器上，并使用 zfs recv 命令导入。这样，内部网络中的存储服务器上的镜像数据就可以定期同步了。

另一种方法是利用 rsync 的 diff-file（差异文件）功能来实现增量复制。在配置文件中设置 diff-file 后，生成的"差异文件"可以与 rsync 配合使用，仅复制有更新的软件包：

```
rsync -av --files-from=/srv/pypi/mirrored-files / /mnt/usb/
```

"差异文件"也可以与 7zip 一起使用，来创建分卷压缩包以加快传输：

```
7za a -i@"/srv/pypi/mirrored-files" -spf -v100m path_to_new_zip.7z
```

这条命令的释义如下。

- 7za a：表示调用 7za 工具并使用"添加到压缩文件"的功能（第二个 a 代表添加）。
- -i@"/srv/pypi/mirrored-files"：这是包含文件的路径列表的文件，使用@符号来指定。这意味着 7zip 将在这个指定的文件中查找要压缩的文件列表，文件路径由 "/srv/pypi/mirrored-files"给出。这个文件可能包含了多行文件路径，这些路径会一一被添加到压缩文件中。
- -spf：该选项的意思是"存储全路径"，即在压缩文件中保留文件的完整路径。
- -v100m：表示创建分卷的压缩文件，每个分卷的大小限制为 100MB。意思是如果压缩后的文件超过了 100MB，它就会被分割成若干个 100MB 的部分。
- path_to_new_zip.7z：这是新生成的 7z 压缩文件的路径。压缩后的文件将保存在这个位置。

08

AI 赋能操作系统

大语言模型（Large Language Models，LLM）是近年来人工智能领域的重要突破之一。通过学习海量文本数据，LLM 能够生成和理解人类语言，从而在自然语言处理领域得到广泛应用，如对话系统、文本生成、机器翻译、检索增强等。

此外，大语言模型还能赋能操作系统，实现 AI PC 的理念。在这一理念下，操作系统不仅能够执行传统的计算任务，还能通过内置的 AI 能力提供更加智能化的服务，如自动文本处理、语音交互、智能推荐等。

本章将介绍如何使用 Ollama 部署本地大语言模型，并在此基础上验证两个开源的 AI 赋能操作系统的项目功效。通过这样的实践，可以让大家更深入地理解大语言模型在实际应用中的作用，以及如何将 AI 技术融入操作系统的设计和功能中，从而推动智能系统的发展。

8.1　使用 Ollama 部署本地大语言模型

LLM 部署工具是专门用于简化和优化大语言模型部署过程的软件工具。这些工具不仅能够帮助用户快速配置和部署模型，还提供了监控、调试和优化的功能，从而提升模型的性能和稳定性。随着 LLM 在各领域的广泛应用，市场上涌现了多种部署工具，较为热门的主要包括：Ollama、LM Studio、Xinference 等。这三个工具各有千秋：

- Ollama：Ollama 的优势在于其上手速度更快，使用更为便捷，效率也更高。这使得它成为希望快速部署和试验大语言模型的用户或小型团队的理想选择。
- LM Studio：LM Studio 在功能丰富度和性能优化方面表现相对 Ollama 更为出色。它提供了更多的特性和选项，允许用户对模型进行更深入的定制和调优，适合那些需要高级功能和自定义选项的专业用户或大型企业。
- Xinference：Xinference 则在企业级稳定性和高可用性方面表现突出。它支持分布式部署，并且能够在发生故障后自动恢复，这使得它成为需要确保持续运行和服务的企业的首选。

对于初次接触 LLM 来说，选择 Ollama 来管理和下载模型是最迅速的。对于开发者和研究员而言，可以在 LM Studio 和 Xinference 中任选其一。如果针对的是中大型项目，则建议采用 Xinference。

Ollama 处于快速开发迭代中，增加了诸多新特性，初步具备了生产环境应用的可能性。例如：

- 可以同时处理多个请求，每个请求只需少量额外内存。
- 支持同时加载不同的模型，多个不同的代理现在可以同时运行。

8.1.1　在线安装 Ollama

联网计算机，可使用下面的命令快速安装 Ollama。

```
curl -fsSL <本书资源仓库地址>/book_resources/raw/master/install_scripts/ollama_install.sh | sh
```

使用上述命令安装 Ollama 后，会自动启动 Ollama 服务，而且会自动设置为开机自启动。

8.1.2　离线安装 Ollama

在离线环境下，可将下载后的 Ollama 可执行程序复制至局域网计算机，添加可执行权限后运行。Ollama 提供了 arm64、amd64 两种 CPU 架构的 Linux 可执行程序。在离线环境下安装的 Ollama，需要将 Ollama 设置为 systemd 后台服务，实现开机自动启动。在创建 Ollama 后台服务前，首先为 Ollama 服务创建单独的用户：

```
sudo useradd -r -s /bin/false -m -d /usr/share/ollama ollama
```

然后新建 systemd 服务配置文件：/etc/systemd/system/ollama.service。其参考内容如下：

```
[Unit]
Description=Ollama Service
After=network-online.target

[Service]
ExecStart=/usr/bin/ollama serve
User=ollama
Group=ollama
Restart=always
RestartSec=3
Environment="OLLAMA_HOST=0.0.0.0"
Environment="OLLAMA_ORIGINS=*"
```

```
[Install]
WantedBy=default.target
```

默认情况下，Ollama 只在本地环回 IP 地址（127.0.0.1）的 TCP 11434 端口上监听，只有和 Ollama 位于同一台计算机上时才能访问其服务，其他计算机用户是无法访问的。所以在上述配置文件中使用环境变量 OLLAMA_HOST 特别指定了 Ollama 后台服务监听的 IP 地址为 0.0.0.0，0.0.0.0 表示要在运行 Ollama 计算机的所有网卡 IP 地址上进行监听，而不仅仅是本地环回 IP 地址。这样就可以实现其他用户远程访问 Ollama 服务。

环境变量 OLLAMA_ORIGINS 指定允许访问 Ollama 的来源列表，以逗号分隔。这里允许所有来源，使用了通配符*。其他可以使用的环境变量详见下一节。

创建完后台服务配置文件后，执行下面的命令启动 ollama.service 并将其设置为开机自启动。

```
sudo systemctl daemon-reload
sudo systemctl start ollama
sudo systemctl enable ollama
```

8.1.3　Ollama 的参数配置

1. 设置 Ollama 环境变量

若将 Ollama 作为 systemd 服务运行，则应该使用 systemctl 设置环境变量。

（1）执行命令 sudo systemctl edit ollama.service，这将打开一个编辑器，用于编辑对应的 systemd 服务。参考配置如下：

```
[Unit]
Description=Ollama Service
After=network-online.target

[Service]
ExecStart=/usr/bin/ollama serve
User=ollama
Group=ollama
Restart=always
RestartSec=3
Environment="PATH=$PATH"
Environment="OLLAMA_HOST=0.0.0.0"
Environment="OLLAMA_ORIGINS=*"

[Install]
WantedBy=default.target
```

Ollama 可用的环境变量如下。

- OLLAMA_HOST：Ollama 服务器的 IP 地址（默认值为 127.0.0.1）。
- OLLAMA_KEEP_ALIVE：模型在内存中保持加载的持续时间（默认值为 5min）。

- OLLAMA_MAX_LOADED_MODELS：每个 GPU 允许加载的最大模型数量。
- OLLAMA_MAX_QUEUE：允许排队的最大请求数量。
- OLLAMA_MODELS：模型存储的路径。
- OLLAMA_NUM_PARALLEL：最大并行请求数量。
- OLLAMA_NOPRUNE：启动时不修剪模型数据块。
- OLLAMA_ORIGINS：允许的来源列表，以逗号分隔。若允许所有来源，则使用通配符*。
- OLLAMA_TMPDIR：临时文件的位置。
- OLLAMA_FLASH_ATTENTION：启用快速注意力机制。
- OLLAMA_LLM_LIBRARY：设置 LLM 库以绕过自动检测。
- OLLAMA_MAX_VRAM：最大显存。

（2）重载 systemd 并重启 Ollama：

```
systemctl daemon-reload
systemctl restart ollama
```

2. 修改模型存储位置

默认情况下，Linux 系统 Ollama 的模型存储路径为/usr/share/ollama/.ollama/models，可以通过环境变量 OLLAMA_MODELS 修改模型存储路径。例如，在文件 ollama.service 的[Service]部分下增加 1 行：

```
Environment="OLLAMA_MODELS=/data/ollama"
```

注意：自定义的路径需要确保用户 ollama 对其具有写权限。

3. 更改令牌窗口大小

默认情况下，Ollama 使用 2048 个令牌的上下文窗口大小。在使用 ollama run 时，可以使用参数 /set parameter 来更改：

```
ollama run qwen2.5:72b /set parameter num_ctx 8192
```

增大上下文窗口可以提高推理质量，但同时会造成推理速度下降，需合理平衡。

8.1.4　准备模型文件

Ollama 上开源模型主要分为以下四类。

- 文本和聊天模型：占比约为 57%，用于模拟人类对话和生成创意文本。
- 代码补全模型：占比约为 30%，用于在软件开发中提供 AI 辅助，例如代码生成和代码理解。

- 多模态/视觉模型：占比约为 7%，整合图像理解能力，同时分析文本和视觉信息。
- 嵌入模型：占比约为 6%，将文本转换为数值表示，用于相似性搜索和信息检索等任务。

Ollama 通过 `ollama pull` 命令可以在线下载各种大模型。在离线环境下，可将下载后的模型文件复制至局域网环境，设置好模型文件所在路径，就可以在局域网离线环境下运行大模型了。目前版本的 Ollama 还不支持在命令行下查询有哪些模型可供下载，需要到其官方网站查询。

模型的参数越多效果越好，但响应的速度也越慢，需要根据实际情况合理取舍。编者使用的测试计算机配置了 2 块 Nvidia RTX 4090（每块显存容量为 24GB），显存容量共有 48GB。为了充分利用显存，编者选择了效果较好的阿里巴巴开源中文大语言模型 qwen2.5。该模型参数规模最小为 0.5b（b 是"十亿"英文单词的首字母）、最大为 72b，对应的模型最小为 398MB、最大为 145GB（如图 8-1 所示）。本章主要使用 qwen2.5:32b 和 qwen2.5:72b 两个模型。

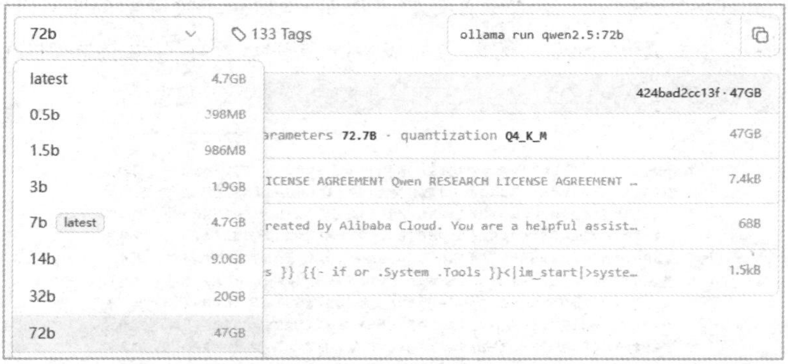

图 8-1　qwen2.5:72b 模型

执行下面的命令即可运行 qwen2.5:72b 这个模型：

```
ollama run qwen2.5:72b
```

Ollama 的 run 命令会自动下载所需的模型，如图 8-2 所示，只有 1 个命令行形式的问答界面，相当简陋。

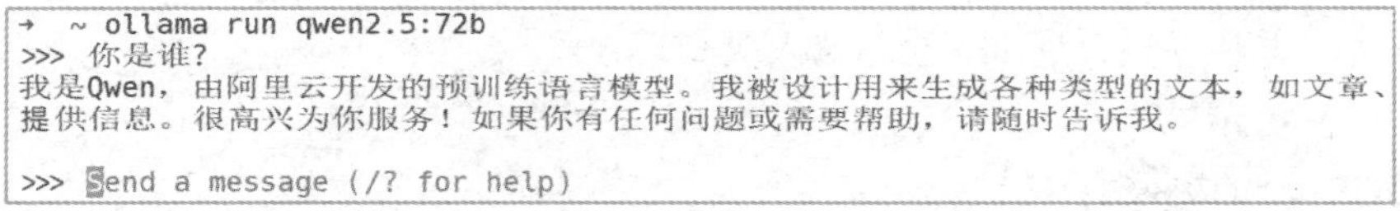

图 8-2　模型 qwen2.5:72b 的 Ollama 对话界面

在运行 qwen2.5:72b 模型时查看两块显卡状态，如图 8-3 所示。RTX 4090 是不支持 Nvidia 的显卡互联技术 Nvlink 的，这两块显卡在物理上是独立的。从图 8-3 中可以看到每块显卡各使用了约 22GB 的显存，说明 Ollama 会根据显卡数量自动将模型拆分后平均分配到各显卡运行。

```
txt@GPU:~$ nvidia-smi
Mon Sep 30 17:28:38 2024
+-----------------------------------------------------------------------------+
| NVIDIA-SMI 550.107.02      Driver Version: 550.107.02      CUDA Version: 12.4 |
|-------------------------------+----------------------+----------------------+
| GPU  Name        Persistence-M| Bus-Id        Disp.A | Volatile Uncorr. ECC |
| Fan  Temp  Perf  Pwr:Usage/Cap|         Memory-Usage | GPU-Util  Compute M. |
|                               |                      |               MIG M. |
|===============================+======================+======================|
|   0  NVIDIA GeForce RTX 4090   Off| 00000000:21:00.0 Off |                  Off |
|  0%   39C    P2    66W / 450W | 22691MiB / 24564MiB  |      0%      Default |
|                               |                      |                  N/A |
+-------------------------------+----------------------+----------------------+
|   1  NVIDIA GeForce RTX 4090   Off| 00000000:41:00.0 Off |                  Off |
|  0%   33C    P2    53W / 450W | 22643MiB / 24564MiB  |      0%      Default |
|                               |                      |                  N/A |
+-------------------------------+----------------------+----------------------+
```

图 8-3　Ollama 自动将模型拆分后分配到各显卡运行状态

编者又尝试拆掉 1 块显卡，在显存不足以完全加载模型的情况下运行模型 qwen2.5:72b，此时仍然可以正常运行模型，但模型的响应速度十分缓慢，且各 CPU 内核（共 120 核）使用率飙升至近 100%（如图 8-4 所示）。这表明在显存不足时，Ollama 会自动调用 CPU、内存参与 AI 推理，但 CPU 和内存在 AI 推理方面的能力与显卡的 GPU、显存的能力差距明显。

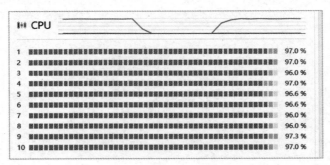

图 8-4　显存不足推理时耗费大量 CPU 资源

8.2　AI 赋能操作系统

基于 LLM 的应用不仅可以作为人类助手，提高办公、开发、学术研究等工作的效率，还可以直接操作计算机系统，展现了全新的人机交互方式。

8.2.1　open-interpreter

open-interpreter 就是这样的一款开源的基于 LLM 的实现 AI 赋能操作系统的应用软件，使用 Python 编程语言开发，理论上是跨平台的。

（1）安装 open-interpreter。

open-interpreter 的安装十分简单，安装命令如下：

```
pip install open-interpreter
```

由于我们要基于本地部署的 Ollama 大模型，还需再安装 open-interpreter 的本地模块：

```
pip install open-interpreter[local]
```

还有一些其他模块，可按需安装：

```
pip install open-interpreter[os]
pip install open-interpreter[safe]
pip install open-interpreter[server]
```

（2）运行 open-interpreter。

安装完毕后，使用下面的命令启动 open-interpreter：

```
interpreter --api_base "http://localhost:11434" --model ollama/qwen2.5:32b
```

- --api_base：指定 ollama 服务地址，若 ollama 和 open-interpreter 不在同一台计算机上，则需将 localhost 替换为实际的 ollama 服务 IP 地址。
- --model：指定要使用 ollama 部署的哪个模型（需提前使用 ollama run xxx 将要使用的模型运行起来）。

（3）open-interpreter 使用示例。

- 示例 1：列出当前目录下的文件，并按文件大小的逆序排列，运行效果如图 8-5 所示。由图 8-5 可知，open-interpreter 在实际执行命令前，需要用户确认是否执行命令，以防误操作。

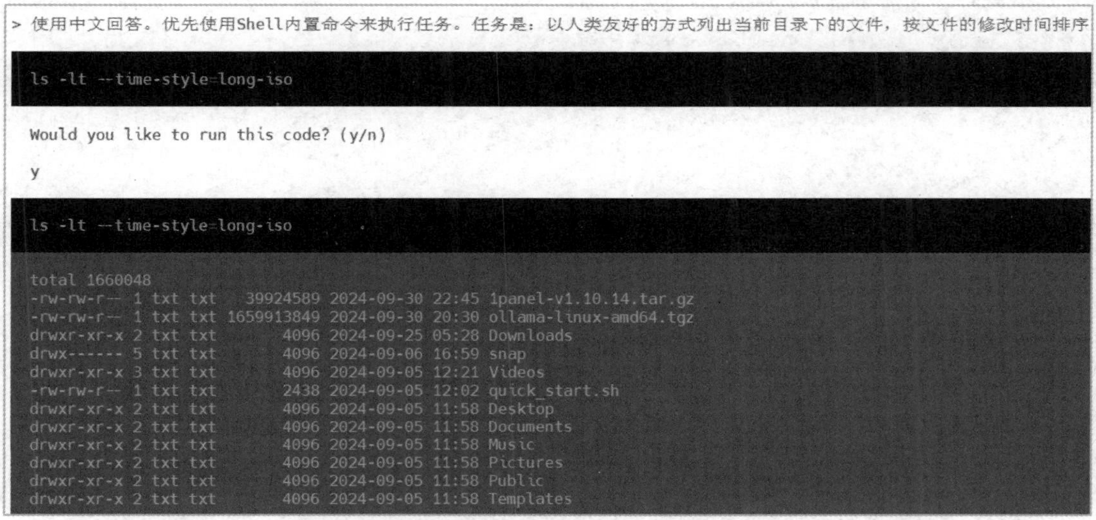

图 8-5　open-interpreter 使用示例 1

- 示例 2：找到名字中包含 "one-api" 的 Docker 镜像，并将其删除。one-api 是编者计算机上的一个 Docker 镜像。

这个任务实际执行时稍有曲折，过程略长，不便截图，下面用文字展示其运行过程，加粗的文字是实际执行的命令。

> 使用中文回答。优先使用 Shell 内置命令来执行任务。任务是：找到名字中包含 "one-api" 的 Docker 镜像，将其删除。

好的，你可以使用以下 Shell 命令来查找名称中包含 "one-api" 的 Docker 镜像，并将其删除：

1 列出所有镜像并筛选出包含 "one-api" 的镜像：

```
docker images | grep one-api
Would you like to run this code? (y/n)
y
```

docker images | grep one-api   #实际执行的命令（编者备注）

```
justsong/one-api        v0.6.8          7ed27d943e59   7 weeks ago   75.9MB
```

这个输出表示找到了一个名为 justsong/one-api 的 Docker 镜像，其标签是 v0.6.8。该镜像的 ID 是 7ed27d943e59，并且它是大约 7 周前创建的，大小为 75.9MB。

接下来的步骤是删除这个镜像。可以使用以下命令来删除：

```
docker rmi justsong/one-api:v0.6.8
Would you like to run this code? (y/n)
y
```

docker rmi justsong/one-api:v0.6.8   #实际执行的命令（编者备注）

```
Error response from daemon: conflict: unable to remove repository reference
"justsong/one-api:v0.6.8" (must force) - container 4fb0ae2478e2 is using its referenced
image 7ed27d943e59
```

这个错误信息表示存在一个正在使用该镜像的容器，因此无法直接删除。需要先停止并移除相关容器，然后再尝试删除镜像。

以下是具体步骤：

1 找到使用该镜像的所有容器：

```
docker ps -a | grep 7ed27d943e59
Would you like to run this code? (y/n)
y
```

docker ps -a | grep 7ed27d943e59   #实际执行的命令（编者备注）

由于 docker ps -a | grep 7ed27d943e59 没有产生任何输出，这意味着没有使用该镜像的容器在列表中显示。这可能意味着所有相关的容器已经被删除或停止。

为了确保没有任何运行中的容器正在使用这个镜像，并且可以强制删除它，你可以尝试以下步骤：

1 查找并停止相关容器（如果存在）：

```
docker ps -a --filter "ancestor=justsong/one-api:v0.6.8" -q | xargs -r docker stop
Would you like to run this code? (y/n)
y
```

docker ps -a --filter "ancestor=justsong/one-api:v0.6.8" -q | xargs -r docker stop
                                                #实际执行的命令（编者备注）

```
4fb0ae2478e2
```

这个输出表示找到了一个使用 justsong/one-api:v0.6.8 镜像的容器，其 ID 是 4fb0ae2478e2。现在我们需要删除这个容器。

以下是下一步的操作：

1 停止并删除该容器：

```
docker rm 4fb0ae2478e2
Would you like to run this code? (y/n)
y
```

```
docker rm 4fb0ae2478e2                              #实际执行的命令（编者备注）
4fb0ae2478e2
这个输出表示容器 4fb0ae2478e2 已经被成功删除。
接下来，我们可以尝试再次删除镜像：
 2 删除镜像：
docker rmi justsong/one-api:v0.6.8
Would you like to run this code? (y/n)
y
docker rmi justsong/one-api:v0.6.8                  #实际执行的命令（编者备注）
Untagged: justsong/one-api:v0.6.8
Untagged:
justsong/one-api@sha256:29f201e0c63e8827359483a9bc7496635292f129dadfdfa59183a00fa9199
3d9
 Deleted: sha256:7ed27d943e5953108e3ab8498cf15894159863b83fad7211f2f1c2996f7f6d82
 Deleted: sha256:77cb1ee87bf66b3ff827606354148d8e3ee7046a1baa3ece1302dca1d9abdc0d
 Deleted: sha256:eba8ba83f217855d476d34e2cd8d2d2ce5d149d91c55d875a31a1be0a2272297
 Deleted: sha256:602f83aeadaab3e8b6eba4bbfc9ae2d67e89b06a3d4da0c9340089c341a46a1b
这个输出表示镜像 justsong/one-api:v0.6.8 已经被成功删除。具体步骤如下：
 1 首先取消了标签(Untagged)，然后删除了相关的层(Deleted)。
 2 现在，该镜像及其依赖的各层已经被完全移除。
你已经完成了所需的操作，可以确认 justsong/one-api:v0.6.8 镜像已被成功删除。如果没有其他操作需要执
行，那么现在你可以结束了。
如果你还需要进一步清理或验证，请告诉我你的具体需求。
```

从上面删除 Docker 镜像的任务执行过程来看，qwen2.5:32b 这个模型已经相当强大，在执行任务遇到问题时，能够自主寻找解决方案。在实施解决方案又遇到问题时，又能够再次寻找其他方案，直至问题解决，完成任务。在 qwen2.5:32b（大小 20GB）模型之上还有 qwen2.5:72b（默认精度大小为 47GB），qwen2.5:72b 的最高精度模型为 qwen2.5:72b-instruct-fp16（大小为145GB）。若使用更强大的模型，则 open-interpreter 应该可以执行更加复杂的任务。

8.2.2 self-operating-computer

项目 open-interpreter 只支持在命令行界面执行下达的任务，而项目 self-operating-computer 则更近一步实现了在图形用户界面执行下达的任务。self-operating-computer 依托多模态视觉大模型，使用与人类相同的输入和输出，通过实时录屏，观察屏幕以决定如何操作鼠标和键盘并达成目标。

self-operating-computer 目前支持的大语言模型有 GPT-4o、Gemini Pro Vision、Claude 3 和 LLaVA，前 3 个是在线的大语言模型，最后 1 个 LLaVA 模型可以使用 Ollama 在本地部署。

```
ollama run llava                        # 下载并运行 LLaVA 模型
pip install self-operating-computer     # 安装 self-operating-computer
operate -m llava                        # 使用 LLaVa 模型启动 self-operating-computer
```

启动 self-operating-computer 后，默认通过输入文本的方式下达任务指令。self-operating-computer 支持通过语音的方式下达指令，相关配置命令如下：

```
git clone <本书资源仓库地址>/self-operating-computer.git
cd self-operating-computer
pip install -r requirements-audio.txt
sudo apt install portaudio19-dev python3-pyaudio
operate --voice -m llava
```

从测试情况看，在使用本地 LLaVa 模型时任务执行错误率很高，还很不成熟。self-operating-computer 项目官方正在开发名为 Agent-1-Vision 的专用多模态模型，该模型能够更准确地预测屏幕点击位置。目前该模型还未开放 API 访问权限。

第三篇　安全篇

本篇重点探讨如何加强银河麒麟操作系统的安全性。首先介绍了网络安全等级保护制度 2.0 中对于安全计算环境的要求，接着按照安全计算环境的 11 个关键组成部分：身份鉴别、访问控制、安全审计、入侵防范、恶意代码防范、可信验证、数据完整性、数据保密性、数据备份恢复、剩余信息保护、个人信息保护，依次介绍了如何在银河麒麟操作系统中通过系统配置、软件使用，实现网络安全等级保护制度 2.0 中关于安全计算环境的相关要求。

09
网络安全等级保护制度

网络安全等级保护制度（简称"等保"）是一种国家信息安全保障的基本制度、基本策略和基本方法，它主要是对信息和信息载体按照重要性等级分级别进行保护的工作。在中国，网络安全等级保护制度是为了防止信息系统遭受恶意攻击、破坏或泄露，造成国家安全、社会稳定、公民权益等方面的损害。网络安全等级保护制度经历了等保 1.0、等保 2.0 两个阶段。

9.1 网络安全等级保护制度 1.0

等保 1.0 的完善过程如下：

- 1994 年，颁布《中华人民共和国计算机信息系统安全保护条例》明确规定"计算机信息系统实行安全等级保护"。
- 1999 年，发布《计算机信息系统安全等级保护划分准则》（GB17859）。
- 2003 年，《国家信息化领导小组关于加强信息安全保障工作的意见》提出需要"加强信息安全保障工作的总体要求和主要原则，并实行信息安全等级保护"，并要求"重点保护基础信息网络和关系国家安全、经济命脉、社会稳定等方面的重要信息系统，抓紧建立信息安全等级保护制度，制定信息安全等级保护的管理办法和技术指南"。
- 2004 年，《关于信息安全等级保护工作的实施意见》确认了信息安全等级保护制度的原则、基本内容、工作要求等内容。
- 2007 年，《信息安全等级保护管理办法》明确了"国家通过制定统一的信息安全等级保护管理规范和技术标准,组织公民、法人和其他组织对信息系统分等级实行安全保护,对等级保护工作的实施进行监督、管理"，并对相应内容进行了详尽规定。
- 2008 年，发布《信息安全技术 信息系统安全等级保护定级指南》（GB/T 22240—2008）、《信息安全技术 信息系统安全等级保护基本要求》（GB/T 22239—2008）。

- 2010 年，发布《信息安全技术 信息系统等级保护安全设计技术要求》（GB/T 25070—2010）。
- 2012 年，发布《信息安全技术 信息系统等级保护测评要求》（GB/T 28448—2012）

以上一系列的法律法规及国家标准，共同组成了"等保 1.0"体系。

等保 1.0 的定级原则是自主定级、自主保护。根据信息系统在国家安全、经济建设、社会生活中的重要程度，信息系统遭到破坏后对国家安全、社会秩序、公共利益以及公民、法人和其他组织的合法权益（受侵害客体）的危害程度等因素确定。

等保 1.0 将信息系统划分为五个等级。

第一级（自主保护级）：信息系统受到破坏后，会对公民、法人和其他组织的合法权益造成损害，但不损害国家安全、社会秩序和公共利益。

第二级（指导保护级）：信息系统受到破坏后，会对公民、法人和其他组织的合法权益产生严重损害，或者对社会秩序和公共利益造成损害，但不损害国家安全。

第三级（监督保护级）：信息系统受到破坏后，会对社会秩序和公共利益造成严重损害，或者对国家安全造成损害。

第四级（强制保护级）：信息系统受到破坏后，会对社会秩序和公共利益造成特别严重损害，或者对国家安全造成严重损害。

第五级（专控保护级）：信息系统受到破坏后，会对国家安全造成特别严重损害。

9.2 网络安全等级保护制度 2.0

随着信息技术的飞速发展，尤其是云计算、移动互联网、大数据、物联网和人工智能等新兴技术的不断涌现，传统的计算机信息系统概念已经无法全面覆盖当前的技术范畴。互联网的快速发展不仅推动了大数据价值的凸显，也使得云计算、大数据、工业控制系统、物联网和移动互联网等技术成为产业结构升级的重要基础。这些技术作为新兴产业的支撑，构成了经济社会运行的神经中枢，其安全性的重要性不言而喻。

由于业务目标、技术使用和应用场景的差异，不同等级保护对象呈现出多样化的形态，包括基础信息网络、信息系统、云计算平台、大数据平台、物联网系统和工业控制系统等。这些不同形态的保护对象面临着不同的威胁，安全保护需求也因此而异。现有的标准体系需要更新升级，以适应新技术的发展，等级保护的相关标准也必须与时俱进。

"等保 1.0"标准体系在适用性、时效性、易用性和可操作性方面存在局限，需要进一步扩充和完善。因此，"等保 2.0"应运而生，旨在更好地适应新技术的发展，提供更为全面和有效的安全保护措施。

等保 2.0 的完善过程如下：

- 2016 年，第十二届全国人民代表大会常务委员会第二十四次会议通过《中国人民共和国网络安全法》，明确国家要施行网络安全等级保护制度，将等级保护制度上升到了法律高度，并在法律层面确立了其在网络安全领域的基础和核心地位，落实等级保护工作刚行明确。
- 2018 年，《信息安全技术 网络安全等级保护安全管理中心技术要求》（GB/T 36958—2018）等等保 2.0 标准发布，启动网络安全等级保护条例立法程序。
- 2019 年，发布《信息安全技术 网络安全等级保护基本要求》（GB/T 22239—2019）、《信息安全技术 网络安全等级保护安全设计技术要求》（GB/T 25070—2019）、《信息安全技术 网络安全等级测评要求》（GB/T 28448—2019）。
- 2020 年，发布《贯彻落实网络安全等保制度和关保制度的指导意见》，《信息安全技术 网络安全等级保护定级指南》（GB/T 22240—2020），持续完善等保 2.0 体系。

等保 2.0 的定级原则依然是自主定级、自主保护。根据信息系统在国家安全、经济建设、社会生活中的重要程度，信息系统遭到破坏后对国家安全、社会秩序、公共利益以及公民、法人和其他组织的合法权益（受侵害客体）的危害程度等因素确定。

等保 2.0 将信息系统划分为五个等级。

第一级（自主保护级）：信息系统受到破坏后，会对公民、法人和其他组织的合法权益造成一般损害，但不损害国家安全、社会秩序和公共利益。

第二级（指导保护级）：信息系统受到破坏后，会对公民、法人和其他组织的合法权益造成严重损害或特别严重损害，或者对社会秩序和公共利益造成危害，但不损害国家安全。

第三级（监督保护级）：信息系统受到破坏后，会对社会秩序和公共利益造成严重危害，或者对国家安全造成损害。

第四级（强制保护级）：信息系统受到破坏后，会对社会秩序和公共利益造成特别严重危害，或者对国家安全造成严重危害。

第五级（专控保护级）：信息系统受到破坏后，会对国家安全造成特别严重危害。

等保 2.0 的安全框架如图 9-1 所示。

图 9-1 等保 2.0 的安全框架

9.3 等保 2.0 与等保 1.0 的主要区别

（1）名称的变化。

首先安全的内涵由早期面向数据的信息安全，过渡到面向信息系统的信息保障（信息系统安全），并进一步演进为面向网络空间的网络安全。网络安全以其更丰富的内涵逐步取代信息安全成为安全领域共识，《中华人民共和国网络安全法》明确规定"国家实行网络安全等级保护制度"，相关法律条文和标准也需保持一致性，等保 2.0 与时俱进地将原标准的"信息系统安全等级保护"改为"网络安全等级保护"，例如《信息系统安全等级保护基本要求》改为《网络安全等级保护基本要求》。

（2）保护对象的变化。

在开展网络安全等级保护工作中应首先明确等级保护对象。

等保 1.0 定义等级保护对象为信息安全等级保护工作直接作用的具体信息和信息系统。随着云计算平台、物联网、工业控制系统等新形态的等级保护对象不断涌现，原定义内涵局限性日益显现。

等保 2.0 定义等级保护对象包括基础信息网络、云计算平台/系统、大数据应用/平台/资源、物联网、工业控制系统和采用移动互联技术的系统等。

（3）内容的变化。

以基本要求为例，等保 1.0 只有安全要求，等保 2.0 分为安全通用要求和安全扩展要求，其中安全扩展要求，包括云计算安全扩展要求、移动互联安全扩展要求、物联网安全扩展要求、工业控制系统安全扩展要求。

等保 2.0 安全通用要求是普适性要求，是不管等级保护对象形态如何，必须满足的要求；针对云计算、移动互联、物联网和工业控制系统，除了满足安全通用要求，还需满足的补充要求称为安全扩展要求。

（4）控制措施结构的变化。

等保 1.0 与等保 2.0 在基本要求的技术要求中有所调整。

9.4 等保 2.0 中的安全计算环境

《信息安全技术 网络安全等级保护基本要求》（GB/T 22239—2019）区分五个等级分别描述了各自的安全要求，每个等级的安全要求又分为安全通用要求、云计算安全扩展要求、移动互联安全扩展要求、物联网安全扩展要求、工业控制系统安全扩展要求 5 个具体的安全要求，其中安全通用要求又分为安全物理环境、安全通信网络、安全区域边界、安全计算环境、安全管理制度、安全管理机构、安全管理人员、安全建设管理、安全运维管理 9 个方面。具体如图 9-2 所示。

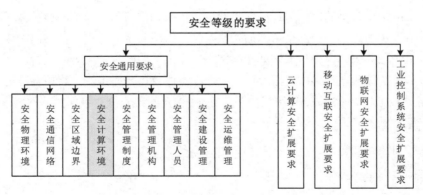

图 9-2 网络安全等级保护基本要求中每个等级的要求

安全计算环境就是本章重点关注的内容，其中多数要求需要通过对操作系统的配置以实现。安全计算环境包括身份鉴别、访问控制、安全审计、入侵防范、恶意代码防范、可信验证、数据完整性、数据保密性、数据备份恢复、剩余信息保护、个人信息保护 11 个方面。如图 9-3 所示。

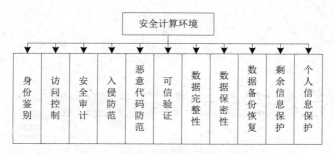

图 9-3　安全计算环境

在《信息安全技术　网络安全等级保护基本要求》（GB/T 22239—2019）中描述了从保护等级一到等级四，需要达到的安全计算环境要求，每一级都在上一级上有所强化，具体如下一章所述。

10
麒麟操作系统安全计算环境配置

10.1　身份鉴别

等保第一级至第四级的身份鉴别的要求如表 10-1 所示。

表 10-1　等保第一级至第四级的身份鉴别的要求

等保等级	相关要求
第一级	（1）应对登录的用户进行身份标识和鉴别，身份标识具有唯一性，身份鉴别信息具有复杂度要求并定期更换 （2）应具有登录失败处理功能，应配置并启用结束会话、限制非法登录次数和当登录连接超时自动退出等相关措施
第二级	（3）当进行远程管理时，应采取必要措施防止鉴别信息在网络传输过程中被窃听
第三级	（4）应采用口令、密码技术、生物技术等两种或两种以上组合的鉴别技术对用户进行身份鉴别，且其中一种鉴别技术至少应使用密码技术来实现
第四级	以上所有

为满足上述要求，需要对麒麟操作系统进行如下配置。

10.1.1　关闭免密登录

在"设置"中，选择左侧的账户信息，将右边的免密登录、开机自动登录关闭，如图 10-1 所示。

图 10-1　关闭免密登录

10.1.2　身份鉴别信息具有复杂度要求并定期更换

方法一：以 root 用户权限打开/etc/login.def 文件，找到如下代码：

```
#---------------下面是设置密码定期更换-----------------------

# 设定同一个密码最长使用天数，默认为 99999 天，相当于永久有效
PASS_MAX_DAYS 99999
# 设定同一个密码最短使用天数，默认为 0 天，也就是随时可以换
PASS_MIN_DAYS 0
# 设定在密码达到最长使用天数之前多少天给出提醒
PASS_WARN_AGE 7

#---------------下面是设置密码复杂度-----------------------

PASS_MIN_LEN  8          # 设定密码最短长度
```

依据实际情况进行上述设置即可。

方法二：打开"安全中心"，单击左侧的"账户保护"出现如图 10-2 所示的界面，在右边"密码强度"下选择"自定义"单选按钮，出现如图 10-3 所示的界面，依据实际情况设置即可。

图 10-2　账户密码强度设置

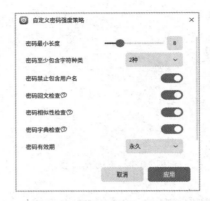

图 10-3 自定义密码强度策略

10.1.3 设置密码尝试限制

方法一：以管理员身份打开文件/etc/pam.d/common-auth，其中默认有如下代码：

```
auth [success=2 default=ignore] pam_unix.so nullok_secure try_first_pass pwquality deny=5
unlock_time=180 root_unlock_time=180
```

- deny：错误登录次数达到多少次后限制用户继续尝试，默认为 5 次。
- unlock_time；限制用户尝试后，多长时间可以继续尝试登录，默认是 180 秒。

用户依据实际情况修改即可。

方法二：打开"安全中心"界面，单击左侧的"账户保护"选项出现如图 10-2 所示的界面，在右边"账户锁定"下可以直接设置密码连续输错次数、账户锁定时间。

10.1.4 登录连接超时自动退出

可以通过设置 TMOUT 环境变量来实现超时自动退出的功能。打开/etc/profile 文件，假如如下代码：

```
export TMOUT=600  # 600 秒无操作自动退出登录
```

保存并退出编辑器，然后使用 source /etc/profile 刷新环境变量。

10.1.5 防止鉴别信息在网络传输过程中被窃听

远程连接麒麟操作系统，可以通过 SSH，也可以通过 Telnet。SSH 使用的是 22 端口，是加密连接；Telnet 使用的是 23 端口，是非加密连接。如果在网络上截获连接的数据包，则可以从中直接获取 Telnet 的登录账户、密码等信息，因此，防止鉴别信息在网络传输过程中被窃听，可以通过禁用 Telnet 来实现。

麒麟操作系统默认是没有安装 SSH 服务、Telnet 服务，通过上文介绍，如果要实现远程连接管理，则可以只安装 SSH 服务，安装方法如下，打开终端，输入如下命令：

```
sudo apt-get install openssh-server
```

然后通过如下命令，可以查看 SSH 服务是否启动：

```
sudo systemctl status sshd
```

如果启动，会显示如图 10-4 所示的信息：

图 10-4　查询 SSH 服务的状态

客户端使用 SSH 访问服务端，有密码登录、密钥登录两种方式。

（1）SSH 密码登录。

工作原理：客户端向服务端发起登录请求，服务端返回公钥。客户端用公钥加密自己的认证信息，发送到服务端。服务端用私钥解密客户端发来的认证信息，匹配则登录成功，否则失败。

优点：简单易用，无须进行额外的配置。

缺点：安全性较低，因为密码可能会被窃取或猜测。

在客户端上使用如下命令即可连接服务端：

```
ssh 用户名@服务端 IP 地址
```

登录界面如图 10-5 所示。

图 10-5　SSH 登录界面

默认是使用 22 端口，如果需要进一步提升安全性，则可以修改默认端口，以管理员身份打开文件/etc/ssh/ssh_config，将其中的如下代码前面的#号去掉，修改 22 为想要的端口即可。

```
# PORT 22
```

然后重启 SSH 服务：

```
service sshd restart
```

此时需要使用如下命令连接服务端：

```
ssh 用户名@服务端 IP 地址 新的端口号
```

（2）SSH 密钥登录。

工作原理：客户端将自己的公钥通过安全的手段传输到服务端。客户端发起连接请求，服务端利用客户端的公钥加密一段随机文本发送给客户端。客户端利用私钥解密，将解密内容发送到服务端，服务端对比解密的内容和原始的随机文本，如果一致则允许登录。

优点：更加安全，因为即使攻击者获取到了公钥，也无法进行非法登录。

缺点：需要额外的配置，并且如果私钥被泄露，那么攻击者就可以直接使用私钥进行登录。

在 SSH 服务器上新建一个帐号密码（也可以使用原有的帐号密码，依据用户实际需求即可），在客户主机上，生成 RSA 公私密钥对，命令如下，其运行结果如图 10-6 所示。

```
ssh-keygen -t rsa
```

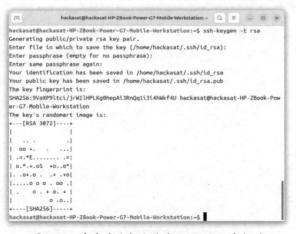

图 10-6　在客户主机上生成 RSA 公私密钥对

其中公钥位于用户目录下的隐藏文件夹.ssh 中，文件名为 id_rsa.pub，将该文件复制到 SSH 服务器上，将其内容追加到 SSH 服务器的用户目录下的隐藏文件夹.ssh 下的 authorized_keys 文件中，可以使用如下命令：

```
#------------------在客户主机上执行如下命令------------------------------
# scp 命令将生成的 RSA 公钥传送到 SSH 服务器的.ssh 目录下
# 注意：执行 scp 命令，需要提前在服务端开启 SSH 服务
# 如果提示服务器上不存在.ssh 目录，那么手工创建该目录即可
```

```
scp ~/.ssh/id_rsa.pub [username]@[server_address]:~/.ssh/id_rsa.pub

#------------------在 SSH 服务器上执行如下命令----------------------------
# 进入~/.ssh 将公钥信息追加到 authorized_keys 文件中
cat id_rsa.pub >> authorized_keys
```

然后在客户主机上，编辑用户目录下的隐藏文件夹.ssh 中的 config 文件，添加如下代码：

```
Host *
IdentityFile ~/.ssh/id_rsa
```

此时再次使用 ssh 连接 SSH 服务器，就无须再输入密码，可以直接登录。

10.1.6　多因子认证

若要开启多因子认证，则需要单击"开始"菜单，选择"设置"选项，接着在"设置"界面中选择左侧的登录选项，将生物识别功能打开，可以选择的生物识别技术有指纹、人脸、指静脉、虹膜、声纹等，如图 10-7 所示，单击"高级设置"（即界面中"三个点的按钮"），会出现生物识别功能使用的时机，如图 10-8 所示。

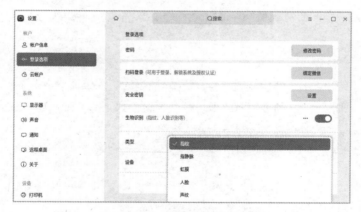

图 10-7　选择生物识别技术

图 10-8　选择使用生物识别功能的时机

10.2　访问控制

等保第一级至第四级的访问控制的要求如表 10-2 所示。

表 10-2　等保第一级至第四级的访问控制的要求

等保等级	相关要求
第一级	（1）应对登录的用户分配账户和权限 （2）应重命名或删除默认账户，修改默认账户的默认口令 （3）应及时删除或停用多余的、过期的账户，避免共享账户的存在
第二级	（4）应授予管理用户所需的最小权限，实现管理用户的权限分离
第三级	（5）应由授权主体配置访问控制策略，访问控制策略规定主体对客体的访问规则 （6）访问控制的粒度应达到主体为用户级或进程级，客体为文件、数据库表级 （7）应对重要主体和客体设置安全标记，并控制主体对有安全标记信息资源的访问
第四级	（8）应对主体、客体设置安全标记，并依据安全标记和强制访问控制规则确定主体对客体的访问

为满足上述要求，需要对麒麟操作系统进行如下配置。

10.2.1　用户组与用户

在麒麟操作系统中，用户和用户组是实现访问控制的重要组成部分。麒麟操作系统中的用户可以分为三类，都是通过一个数字 ID 来识别的，这个数字叫 UID（User ID 的缩写）：

（1）超级用户 root：拥有系统最高的管理权限，UID 为 0。

（2）普通用户分为两种。

- 系统用户：系统自带的拥有特定功能的用户（UID 为 1~999）。
- 本地用户：使用者新建的用户（UID 为 1000 以上）。

（3）虚拟用户：这些用户通常不用于登录系统，只是用于维持某些服务的正常运行。

用户组是具有相同特性用户的集合体。同样，麒麟操作系统也是通过一个数字 ID 来识别用户组的，这个数字叫做 GID（Group ID 的缩写）。用户组和用户之间是多对多的关系。一个用户可以从属多个用户组，一个用户组也可以包含多个用户。可以使用如下命令查询 root 用户的 UID 及所属的用户组 GID、麒麟操作系统初始安装后的用户组、用户，查询结果分别如图 10-9、表 10-3、表 10-4 所示。

```
#-------------------查询 root 用户的 UID，以及所属的用户组 GID-------
id root

#-------------------查询麒麟操作系统初始安装后的用户组------------
```

```
cat /etc/group
#-------------------查询麒麟操作系统初始安装后的用户-------------
cat /etc/passwd
```

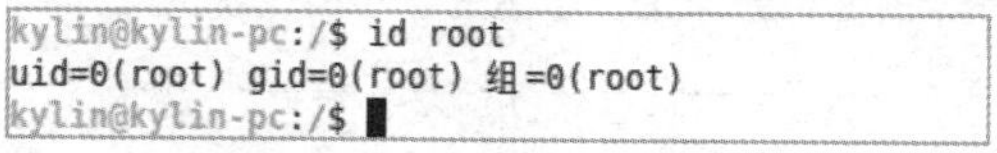

```
kylin@kylin-pc:/$ id root
uid=0(root) gid=0(root) 组=0(root)
kylin@kylin-pc:/$
```

图 10-9 查询 root 用户的 UID 及所属的用户组 GID

表 10-3 麒麟操作系统初始安装后的用户组

(其中斜体加粗的 Kylin 用户是在编者在系统安装的时候添加的用户)

用户组名	GID	组内用户
root	0	
daemon	1	
bin	2	
sys	3	
adm	4	syslog,*kylin*
tty	5	syslog
disk	6	
lp	7	
mail	8	
news	9	
uucp	10	
man	12	
proxy	13	
kmem	15	
dialout	20	
fax	21	
voice	22	
cdrom	24	*kylin*
floppy	25	
tape	26	
sudo	27	*kylin*
audio	29	pulse
dip	30	*kylin*
www-data	33	
backup	34	
operator	37	
list	38	

用户组名	GID	组内用户
irc	39	
src	40	
gnats	41	
shadow	42	
utmp	43	
video	44	
sasl	45	
plugdev	46	*kylin*
staff	50	
games	60	
users	100	
nogroup	65534	
messagebus	101	
systemd-journal	102	
systemd-network	103	
systemd-resolve	104	
crontab	105	
tss	106	
systemd-coredump	107	
syslog	108	
ssl-cert	109	
input	110	
kvm	111	
render	112	
ssh	113	
bluetooth	114	
netdev	115	
avahi-autoipd	116	
lightdm	117	
nopasswdlogin	118	*kylin*
sssd	119	
scanner	120	saned
i2c	121	
avahi	122	
lpadmin	123	*kylin*

用户组名	GID	组内用户
colord	124	
geoclue	125	
pulse	126	
pulse-access	127	
saned	128	
nm-openvpn	129	
sambashare	130	*kylin*
uuidd	131	
kylin	1000	
systemd-timesync	999	

表 10-4　麒麟操作系统初始安装后的用户

(其中斜体加粗的 Kylin 用户是在编者在系统安装的时候添加的用户)

用户名	UID	GID	主目录	Shell
root	0	0	/root	/bin/bash
daemon	1	1	/usr/sbin	/usr/sbin/nologin
bin	2	2	/bin	/usr/sbin/nologin
sys	3	3	/dev	/usr/sbin/nologin
sync	4	65534	/bin	/bin/sync
games	5	60	/usr/games	/usr/sbin/nologin
man	6	12	/var/cache/man	/usr/sbin/nologin
lp	7	7	/var/spool/lpd	/usr/sbin/nologin
mail	8	8	/var/mail	/usr/sbin/nologin
news	9	9	/var/spool/news	/usr/sbin/nologin
uucp	10	10	/var/spool/uucp	/usr/sbin/nologin
proxy	13	13	/bin	/usr/sbin/nologin
www-data	33	33	/var/www	/usr/sbin/nologin
backup	34	34	/var/backups	/usr/sbin/nologin
list	38	38	/var/list	/usr/sbin/nologin
irc	39	39	/var/run/ircd	/usr/sbin/nologin
gnats	41	41	/var/lib/gnats	/usr/sbin/nologin
nobody	65534	65534	/nonexistent	/usr/sbin/nologin
_apt	100	65534	/nonexistent	/usr/sbin/nologin
messagebus	101	101	/nonexistent	/usr/sbin/nologin
systemd-network	102	103	/run/systemd	/usr/sbin/nologin

用户名	UID	GID	主目录	Shell
systemd-resolve	103	104	/run/systemd	/usr/sbin/nologin
tss	104	106	/var/lib/tpm	/bin/false
systemd-coredump	105	107	/run/systemd	/usr/sbin/nologin
syslog	106	108	/home/syslog	/usr/sbin/nologin
avahi-autoipd	107	116	/var/lib/avahi-autoipd	/usr/sbin/nologin
lightdm	108	117	/var/lib/lightdm	/bin/false
sssd	109	119	/var/lib/sss	/usr/sbin/nologin
dnsmasq	110	65534	/var/lib/misc	/usr/sbin/nologin
strongswan	111	65534	/var/lib/strongswan	/usr/sbin/nologin
avahi	112	122	/var/run/avahi-daemon	/usr/sbin/nologin
cups-pk-helper	113	123	/home/cups-pk-helper	/usr/sbin/nologin
colord	114	124	/var/lib/colord	/usr/sbin/nologin
geoclue	115	125	/var/lib/geoclue	/usr/sbin/nologin
pulse	116	126	/var/run/pulse	/usr/sbin/nologin
saned	117	128	/var/lib/saned	/usr/sbin/nologin
nm-openvpn	118	129	/var/lib/openvpn/chroot	/usr/sbin/nologin
apt-p2p	119	65534	/var/cache/apt-p2p	/bin/false
uuidd	120	131	/run/uuidd	/usr/sbin/nologin
kylin	*1000*	*1000*	*/home/kylin*	*/bin/bash*
systemd-timesync	999	999	/	/usr/sbin/nologin
sshd	121	65534	/run/sshd	/usr/sbin/nologin

在麒麟操作系统中，你可以使用一系列命令来管理用户和用户组，例如：

- 创建用户：`useradd 用户名`。
- 删除用户：`userdel 用户名`。
- 创建用户组：`groupadd 用户组名`。
- 删除用户组：`groupdel 用户组名`。
- 将用户添加到用户组：`usermod -aG 用户组名 用户名`。
- 将用户从用户组中移除：`usermod -G 用户组名 用户名`。

10.2.2　权限管理

麒麟操作系统使用基于角色的访问控制（Role-Based Access Control，RBAC）来管理权限。管理员可以为不同的用户组分配不同的角色，并为每个角色定义相应的权限。用户登录后，只能访问其所属角色具备的权限，不能执行没有权限的操作。

麒麟操作系统还使用文件系统和进程权限控制机制来管理文件、目录及进程的访问权限。每个文件和目录都有所属用户、所属用户组和其他用户的权限设置。通过设置读、写和执行的权限，可以控制不同用户对文件和目录的访问和操作。同样地，每个进程都有所属用户和用户组，系统会根据进程的所属用户和用户组来判断其执行权限。只有具备执行权限的进程才能执行对应的操作。

10.2.2.1　权限查询

可以使用 ls 命令查看文件、进程的执行权限，用法如下：

```
ls -al

#------------------------查询/etc/passwd 的用户权限----------
ls -al /etc/passwd

#------------------------查询 wpsoffice 的用户权限-----------
ls -al /opt/kingsoft/wps-office/office6/wpsoffice
```

上述两个查询的结果如图 10-10 所示，详细说明如图 10-11 所示。其中：

（1）表示这个文件的类型与权限，这一项有 10 个字符。

（2）链接数，链接到该文件所在 inode 的文件名数目

（3）该文件的拥有者。

（4）该文件的所属用户组，该用户组的所有用户对这个文件有第二组权限。

（5）该文件的大小，默认单位为 B。

（6）该文件的创建日期或者最近一次修改的日期。

（7）该文件的文件名。

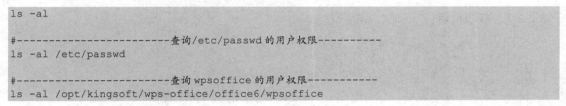

图 10-10　文件、进程权限查询示例

图 10-11　ls 命令的详细说明

文件权限各个字段的含义如图 10-12 所示。

表示文件类型：
d: 目录
l: 软链接
b: 块设备
c: 字符设备
s: socket
p: 管道
-: 普通文件

所属用户组权限

r表示允许读
w表示允许写
x表示运行执行

图 10-12　文件权限各个字段的含义

10.2.2.2　权限设置

使用命令 chmod，有两种格式，如下：

- chmod [ugoa] [+-=] [rwx] 文件或目录

u、g、o、a 分别表示：所属用户、所属组、其他用户、所有用户。

+、-、= 分别表示：增加、去除、设置权限。

- chmod nnn 文件或目录

nnn 为 3 位八进制数，其中每一位 n 都对应一组 rwx。r 用 4 表示，w 用 2 表示，x 用 1 表示，每组的权限值是这些数字的累加和。

例如，修改一个文件为所属用户可读可写可执行，所属组可读可写，其他用户可读，可以使用如下两种方式：

```
#-------------------------------方式一-----------------------
chmod u=rwx 文件名
chmod g=rw 文件名
chmod o=r 文件名

#-------------------------------方式二-----------------------
chmod 764 文件名
```

如图 10-13 所示。chmod 命令可以添加-R 选项，用于递归修改指定目录下所有子项的权限。

```
kylin@kylin-pc:~/文档$ ls -al 1.txt
-rw-rw-r-- 1 kylin kylin 0 2月   9 12:03 1.txt
kylin@kylin-pc:~/文档$ chmod 764 1.txt
kylin@kylin-pc:~/文档$ ls -al 1.txt
-rwxrw-r-- 1 kylin kylin 0 2月   9 12:03 1.txt
kylin@kylin-pc:~/文档$ ls -al 2.txt
-rw-rw-r-- 1 kylin kylin 0 2月   9 12:03 2.txt
kylin@kylin-pc:~/文档$ chmod u=rwx 2.txt
kylin@kylin-pc:~/文档$ chmod g=rw 2.txt
kylin@kylin-pc:~/文档$ chmod o=r 2.txt
kylin@kylin-pc:~/文档$ ls -al 2.txt
-rwxrw-r-- 1 kylin kylin 0 2月   9 12:03 2.txt
kylin@kylin-pc:~/文档$
```

图 10-13　使用 chmod 命令的两种格式修改文件权限

当然，麒麟操作系统也提供了图形用户界面文件权限的修改方式，右键单击文件，选择属性，即会出现如图 10-14 所示的界面，可以直接修改文件权限。

图 10-14　图形用户界面方式修改文件权限

10.2.2.3　改变文件的所有者

麒麟操作系统使用 chown 命令修改文件的所有者，其用法如下：

- `chown` 属主 文件或目录
- `chown` 属组 文件或目录
- `chown` 属主:属组 文件或目录

例如，要修改文件 1.txt 的所有者，由 kylin 用户修改为 root 用户，可以使用如下命令，执行效果如图 10-15 所示。

```
chown root 1.txt
```

```
kylin@kylin-pc:~/文档$ ls -al 1.txt
-rwxrw-r-- 1 kylin kylin 0 2月   9 12:03 1.txt
kylin@kylin-pc:~/文档$ chown root 1.txt
chown: 正在更改'1.txt' 的所有者: 不允许的操作
kylin@kylin-pc:~/文档$ sudo chown root 1.txt
输入密码
kylin@kylin-pc:~/文档$ ls -al 1.txt
-rwxrw-r-- 1 root kylin 0 2月   9 12:03 1.txt
kylin@kylin-pc:~/文档$
```

图 10-15　修改文件的所有者

可以发现文件的所有者由 kylin 变为了 root，但是文件所属的组还是 kylin，可以使用如下命令修改文件所属组，执行效果如图 10-16 所示。

```
kylin@kylin-pc:~/文档$ chown :root 1.txt
chown: 正在更改'1.txt' 的所属组: 不允许的操作
kylin@kylin-pc:~/文档$ sudo chown :root 1.txt
kylin@kylin-pc:~/文档$ ls -al 1.txt
-rwxrw-r-- 1 root root 0 2月   9 12:03 1.txt
kylin@kylin-pc:~/文档$
```

图 10-16　修改文件所属组

此时，使用用户 kylin 登录图形化界面，可以发现文件 1.txt 有一个小锁标志，如图 10-17 所示，并且无法修改该文件。

图 10-17　修改文件所有者后的文件图标带锁

chown 命令可以添加-R 选项，递归修改指定目录下所有文件、子目录的归属。

10.2.2.4　特殊权限

在麒麟操作系统中，文件特殊权限包括三种：SUID、SGID 和 SBIT。

（1）SUID。

SUID（Set User ID）是一种特殊的文件权限，它允许非 root 用户以 root 用户的身份运行特定的程序。这种权限通常应用在那些需要特定权限才能运行的程序上，比如 passwd 命令。

一个文件设置了 SUID 权限，意味着，如果一个普通用户执行了这个文件，那么在执行期间，这个普通用户会有 root 用户的权限。

例如，passwd 命令就需要 root 权限来修改用户的密码，但是普通用户也可以执行这个命令，这就是因为 passwd 命令的文件设置了 SUID 权限。

（2）SGID。

SGID（Set Group ID）也是一种特殊的文件权限，它允许非 root 用户以某个特定用户组的身份运行特定的程序。这种权限通常应用在那些需要在特定用户组下运行的程序上。

一个文件设置了 SGID 权限，意味着，如果一个普通用户执行了这个文件，那么在执行期间，这个普通用户会有这个文件所在用户组的权限。

（3）SBIT。

SBIT（Sticky Bit）是一种特殊的文件权限，它限制了文件或目录的删除和移动操作。只有文件或目录的所有者和 root 用户可以删除和移动设置了 SBIT 的文件或目录。

例如，在麒麟操作系统的 /tmp 目录中，有的文件和目录会设置 SBIT 权限，这样就可以防止普通用户删除其他人的临时文件。

可以通过在"chmod nnn 文件名"中"nnn"前面加上对应的数字，实现对文件设置特殊权限，如下：

```
#-------------------------设置SUID----------------------
#-------------------------方法一------------------------
chmod 4nnn test4        # 设置SUID
#-------------------------方法二------------------------
chmod u+s filename       # 设置SUID位
chmod 4755 filename      # 设置SUID位
chmod u=rwxs filename    # 指定文件所有者权限
chmod u-s filename       # 去掉SUID设置
chmod 755 filename       # 去掉SUID设置


#-------------------------设置SGID----------------------
#-------------------------方法一------------------------
chmod 2nnn test4        # 设置SGID
#-------------------------方法二------------------------
chmod g+s filename       # 设置SGID位
chmod 2755 filename      # 设置SGID位
chmod g=rwxs filename    # 指定文件所有组权限
chmod g-s filename       # 去掉SGID设置
chmod 755 filename       # 去掉SGID设置


#-------------------------设置SBID----------------------
#-------------------------方法一------------------------
chmod 1nnn test4        # 设置SBID
#-------------------------方法二------------------------
chmod o+t filename       # 设置SBID位
chmod 1755 filename      # 设置SBID位
chmod o=rwxt filename    # 指定文件权限
chmod o-t filename       # 去掉SBID设置
chmod 755 filename       # 去掉SBID设置
```

对于设置了特殊权限的文件，在使用 ls -al 命令查询其权限的时候，除了会显示 r、w、x，还会出现 s、t、S、T 四种字符，这四种字符出现在原来的 x 位上，如图 10-18 所示。

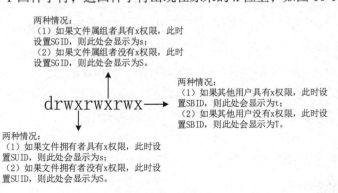

图 10-18　特殊权限的显示

查询 passwd 命令、tmp 目录的权限如图 10-19 所示，可以发现其中设置的特殊权限，passwd

的用户权限是 rws，tmp 目录的其他用户权限是 rwt。

```
kylin@kylin-pc:~/文档$ ls -al /usr/bin/passwd
-rwsr-xr-x 1 root root 72304 10月 21 2021 /usr/bin/passwd
kylin@kylin-pc:~/文档$ ls -adl /tmp
drwxrwxrwt 23 root root 4096 2月  9 17:24 /tmp
kylin@kylin-pc:~/文档$
```

图 10-19　麒麟操作系统默认的特殊权限命令、目录的权限属性显示

在明白了特殊权限的含义、设置、显示之后，我们可以通过 passwd 理解为什么要有特殊权限设置。麒麟操作系统下，普通用户是可以修改自己的密码的，但用户的密码是存在/etc/shadow 这个文件的，shadow 文件的权限中对于其他用户是不可以读、不可以写、不可以执行的，如图 10-20 所示。

那么普通用户是如何修改自己的密码的呢？这就要归功于 SUID 权限了。普通用户执行 passwd 命令时，实际上进程是以 root 身份运行的，所以才可以修改 shadow 文件达到修改密码的目的。在本章测试的时候，使用 kylin 用户在一个终端中输入 passwd 命令，再打开另一个终端，查询进程信息，可以发现运行 passwd 的 UID 为 0，即 root 用户，如图 10-21 所示。

```
kylin@kylin-pc:~/文档$ ls -al /etc/shadow
-rw-r----- 1 root shadow 1406 2月   8 10:24 /etc/shadow
kylin@kylin-pc:~/文档$
```

图 10-20　shadow 文件的权限

```
kylin@kylin-pc:~/文档$ ps -al
F S   UID    PID   PPID  C PRI  NI ADDR SZ WCHAN  TTY          TIME CMD
0 S     0 100583  39210  0  80   0 -  5363 -      pts/0    00:00:00 passwd
4 R  1000 100677 100601  3  80   0 -  3624 -      pts/1    00:00:00 ps
```

图 10-21　在 kylin 用户下执行 passwd 命令，其 UID 为 0

10.2.2.5　使用 ACL 设置精细权限

在麒麟操作系统中，可以使用访问控制列表 ACL（Access Control List）来为文件或目录设置更精细的权限。ACL 允许为每个用户、每个组或不在文件所属组中的用户配置特定的权限。主要使用的命令是 setfacl、getfacl，其用法如下所述。

（1）setfacl：设定某个目录/文件的访问控制权限，其格式如下：

```
setfacl [-bkRd] [{-m|-x} acl 参数] 目标文件名
```

- -m：设定后续的 acl 参数给档案使用，不可与-x 合用；
- -x：删除后续的 acl 参数，不可与-m 合用；
- -b：移除所有的 ACL 设定参数；
- -R：递归设定 acl；
- -d：设定预设 acl 参数的意思只对目录有效，在该目录新建的数据会引用此默认值。

常用示例如下，效果分别如图 10-22、图 10-23 和图 10-24 所示。

```
# 设置用户 test 对 temp 文件的读权限
setfacl -m u:test:r /tmp/temp
# 取消用户 test 对 temp 文件的读权限
setfacl -x u:testpdsyw /tmp/temp
# 设置用户组 testgroup 对 temp 文件的读权限
setfacl -m g:testgroup:r /tmp/temp
# 取消用户组 testgroup 对 temp 文件的读权限
setfacl -x g:testgroup /tmp/temp
# 可以添加-R 选项，递归修改指定目录下所有文件、子目录的权限

# 设置用户 test 默认访问 tempdir 目录及其新建子目录的读权限
setfacl -m d:u:test:rw /tmp/tempdir
# 取消 tempdir 目录及其子目录的所有读权限
setfacl -b /tmp/tempdir
```

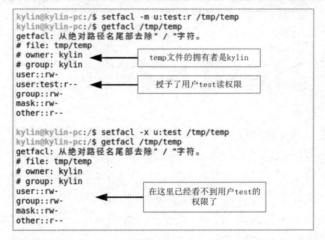

图 10-22 使用 setfacl 对 test 用户授予、取消特定文件的读权限

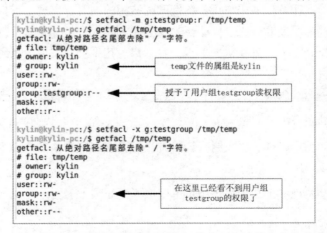

图 10-23 使用 setfacl 对 testgroup 用户组授予、取消特定文件的读权限

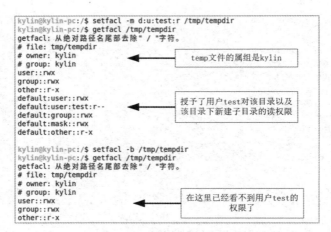

图 10-24　使用 setfacl 对 test 用户授予、取消指定目录及其新建子目录的读权限

（2）getfacl：查看某个目录/文件的访问控制权限设置，其格式如下：

```
getfacl 目标文件名
```

10.2.2.6　实现三权分立

三权分立系统通过将超级管理员的权力分散给不同的角色，以增强系统的安全性和可用性。这种设计遵循最小权限原则，即每个角色仅拥有完成其任务所必需的权限，从而减少系统因单一超级用户权限过大而带来的安全风险。在满足安全系统标准要求的同时，尽量减少对系统的改动，大大地提高了系统的可用性和引用性。其主要设计思想是，将传统意义上超级管理员 root 的权限分别划分为系统管理员 root（uid=0）、安全管理员 secadm（uid=600）和审计管理员 auditadm（uid=700），作为超级用户的别名存在，分别对应 SELinux（Security-Enhanced Linux）中的三权分立角色，确保了在保持传统用户身份鉴别系统结构的同时，实现了三权分立的目标。当麒麟操作系统开启三权分立设置后，会自动新建安全管理员 secadm、审计管理员 auditadm。使用如下指令，开启三权分立，如图 10-25 所示，在开启过程中会要求设置系统管理员、安全管理员和审计管理员的密码。

```
security-switch --set strict
```

三权分立开启的状态可以通过 `security-switch --get` 指令进行查询，如图 10-26 所示。

通过前文介绍的用户查询、用户组查询的方法可以查询到新添加的安全管理员、审计管理员的 UID 和 GID，如图 10-27 所示。

重启系统后，会发现多出几个登录用户可以选择，如图 10-28 所示。

```
kylin@kylin-pc:~$ sudo security-switch --set strict
正在为 '执行控制' 检查内核配置... OK
正在为 '执行控制' 检查软件包安装状态... OK
正在为开启 '执行控制' 检查系统配置状态... OK
正在为 'SELinux' 检查内核配置... OK
正在为 'SELinux' 检查软件包安装状态... OK
正在为开启 'SELinux' 检查系统配置状态... OK
正在为 '三权分立' 检查内核配置... OK
正在为 '三权分立' 检查软件包安装状态... OK
正在为开启 '三权分立' 检查系统配置状态... OK
正在为关闭 'Apparmor' 检查系统配置状态... OK
正在启用 '执行控制' ... OK
正在启用 'SELinux' ... OK
root 用户密码需要手动设置
请输入新密码：
请再次输入新密码进行确认：
secadm 用户密码需要手动设置
请输入新密码：
请再次输入新密码进行确认：
auditadm 用户密码需要手动设置
请输入新密码：
请再次输入新密码进行确认：
正在启用 '三权分立' ... OK
正在禁用 'Apparmor' ... OK
正在更新系统启动配置... OK
正在写入系统安全配置... OK
系统安全级别切换成功，请立即重启系统生效！！！
```

图 10-25　开启三权分立

```
root@kylin-pc:~# security-switch --get

当前安全级别 : strict
-----------------------------------------------
 安全模块   |   当前状态   |   默认状态
-----------------------------------------------
执行控制      启用 (enabled)      启用 (enabled)
SELinux      启用 (Enforcing)    启用 (Enforcing)
三权分立      启用                启用
```

图 10-26　查询三权分立开启的状态

```
auditadm@kylin-pc:~/文档$ cat /etc/group | grep secadm
secadm:x:600:
auditadm@kylin-pc:~/文档$ cat /etc/passwd | grep secadm
secadm:x:600:600::/home/secadm:/bin/bash
auditadm@kylin-pc:~/文档$
auditadm@kylin-pc:~/文档$ cat /etc/group | grep auditadm
adm:x:4:syslog,kylin,auditadm
syslog:x:108:auditadm
auditadm:x:700:
auditadm@kylin-pc:~/文档$ cat /etc/passwd | grep auditadm
auditadm:x:700:700::/home/auditadm:/bin/bash
```

图 10-27　新添加的安全管理员、审计管理员的 UID 和 GID

图 10-28　多了安全管理员、审计管理员的登录项

　　分别使用 root 用户、安全管理员、审计管理员、普通用户登录系统，会发现不同的用户可以执行的指令有所区别，系统进行了限制，即使 root 用户也不能执行全部指令。本节测试效果

如图 10-29 所示，表 10-5 列出了部分在不同用户下可以执行的指令。

```
root@kylin-pc:~# ausearch
bash: /usr/sbin/ausearch: 权限不够
root@kylin-pc:~# aureport
bash: /usr/sbin/aureport: 权限不够
root@kylin-pc:~# auditd
bash: /usr/sbin/auditd: 权限不够
root@kylin-pc:~#
root@kylin-pc:~#
root@kylin-pc:~#
root@kylin-pc:~# setenforce
bash: /usr/sbin/setenforce: 权限不够
root@kylin-pc:~# setsebool
bash: /usr/sbin/setsebool: 权限不够
root@kylin-pc:~#
```

（a）系统管理员 root 无法执行部分安全、审计相关指令

```
secadm@kylin-pc:~$ init
bash: /usr/sbin/init: 权限不够
secadm@kylin-pc:~$ useradd test
useradd: Permission denied.
useradd: 无法锁定 /etc/passwd，请稍后再试。
secadm@kylin-pc:~$ aureport
bash: /usr/sbin/aureport: 权限不够
secadm@kylin-pc:~$ ausearch
bash: /usr/sbin/ausearch: 权限不够
secadm@kylin-pc:~$ auditd
bash: /usr/sbin/auditd: 权限不够
```

（b）安全管理员无法执行部分系统管理、审计相关指令

```
auditadm@kylin-pc:~$ init 5
Failed to open initctl fifo: 权限不够
Failed to talk to init daemon.
auditadm@kylin-pc:~$ useradd test
useradd: Permission denied.
useradd: 无法锁定 /etc/passwd，请稍后再试。
auditadm@kylin-pc:~$
auditadm@kylin-pc:~$
auditadm@kylin-pc:~$ setenforce 1
bash: /usr/sbin/setenforce: 权限不够
```

（c）审计管理员无法执行部分系统管理、安全相关指令

图 10-29 系统管理员、安全管理员、审计管理员所能执行的指令的区别

表 10-5 三权分立后给三种管理员分配不同的命令集（只列出部分命令）

	命　　令	备　　注
系统管理员	init	管理系统运行模式
	useradd	添加用户。如：useradd abc
	passwd	修改普通用户密码。如：passwd abc
	userdel	删除用户。如：userdel -r abc
	insmod	插入模块
	rmmod	删除模块
	iptables	防火墙相关
	mount	分区挂载

续表

	命 令	备 注
安全管理员	setenforce	开启和关闭 selinux 的强制模式，setenforce 1 为开启强制模式（其他管理员都可执行）；setenforce 0 为关闭强制模式（只有安全管理员才能执行）
	load_policy	如：load_policy -bq（服务器）更换内核中的安全策略，保持使用当前的 Boolean 值
	chcon	修改文件和文件夹的安全上下文
	fixfiles	检查修复文件安全上下文
	setfiles	初始化文件标记，检查标记正确性
	restorecon	恢复默认文件安全上下文
	semodule	管理 SELinux 策略模块
	setsebool	修改 SELinux 中的 bool 值来修改策略
审计管理员	aureport	根据审计信息文件统计登录情况
	ausearch	搜索审计文件中的信息
	auditd	启动审计服务
	auditctl	显示服务状态，审计规则相关
	audispd	审计调度器

注意：开启三权分立需慎重，务必备份好数据。

10.2.3 满足等保需要做的工作

前文介绍了麒麟操作系统下用户、用户组的管理，以及文件权限的管理方法，为了实现等保 2.0 中对于访问控制的要求，需要灵活使用上述方法，做到以下几点。

（1）建议配置文件的权限值不大于 644，可执行文件不大于 755。

（2）检查/etc/passwd 文件，对不启用的用户登录配置为/sbin/nologin 或以#号注释。

（3）检查是否已修改默认账户的默认密码。

（4）是否存在空密码用户，查看/etc/shadow 文件，询问相应账户是否为过期、多余账户，查看/etc/passwd 文件各用户第二字段是否不为空，/etc/shadow 文件中密码字段是否不为空。

（5）及时删除或停用多余的、过期的账户，避免共享账户的存在，将无用账户删除。

（6）passwd、shadow、group 等重要文件夹仅 root 权限用户可以修改。

10.3 安全审计

等保第一级至第四级的安全审计的要求如表 10-6 所示。

表 10-6 等保第一级至第四级的安全审计的要求

等保等级	相关要求
第一级	无
第二级	（1）应启用安全审计功能，审计覆盖到每个用户，对重要的用户行为和重要安全事件进行审计 （2）审计记录应包括事件的日期和时间、用户、事件类型、事件是否成功及其他与审计相关的信息 （3）应对审计记录进行保护、定期备份，避免受到未预期的删除、修改或覆盖等
第三级	（4）应对审计进程进行保护，防止未经授权的中断
第四级	（5）审计记录应包括事件的日期和时间、用户、事件类型、主体标识、客体标识和结果等

安全审计的目的是基于事先配置的规则生成日志，记录可能发生在系统上的事件（正常或非正常行为的事件），安全审计不会为系统提供额外的安全保护，但它会发现并记录违反安全策略的用户及其对应的行为。安全审计包含了两个部分：audit 审计服务和 syslog 日志系统，二者有所区别。

（1）在记录目的上：audit 主要用于记录系统安全相关的活动，例如系统调用、文件修改、程序执行等，以便管理员追踪系统上的安全事件。而 syslog 则主要用于记录系统运行的各种信息，如硬件警报、软件日志等。

（2）在记录内容上：audit 可以记录更为详细的信息，例如，它可以记录具体的系统调用、文件被谁修改、何时被修改等信息。而 syslog 记录的信息相对较少，主要目的是软件调试。

（3）在使用方式上：audit 和 syslog 在使用上是独立的，即使 audit 进程未运行，syslog 仍会正常记录信息。同样，即使 syslog 未开启，audit 也会正常记录信息。

（4）在日志位置上：audit 的日志通常存储在/var/log/audit/目录下，而 syslog 的日志通常存储在/var/log/目录下。

总结来说，syslog 记录的信息有限，主要目的是软件调试，跟踪和打印软件的运行状态，而 audit 的目的则不同，它是 Linux 安全体系的重要组成部分，是一种"被动"的防御体系。在内核里有内核审计模块，记录系统中的各种动作和事件，比如系统调用、文件修改、执行的程序、系统登入登出和记录所有系统中所有的事件。它的主要目的是方便管理员根据日记审计系统是否允许有异常，是否有入侵，等等，就是把和系统安全有关的全部事件记录下来。

为满足上述要求，需要对麒麟操作系统进行如下配置。

10.3.1 audit 审计服务

麒麟操作系统默认安装了 audit 审计服务，可以通过如下命令查询 audit 服务状态，结果如图 10-30 所示。

```
systemctl status auditd.service
```

```
root@kylin-pc:/etc/audit/rules.d# systemctl status auditd.service
● auditd.service - Security Auditing Service
     Loaded: loaded (/lib/systemd/system/auditd.service; enabled; vendor preset: enabled)
     Active: active (running) since Fri 2024-02-09 01:48:50 CST; 1 day 14h ago
       Docs: man:auditd(8)
             https://github.com/linux-audit/audit-documentation
   Main PID: 557 (auditd)
      Tasks: 2 (limit: 9446)
     Memory: 1.3M
     CGroup: /system.slice/auditd.service
             └─557 /sbin/auditd

2月 09 01:48:50 kylin-pc augenrules[608]: backlog_wait_time 15000
2月 09 01:48:50 kylin-pc augenrules[608]: enabled 1
2月 09 01:48:50 kylin-pc augenrules[608]: failure 1
2月 09 01:48:50 kylin-pc augenrules[608]: pid 557
2月 09 01:48:50 kylin-pc augenrules[608]: rate_limit 0
2月 09 01:48:50 kylin-pc augenrules[608]: backlog_limit 8192
2月 09 01:48:50 kylin-pc augenrules[608]: lost 0
2月 09 01:48:50 kylin-pc augenrules[608]: backlog 1
2月 09 01:48:50 kylin-pc augenrules[608]: backlog_wait_time 0
2月 09 01:48:50 kylin-pc systemd[1]: Started Security Auditing Service.
```

图 10-30 麒麟操作系统默认是安装并启动了 audit 服务

10.3.1.1 audit 审计服务工作原理

audit 审计服务的工作原理如图 10-31 所示。从图 10-31 中可以发现，audit 是内核中的一个模块，内核的运行情况都会记录在 audit 中，当然这个记录是有规则的。audit.rules 文件是 audit 记录的规则文件，auditctl 程序负责将规则写入 audit 模块的过滤器中，过滤后的数据都会传送到 auditd 中，再由 auditd 进行其他操作。auditd.conf 是 auditd 的配置文件，确定 auditd 是如何启动的，日志文件放在哪里等。auditd 收到的数据后会有两个去处：默认的是将日志保存在 audit.log 文件中，默认路径/var/log/audit/audit.log；另一个通过 audispd 将日志进行分发。还有两个工具：ausearch 用来过滤和搜索日志类型，还可以通过将数值转换为更加直观的值（如系统调用或用户名）来解释日志；aureport 用来生成审计日志的报表。

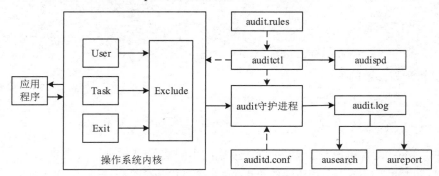

图 10-31 audit 审计服务的工作原理

10.3.1.2 auditd.conf 配置

auditd.conf 主要用于设置审计守护进程的运行配置，不是审计事件过滤配置。麒麟操作系统默认位于/etc/audit目录下，默认配置内容如下：

```
#
# This file controls the configuration of the audit daemon
#
local_events = yes
write_logs = yes
log_file = /var/log/audit/audit.log
log_group = adm
log_format = RAW
flush = INCREMENTAL_ASYNC
freq = 50
max_log_file = 8
num_logs = 5
priority_boost = 4
disp_qos = lossy
dispatcher = /sbin/audispd
name_format = NONE
##name = mydomain
max_log_file_action = ROTATE
space_left = 75
space_left_action = SYSLOG
verify_email = yes
action_mail_acct = root
admin_space_left = 50
admin_space_left_action = SUSPEND
disk_full_action = SUSPEND
disk_error_action = SUSPEND
use_libwrap = yes
##tcp_listen_port = 60
tcp_listen_queue = 5
tcp_max_per_addr = 1
##tcp_client_ports = 1024-65535
tcp_client_max_idle = 0
enable_krb5 = no
krb5_principal = auditd
##krb5_key_file = /etc/audit/audit.key
distribute_network = no
```

其中关键配置参数的解如下所示。

（1）local_events：表示是否记录本地事件。

（2）write_logs：表示是否将日志信息写到硬盘。

（3）log_file：配置审计日志文件的完整路径。用户配置守护进程向除默认/var/log/audit/外的目录中写日志文件时，一定要修改它上面的文件权限，使得只有root用户才有读、写和执行权限。所有其他用户都不能访问这个目录或这个目录中的日志文件。

（4）log_group：配置日志文件属于的用户组。

（5）flush：配置多长时间向日志文件中写一次数据。值可以是 NONE、INCREMENTAL_ASYNC、DATA 和 SYNC 之一。

- NONE，表示不需要将数据刷新到日志文件中。
- INCREMENTAL_ASYNC，用 freq 选项的值确定多长时间发生一次向磁盘的刷新。
- DATA，审计数据和日志文件一直是同步的。
- SYNC，每次写到日志文件时，数据和元数据是同步的。

（6）freq：如果 flush 设置为 INCREMETNAL，freq 则表示在写到日志文件前从内核中接收的记录数。

（7）max_log_file：以兆字节表示的最大日志文件容量。当达到这个容量时，会执行 max_log_file_action 指定的动作。

（8）num_logs：配置保留日志文件的最大个数，只有在 max_log_file_action=rotate 时该选项该有意义，必须是 0~99 之间的数。如果设置为小于 2，就不会循环日志。如果递增了日志文件的数目，就可能有必要递增/etc/audit/audit.rules 中的内核 backlog 设置值，以便留出日志循环的时间。如果没有设置 num_logs 值，它就默认为 0，意味着从来不循环日志文件。当达到指定文件容量后会循环日志文件，但是只会保存一定数目的老文件，这个数目由 num_logs 参数指定。老文件的文件名将为 audit.log.*N*，其中 *N* 是一个数字。这个数字越大，则文件越旧。

（9）priority_boost：这是一种优化技术，用于提高系统性能，通过调整系统资源的分配，使得审计进程能够获得更高的优先级。

（10）max_log_file_action：当达到 max_log_file 的日志文件大小时采取的动作。值必须是 IGNORE、SYSLOG、SUSPEND、ROTATE 和 KEEP_LOGS 之一。

- IGNORE：在日志文件达到 max_log_file 后不采取动作。
- SYSLOG：当达到文件容量时会向系统日志/var /log/messages 中写入一条警告。
- SUSPEND：当达到文件容量后不会向日志文件写入审计消息。
- ROTATE：当达到指定文件容量后会循环日志文件，但是只会保存一定数目的老文件，这个数目由 num_logs 参数指定。老文件的文件名将为 audit.log.*N*，其中 *N* 是一个数字。这个数字越大，则文件越旧。
- KEEP_LOGS：会循环日志文件，但是会忽略 num_logs 参数，因此不会删除日志文件。

（11）space_left：以 MB 表示的磁盘空间数量。当达到这个水平时，会采取 space_left_action

参数中的动作。

（12）space_left_action：当磁盘空间量达到 space_left 中的值时，采取这个动作。有效值为 IGNORE、SYSLOG、EMAIL、SUSPEND、SINGLE 和 HALT。

- IGNORE：不采取动作。
- SYSLOG：向系统日志/var/log/messages 写一条警告消息。
- EMAIL：从 action_mail_acct 向这个地址发送一封电子邮件，并向/var/log/messages 中写一条警告消息。
- SUSPEND：不再向审计日志文件中写警告消息。
- SINGLE：系统将运行在单用户模式下。
- HALT：如果设置为 HALT，则系统会关闭。

（13）admin_space_left：以 MB 表示的磁盘空间数量。用这个选项设置比 space_left_action 更多的主动性动作，以防万一 space_left_action 没有让管理员释放任何磁盘空间。这个值应小于 space_left_action。如果达到这个水平，则会采取 admin_space_left_action 所指定的动作。

（14）admin_space_left_action：当剩余磁盘空间量达到 admin_space_left 指定的值时，则采取动作。有效值为 IGNORE、SYSLOG、EMAIL、SUSPEND、SINGLE 和 HALT。与这些值代表的操作与 space_left_action 中的相同。

（15）disk_full_action：如果含有这个审计文件的分区已满，则采取这里指定的操作。可能值为 IGNORE、SYSLOG、SUSPEND、SINGLE 和 HALT。与这些值代表的操作与 space_left_action 中的相同。

10.3.1.3 audit.rules 配置

audit.rules 文件包含审计规则，如果我们需要修改审计范围，那么就直接编辑该文件，并使用 `auditctl -R` 命令重新加载审计规则。该文件位于目录/etc/audit 目录下，默认内容如下：

```
## This file is automatically generated from /etc/audit/rules.d
-D
-b 8192
-f 1
--backlog_wait_time 0
-a exit,always -S unlink,unlinkat -F dir=/home/kylin/桌面/-k kylin_Desktop
-a exit,always -S unlink,unlinkat -F dir=/home/test/桌面/-k test_Desktop
```

在分析具体内容的含义之前，先介绍一下审计规则，麒麟操作系统有三种审计规则。

（1）控制规则：这些规则用于更改审计系统本身的配置和设置，上文默认内容的前面四行都是控制规则。auditctl 命令中部分参数的含义如表 10-7 所示。

表 10-7　auditctl 命令中部分参数的含义

参　数	参数说明
-D	删除所有规则和监控
-b	在 Kernel 中设定最大数量的已存在的审核缓冲区
-R	读取审计规则配置
-l	列表展示审计规则
-s	查看审计状态
-v	查看命令帮助
-h	获取命令帮助
-r	设置每秒生成信息的速率
-f	设置用于通知内核如何处理审计进程关键错误（比如审计缓冲区已满或者内核内存用完），可以是 0，表示没有动作，也可以是 1，表示用 printk 将消息记录到/var/log/messages，还可以是 2，表示把系统非正常关闭，会有数据丢失的风险

（2）文件系统规则：这些是文件或目录监视。使用这些规则，我们可以审核对特定文件或目录的任何类型的访问。上面默认内容中没有文件系统规则，文件系统规则指定的格式如下，其中权限动作分为四种：r（读）、w（写）、x（执行）、a（修改文件属性）示例，将 w 改为W，表示删除对应的规则。

```
-w 路径 -p 权限 -k 别名
```

（3）系统调用规则：这些规则用于监视由任何进程或特定用户进行的系统调用，上文默认文件的最后两行都是系统调用规则。其命令格式如下，其中选项的含义如表 10-7 所示，其余参数的含义如表 10-8 所示，将-a 改为-d，表示删除对应的规则。

```
-a filter,action -S syscall -F condition -k label
```

表 10-8　auditctl 命令中其余参数的含义

项　目	可选参数	说　　明
filter	task,user,exit,exclude	表示哪个内核规则匹配过滤器应用在事件中 task：当创建任务时 user：当用户空间事件发生时 exit：当系统调用退出时 exclude：排除特定事件
action	always, never	是否审计该事件，always 表示是，never 表示否
syscall	ls, chmod 等	系统调用，许多系统调用都能形成一个规则
condition	euid=0, arch=b64	详细说明其他选项，进一步修改规则来以特定架构、组 ID、进程 ID 和其他内容为基础的事件相匹配
label	任意文字	标记审计事件并检索日志

可以使用 auditctl 命令添加、删除、查询审计规则，用法如下：

```
auditctl  -s                      # 查询状态
auditctl  -l                      # 查看规则
auditctl  -D                      # 删除所有规则
auditctl  -a                      # 添加规则
auditctl  -d                      # 删除指定规则
```

本节添加一个文件系统规则和一个系统调用规则。

（1）添加一个文件系统规则。

在本章编写时新建的 kylin 用户的 home 目录下新建一个文件夹 audittest，并且对该文件夹的所有读写执行操作都进行审计日志记录，在终端中输入如下命令即可。首先使用 `auditctl -l` 查询当前的审计规则，发现就是默认的两条，然后添加前文描述的规则，添加后，在 audittest 文件夹下新建一个文件夹，按照审计规则，应该可以会有日志记录，如图 10-32 所示。

```
sudo auditctl -w /home/kylin/audittest -p rwx -k AuditTest_File
```

```
kylin@kylin-pc:~/audittest$ sudo auditctl -l
-a always,exit -S unlink,unlinkat -F dir=/home/kylin/桌面/ -F key=kylin_Desktop
-a always,exit -S unlink,unlinkat -F dir=/home/test/桌面/ -F key=test_Desktop
kylin@kylin-pc:~/audittest$ sudo auditctl -w /home/kylin/audittest -p rwx -k AuditTest_File
kylin@kylin-pc:~/audittest$ mkdir testfolder1
kylin@kylin-pc:~/audittest$
```

图 10-32   添加一个文件系统规则

为了查看效果，可以有两种方法，一种是打开系统默认安装的日志查看器，选择左侧的"审计日志"，在右侧搜索框中，输入"AuditTest_File"，结果如图 10-33 所示，可以发现确实有对应的审计日志。

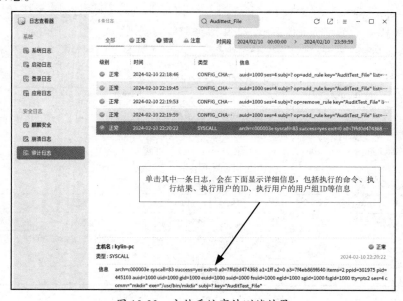

图 10-33   文件系统审计测试结果

还有一种方法是使用图 10-31 中提到的工具 ausearch，其用法如下：

```
ausearch -m #按消息类型查找
ausearch -ul #按登录 ID 查找
ausearch -ua #按 uid 和 euid 查找
ausearch -ui #按 uid 查找
ausearch -ue #按 euid 查找
ausearch -ga #按 gid 和 egid 查找
ausearch -gi #按 gid 查找
ausearch -ge #按 egid 查找
ausearch -c #按 cmd 查找
ausearch -x #按 exe 查找
ausearch -sc #按 syscall 查找
ausearch -p #按 pid 查找
ausearch -sv #按 syscall 的返回值查找（yes/no）
ausearch -f #按文件名查找
ausearch -tm #按连接终端查找(term/ssh/tty)
ausearch -hn #按主机名查找
ausearch -k #按特定的 key 值查找
ausearch -w #按在 audit rule 设定的字符串查找
```

这里可以使用-k 选项进行查找，命令如下，结果如图 10-34 所示。

```
ausearch -k AuditTest_File
```

```
time->Sat Feb 10 22:20:22 2024
type=PROCTITLE msg=audit(1707574822.499:7726): proctitle=6D6B6469720074657374666F6C64657231
type=PATH msg=audit(1707574822.499:7726): item=1 name="testfolder1" inode=1316432 dev=08:06 mo
de=040775 ouid=1000 ogid=1000 rdev=00:00 nametype=CREATE cap_fp=0 cap_fi=0 cap_fe=0 cap_fver=0
 cap_frootid=0
type=PATH msg=audit(1707574822.499:7726): item=0 name="/home/kylin/audittest" inode=1314290 de
v=08:06 mode=040775 ouid=1000 ogid=1000 rdev=00:00 nametype=PARENT cap_fp=0 cap_fi=0 cap_fe=0
cap_fver=0 cap_frootid=0
type=CWD msg=audit(1707574822.499:7726): cwd="/home/kylin/audittest"
type=SYSCALL msg=audit(1707574822.499:7726): arch=c000003e syscall=83 success=yes exit=0 a0=7f
fd0d474368 a1=1ff a2=0 a3=7f4eb869f640 items=2 ppid=301975 pid=445103 auid=1000 uid=1000 gid=1
000 euid=1000 suid=1000 fsuid=1000 egid=1000 sgid=1000 fsgid=1000 tty=pts2 ses=4 comm="mkdir"
exe="/usr/bin/mkdir" subj=? key="AuditTest_File"
kylin@kylin-pc:~/audittest$
```

图 10-34　使用 ausearch 工具查询审计日志

（2）添加一个系统调用规则。

添加一个记录修改文件权限的审计日志记录规则，因为改变权限必须调用 umask，所以，使用如下命令添加规则。过程如图 10-35 所示，首先使用 `auditctl -l` 查询当前的审计规则，发现就是默认的两条加上前面添加的一条文件系统规则，然后添加新的规则，添加后，在修改任意一个文件的权限，按照审计规则，应该可以会有日志记录，图 10-36、图 10-37 是使用日志查看器、ausearch 工具查询的结果。

```
auditctl -a exit,always -F arch=b64 -S umask -k AuditTest_umask
```

```
kylin@kylin-pc:~$ sudo auditctl -l
-a always,exit -S unlink,unlinkat -F dir=/home/kylin/桌面/ -F key=kylin_Desktop
-a always,exit -S unlink,unlinkat -F dir=/home/test/桌面/ -F key=test_Desktop
-w /home/kylin/audittest -p rwx -k AuditTest_File
kylin@kylin-pc:~$ sudo auditctl -a exit,always -F arch=b64 -S umask -k AuditTest_umask
kylin@kylin-pc:~$ ls
公共的  模板  视频  图片  文档  下载  音乐  桌面  audittest
kylin@kylin-pc:~$ cd 文档
kylin@kylin-pc:~/文档$ ls
2.txt  auditd.conf  audit.rules  hj.txt  temp
kylin@kylin-pc:~/文档$ chmod 777 2.txt
kylin@kylin-pc:~/文档$
```

图 10-35　添加一个系统调用规则

图 10-36　使用日志查看器查到的审计日志

```
time->Sat Feb 10 22:51:21 2024
type=PROCTITLE msg=audit(1707576681.243:7805): proctitle=63686D6F640037373700322E747874
type=SYSCALL msg=audit(1707576681.243:7805): arch=c000003e syscall=95 success=yes exit=2 a0=0
a1=0 a2=13d a3=7f352e0f1640 items=0 ppid=301975 pid=459718 auid=1000 uid=1000 gid=1000
euid=1000 suid=1000 fsuid=1000 egid=1000 sgid=1000 fsgid=1000 tty=pts2 ses=4 comm="chmod"
exe="/usr/bin/chmod" subj=? key="AuditTest_umask"
----
```

图 10-37　使用 ausearch 工具查到的审计日志

当然上面使用 auditcrl 添加文件系统规则、系统调用规则的方法是一种临时方法。在系统重启后，相关规则就会丢失，为了避免这种情况，需要将规则写到文件/etc/audit/rules.d/audit.rules中，写完后，重新载入规则即可，命令如下：

```
auditctl -R /etc/audit/rules.d/audit.rules
```

通过对 audit 审计服务的介绍，为了实现等保 2.0 对安全审计的要求，可以对关键文件位置、重要系统调用，配置审计功能，比如如下示例。

```
#------------------------对关键文件进行安全审计--------------
-w /etc/group -p wa
-w /etc/passwd -p wa
-w /etc/shadow -p wa
-w /etc/sudoers -p wa
-w /etc/ssh/sshd_config
-w /etc/bashrc -p wa
-w /etc/profile -p wa
-w /etc/profile.d/
-w /etc/aliases -p wa
-w /etc/sysctl.conf -p wa

#------------------------对重要系统调用进行安全审计--------------
-a exit,always -F arch=b64 -S umask -S chown -S chmod
-a exit,always -F arch=b64 -S unlink -S rmdir
-a exit,always -F arch=b64 -S setrlimit
-a exit,always -F arch=b64 -S setuid -S setreuid
-a exit,always -F arch=b64 -S setgid -S setregid
-a exit,always -F arch=b64 -S sethostname -S setdomainname
-a exit,always -F arch=b64 -S adjtimex -S settimeofday
-a exit,always -F arch=b64 -S mount -S _sysctl
```

10.3.2　syslog 日志服务

麒麟操作系统的 syslog 日志服务默认是安装的，可以通过如下命令查询 syslog 日志服务的状态，查询结果如图 10-38 所示。

```
systemctl status syslog
```

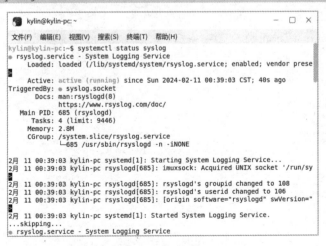

图 10-38　syslog 日志服务运行状态查询

图10-38中可以发现其服务名是rsyslog，syslog是较早的日志收集工具，而rsyslog则是syslog的升级版。本章并未严格区分二者，提到 syslog，实际就是 rsyslog，有时写作 rsyslog，实际也就是 syslog。

10.3.2.1 syslog 日志服务的工作原理

syslog 收集系统进程和应用程序发送到/dev/log 的日志消息，然后它将消息定向到/var/log/目录中对应的日志文件中，如图 10-39 所示。syslog 会知道将消息发送到哪里，因为每条消息都包含元数据字段（包括时间戳、消息来源和优先级）信息。

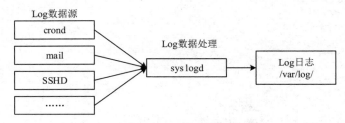

图 10-39　syslog 日志处理流程

/var/log 目录下有常见麒麟操作系统的日志文件，如图 10-40 所示。

- /var/log/auth.log：记录授权方面的信息。
- /var/log/boot.log：记录开机启动的时候系统内核检测与启动硬件并启动各种内核支持的过程。
- /var/log/kern.log：记录系统使用过程中内核产生的信息。
- /var/log/dmesg：记录系统启动过程中硬件设备的挂载信息和内核的启动过程。
- /var/log/Xorg：记录 X Windows 启动时产生的日志信息。
- /var/log/wtmp：记录正确（错误）登录系统的账户信息。

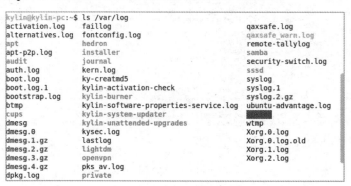

图 10-40　/var/log 目录下默认的日志文件

10.3.2.2 syslog 配置

syslog 日志服务配置文件是/etc/rsyslog.conf，默认内容如下：

```
# /etc/rsyslog.conf configuration file for rsyslog
#
# For more information install rsyslog-doc and see
# /usr/share/doc/rsyslog-doc/html/configuration/index.html
#
# Default logging rules can be found in /etc/rsyslog.d/50-default.conf


##################
#### MODULES ####    第一部分：模块配置
##################

module(load="imuxsock") # provides support for local system logging
#module(load="immark")  # provides --MARK-- message capability

# provides UDP syslog reception
#module(load="imudp")
#input(type="imudp" port="514")

# provides TCP syslog reception
#module(load="imtcp")
#input(type="imtcp" port="514")

# provides kernel logging support and enable non-kernel klog messages
module(load="imklog" permitnonkernelfacility="on")

###########################
#### GLOBAL DIRECTIVES ####    第二部分：全局配置
###########################

#
# Use traditional timestamp format.
# To enable high precision timestamps, comment out the following line.
#
$ActionFileDefaultTemplate RSYSLOG_TraditionalFileFormat

# Filter duplicated messages
$RepeatedMsgReduction on

#
# Set the default permissions for all log files.
# 设置所有日志文件的默认属组、用户名、权限
$FileOwner syslog
$FileGroup adm
$FileCreateMode 0640
$DirCreateMode 0755
$Umask 0022
$PrivDropToUser syslog
```

```
$PrivDropToGroup syslog

#
# Where to place spool and state files
#
$WorkDirectory /var/spool/rsyslog

#
# Include all config files in /etc/rsyslog.d/
#
$IncludeConfig /etc/rsyslog.d/*.conf
```

其中最后部分引用了文件 50-rsyslog.conf，该文件的默认内容如下：

```
# Default rules for rsyslog.
# 第三部分：规则配置
# For more information see rsyslog.conf(5) and /etc/rsyslog.conf

#
# First some standard log files.  Log by facility.
# 其中有些文件前有-号，有些没有，
# 有-号表示实时采集到该文件，没有-号表示程序生成完毕后采集
auth,authpriv.*                 /var/log/auth.log
*.*;auth,authpriv.none          -/var/log/syslog
#cron.*                 /var/log/cron.log
#daemon.*               -/var/log/daemon.log
kern.*                 -/var/log/kern.log
#lpr.*                  -/var/log/lpr.log
mail.*                 -/var/log/mail.log
#user.*                 -/var/log/user.log

#
# Logging for the mail system.  Split it up so that
# it is easy to write scripts to parse these files.
#
#mail.info              -/var/log/mail.info
#mail.warn              -/var/log/mail.warn
mail.err               /var/log/mail.err

#
# Some "catch-all" log files.
#
#*.=debug;\
#    auth,authpriv.none;\
#    news.none;mail.none   -/var/log/debug
#*.=info;*.=notice;*.=warn;\
#    auth,authpriv.none;\
#    cron,daemon.none;\
#    mail,news.none        -/var/log/messages

#
# Emergencies are sent to everybody logged in.
```

```
#
*.emerg                    :omusrmsg:*

#
# I like to have messages displayed on the console, but only on a virtual
# console I usually leave idle.
#
#daemon,mail.*;\
#    news.=crit;news.=err;news.=notice;\
#    *.=debug;*.=info;\
#    *.=notice;*.=warn /dev/tty8
```

　　rsyslog.conf 与 50-rsyslog.conf 共同实现对 syslog 日志服务的配置，可以将这两个文件视为一个文件，该文件主要由三部分的配置组成。

　　（1）模块配置：配置加载的模块，比如，ModLoad imudp.so 配置加载 UDP 传输模块。

　　（2）全局配置：位于 global directives 下，用于配置 syslog 守护进程的全局属性，比如，日志信息中时间戳的格式（RSYSLOG_TraditionalFileFormat）、日志文件的属组设置等。

　　（3）规则配置：规则的格式如图 10-41 所示。规则包括规则选择器和动作两部分，其中规则选择器包括三个部分，即日志源、符号、日志级别。如果多个选择器写在一个规则中，则可以使用分号分隔，如：*.info;mail.none。动作位于选择器的后面，设置如何处理日志消息，可以将其写入到一个文件中，也可以写入到数据表表或转发到其他主机，还可以发送给主机用户。

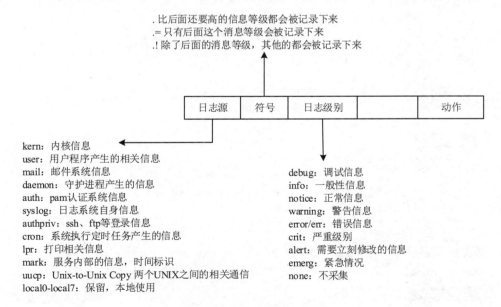

图 10-41　syslog 规则配置

10.3.2.3　sysylog 日志查询

（1）使用日志管理器。

打开麒麟操作系统自带的日志管理器，可以在左边选择要查询的日志类别，在右边可以选择查询时间、设置查询关键字，如图 10-42 所示。

图 10-42　日志管理器

（2）使用 KSystemlog。

通过麒麟操作系统的软件商店安装 KSystemlog 程序，打开后的界面如图 10-43 所示，双击每一条日志信息，可以知道该日志信息存储在哪一个文件中。

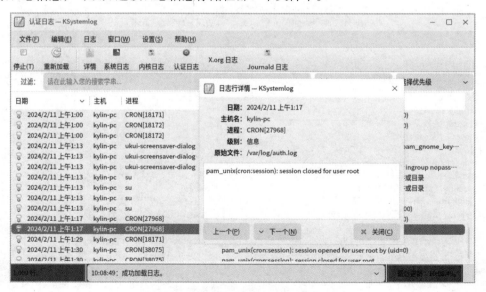

图 10-43　使用 KSystemlog 查询日志信息

（3）使用文本编辑器。

因为/var/log 目录下日志文件都是文本文件，所以可以直接使用文本编辑器打开，其内容都是可读的，也因此，可以使用 awk 等工具对其进行检索、过滤。

10.3.2.4 设置 syslog 日志远程备份

根据等保 2.0 的要求，要对审计日志进行保护，防止删除、丢失，为此，可以设置 syslog 的远程备份功能，进行日志的异地备份。本节在测试中，远程主机地址是 192.168.43.10，麒麟本地主机地址是 192.168.43.199。首先在远程主机上，编辑/etc/rsyslog.conf 文件，将如下配置前面的注释符#去掉。

```
# provides UDP syslog reception
module(load="imudp")
input(type="imudp" port="514")
```

然后使用如下命令重启 syslog 服务：

```
systemctl restart rsyslog
```

此时，使用如下命令可以查询端口监听情况，如图 10-44 所示，表示远程主机已经启动了日志接收进程。

```
netstat -antlupe | grep rsyslog
```

图 10-44　远程主机上已经启动了日志接收进程

在麒麟本地主机上，也需要编辑/etc/rsyslog.conf 文件，在其中添加如下配置，表示将所有的日志都发送到远程主机上。

```
*.* @192.168.43.10
```

然后重新启动麒麟本地主机上的 syslog 服务，方法同远程主机上一致。完成上述工作后，就可以在远程主机的/var/log 目录下的日志文件中查询到麒麟本地主机的日志信息。比如打开auth.log 文件，在远程主机上显示如图 10-45 所示的内容，其中既有远程主机的 auth 日志，也有麒麟本地主机的 auth 日志。

```
Feb 11 10:30:01 hackasat-HP-ZBook-Power-G7-Mobile-Workstation CRON[62275]: pam_unix(cron:session): ses
Feb 11 10:30:01 hackasat-HP-ZBook-Power-G7-Mobile-Workstation CRON[62275]: pam_unix(cron:session): ses
Feb 11 10:30:56 kylin-pc sudo: pam_unix(sudo:session): session closed for user root
Feb 11 10:31:56 kylin-pc su: pam_unix(su:auth): Couldn't open /etc/securetty: 没有那个文件或目录
Feb 11 10:31:59 kylin-pc su: pam_unix(su:auth): Couldn't open /etc/securetty: 没有那个文件或目录
Feb 11 10:31:59 kylin-pc su: (to root) kylin on pts/1
Feb 11 10:31:59 kylin-pc su: pam_unix(su:session): session opened for user root by (uid=1000)
Feb 11 10:38:14 hackasat-HP-ZBook-Power-G7-Mobile-Workstation sudo: pam_unix(sudo:session): session cl
Feb 11 10:38:14 hackasat-HP-ZBook-Power-G7-Mobile-Workstation sudo: hackasat : TTY=pts/0 ; PWD=/home/ha
Feb 11 10:38:15 hackasat-HP-ZBook-Power-G7-Mobile-Workstation sudo: pam_unix(sudo:session): session op
```

图 10-45　在远程主机上可以收到麒麟本地主机的日志信息

10.3.3　安全审计进程保护

根据等保 2.0 的要求，还需要为安全审计进程设置保护，防止未经授权的中断。在麒麟操作系统中设置进程保护的方法是打开"安全中心"，选择左侧的"应用保护"在右边点击最下方"应用防护控制"右侧的"高级配置"，出现如图 10-46 所示的界面，可以选择对安全审计进程设置防杀死保护。设置之后，如果尝试在"系统监视器"中结束 audit 进程，就会出现如图 10-47 所示的提示，表明无法结束该进程。

图 10-46　为审计进程设置防杀死保护

图 10-47　无法结束设置防杀死保护的进程

对于 syslog 进程而言，该进程被设计成了一个守护进程，即使被杀死也能自动重启。具体来说，syslog 进程在运行时会创建一个 PID 文件，这个 PID 文件包含了 syslog 进程的进程 ID。当 syslog 进程被杀死后，系统会检查这个 PID 文件是否存在，如果存在，则说明 syslog 进程已经被杀死，系统就会根据这个 PID 文件重新启动 syslog 进程。syslog 进程被设计成能够自动重启的原因是为了保证系统的稳定性和可靠性，即使在 syslog 进程被杀死的情况下，也能够快速恢复，继续收集和处理系统的日志信息。如图 10-48 所示，首先查询 syslog 的进程号，然后使用 kill 命令杀死该进程，但是随后再次查询 syslog 进程，可以发现生成了新的 syslog 进程。

```
root@kylin-pc:/home/kylin# ps axj | grep syslog
    1     626     626     626 ?            -1 Ss     101   0:08 /usr/bin/dbus-daemon --system --a
  1445    1720    1720    1720 ?            -1 Ss    1000   0:09 /usr/bin/dbus-daemon --session --
    1    2483    2483    2483 ?            -1 Ss    1000   0:02 /usr/bin/dbus-daemon --syslog --1
mon.conf
 27032   73815   73815    5471 pts/0    73815 Sl+      0   0:04 gedit rsyslog.conf
    1  134614  134614  134614 ?            -1 Ssl    106   0:00 /usr/sbin/rsyslogd -n -iNONE
 76063  140452  140451   75350 pts/1   140451 S+       0   0:00 grep --color=auto syslog
root@kylin-pc:/home/kylin# kill 134614
root@kylin-pc:/home/kylin# ps axj | grep syslog
    1     626     626     626 ?            -1 Ss     101   0:08 /usr/bin/dbus-daemon --system --a
  1445    1720    1720    1720 ?            -1 Ss    1000   0:09 /usr/bin/dbus-daemon --session --
    1    2483    2483    2483 ?            -1 Ss    1000   0:02 /usr/bin/dbus-daemon --syslog --1
mon.conf
 27032   73815   73815    5471 pts/0    73815 Sl+      0   0:04 gedit rsyslog.conf
    1  140504  140504  140504 ?            -1 Ssl    106   0:00 /usr/sbin/rsyslogd -n -iNONE
 76063  140532  140531   75350 pts/1   140531 S+       0   0:00 grep --color=auto syslog
root@kylin-pc:/home/kylin#
```

图 10-48　syslog 进程被杀死后会自动重启

10.4　入侵防范

等保第一级至第四级的入侵防范的要求如表 10-9 所示。

表 10-9　等保第一级至第四级的入侵防范的要求

等保等级	相关要求
第一级	（1）应关闭不需要的系统服务、默认共享和高危端口 （2）应遵循最小安装的原则，仅安装需要的组件和应用程序
第二级	（3）应通过设定终端接入方式或网络地址范围对通过网络进行管理的管理终端进行限制 （4）应提供数据有效性检验功能，保证通过人机接口输入或通过通信接口输入的内容符合系统设定要求 （5）应能发现可能存在的已知漏洞，并在经过充分测试评估后，及时修补漏洞
第三级	（6）应能够检测到对重要节点进行入侵的行为，并在发生严重入侵事件时提供报警
第四级	以上所有

为满足上述要求，需要对麒麟操作系统进行如下配置。

10.4.1 管理系统服务

10.4.1.1 通过系统监视器管理服务

在麒麟操作系统中打开"系统监视器",在左侧点击服务,会在右侧主界面中,显示所有的服务状态,如图 10-49 所示。其中服务的"活动""运行状态"可以有如表 10-10 所示的情况。服务的"状态"可以有如表 10-11 所示的情况。

🛠 系统监视器					Q 搜索
🖵 进程	名称	活动 ∧	运行状态	状态	描述
🖤 服务	cron	已启动	running	已启用	Regular background program processing daemon
🖴 磁盘	serviceavserver	已启动	running	已启用	qianxin pks daemon
	certmonger	已启动	running	已启用	Certificate monitoring and PKI enrollment
	dnsmasq	已启动	running	已启用	dnsmasq - A lightweight DHCP and caching DNS server
	ksc-defender-init	已启动	exited	已启用	Init kylin security center configure to system
	ssh@ssh	已失败	failed	静态	OpenBSD Secure Shell server per-connection daemon
	systemd-fsckd	未启动	dead	静态	File System Check Daemon to report status
	systemd-rfkill	未启动	dead	静态	Load/Save RF Kill Switch Status
处理器 10.3%	systemd-networkd	未启动	dead	已禁用	Network Service

图 10-49 通过"系统监视器"观察所有的服务

表 10-10 服务的"活动""运行状态"情况

活动（Active）	运行状态	说　明
已启动	running	该服务正在运行
	exited	该服务运行后已正常退出
	waiting	该服务正在执行当中,但是需等待其他条件才能继续执行
未启动	dead	该服务没有运行
已失败	failed	该服务运行失败

表 10-11 服务的"状态"情况

状态（State）	说　明
已启用（enabled）	该服务将在开机时被执行
已禁用（disabled）	该服务将不会在开机时被执行
静态（static）	该服务无法独立执行,但是可以作为其他服务的依赖项执行
已屏蔽（mask）	该服务被屏蔽,执行 start 操作会失败
间接（indirect）	该服务并不是直接运行的,而是依赖其他的服务或系统组件的
已生成（generated）	该服务可以被视为处于就绪状态,随时可以处理请求或执行任务
运行时启用（transient）	该服务在系统运行过程中被临时启动,并在不需要时被关闭

如果需要启动、停止某一个服务,则在该服务上右键点击,会出现一个菜单,在其中可以

启动或停止该服务。要配置一个服务的"状态"为已启用、已禁用，则在该服务上右键点击，在出现的菜单中选择设置启动方式，可以有手动、自动，其中手动就是将该服务"状态"改为已禁用，自动就是将该服务"状态"改为已启用。当然，在"状态"为间接时，启用该服务，会出现如图10-50所示的提示，从中可以更好地理解表10-11中的对于间接服务的说明。

图 10-50　启用间接服务会出现错误提示

10.4.1.2　使用 service 命令管理系统服务

使用 service 命令管理系统服务的常用格式如表10-12所示。

表 10-12　使用 service 命令管理系统服务的常用格式

操　　作	命令格式
启动服务	service 服务名 start
停止服务	service 服务名 stop
重启服务	service 服务名 restart
查询服务状态	service 服务名 status
重新装载服务配置	service 服务名 reload
显示所有服务状态	service --status-all

使用 service 命令显示所有服务状态的示例如下所示，状态可以用[+]表示服务正在运行，用[-]表示服务已经停止，用[?]表示服务状态未知。

```
root@kylin-pc:/home/kylin# service --status-all
[ - ] alsa-utils
[ ? ] apt-p2p
[ + ] auditd
[ + ] avahi-daemon
[ + ] biometric-authentication
[ - ] bluetooth
[ + ] certmonger
[ - ] console-setup.sh
[ + ] cpufrequtils
[ + ] cron
[ - ] cryptdisks
```

```
[ - ]   cryptdisks-early
[ + ]   cups
[ - ]   cups-browsed
[ + ]   dbus
[ + ]   dnsmasq
[ + ]   grub-common
[ - ]   hostapd
[ - ]   hwclock.sh
[ - ]   ipsec
[ - ]   keyboard-setup.sh
[ + ]   kmod
[ + ]   lightdm
[ + ]   lm-sensors
[ + ]   loadcpufreq
[ - ]   lvm2
[ - ]   lvm2-lvmpolld
[ + ]   network-manager
[ + ]   networking
[ - ]   nmbd
[ - ]   open-vm-tools
[ + ]   openvpn
[ - ]   plymouth
[ - ]   plymouth-log
[ - ]   pppd-dns
[ + ]   procps
[ - ]   pulseaudio-enable-autospawn
[ - ]   rsync
[ + ]   rsyslog
[ - ]   samba-ad-dc
[ - ]   saned
[ + ]   serviceqaxsafe
[ + ]   smartmontools
[ - ]   smbd
[ + ]   ssh
[ - ]   sssd
[ + ]   udev
[ - ]   uuidd
[ - ]   x11-common
[ - ]   xl2tpd
```

10.4.1.3　使用 systemctl 命令管理系统服务

使用 systemctl 命令管理系统服务的常用格式如表 10-13 所示。

表 10-13　使用 systemctl 命令管理系统服务的常用格式

操　　作	命令格式
启动服务	systemctl start 服务名
停止服务	systemctl stop 服务名
重启服务	systemctl restart 服务名

续表

操　作	命令格式
查询服务状态	`systemctl status 服务名`
重新装载服务配置	`systemctl reload 服务名`
显示所有服务状态	`systemctl list-units --type=service --all`
设置服务为开机自启动	`systemctl enable 服务名`
关闭服务开机自启动	`systemctl disable 服务名`
屏蔽服务	`systemctl mask 服务名`
取消屏蔽服务	`systemctl unmask 服务名`

使用 systemctl 命令显示所有服务的状态，如图 10-51 所示，从中可以发现其显示的服务数量与 service 命令显示的服务数量不一致，这是由二者原理不同导致的。

图 10-51　使用 systemctl 命令查询所有服务的状态

systemctl 是 systemd 的命令，service 是 SysVinit 的命令。systemd 是 Linux 常用的进程管理器，而 SysVinit 是传统的进程管理器。

在实现过程中，service 命令实际是通过去/etc/init.d 目录下执行相关程序/脚本文件，来管理服务的启停；systemctl 则是去/lib/systemd/system 目录下创建和指令同名的 service 文件。

systemctl 支持更多操作，例如状态、启停、重启、重载、开机自启等；service 只能启停、重启服务。

systemctl 可以管理 systemd 和 SysVinit 启动的服务，而 service 只能管理 SysVinit 启动的服务。

10.4.2　管理共享

麒麟操作系统默认是没有共享文件夹，但是有共享打印机设置。本节通过设置共享文件夹，帮助读者理解如何管理共享，控制共享权限。设置共享可以分为以下几个步骤。

（1）确认 SMB 服务已启动。

服务器信息块（Server Message Block，SMB）是一个网络文件共享协议，它允许应用程序和终端用户从远端的文件服务器访问文件资源。麒麟操作系统默认是安装了该服务，并且是开机自启动，如图 10-52 所示。如果没有启动，那么可以使用前文介绍的服务管理方法启动该服务即可。

```
kylin@kylin-pc:~$ service smbd status
● smbd.service - Samba SMB Daemon
     Loaded: loaded (/lib/systemd/system/smbd.service; enabled; vendor preset: enabled)
     Active: active (running) since Mon 2024-02-12 15:55:27 CST; 24s ago
       Docs: man:smbd(8)
             man:samba(7)
             man:smb.conf(5)
    Process: 2105 ExecStartPre=/usr/share/samba/update-apparmor-samba-profile (code=exited, status=0/SUCCESS)
   Main PID: 2115 (smbd)
     Status: "smbd: ready to serve connections..."
      Tasks: 4 (limit: 9446)
     Memory: 17.3M
     CGroup: /system.slice/smbd.service
             ├─2115 /usr/sbin/smbd --foreground --no-process-group
             ├─2141 /usr/sbin/smbd --foreground --no-process-group
             ├─2142 /usr/sbin/smbd --foreground --no-process-group
             └─2146 /usr/sbin/smbd --foreground --no-process-group

2月 12 15:55:27 kylin-pc systemd[1]: Starting Samba SMB Daemon...
2月 12 15:55:27 kylin-pc systemd[1]: Started Samba SMB Daemon.
```

图 10-52　查询 SMB 服务状态

（2）确认防火墙打开相应的端口。

SMB 默认使用 139、445 端口，需要在防火墙中打开对应的端口，方法是打开"安全中心"，选择左侧的"网络保护"，在右边选择防火墙的高级配置，添加如图 10-53 所示的配置。

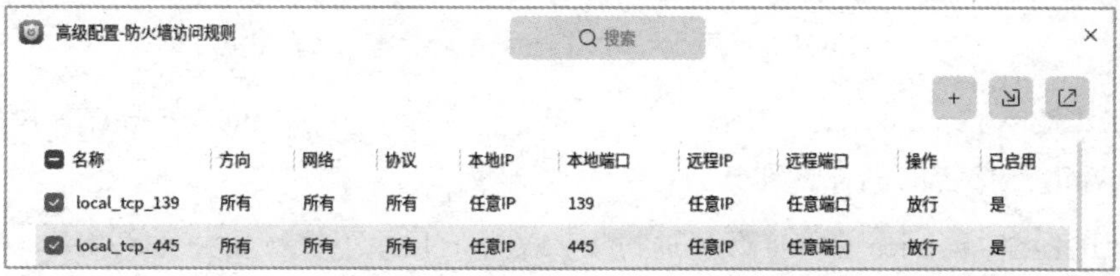

名称	方向	网络	协议	本地IP	本地端口	远程IP	远程端口	操作	已启用
☑ local_tcp_139	所有	所有	所有	任意IP	139	任意IP	任意端口	放行	是
☑ local_tcp_445	所有	所有	所有	任意IP	445	任意IP	任意端口	放行	是

图 10-53　防火墙打开 139、445 端口

（3）设置 samba 密码。

为了实现安全共享，可以设置共享密码，在文件管理器右上角选择"设置 samba 密码"，如图 10-54 所示，在弹出的窗口中可以设置当前用户的 samba 密码。

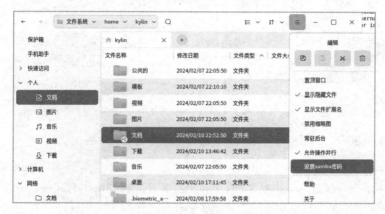

图 10-54　设置当前用户的 samba 密码

（4）配置要共享的文件夹。

在希望共享的文件夹上右键点击，选择"属性"，单击其中的"共享"选项卡，按照需要设置共享权限，如图 10-55 所示。此时，打开文件管理器，可以在左侧最下方的"网络"中显示刚刚设置的共享文件夹，如图 10-56 所示。

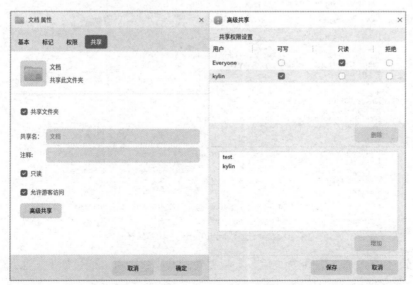

图 10-55　设置文件夹的共享配置

图 10-56　设置的共享文件夹可以在文件管理器中直观显示

（5）使用 smbclient 连接 SMB 服务。

在远端主机上，可以使用 smbclient 工具连接上述设置的共享文件夹，格式如下，测试效果如图 10-57 所示。可以使用 get 获取文件、put 上传文件、ls 列出所有文件。

```
#-------------------------列举所有的共享-------------------------
smbclient -L //SMB 服务 IP 地址
#-------------------------匿名打开指定的共享文件夹-------------------------
smbclient //SMB 服务 IP 地址/指定文件夹

#-------------------------以指定用户打开指定的共享文件夹-------------------------
smbclient //SMB 服务 IP 地址/指定文件夹 -U 用户名
```

```
kylin@kylin-pc:~$ smbclient -L //192.168.43.199
Enter WORKGROUP\kylin's password:
Anonymous login successful

        Sharename       Type      Comment
        ---------       ----      -------
        print$          Disk      Printer Drivers
        IPC$            IPC       IPC Service (kylin-pc server (Samba, Ubuntu))
        文档            Disk      Peony-Qt-Share-Extension
SMB1 disabled -- no workgroup available
kylin@kylin-pc:~$
kylin@kylin-pc:~$
kylin@kylin-pc:~$ smbclient //192.168.43.199/文档
Enter WORKGROUP\kylin's password:
Anonymous login successful
Try "help" to get a list of possible commands.
smb: \> ls
  .                                   D        0  Sat Feb 10 22:52:50 2024
  ..                                  D        0  Mon Feb 12 15:55:30 2024
  auditd.conf                         N      804  Sat Feb 10 19:20:05 2024
  hj.txt                              N        0  Fri Feb  9 12:01:06 2024
  2.txt                               N        0  Fri Feb  9 12:03:49 2024
  audit.rules                         N      257  Sat Feb 10 21:00:03 2024
  temp                                N       65  Sat Feb 10 22:52:50 2024

                36348416 blocks of size 1024. 34015428 blocks available
smb: \>
```

图 10-57　使用 smbclient 连接 SMB 服务

通过本节对 SMB 服务的配置之后，如果要管理共享，则可以通过如下方法：

（1）在不使用 SMB 服务的时候，直接停止 smbd 服务。

（2）配置防火墙，在不使用 SMB 服务的时候禁用 139、445 端口。

（3）设置 samba 密码，密码强度尽量大。

（4）定期检查文件管理器，查看其左侧最下方的"网络"中是否有非预期的共享文件夹。

（5）在共享文件夹的时候，确定最小访问范围，限制游客访问，指定可以访问的用户，并尽量不要给写权限。

10.4.3　管理端口

麒麟操作系统可以使用 `netstat --an` 查询所有正在监听的 TCP 和 UDP 端口，以及它们的状态和对应的进程，如图 10-58 所示，因为结果很多，所以这里使用 more 命令以便依次显示。从图 10-58 中可以发现 445 端口已经建立连接了。常用端口及其对应的服务如表 10-14 所示。对比图 10-58 和表 10-14，可以发现麒麟操作系统默认是启用了 DNS 服务（端口 53 处于监听状态），而 DNS 服务对于个人计算机是没有作用的，可以关闭，以减少风险，为此可以使用前文介绍的方法关闭 DNS 服务，输入如下命令，此时再次查询，可以发现监听端口中没有 53 端口了，如图 10-59 所示。

```
root@kylin-pc:/home/kylin# service dnsmasq stop
root@kylin-pc:/home/kylin# systemctl stop systemd-resolved
```

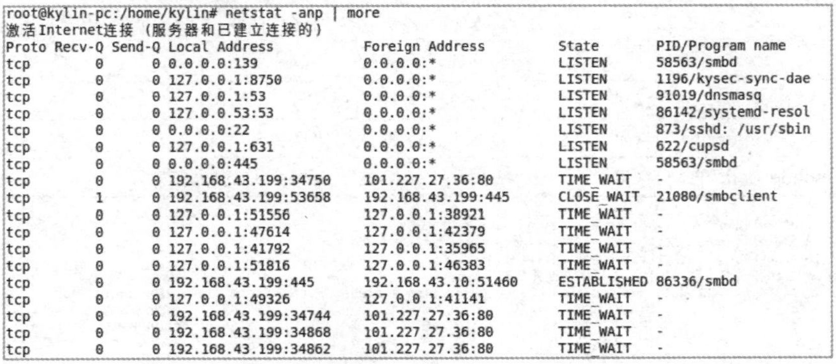

```
root@kylin-pc:/home/kylin# netstat -anp | more
激活Internet连接（服务器和已建立连接的）
Proto Recv-Q Send-Q Local Address          Foreign Address        State        PID/Program name
tcp        0      0 0.0.0.0:139            0.0.0.0:*              LISTEN       58563/smbd
tcp        0      0 127.0.0.1:8750         0.0.0.0:*              LISTEN       1196/kysec-sync-dae
tcp        0      0 127.0.0.1:53           0.0.0.0:*              LISTEN       91019/dnsmasq
tcp        0      0 127.0.0.53:53          0.0.0.0:*              LISTEN       86142/systemd-resol
tcp        0      0 0.0.0.0:22             0.0.0.0:*              LISTEN       873/sshd: /usr/sbin
tcp        0      0 127.0.0.1:631          0.0.0.0:*              LISTEN       622/cupsd
tcp        0      0 0.0.0.0:445            0.0.0.0:*              LISTEN       58563/smbd
tcp        0      0 192.168.43.199:34750   101.227.27.36:80       TIME_WAIT    -
tcp        0      1 192.168.43.199:53658   192.168.43.199:445     CLOSE_WAIT   21080/smbclient
tcp        0      0 127.0.0.1:51556        127.0.0.1:38921        TIME_WAIT    -
tcp        0      0 127.0.0.1:47614        127.0.0.1:42379        TIME_WAIT    -
tcp        0      0 127.0.0.1:41792        127.0.0.1:35965        TIME_WAIT    -
tcp        0      0 127.0.0.1:51816        127.0.0.1:46383        TIME_WAIT    -
tcp        0      0 192.168.43.199:445     192.168.43.10:51460    ESTABLISHED  86336/smbd
tcp        0      0 127.0.0.1:49326        127.0.0.1:41141        TIME_WAIT    -
tcp        0      0 192.168.43.199:34744   101.227.27.36:80       TIME_WAIT    -
tcp        0      0 192.168.43.199:34868   101.227.27.36:80       TIME_WAIT    -
tcp        0      0 192.168.43.199:34862   101.227.27.36:80       TIME_WAIT    -
```

图 10-58　查询正在监听和已经建立连接的端口

表 10-14　常用端口及其对应的服务

端 口 号	服　　务	使用协议	说　　明
20、21	FTP	TCP	文件传输协议（FTP），端口 21 用于 FTP 连接，端口 20 用于 FTP 传输
22	SSH	TCP	用于 SSH 服务，用户使用 SSH（Secure Shell）访问远程计算机；也可以使用 SSH 通过网络传输数据。SSH 使用加密技术，确保远程服务器和计算机之间的连接是加密的

端 口 号	服 务	使用协议	说 明
23	TELNET	TCP	TELNET 代表终端网络，用于通过互联网或本地计算机连接计算机，但是，TELNET 不提供任何类型的加密
25	SMTP	TCP	简单邮件传输协议（SMTP），用于发送邮件，无法接收邮件
53	DNS	TCP、UDP	域名解析服务（DNS），将域名转为 IP 地址，默认情况下使用 UDP，在无法使用 UDP 通信时会切换到 TCP
67、68	DHCP	UDP	动态主机配置协议（DHCP）用于为计算机分配动态 IP 地址。端口号 67 由服务器使用，而 68 由客户端使用
80	HTTP	TCP	超文本传输协议（HTTP），用于在 Web 上传输数据，还定义了浏览器如何与网站交互
110	POP3	TCP	邮局协议版本 3（POP3）主要用于从远程服务器或本地计算机接收邮件
123	NTP	UDP	网络时间协议（NTP）用于同步时间
137	NetBIOS	UDP	网络基本输入/输出系统（NetBIOS）是一种网络服务，用于使各应用程序能够通过本地网络相互通信
143	IMAP	TCP、UDP	Internet 消息访问协议（IMAP）允许用户从任何设备访问电子邮件
161、162	SNMP	TCP、UDP	简单网络管理协议（SNMP）是网络监控协议的集合，主要用于监控防火墙、服务器、交换机和其他网络设备
443	HTTPS	TCP	超文本传输协议安全（HTTPS）是 HTTP 的安全版本，提供了加密功能
445	microsoft-ds	TCP	服务器信息块（SMB）
1433	SQL Server	TCP	SQL Server 默认提供服务的端口
3389	windows RDP	TCP	windows 操作系统远程桌面的服务端口

```
root@kylin-pc:/home/kylin# service dnsmasq stop
root@kylin-pc:/home/kylin# systemctl stop systemd-resolved
root@kylin-pc:/home/kylin# netstat -anp | more
激活Internet连接（服务器和已建立连接的）
Proto Recv-Q Send-Q Local Address          Foreign Address       State        PID/Program name
tcp        0      0 0.0.0.0:139            0.0.0.0:*             LISTEN       58563/smbd
tcp        0      0 127.0.0.1:8750         0.0.0.0:*             LISTEN       1196/kysec-sync-dae
tcp        0      0 0.0.0.0:22             0.0.0.0:*             LISTEN       873/sshd: /usr/sbin
tcp        0      0 127.0.0.1:631          0.0.0.0:*             LISTEN       622/cupsd
tcp        0      0 0.0.0.0:445            0.0.0.0:*             LISTEN       58563/smbd
tcp        0      0 127.0.0.1:44914        127.0.0.1:38365       TIME_WAIT    -
tcp        0      0 127.0.0.1:46252        127.0.0.1:37003       TIME_WAIT    -
tcp        1      0 192.168.43.199:53658   192.168.43.199:445    CLOSE_WAIT   21080/smbclient
tcp        0      0 192.168.43.199:58368   124.126.103.223:8001  TIME_WAIT    -
tcp        0      0 127.0.0.1:53016        127.0.0.1:42903       TIME_WAIT    -
tcp        0      0 127.0.0.1:51834        127.0.0.1:34263       TIME_WAIT    -
tcp        0      0 127.0.0.1:53868        127.0.0.1:43433       TIME_WAIT    -
tcp        0      0 127.0.0.1:53242        127.0.0.1:43375       TIME_WAIT    -
tcp        0      0 192.168.43.199:44374   101.227.27.36:80      TIME_WAIT    -
tcp        0      0 127.0.0.1:50472        127.0.0.1:33091       TIME_WAIT    -
tcp        0      0 127.0.0.1:41762        127.0.0.1:34275       TIME_WAIT    -
tcp        0      0 127.0.0.1:59384        127.0.0.1:36825       TIME_WAIT    -
tcp        0      0 192.168.43.199:51330   101.227.27.36:80      TIME_WAIT    -
tcp        0      0 192.168.43.199:48200   101.227.27.36:80      TIME_WAIT    -
tcp        0      0 192.168.43.199:445     192.168.43.10:51460   ESTABLISHED  86336/smbd
```

图 10-59　关闭 DNS 服务，53 端口不再处于监听状态

　　除了按照上述方法管理端口，还可以通过防火墙的配置，限制本地主机向外开放的端口、协议，以及允许本地主机连接的远端主机的端口、协议等。打开"安全中心"，选择左侧的"网络保护"，在右边选择防火墙的高级配置，单击右上角的加号，会出现配置界面，如图 10-60 所示。从图 10-60 中可以发现可以指定应用、方向（入站、出站）、网络（共用网络、私有网络）、协议（TCP、UDP）、本地 IP、本地端口、远程 IP、远程端口等参数，实现对特定访问的精准控制，最大限度减少不确定网络连接，提升安全性。

图 10-60　防火墙规则配置界面

10.4.4　管理组件和应用程序

　　麒麟操作系统中用于管理组件和应用程序的工具有 dpkg、apt。其详细用法在本书第 3 章已经介绍。为便于读者阅读，此处仅简单介绍基本用法，其余不再赘述，读者可以参考前文。

　　dpkg、apt 的主要用法如表 10-15 所示。

表 10-15　dpkg、apt 的主要用法

操　作	dpkg	apt
查询已安装程序	dpkg -l	apt list --installed
安装指定程序	dpkg -i .deb 文件名	sudo apt-get install 程序名
卸载指定程序	dpkg -r 程序名	sudo apt-get remove 程序名

　　以查询所有安装的组件和应用程序为例，可以在终端中使用 dpkg -l 命令查询所有安装的组件和应用程序，如图 10-61 所示。在每一行程序前面有 ii 标识，表示该程序已安装成功。可以在后面加上 grep 过滤出想要查询的程序。也可以使用 apt list --installed 实现同样的效果，如图 10-62 所示。

```
kylin@kylin-pc:~$ dpkg -l
期望状态=未知(u)/安装(i)/删除(r)/清除(p)/保持(h)
| 状态=未安装(n)/已安装(i)/仅存配置(c)/仅解压缩(U)/配置失败(F)/不完全安装(H)/触发器等待(W)/触发器未决(T)
|/ 错误?=(无)/须重装(R) (状态,错误: 大写=故障)
||/ 名称                          版本                        体系结构      描述
+++-===============================-===========================-============-================================================
ii  aapt                          1:8.1.0+r23-3build2         amd64        Android Asset Packaging Tool
ii  accountsservice               0.6.55-0kylin12~20.04.5k3.3 amd64        query and manipulate user account information
ii  acl                           2.2.53-6                    amd64        access control list - utilities
ii  adb                           1:8.1.0+r23-5kylin2         amd64        Android Debug Bridge
ii  adduser                       3.118kylin2k9.2             all          add and remove users and groups
ii  adwaita-icon-theme            3.36.0-1kylin1              all          default icon theme of GNOME (small subset)
ii  alsa-base                     1.0.25+dfsg-0kylin5         all          ALSA driver configuration files
ii  alsa-topology-conf            1.2.2-1                     all          ALSA topology configuration files
ii  alsa-ucm-conf                 1.2.2-2kylin1k3.3           all          ALSA Use Case Manager configuration files
ii  alsa-utils                    1.2.2-1kylin1               amd64        Utilities for configuring and using ALSA
ii  android-libaapt:amd64         1:8.1.0+r23-3build2         amd64        Android Asset Packaging Tool - Shared library
ii  android-libadb                1:8.1.0+r23-5kylin2         amd64        Library for Android Debug Bridge
ii  android-libandroidfw:amd64    1:8.1.0+r23-5kylin2         amd64        Android utility library
ii  android-libbacktrace          1:8.1.0+r23-5kylin2         amd64        Android backtrace library
ii  android-libbase               1:8.1.0+r23-5kylin2         amd64        Android base library
```

图 10-61　使用 dpkg 命令查询所有安装的组件和应用程序

```
kylin@kylin-pc:~$ apt list --installed | more

WARNING: apt does not have a stable CLI interface. Use with caution in scripts.

正在列表...
aapt/10.1,now 1:8.1.0+r23-3build2 amd64 [已安装,自动]
accountsservice/10.1-2303-updates,now 0.6.55-0kylin12~20.04.5k3.3 amd64 [已安装]
acl/10.1,now 2.2.53-6 amd64 [已安装,自动]
adb/10.1,now 1:8.1.0+r23-5kylin2 amd64 [已安装,可升级至: 1:8.1.0+r23-5kylin2k0.2]
adduser/now 3.118kylin2k9.2 all [已安装,可升级至: 3.118kylin2k9.3]
adwaita-icon-theme/10.1,now 3.36.0-1kylin1 all [已安装,自动]
alsa-base/10.1,now 1.0.25+dfsg-0kylin5 all [已安装]
alsa-topology-conf/10.1,now 1.2.2-1 all [已安装]
alsa-ucm-conf/now 1.2.2-2kylin1k3.3 all [已安装,可升级至: 1.2.2-2kylin1k3.5]
alsa-utils/10.1,now 1.2.2-1kylin1 amd64 [已安装]
android-libaapt/10.1,now 1:8.1.0+r23-3build2 amd64 [已安装,自动]
```

图 10-62　使用 apt 命令查询所有安装的组件和应用程序

10.4.5　限制 SSH 访问地址

有两种方法可以实现只允许特定的 IP 地址使用 SSH 连接目标主机。

（1）使用 SSH 配置文件。

编辑 SSH 配置文件/etc/ssh/sshd_config，在其中添加一行 AllowUsers，例如：

```
AllowUsers *@192.168.1.1 adm@192.168.1.2
```

上面的配置允许源 IP 地址是 192.168.1.1 的所有用户的登录请求，以及源 IP 地址是 192.168.1.2 的 adm 用户的登录请求，除此以外，所有的登录请求都会被拒绝，得到的反馈是："Permission denied, please try again"。设置完成后，需要重启 SSH 服务。

（2）使用 TCP Wrappers。

TCP Wrappers 是一种在应用层和传输层之间添加一层保护机制的技术。在麒麟操作系统中，可以通过编辑/etc/hosts.allow 和/etc/hosts.deny 这两个文件来使用 TCP Wrappers。可以在/etc/hosts.allow 文件中，添加如下内容来允许特定的 IP 地址访问 SSH：

```
sshd: 192.168.1.1
```

也可以添加如下内容来禁止所有的 IP 地址访问 SSH：

```
sshd: ALL
```

注意，若/etc/hosts.allow 和/etc/hosts.deny 两个文件同时存在，/etc/hosts.allow 文件中的规则具有更高的优先级。设置完毕后，当非指定 IP 地址访问 SSH 服务的时候，会显示如下错误提示：

```
kex_exchange_identification: read: Connection reset by peer
```

10.4.6 入侵检测系统 Snort

入侵检测系统（Intrusion Detection System，IDS）是一种对网络传输进行即时监视，在发现可疑传输时发出警报或者采取主动反应措施的网络安全设备。可以在麒麟操作系统上安装的入侵检测系统有 Snort、suricata、OSSEC 等，本节选用 Snort 进行测试，介绍其安装、使用。

10.4.6.1 Snort 简介

Snort 是一款轻量级的网络入侵检测系统，能够在 IP 网络上进行实时的流量分析和数据包记录。它不仅能进行协议分析、内容检索和内容匹配，而且能用于侦测诸如缓冲溢出、隐秘端口扫描、CGI 攻击、SMB 探测、操作系统指纹识别等大量的网络攻击或非法探测。Snort 使用灵活的规则去描述哪些流量应该被收集或被忽略，并且提供一个模块化的检测引擎。

其工作原理如图 10-63 所示。

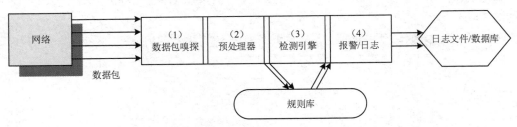

图 10-63 Snort 工作原理

Snort 的结构由 4 大模块组成，如下所述。

（1）数据包嗅探模块：负责监听网络数据包，对网络流量进行分析。

（2）预处理模块：该模块用相应的插件来检查原始数据包，从中发现原始数据的"行为"，如端口扫描、IP 碎片等，数据包经过预处理后才传到检测引擎。

（3）检测引擎模块：该模块是 Snort 的核心模块，当数据包从预处理器送过来后，检测引擎依据预先设置的规则检查数据包，一旦发现数据包中的内容与某条规则相匹配，就通知报警模块。

（4）报警/日志模块：经检测引擎检查后的 Snort 数据需要以某种方式输出。如果检测到潜在的安全威胁，它就会触发报警。报警信息可以通过多种方式处理，包括通过网络传输、使用 SNMP 协议的 trap 命令发送到日志文件，或者传递给第三方插件，如 snortSam，进行进一步的分析。此外，报警信息也可以记录在 SQL 数据库中，以便后续的查询和分析。

10.4.6.2　Snort 安装

在安装 Snort 前，首先在终端中输入 ifconfig 命令，查询主机网卡情况，如图 10-64 所示，可知本节在测试的时候，主机的网卡名称是 enp0s3，IP 地址是 192.168.43.199（读者测试的时候可能会有所不同），上述信息在后续安装 Snort 的时候会用到。

```
kylin@kylin-pc:~$ ifconfig
enp0s3: flags=4163<UP,BROADCAST,RUNNING,MULTICAST>  mtu 1500
        inet 192.168.43.199  netmask 255.255.255.0  broadcast 192.168.43.255
        inet6 fe80::94b6:8c82:aad6:97e4  prefixlen 64  scopeid 0x20<link>
        ether 08:00:27:4a:76:6b  txqueuelen 1000  (以太网)
        RX packets 85923  bytes 125705212 (125.7 MB)
        RX errors 0  dropped 0  overruns 0  frame 0
        TX packets 19037  bytes 1183852 (1.1 MB)
        TX errors 0  dropped 0 overruns 0  carrier 0  collisions 0

lo: flags=73<UP,LOOPBACK,RUNNING>  mtu 65536
        inet 127.0.0.1  netmask 255.0.0.0
        inet6 ::1  prefixlen 128  scopeid 0x10<host>
        loop  txqueuelen 1000  (本地环回)
        RX packets 557  bytes 36145 (36.1 KB)
        RX errors 0  dropped 0  overruns 0  frame 0
        TX packets 557  bytes 36145 (36.1 KB)
        TX errors 0  dropped 0 overruns 0  carrier 0  collisions 0
```

图 10-64　通过 ifconfig 命令获取本机网卡信息

在麒麟操作系统上安装 Snort 的方法十分简单，直接在终端输入如下指令即可，其安装过程如图 10-65 所示。

```
apt-get install snort
```

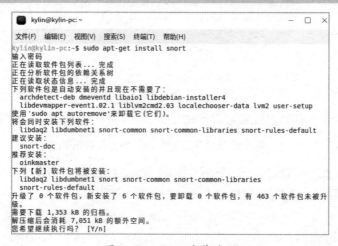

图 10-65　Snort 安装过程

安装过程中会要求输入监听的网卡，如图 10-66 所示，读者输入上文通过 ifconfig 获取的主机网卡名称即可。

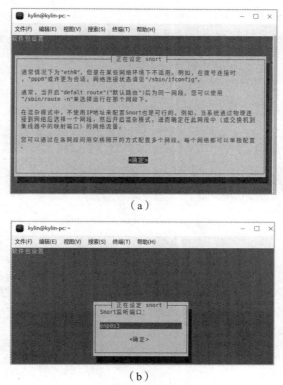

（a）

（b）

图 10-66 设置要监听的网卡

随后要求配置本机地址范围，本节在测试的时候，配置的是整个 192.168.43.0/24 网段，如图 10-67 所示。单击"确定"按钮，Snort 即安装完成。

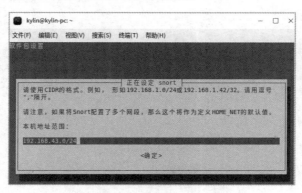

图 10-67 配置本机地址范围

安装完成后，Snort 是作为服务运行的，可以通过 `service snort status` 查询其工作状态，如图 10-68 所示。同时通过 `snort -V` 指令可以查询安装的 Snort 的版本，如图 10-69 所示，可以发现版本号是 2.9.7.0，还是比较旧的版本。在编者写作的时候，Snort 官网上的最新版本是 3.1.78.0 版本，读者有兴趣可以在官网下载最新的版本，但是安装过程可能会稍微复杂。

```
● snort.service - LSB: Lightweight network intrusion detection system
   Loaded: loaded (/etc/init.d/snort; generated)
   Active: active (running) since Tue 2024-02-13 09:56:45 CST; 12s ago
     Docs: man:systemd-sysv-generator(8)
    Tasks: 2 (limit: 9446)
   Memory: 148.4M
   CGroup: /system.slice/snort.service
           └─9499 /usr/sbin/snort -m 027 -D -d -l /var/log/snort -u snort -g snort -c /etc/snor>

2月 13 09:56:45 kylin-pc snort[9499]:           Preprocessor Object: SF_DCERPC2  Version 1.0  <B>
2月 13 09:56:45 kylin-pc snort[9499]:           Preprocessor Object: SF_REPUTATION  Version 1.1 >
2月 13 09:56:45 kylin-pc snort[9499]:           Preprocessor Object: SF_SDF  Version 1.1  <Build>
2月 13 09:56:45 kylin-pc snort[9499]:           Preprocessor Object: SF_SSLPP  Version 1.1  <Bui>
2月 13 09:56:45 kylin-pc snort[9499]:           Preprocessor Object: SF_FTPTELNET  Version 1.2  >
2月 13 09:56:45 kylin-pc snort[9499]:           Preprocessor Object: SF_MODBUS  Version 1.1  <Bu>
2月 13 09:56:45 kylin-pc snort[9499]:           Preprocessor Object: SF_GTP  Version 1.1  <Build>
2月 13 09:56:45 kylin-pc snort[9499]:           Preprocessor Object: SF_DNS  Version 1.1  <Build>
2月 13 09:56:45 kylin-pc snort[9499]:           Preprocessor Object: SF_SSH  Version 1.1  <Build>
2月 13 09:56:45 kylin-pc snort[9499]: Commencing packet processing (pid=9499)
```

图 10-68　查询 Snort 运行状态

```
kylin@kylin-pc:/var/log/snort$ sudo snort -V

   ,,_     -*> Snort! <*-
  o"  )~   Version 2.9.7.0 GRE (Build 149)
   ''''    By Martin Roesch & The Snort Team: http://www.snort.org/contact#team
           Copyright (C) 2014 Cisco and/or its affiliates. All rights reserved.
           Copyright (C) 1998-2013 Sourcefire, Inc., et al.
           Using libpcap version 1.9.1 (with TPACKET_V3)
           Using PCRE version: 8.39 2016-06-14
           Using ZLIB version: 1.2.11
```

图 10-69　Snort 的版本

10.4.6.3　Snort 配置

Snort 的配置文件位于/etc/snort 目录下，主要的两个配置文件是 snort.debian.conf 和 snort.conf，其中 snort.debian.conf 内容相对简单，其默认内容如下，HOME_NET 就是前文安装过程中设置的本机地址范围，INTERFACE 就是前文安装过程中设置的监听网卡。

```
DEBIAN_SNORT_STARTUP="boot"
DEBIAN_SNORT_HOME_NET="192.168.43.0/24"
DEBIAN_SNORT_OPTIONS=""
DEBIAN_SNORT_INTERFACE="enp0s3"
DEBIAN_SNORT_SEND_STATS="true"
DEBIAN_SNORT_STATS_RCPT="root"
DEBIAN_SNORT_STATS_THRESHOLD="1"
```

snort.conf 配置文件相对复杂，一共可以分为 9 个部分，也是配置 Snort 的 9 个步骤，如下：

（1）Set the network variables：设置网络参数。

（2）Configure the decoder：配置解码器。

（3）Configure the base detection engine：配置基本检测引擎。

（4）Configure dynamic loaded libraries：配置动态加载库。

（5）Configure preprocessors：配置预处理器。

（6）Configure output plugins：配置输出插件。

（7）Customize your rule set：自定义用户的规则库。

（8）Customize preprocessor and decoder rule set：自定义预处理器和解码器的规则库。

（9）Customize shared object rule set：自定义共享对象规则库。

读者可以实际使用进行定制修改，本节在测试的时候，对 snort.conf 不做修改，只进行分析，在第 7 步自定义用户的规则库中，列举了很多库文件，这些文件默认位于/etc/snort/rules/目录下，如图 10-70 所示。

```
kylin@kylin-pc:/var/log/snort$ ls /etc/snort/rules/
attack-responses.rules   community-web-dos.rules    policy.rules
backdoor.rules           community-web-iis.rules    pop2.rules
bad-traffic.rules        community-web-misc.rules   pop3.rules
chat.rules               community-web-php.rules    porn.rules
community-bot.rules      ddos.rules                 rpc.rules
community-deleted.rules  deleted.rules              rservices.rules
community-dos.rules      dns.rules                  scan.rules
community-exploit.rules  dos.rules                  shellcode.rules
community-ftp.rules      experimental.rules         smtp.rules
community-game.rules     exploit.rules              snmp.rules
community-icmp.rules     finger.rules               sql.rules
community-imap.rules     ftp.rules                  telnet.rules
community-inappropriate.rules  icmp-info.rules      tftp.rules
community-mail-client.rules    icmp.rules           virus.rules
community-misc.rules     imap.rules                 web-attacks.rules
community-nntp.rules     info.rules                 web-cgi.rules
community-oracle.rules   local.rules                web-client.rules
community-policy.rules   misc.rules                 web-coldfusion.rules
community-sip.rules      multimedia.rules           web-frontpage.rules
community-smtp.rules     mysql.rules                web-iis.rules
community-sql-injection.rules  netbios.rules        web-misc.rules
community-virus.rules    nntp.rules                 web-php.rules
community-web-attacks.rules    oracle.rules         x11.rules
community-web-cgi.rules  other-ids.rules
community-web-client.rules     p2p.rules
```

图 10-70　Snort 默认的用户规则库

每个文件都是由一条条的规则组成的，比如在 ftp.rules 中有如下一条规则（实际上是一行，为了显示更加清楚，此处进行了分行）。

```
alert tcp $EXTERNAL_NET any -> $HOME_NET 21
(msg:"FTP passwd retrieval attempt";
flow:to_server,established;
content:"RETR";
nocase;
content:"passwd";
reference:arachnids,213;
classtype:suspicious-filename-detect;
sid:356;
rev:5;)
```

从规则的文件名，以及访问的是 21 端口可以知道，这条规则是与 FTP 访问有关的。在snort.conf 中，默认定义 EXTERNAL_NET 为 any，因此，第一行的含义就是任意主机访问本地主机的 21 端口，也就是任意主机访问本地主机的 FTP 服务，都会使用本规则进行检查。告警信息是 "FTP passwd retrieval attempt"（FTP 用户尝试获取 passwd）。在麒麟操作系统中，passwd 是存储用户密码的重要文件，通过 FTP 获取该文件是一个敏感行为，应用该规则即可及时发现这类异常行为。

用户可以根据实际情况定制修改已有的规则库，也可以新建自己的规则库，添加到 snort.conf 文件中即可。

采用默认的配置，可以在/var/log/snort/目录下，找到日志文件 snort.log，但是该文件无法通过文本编辑器打开。通过观察 service snort status 的输出，可以发现，系统默认启动 Snort 时使用的命令如下：

```
/usr/sbin/snort -m 027 -D -d -l /var/log/snort -u snort -g snort -c /etc/snort/snort.conf
-S HOME_NET=[192.168.43.0/24] -i enp0s3
```

Snort 启动可以配置的主要参数如下。

- A：报警方式，可以有 full（报警内容比较详细）、fast（只记录报警时间）和 none（关闭报警功能）。
- a：显示 ARP 包。
- b：以 tcpdump 的格式将数据包记入日志。
- c：使用配置文件文件内容主要控制系统哪些包需要记入日志，哪些包需要报警，哪些包可以忽略等。
- C：仅抓取包中的 ASCⅡ字符。
- d：抓取应用层的数据包。
- D：在守护模式下运行 Snort。
- e：显示和记录数据链路层信息。
- h：设置本地主机网段。
- l：日志路径。
- i：使用的网络接口文件。
- N：关闭日志功能，报警功能仍然工作。
- p：关闭混杂模式的嗅探。
- s：将报警信息记录到系统日志，日志文件可以出现在/var/log/messages 目录里。
- S：在此处可以重新设置规则库中的一些变量。
- V：显示版本号。

为了能够得到告警信息，需要修改前文介绍的 snort.debian.conf，修改如下（修改之前需要使用 service 指令停止 Snort 服务）。修改完成后，重新启动计算机，可以发现在/var/log/snort

目录下多了 alert 文件，使用文本编辑器直接打开该文件。

```
DEBIAN_SNORT_OPTIONS="-A full"
```

10.4.6.4　Snort 测试

要进行两个 Snort 测试：一个是测试操作系统指纹，一个是测试对异常 ping 包的检测。

（1）操作系统指纹测试。

在/etc/snort/rules/目录下，有一个文件 icmp-info.rules，其中有如下两行检测规则，为了便于理解，此处还是将一行分为多行展示：

```
alert icmp $EXTERNAL_NET any -> $HOME_NET any
(msg:"ICMP PING *NIX";
itype:8;
content:"|10 11 12 13 14 15 16 17 18 19 1A 1B 1C 1D 1E 1F|";
depth:32;
classtype:misc-activity;
sid:366; rev:7;)

alert icmp $EXTERNAL_NET any -> $HOME_NET any
(msg:"ICMP PING Windows";
itype:8;
content:"abcdefghijklmnop";
depth:16;
reference:arachnids,169;
classtype:misc-activity;
sid:382; rev:7;)
```

在分析 ping 数据包时，我们可以观察到，根据 ping 包内容的变化，可以区分出不同的操作系统。本节中，我们使用 Ubuntu 和 Windows 7 两种操作系统对安装了 Snort 的麒麟操作系统进行 ping 操作。在生成的 alert 文件中，会出现如图 10-71 所示的告警信息。由此可知，Snort 能够准确识别出对端操作系统的类型。

```
[**] [1:366:7] ICMP PING *NIX [**]
[Classification: Misc activity] [Priority: 3]
02/13-16:44:17.651334 192.168.43.10 -> 192.168.43.199
ICMP TTL:64 TOS:0x0 ID:9524 IpLen:20 DgmLen:1028 DF
Type:8  Code:0   ID:6   Seq:1506  ECHO
```

（a）

```
[**] [1:382:7] ICMP PING Windows [**]
[Classification: Misc activity] [Priority: 3]
02/13-16:46:58.627399 192.168.43.54 -> 192.168.43.199
ICMP TTL:128 TOS:0x0 ID:808 IpLen:20 DgmLen:60
Type:8  Code:0   ID:1   Seq:4  ECHO
[Xref => http://www.whitehats.com/info/IDS169]
```

（b）

图 10-71　Snort 识别到了操作系统指纹

（2）异常 ping 包的检测。

在/etc/snort/rules/目录下的一个文件 icmp.rules 有如下一行检测规则，为了便于理解，此处还是将一行分为多行展示：

```
alert icmp $EXTERNAL_NET any -> $HOME_NET any
 (msg:"ICMP Large ICMP Packet";
dsize:>800;
reference:arachnids,246;
classtype:bad-unknown;
sid:499; rev:4;)
```

可以发现，在 ping 包大于 800 字节的时候，会触发上述告警规则，本节在远端主机上使用如下命令产生 1000 字节的 ping 包，在 alert 文件中，会出现如图 10-72 所示的告警信息，可知，Snort 正确识别了异常 ping 包测试。

```
ping -s 1000 目的主机
```

```
[**] [1:499:4] ICMP Large ICMP Packet [**]
[Classification: Potentially Bad Traffic] [Priority: 2]
92/13-16:44:17.651334 192.168.43.10 -> 192.168.43.199
ICMP TTL:64 TOS:0x0 ID:9524 IpLen:20 DgmLen:1028 DF
Type:8  Code:0  ID:6    Seq:1506   ECHO
[Xref => http://www.whitehats.com/info/IDS246]
```

图 10-72　Snort 识别到了异常 ping 包（大包）

10.5　恶意代码防范

等保第一级至第四级的恶意代码防范的要求如表 10-16 所示。

表 10-16　等保第一级至第四级的恶意代码防范的要求

等保等级	相关要求
第一级	应安装防恶意代码软件或配置具有相应功能的软件，并定期进行升级和更新防恶意代码库
第二级	同上
第三级	应采用免受恶意代码攻击的技术措施或主动免疫可信验证机制及时识别入侵和病毒行为，并将其有效阻断
第四级	应采用主动免疫可信验证机制及时识别入侵和病毒行为，并将其有效阻断

为满足防恶意代码软件的要求，需要在麒麟操作系统上安装杀毒软件。为满足主动免疫可信验证机制的要求，需要借助于可信计算，在 10.6 节"可信验证"介绍，本节只介绍防恶意代码软件相关内容。

打开麒麟操作系统上提供的软件商店，选择左侧全部分类，然后在右侧选择安全类别，会出现如图 10-73 所示的界面，其中显示了可以在麒麟操作系统上安装的杀毒软件，包括奇安信网神终端安全管理系统、360 终端安全防护系统、火绒安全、北信源网络防病毒系统、辰信领创防病毒系统、天融信安全终端、瑞星等，其中奇安信网神终端安全管理系统是默认已经安装的杀毒软件。

图 10-73　在软件商店中显示的安全软件（部分）

打开奇安信网神终端安全管理系统，显示如图 10-74 所示的界面，主要功能是病毒查杀、主动防御。单击病毒查杀，会出现如图 10-75 所示的界面，其中可以进行快速扫描、全盘扫描、自定义扫描。单击主动防御，会出现如图 10-76 所示的界面，其中可以进行如下防护。

（1）系统防护：包括驱动防护、进程防护、系统账户防护。

（2）入口防护：包括 U 盘防护。

（3）网络防护：远程登录防护。

图 10-74　奇安信网神终端安全管理系统主界面

图 10-75 奇安信网神终端安全管理系统的病毒查杀界面

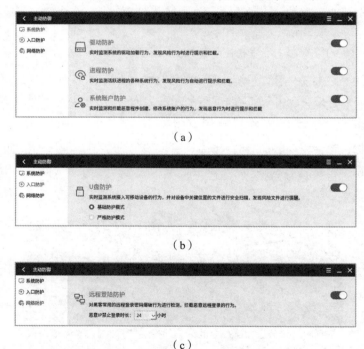

除了上述设置，在主界面上右上角的下拉菜单中选择"系统设置"，还可以开启防护中心，如图 10-77 所示，选择开启文件实时防护，进一步提高系统安全性。

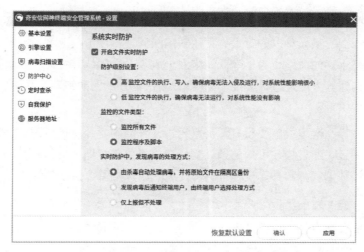

图 10-77　奇安信网神终端安全管理系统的防护中心设置

10.6　可信验证

等保第一级至第四级的可信验证的要求如表 10-17 所示。

表 10-17　等保第一级至第四级的可信验证的要求

等保等级	相关要求
第一级	可基于可信根对计算设备的系统引导程序、系统程序等进行可信验证，并在检测到其可信性受到破坏后进行报警
第二级	可基于可信根对计算设备的系统引导程序、系统程序、重要配置参数和应用程序等进行可信验证，并在检测到其可信性受到破坏后进行报警，并将验证结果审计记录送至安全管理中心
第三级	可基于可信根对计算设备的系统引导程序、系统程序、重要配置参数和应用程序等进行可信验证，并在应用程序的关键执行环节进行动态可信验证，在检测到其可信性受到破坏后进行报警，并将验证结果审计记录送至安全管理中心
第四级	可基于可信根对计算设备的系统引导程序、系统程序、重要配置参数和应用程序等进行可信验证，并在应用程序的所有执行环节进行动态可信验证，在检测到其可信性受到破坏后进行报警，并将验证结果审计记录送至安全管理中心，并进行动态关联感知

为满足上述要求，需要对麒麟操作系统进行如下配置。

10.6.1　可信计算介绍

中国工程院沈昌祥院士认为网络安全风险源于图灵机原理少安全理念、冯·依曼体系结构少防护部件和网络信息工程无安全治理三大原始性缺失，再加上人们对 IT 产品逻辑认知的局限性，不可能穷尽所有的逻辑组合，只能局限处理完成计算任务有关的逻辑，必定存在大量逻辑处理不全的缺陷漏洞，从而难以应对人为利用缺陷漏洞进行攻击获取利益的恶意行为。由此可见网络安全风险是永远的命题。为了降低网络安全风险，必须从计算模式逻辑正确验证、计算体系结构和工程构建等方面进行科学技术创新，以解决存在的漏洞缺陷被攻击者所利用的问题，形成主动免疫防护体系。

与人体健康一样，网络设施必须有免疫系统，计算的同时并行进行防护，以物理可信根为基础，一级验证一级，通过构建可信链条，为用户提供可信存储、可信度量和可信报告等多种功能，确保用户的数据资源和操作全程可测可控，为用户提供可信任的计算环境。

10.6.1.1　可信计算的发展历程

可信计算发展大体可分为可信计算 1.0、可信计算 2.0、可信计算 3.0 三个阶段，具体参见图 10-78。

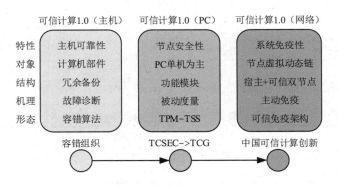

图 10-78　可信计算的三个阶段

（1）可信计算 1.0。

可信计算 1.0 是 20 世纪 70 年代以世界容错组织为代表，用容错算法及时发现和处理故障，降低故障的风险，以提高系统的安全性和可靠性。采用故障排除、冗余备份等手段应对软硬件工程性故障、物理干扰、设计错误等影响系统正常运行的各种问题。

（2）可信计算 2.0。

可信计算 2.0 以可信计算组织（Trusted Computing Group，TCG）为代表，TCG 成立于 2003年，采用可信平台模块（Trusted Platform Module，TPM）与主机串接架构，通过应用主程序调用软件栈子程序用 TPM 进行可信度量、报告等功能，实现对计算系统的串行静态检测保护。由于未改变原有体系结构，故难以对计算系统进行主动防御。目前，国内外品牌的 Wintel（Windows-Intel 架构）都配备了 TPM 芯片，推出了可信终端和服务器产品。

（3）可信计算 3.0。

可信计算 3.0 起源于我国 20 世纪 90 年代初。1992 年，我国正式启动了免疫综合防护系统的研发项目，并成功研发了能够并行连接主机的智能安全卡。1995 年 2 月，该系统通过了严格的测评鉴定，被定型为装备并推广使用。经过多年的不懈攻关，我们构建了一个安全可信的产品链，并形成了具有自主创新的主动免疫可信计算技术体系。

这一技术体系采用了运算与防御并行的双体系架构，能够在计算过程中同时进行安全防护，实现全程管控，确保计算过程不受干扰，从而使得计算结果始终与预期相符。通过将可信计算技术与访问控制相结合，系统能够实时识别"自己"与"非己"的成分，有效禁止未授权行为，防止攻击者利用系统的缺陷和漏洞进行非法操作。

最终，这一技术体系实现了使攻击者"进不去、拿不到、看不懂、改不了、瘫不成、赖不掉"的效果，对于已知和未知的病毒，系统能够在不进行查杀的情况下实现自我消除。

10.6.1.2　可信计算 3.0 的创新体系

（1）安全可信体系架构的创新。

可信计算 3.0 采用了创新的双体系架构，这种架构在不改变原有通用计算部件的功能流程的前提下，并行建立了一个逻辑上独立的可信防护部件。这个可信防护部件负责对通用计算系统的硬件、操作系统及应用程序的工作过程进行可信监控，从而为通用计算系统提供全程运行的可信保障。

双体系架构将现有应用系统视为保护对象，无须对其进行修改或打补丁，因此可以广泛适用于现有系统中，成为一种普适的通用架构。该架构从系统底层到上层构建了可信链的传递，形成了一个以密码技术为基础、芯片固件为信任根、主板为平台、软件为核心、网络为纽带、应用效果可见的安全可信技术体系框架。

此外，为了支持这一架构，我国还制定并发布了一系列国家标准，如图 10-79 所示，这些标准为可信计算 3.0 的实施和推广提供了指导和规范。

（2）可信计算密码技术的创新。

密码技术在可信计算中扮演着基础性的角色，可以被比喻为可信计算的免疫基因。为了支持这一技术体系，我国依据国家密码算法标准，制定了可信密码模块（Trusted Cryptography Module，TCM）的国家标准。这一标准在以下三个方面展现了重要的创新。

- 全面采用国产密码算法：可信密码模块标准中，对称密钥算法采用了国产的 SM4 算法，非对称密钥算法采用了 SM2 算法，哈希算法则使用了 SM3 算法。这些算法的有机组合实现了全部的可信保护功能，标志着我国在密码技术领域走上了独立自主创新的路径。

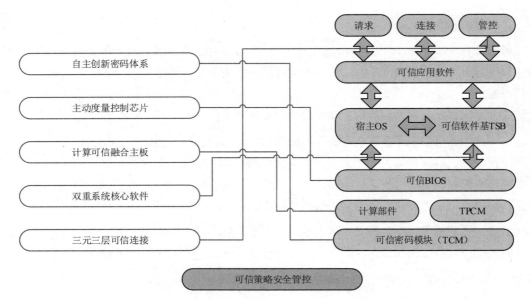

图 10-79　可信计算 3.0 技术体系框架

- 创新的密码混合体制：可信密码模块首次将对称密码和非对称密码相结合，创建了一种新型的可信计算密码混合体制。这种体制不仅使得可信密码机制更加科学合理，而且显著提升了系统的安全性能。
- 双证书体制的应用：与 TCG（Trusted Computing Group）的 5 种证书配置相比，可信密码模块采用了更为合理有效的双证书体制。平台证书用于认证系统，而加密证书则用于保护密钥。这种体制将加密功能和认证功能分离管理，符合国家电子签名法的要求，简化了证书管理流程，同时增强了安全性。其中的一些技术已经被 TCG 采纳并应用。

通过这些创新，可信密码模块国家标准为可信计算技术体系提供了坚实的密码学基础，确保了系统的安全性、可靠性和高效性。

（3）可信平台控制模块的创新。

可信平台控制模块（Trusted Platform Control Module，TPCM）被提出作为系统的可信根，并直接连接到主机的计算部件。TPCM 在连接 TCM（Trusted Cryptography Module）模块的基础上，增加了对计算部件和外设的总线级控制功能，从而成为系统可信性的源头。

TPCM 将密码机制与控制机制相结合，其启动先于计算部件的中央处理器（CPU），主动对主板固件和基础软件进行度量并实施控制。这一过程不依赖主机 CPU 和系统的 BIOS 代码，有效地规避了利用 CPU 后门对固件进行恶意篡改的风险，确保了系统初始启动过程的可信性。

在主机启动后，TPCM 继续对系统软硬件的执行过程进行动态控制，成为一个依据可信策略进行全方位平行可信验证的控制平台。目前，TPCM 的国家标准已经发布，并且其研究发展已经形成了插卡、主板 SoC（System on Chip）和多核 CPU 可信核三种模式的产品。这些产品已经被大量推广应用，为提高计算机系统的安全性和可信性提供了重要支持。

（4）可信主板的创新。

可信主板的设计理念是将可信防护部件与主机计算部件并接，以确保系统的安全性。在这个设计中，可信防护部件主要包括 TPCM（Trusted Platform Control Module）和系统中的多个度量点，如 Boot ROM 等。这些部件共同构成了系统的信任链，确保了从系统启动到运行各个阶段的安全性。

在主板的设计中，控制电路被设计为在 CPU 上电之前先启动 TPCM，对 Boot ROM 进行度量。这样的设计使得信任链在系统加电的第一时刻就开始建立，从而确保了系统启动过程的安全性。

同时，主板上还设置了多个固件度量代理接口。这些接口在可信根和可信软件之间提供了硬件支持接口。这些接口为可信软件层提供了对主机软硬件进行度量的控制路径，使得系统在运行过程中能够持续地进行安全性监控和控制。

（5）可信软件基的创新。

在保持原宿主软件系统不变的情况下，构建基于 TPCM（Trusted Platform Control Module）的动态可信验证可信软件基，实现了双软件架构。这种架构通过可信软件基对系统运行环境实施可信保障，确保了系统的安全性。

可信软件基在可信计算体系中扮演着核心角色，起着承上启下的作用。对上，它与可信管理机制对接，通过策略库的规则主动监控主机应用，确保应用的安全性。对下，它连接 TPCM 和其他可信资源，为系统的可信度量和控制提供支撑。同时，可信软件基与网络环境中的其他可信资源协同处理，实现了系统在更广泛范围内的安全性保障。

在 TPCM 的支撑下，可信软件基能够解释可信策略，并通过在宿主操作系统代理主动拦截获取的相关参数进行度量验证。这样，它能够实现判定和执行等安全机制，确保系统的安全性。

（6）可信网络连接的创新。

针对集中控管的网络环境安全需求，三元三层对等可信网络连接架构应运而生。这种架构通过安全管理中心的集中管理，对网络通信连接的双方资源实施可信度量和判决，有效防范内外合谋攻击。

在纵向上，该架构将网络访问、可信评估和可信度量分层处理，使得系统结构清晰，控制严谨有序；在横向上，该架构进行了访问请求者、访问控制者和策略仲裁者之间的三重控制和鉴别，使得集中控管的网络能够无缝衔接，提高了可信控制部件的自身安全性。

总的来说，可信计算 3.0 的防御机制以密码技术为基因，通过科学严谨的逻辑组合和逆向验证，实现主动识别、主动度量和保密存储，在统一管理平台策略的支撑下，对数据信息和系统服务资源进行可信检验判定，实施智能感知主动防御。这种机制适用于服务器、终端及嵌入式系统，能够在行为源头判断异常行为并进行防范，达到已知病毒不查杀而自灭，免疫地抵御未知病毒及利用未知漏洞的攻击，安全强度高，防护效率高。

在结构上，可信计算 3.0 可以采取处理器内部并建可信核模块，也可以外接可信插卡，以及主板内并加可信 SoC 等不同实现方法来实现防护部件。这种设计既适用于新系统的组建，也可用于旧系统的改造，降低了实现难度和工程成本。通过动态并行对应用过程监控，不需要打补丁修改原应用代码，对业务工作性能的影响很小。

10.6.2 麒麟操作系统可信计算的实现情况

本节测试采用的银河麒麟桌面操作系统 V10 SP1 2303 版，是一个采用了软硬件可信根的内生安全主动防御体系化设计的操作系统。该系统基于可信固件、可信引导、可信计算组件和安全内核与可信驱动组成，兼容了各种 CPU 架构的安全可信体系。此外，该操作系统还获得了"GB/T 20272-2019 操作系统安全技术要求实现结构化保护第四级认证"。

银河麒麟桌面操作系统 V10 SP1 2303 版的可信技术基于双体系架构，与硬件可信设备联合实现安全可信执行环境。这个环境包括可信基础硬件、麒麟可信执行环境（KyTEE）和银河麒麟操作系统（系统安全 KySEC 和运行环境）。

其中，麒麟可信执行环境（KyTEE）是整个系统实现内生可信计算、密码服务、系统安全框架、可信执行控制等安全可信功能的基础运行环境。它为安全可信体系提供了基础支撑，确保了系统的安全性和可信性。其系统架构如图 10-80 所示。

在飞腾平台上，银河麒麟桌面操作系统 V10 SP1 2303 版内置的安全中心增加了可信启动与指令流安全预检测功能，以增强系统的安全性和可信性。

可信启动功能依据信任传递的原则，在飞腾平台上实现了对可信根、TPCM（Trusted Platform Control Module）、可信固件 UEFI（Unified Extensible Firmware Interface）、GRUB 引导程序、系统内核文件与关键配置文件的逐级度量。这样，系统构建了一个完整的可信信任链，为设备启动建立了初态的可信执行环境。这一机制有效防止了系统在启动过程中被篡改，确保了系统启动的安全性。

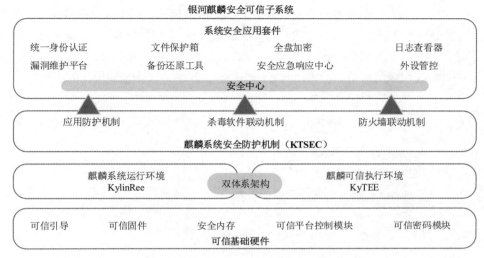

图 10-80　银河麒麟安全可信子系统架构

　　指令流安全预检测技术采用了内存指令控制流检测方法，在飞腾平台上实时检测安全事件。这项技术利用机器学习和智能采集技术，学习并采集系统中所有可能存在被利用风险的程序指令序列。通过检测因漏洞攻击带来的异常指令流，系统能够保障安全运行，防止潜在的攻击和漏洞利用。

　　在本节的测试中，选择的是一台配置有飞腾 D2000 处理器的主机，其具体配置如图 10-81 所示。这样的配置能够支持银河麒麟操作系统的安全特性，确保系统的安全性和可信性得到有效提升。

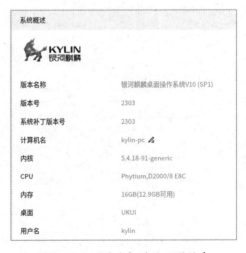

图 10-81　测试主机的处理器信息

打开"安全中心",可以发现在左侧列表有"可信度量""指令流安全预检测",二者默认都是没有打开的,选择打开后,重启计算机,再次打开"可信度量",出现如图 10-82 所示的信息,表示构建了从可信根、TPCM、UEFI、GRUB 的系统完整信任链。单击"查看详情",会出现如图 10-83 所示的启动中的可信验证详细过程,从中可以体会到信任的逐级传递。

图 10-82　可信链正常

序号	度量阶段 ▾	度量项	度量时间	度量结果
1	TPCM 度量	KYEE&PBF	2024-02-14 20:23:37	成功
2	UEFI 度量	UEFI	2024-02-14 20:23:37	成功
3	UEFI 度量	GPT PcieRoot(0x0)/Pci(0x2,0x0)/Pci(0x0,0x0…	2024-02-14 20:23:39	成功
4	UEFI 度量	GPT PcieRoot(0x0)/Pci(0x2,0x0)/Pci(0x0,0x0…	2024-02-14 20:23:39	成功
5	UEFI 度量	GPT PcieRoot(0x0)/Pci(0x3,0x0)/Pci(0x0,0x0…	2024-02-14 20:23:39	成功
6	UEFI 度量	UEFI APP: PcieRoot(0x0)/Pci(0x3,0x0)/Pci(0…	2024-02-14 20:23:41	成功
7	GRUB度量	/boot/grub/arm64-efi/normal.mod	2024-02-14 20:23:41	成功
8	GRUB度量	/boot/grub/arm64-efi/hashsum.mod	2024-02-14 20:23:41	成功
9	GRUB度量	/boot/grub/arm64-efi/measurefiles.mod	2024-02-14 20:23:41	成功
10	GRUB度量	/boot/grub/arm64-efi/linux.mod	2024-02-14 20:23:41	成功
11	GRUB度量	/etc/modules	2024-02-14 20:23:41	成功
12	GRUB度量	kernel-cmdline	2024-02-14 20:23:42	成功
13	GRUB度量	/vmlinuz-5.4.18-91-generic	2024-02-14 20:23:41	成功
14	GRUB度量	/initrd.img-5.4.18-91-generic	2024-02-14 20:23:43	成功
15	GRUB度量	kernel-cmdline-recovery	2024-02-14 20:23:43	成功

总共 15 行记录

图 10-83　启动中的可信验证详细过程

10.7 数据完整性

等保第一级至第四级的数据完整性的要求如表 10-18 所示。

表 10-18 等保第一级至第四级的数据完整性的要求

等保等级	相关要求
第一级	（1）应采用校验技术保证重要数据在传输过程中的完整性
第二级	同上
第三级	（2）应采用校验技术或密码技术保证重要数据在传输过程中的完整性，包括但不限于鉴别数据、重要业务数据、重要审计数据、重要配置数据、重要视频数据和重要个人信息等 （3）应采用校验技术或密码技术保证重要数据在存储过程中的完整性，包括但不限于鉴别数据、重要业务数据、重要审计数据、重要配置数据、重要视频数据和重要个人信息等
第四级	（4）在可能涉及法律责任认定的应用中，应采用密码技术提供数据原发证据和数据接收证据，实现数据原发行为的抗抵赖和数据接收行为的抗抵赖

数据的完整性验证，涉及密码学的相关知识，主要是加密算法。表 10-18 涉及两种场景：一是数据存储中的完整性，二是数据传输中的完整性。

此外，从另一个角度分析，表 10-18 涉及两个需求。

一是发现数据被篡改，比如：A 给 B 发数据，其中被 C 截获，C 篡改了数据再发给 B，B 应该可以发现数据被修改了。

二是数据抗抵赖。比如：A 给 B 发送数据了，但是事后 A 否认发过数据，B 应该有方法证明数据确实是 A 发送的，A 也应该有方法证明数据确实被 B 接收了。

上述两个需求涉及比较多的密码学知识不在本书的讨论范围内，这里只是简单介绍一些原理。

10.7.1 数字签名简介

10.7.1.1 哈希运算

哈希运算，也称为散列运算，是一种将输入（比如一个文件）转换为固定长度字符串的函数。这个字符串通常被称为哈希值或摘要。哈希运算的特点是无论输入数据的大小如何，输出的哈希值长度是固定的。例如，MD5 算法生成的哈希值总是 128 位（16 字节），而 SHA-256 算法生成的哈希值则是 256 位（32 字节）。

哈希运算的一个重要特性是它的雪崩效应：即使输入数据只发生了微小的变化，比如只修改了一个字节，输出的哈希值也会发生显著的变化。这种特性使得哈希运算非常适合用于检查文件的完整性。通过比较文件的哈希值，可以快速确定文件是否被修改。以 MD5 为例，如下是一段测试，只是将最后一个数字改为了 0，但是得到的 MD5 摘要完全不一样。

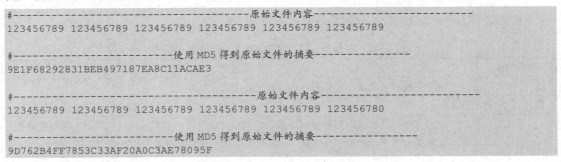

```
#-------------------------------原始文件内容-------------------------------
123456789 123456789 123456789 123456789 123456789 123456789

#-----------------------使用 MD5 得到原始文件的摘要-----------------
9E1F68292831BEB497187EA8C11ACAE3

#-------------------------------原始文件内容-------------------------------
123456789 123456789 123456789 123456789 123456789 123456780

#-----------------------使用 MD5 得到原始文件的摘要-----------------
9D762B4FF7853C33AF20A0C3AE78095F
```

使用哈希运算进行完整性检验的过程如下：

（1）A 将要给 B 的文件使用哈希运算得到摘要。

（2）A 将原始文件、摘要一并发给 B。

（3）B 也使用哈希运算对原始文件计算摘要，与接收到的摘要进行对比，如果一致，就说明文件没有被修改，反之文件被修改了。

10.7.1.2　公钥算法

上述使用哈希运算进行完整性校验的过程存在一个明显的缺点。如果攻击者 C 截获了原始文件和其摘要，C 修改了原始文件，并使用哈希运算对修改后的文件计算新的摘要，然后将修改后的文件和新的摘要发送给接收者 B，那么 B 是无法发现文件已被修改的。为了解决这个问题，我们需要引入数字签名。但在介绍数字签名之前，有必要先简单介绍一下公钥算法。

公钥算法，也称为非对称加密算法，它使用一对完全不同但相互匹配的密钥——公钥和私钥。在非对称加密过程中，只有使用这对匹配的公钥和私钥，才能完成对明文的加密和解密。

加密明文时，采用公钥进行加密；解密密文时，则必须使用私钥。发信方（加密者）知道收信方的公钥，而只有收信方（解密者）才知道自己的私钥。非对称加密算法的基本原理是，如果发信方想发送只有收信方才能解读的加密信息，发信者会使用收信者的公钥来加密信件，收信者则使用自己的私钥来解密信件。显然，采用非对称加密算法，收发信双方在通信之前，收信方必须将自己随机生成的公钥发送给发信方，而自己保留私钥。目前广泛应用的公钥算法包括 RSA 算法和美国国家标准局提出的 DSA。

10.7.1.3　数字签名

在发送文件时，发送方首先使用一个哈希函数从文件中生成一个固定长度的摘要，然后，发送方用自己的私钥对这个摘要进行加密，生成的加密摘要即为文件的数字签名。这个数字签名会和文件一起发送给接收方。

接收方在收到文件和数字签名后，首先使用与发送方相同的哈希函数从接收到的原始文件中计算出文件摘要。接着，接收方使用发送方的公钥对附加在文件上的数字签名进行解密，得到解密后的摘要。如果解密得到的摘要与接收方自己计算出的摘要相同，那么接收方就能确认该文件确实是由发送方发送的，并且文件在传输过程中没有被篡改，即文件保持了完整性。

数字签名具有两种主要功效：首先，它能确定文件确实是由发送方签名并发送出来的，因为其他人无法伪造发送方的私钥来生成有效的签名；其次，数字签名能够确保文件的完整性，即文件在签名后没有被非法修改。

10.7.2　数据存储中的完整性

10.7.2.1　Tripwire 的安装与使用

本小节将介绍如何在麒麟操作系统上使用 Tripwire 工具来检验本地存储数据的完整性。Tripwire 是一款常用的完整性检查工具，它通过对需要校验的文件执行类似 MD5 的哈希运算，生成一个唯一的文件标识。

当这些系统文件的大小、inode 号、权限、修改时间等属性发生任何变化时，再次运行 Tripwire，它会比较文件的前后属性，并生成一份详细的报告。在麒麟操作系统上安装 Tripwire 十分方便，使用如下命令即可：

```
apt-get install tripwire
```

在安装过程中会要求设置两个密钥：一个是 site-key，一个是 local-key，区别如下。

- site-key：用于保护策略文件和配置文件。
- local-key：用户保护数据库和分析报告。

设置界面如图 10-84 所示。

安装完成后，因为从原理中可知，是通过前后对比，才能发现文件是否被修改，所以需要使用如下命令初始化数据库，期间需要输入前文设置的密钥，按照提示输入对应的密钥即可，如图 10-85 所示，输出比较长，图中展示了最后一部分输出，最后的结果是数据库生成成功。

```
tripwire --init
```

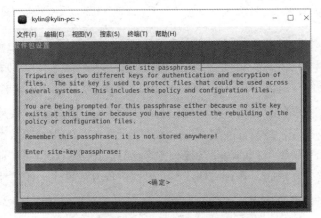

图 10-84 设置 Tripwire 的 site-key

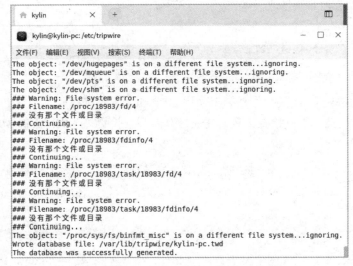

图 10-85 使用 init 参数初始化数据库

在 Tripwire 中，配置文件位于/etc/tripwire/twcfg.txt，而策略文件则位于/etc/tripwire/twpol.txt。策略文件用于指定哪些目录和文件需要进行完整性检测。在此示例中，我们首先使用默认的策略文件。为了对/home 目录进行完整性检查，输入如下命令，其结果如图 10-86 所示，因为初始化数据库后，还没有做任何修改操作，所以显示文件没有变化。

```
tripwire --check /home
```

修改/home 的属性，比如，使用如下指令再次进行检测，结果如图 10-87 所示，可以发现，/home 文件发生了变化。

```
chmod 777 /home
```

```
Command line used:          tripwire --check /home

===============================================================================
Rule Summary:
===============================================================================

-------------------------------------------------------------------------------
  Section: Unix File System
-------------------------------------------------------------------------------

  Rule Name                    Severity Level    Added    Removed   Modified
  ---------                    --------------    -----    -------   --------
  Invariant Directories        66                0        0         0
  (/home)

Total objects scanned:  1
Total violations found:  0

===============================================================================
Object Summary:
===============================================================================

-------------------------------------------------------------------------------
# Section: Unix File System
-------------------------------------------------------------------------------

No violations.
```

图 10-86　对/home 目录进行完整性检查

```
Command line used:          tripwire --check /home

===============================================================================
Rule Summary:
===============================================================================

-------------------------------------------------------------------------------
  Section: Unix File System
-------------------------------------------------------------------------------

  Rule Name                    Severity Level    Added    Removed   Modified
  ---------                    --------------    -----    -------   --------
* Invariant Directories        66                0        0         1
  (/home)

Total objects scanned:  1
Total violations found:  1                         ┌─────────────────┐
                                                   │ 检测到文件的修改 │
                                                   └─────────────────┘
===============================================================================
Object Summary:
===============================================================================

-------------------------------------------------------------------------------
# Section: Unix File System
-------------------------------------------------------------------------------

-------------------------------------------------------------------------------
Rule Name: Invariant Directories (/home)
Severity Level: 66
-------------------------------------------------------------------------------

Modified:
"/home"
```

图 10-87　Tripwire 检测到了/home 文件的变化

10.7.2.2　Tripwire 设置自定义策略

Tripwire 的策略存储在文件/etc/tripwire/twpol.txt 中，其主要可以分为三部分。

（1）文件的性质。

策略文件中有以下几种性质。

```
SEC_CRIT      = $(IgnoreNone)-SHa ;      # 不能被修改的关键文件
SEC_BIN       = $(ReadOnly) ;            # 不能被修改的二进制文件
SEC_CONFIG    = $(Dynamic) ;             # 经常被访问，但是修改不经常的配置文件
```

```
SEC_LOG       = $(Growing) ;          #大小会变化，但是不应该被改变所有者的文件
SEC_INVARIANT = +tpug ;               # 不允许改变所有者和权限的目录
```

（2）完整性校验不一致的严重程度。

策略文件使用打分制，有以下几种严重程度。

```
SIG_LOW       = 33 ;                  # 非关键文件，对安全的影响性小
SIG_MED       = 66 ;                  # 非关键文件，但是对安全的影响性大
SIG_HI        = 100 ;                 # 关键文件，对安全的影响大
```

（3）对不同的目录、文件设定不同的性质、严重程度。

比如，对 /home 目录的设置如下，设置的文件性质是 SEC_INVARIANT，因此，在前文测试的时候，修改了/home 目录的属性，会提示完整性有变化。recurse 表示递归检查的级数，级数越多，耗时越长，此处为 0，表示不递归检查。

```
(
  rulename = "Invariant Directories",
  severity = $(SIG_MED)
)
{
  /         -> $(SEC_INVARIANT) (recurse = 0) ;
  /home     -> $(SEC_INVARIANT) (recurse = 0) ;
  /tmp      -> $(SEC_INVARIANT) (recurse = 0) ;
  /usr      -> $(SEC_INVARIANT) (recurse = 0) ;
  /var      -> $(SEC_INVARIANT) (recurse = 0) ;
  /var/tmp  -> $(SEC_INVARIANT) (recurse = 0) ;
}
```

为了实现对/home/kylin/temp 目录的检查，此处修改策略文件，在上面的一段中添加如下内容。

```
/home/kylin/folder1/folder2   -> $(SEC_INVARIANT) (recurse = 0) ;
```

然后使用如下语句，重新生成策略文件，如图 10-88 所示。

```
twadmin --create-polfile twpol.txt
```

```
kylin@kylin-pc:/etc/tripwire$ sudo twadmin --create-polfile twpol.txt
Please enter your site passphrase:
Wrote policy file: /etc/tripwire/tw.pol
```

图 10-88 重新生成策略文件

再使用如下语句重新初始化数据库：

```
tripwire --init
```

然后修改/home/kylin/folder1/folder2 目录的属性或者所有者，再次进行 Check，结果如图 10-89 所示，可以检测到变化。

可以将 Tripwire 检查做成一个 crontab 定时任务，定期进行完整性检查，有异常及时报告给管理员。

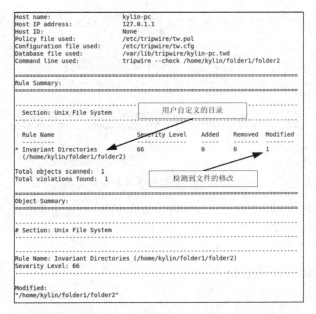

```
Host name:                kylin-pc
Host IP address:          127.0.1.1
Host ID:                  None
Policy file used:         /etc/tripwire/tw.pol
Configuration file used:  /etc/tripwire/tw.cfg
Database file used:       /var/lib/tripwire/kylin-pc.twd
Command line used:        tripwire --check /home/kylin/folder1/folder2

=================================================================
Rule Summary:
=================================================================

-----------------------------------------------------------------
  Section: Unix File System                    [用户自定义的目录]
-----------------------------------------------------------------

  Rule Name                  Severity Level   Added   Removed  Modified
  ---------                  --------------   -----   -------  --------
* Invariant Directories      66               0       0        1
  (/home/kylin/folder1/folder2)

Total objects scanned:  1
Total violations found: 1          [检测到文件的修改]

=================================================================
Object Summary:
=================================================================

-----------------------------------------------------------------
# Section: Unix File System
-----------------------------------------------------------------

-----------------------------------------------------------------
Rule Name: Invariant Directories (/home/kylin/folder1/folder2)
Severity Level: 66
-----------------------------------------------------------------

Modified:
"/home/kylin/folder1/folder2"
```

图 10-89　新的策略已经生效，可以检测到文件属性变化

10.7.2.3　使用文件防篡改程序

在麒麟操作系统中提供了一个文件防篡改程序，打开"安全中心"→"应用保护"，选择左边界面最下方的"应用程序控制"，单击其中的"高级配置"，出现如图 10-90 所示的窗口，选择"文件防篡改"选项卡。

图 10-90　文件防篡改

单击右上角的加号，可以添加希望防篡改的文件，本小节在测试的时候添加了一个文本文

件 1.txt，添加之后，会在 1.txt 的图标中出现一个"小锁"记号，如图 10-91 所示。

图 10-91　给 1.txt 文件设置防篡改后会改变其显示图标

此时通过查看文件属性，发现其所有者还是当前用户，但是当前用户已经无法修改该文件，即使切换为 root 用户，也无法修改该文件，从而达到防篡改的目的，实现文件完整性保护。

10.7.3　数据传输中的完整性

数据传输中的完整性涉及很多协议，经常用到的是 SSH，本小节介绍 SSH 如何配置完整性检查。麒麟操作系统可以安装 OpenSSH 服务，具体安装过程在 3.3.5 节中已经介绍了，此处不再赘述。安装完成后，在 OpenSSH 中，可以通过配置文件来设置检查数据的完整性。打开 OpenSSH 服务器的配置文件，默认为/etc/ssh/sshd_config，添加或修改下面这行配置：

```
MACs hmac-sha2-512,hmac-sha2-256,umac-128@openssh.com
```

保存并关闭配置文件，重新启动 OpenSSH 服务器使更改生效。上述操作将会指定使用 SHA-2 算法（前文介绍的哈希运算的一种）进行消息认证码计算，确保传输的数据不被篡改。

10.8　数据保密性

等保第一级至第四级的数据保密性的要求如表 10-19 所示。

表 10-19　等保第一级至第四级的数据保密性的要求

等保等级	相关要求
第一级	无
第二级	无
第三级	（1）应采用密码技术保证重要数据在传输过程中的保密性，包括但不限于鉴别数据、重要业务数据和重要个人信息等 （2）应采用密码技术保证重要数据在存储过程中的保密性，包括但不限于鉴别数据、重要业务数据和重要个人信息等
第四级	以上所有

为满足上述要求，可以在麒麟操作系统中进行如下配置。

10.8.1   加密存储

麒麟操作系统默认安装了名为"文件保护箱"的应用程序。这是一个基于内核级数据隔离机制的保护工具，旨在提供用户间数据隔离和加密保护功能。它支持国密算法，并实现了"一箱一密、一文一密"的细粒度控制机制，从而有效地保障用户数据的安全。

打开该应用，界面如图 10-92 所示，单击"新建"按钮，会弹出一个对话框，其中可以可选择是新建一个免密保护箱，还是加密保护箱。如果是免密保护箱，可以直接建立，如果是加密保护箱，会要求用户输入保护箱密码，如图 10-93 所示。如果是加密保护箱，系统会提示用户将密钥文件妥善保存（建议异地存储），在后续如果忘记加密保护箱的密钥，可以通过该密钥文件找回相应的密钥，如图 10-94 所示。

图 10-92   文件保护箱界面

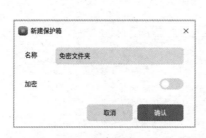

图 10-93   新建免密保护箱（左图）、新建加密保护箱（右图）

用户创建完自己的文件箱后，可以列表展示文件箱内容及其加密状态，如图 10-95 所示。对于加密文件箱，在打开的时候需要输入密钥。加密文件箱使用完成之后，可以单击右键，选择"锁定"，如图 10-96 所示，这样下次在打开的时候，又会提示用户输入密钥，从而确保安全。

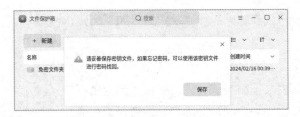

图 10-94　提示保存加密文件箱的密钥

图 10-95　文件箱列表

图 10-96　加密文件箱可以再次被锁定

除了使用文件保护箱应用程序打开，还可以使用文件管理器打开保护箱中的内容，如图 10-97 所示，在文件管理器左上角可以直接单击"保护箱"选项，使用方法与文件保护箱一样，不再赘述。

图 10-97　使用文件管理器也打开保护箱

也可以使用 boxadm 工具进行文件保护箱的管理,使用 boxadm 列出、解锁、锁定文件保护箱中指定保护箱的示例如图 10-98 所示。(注意:虽然此处列出了文件保护箱的路径,但是即使进入到相应的目录,也无法查看其中的文件,甚至无法查看文件列表。)

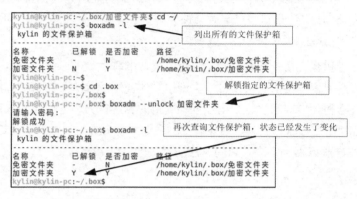

图 10-98　使用 boxadm 工具可以列出、解锁、锁定指定文件管理箱

10.8.2　加密传输

数据传输中的保密性是网络安全的关键方面,SSH(Secure Shell)是一种常用的协议,用于实现加密传输。在本节中,我们将介绍 SSH 如何实现加密传输。实际上 SSH 默认就是用来加密传输信息的,SSH 的连接过程可以分为七个阶段。

(1)连接建立。

SSH 依赖特定的网络端口进行通信。在未建立 SSH 连接时,SSH 服务器会在一个指定的端口上侦听来自客户端的连接请求。当 SSH 客户端向服务器的这个指定端口发起连接请求后,双方会建立一个 TCP 连接,后续的所有通信都将通过这个端口进行。

默认情况下,SSH 服务器使用的是端口号 22。由于端口号 22 是一个知名的端口,所以它可能会成为攻击者的目标。因此,在进行关键的安全传输时,为了提高安全性,建议修改 SSH 服务器的默认端口号。

(2)版本协商。

SSH 服务器和客户端通过协商确定最终使用的 SSH 版本号,过程如下:

- SSH 服务器通过建立好的连接向 SSH 客户端发送支持的 SSH 版本信息。
- SSH 客户端收到版本信息后,根据自身支持的 SSH 版本决定使用的版本号,并将决定使用的版本号发送给 SSH 服务器。
- SSH 服务器判断自己是否支持客户端决定使用的版本号,从而确定版本协商是否成功。

（3）算法协商。

SSH 工作过程中需要使用多种类型的算法，包括用于产生会话密钥的密钥交换算法、用于数据信息加密的对称加密算法、用于进行数字签名和认证的公钥算法，以及用于数据完整性保护的 HMAC 算法。SSH 服务器和客户端对每种类型中具体算法的支持情况不同，因此双方需要协商确定每种类型中最终使用的算法，过程如下：

- SSH 服务器和客户端分别向对方发送自己支持的算法。
- SSH 服务器和客户端依次协商每种类型中具体使用的算法。在每类算法的协商过程中，SSH 服务器和客户端都会匹配出双方均支持的算法作为最终使用的算法。每类算法均匹配成功后，算法协商完成。如果某类算法全部匹配失败，则该类型的算法协商失败，这会导致 SSH 服务器和客户端之间算法协商失败并断开连接。

（4）密钥交换。

SSH 服务器和客户端通过密钥交换算法，动态生成共享的会话密钥和会话 ID，建立加密通道。会话密钥主要用于后续数据传输的加密，会话 ID 用于在认证过程中标识该 SSH 连接。

由于 SSH 服务器和客户端需要持有相同的会话密钥用于后续的对称加密，为保证密钥交换的安全性，SSH 使用一种安全的方式生成会话密钥，由 SSH 服务器和客户端共同生成会话密钥，利用数学理论巧妙地实现不直接传递密钥的密钥交换，无须通过不安全通道传送该密钥，具体细节不在本书详述。

（5）用户认证。

SSH 客户端向 SSH 服务器发起认证请求，SSH 服务器对 SSH 客户端进行认证。SSH 支持以下几种认证方式。

- 密码（password）认证：客户端通过用户名和密码的方式进行认证，将加密后的用户名和密码发送给服务器，服务器解密后与本地保存的用户名和密码进行对比，并向客户端返回认证成功或失败的消息。
- 密钥（publickey）认证：客户端通过用户名、公钥及公钥算法等信息来与服务器进行认证。

SSH 用户认证最基本的两种方式是密码认证和密钥认证。密码认证方式比较简单，且每次登录都需要输入用户名和密码。而密钥认证可以实现安全性更高的免密登录，是一种广泛使用且推荐的登录方式，详见 3.3.5 节描述。

（6）会话请求。

认证通过后，SSH 客户端向服务器发送会话请求，请求服务器提供某种类型的服务，即请求与服务器建立相应的会话。服务器根据客户端请求进行回应。

（7）会话交互。

会话建立后，SSH 服务器端和客户端在该会话上进行数据信息的交互，双方发送的数据均使用会话密钥进行加解密。

在客户端使用 `ssh -vv SSH 服务器 IP 地址`，可以详细展示上述七个阶段的交互内容，如下所示。

```
hackasat@hackasat:~$ ssh -v kylin@192.168.43.199

#------------------------------ (1) 连接建立 ------------------------------
OpenSSH_8.2p1 Ubuntu-4ubuntu0.11, OpenSSL 1.1.1f  31 Mar 2020
debug1: Reading configuration data /home/hackasat/.ssh/config
debug1: /home/hackasat/.ssh/config line 1: Applying options for *
debug1: Reading configuration data /etc/ssh/ssh_config
debug1: /etc/ssh/ssh_config line 19: include /etc/ssh/ssh_config.d/*.conf matched no files
debug1: /etc/ssh/ssh_config line 21: Applying options for *
debug2: resolve_canonicalize: hostname 192.168.43.199 is address
debug2: ssh_connect_direct
debug1: Connecting to 192.168.43.199 [192.168.43.199] port 22.
debug1: Connection established.

#------------------------------ (2) 版本协商 ------------------------------
debug1: identity file /home/hackasat/.ssh/id_rsa type 0
debug1: identity file /home/hackasat/.ssh/id_rsa-cert type -1
debug1: Local version string SSH-2.0-OpenSSH_8.2p1 Ubuntu-4ubuntu0.11
debug1: Remote protocol version 2.0, remote software version OpenSSH_8.2p1
Ubuntu-4kylin3k0.3
debug1: match: OpenSSH_8.2p1 Ubuntu-4kylin3k0.3 pat OpenSSH* compat 0x04000000
debug2: fd 3 setting O_NONBLOCK

#------------------------------ (3) 算法协商 ------------------------------
debug1: Authenticating to 192.168.43.199:22 as 'kylin'
debug1: SSH2_MSG_KEXINIT sent
debug1: SSH2_MSG_KEXINIT received
debug2: local client KEXINIT proposal
debug2: KEX algorithms:
curve25519-sha256,curve25519-sha256@libssh.org,ecdh-sha2-nistp256,ecdh-sha2-nistp384,
ecdh-sha2-nistp521,diffie-hellman-group-exchange-sha256,diffie-hellman-group16-sha512
,diffie-hellman-group18-sha512,diffie-hellman-group14-sha256,ext-info-c,kex-strict-c-
v00@openssh.com
debug2: host key algorithms:
ecdsa-sha2-nistp256-cert-v01@openssh.com,ecdsa-sha2-nistp384-cert-v01@openssh.com,ecd
sa-sha2-nistp521-cert-v01@openssh.com,sk-ecdsa-sha2-nistp256-cert-v01@openssh.com,ssh
-ed25519-cert-v01@openssh.com,sk-ssh-ed25519-cert-v01@openssh.com,rsa-sha2-512-cert-v
01@openssh.com,rsa-sha2-256-cert-v01@openssh.com,ssh-rsa-cert-v01@openssh.com,ecdsa-s
ha2-nistp256,ecdsa-sha2-nistp384,ecdsa-sha2-nistp521,sk-ecdsa-sha2-nistp256@openssh.c
om,ssh-ed25519,sk-ssh-ed25519@openssh.com,rsa-sha2-512,rsa-sha2-256,ssh-rsa
debug2: ciphers ctos:
```

```
chacha20-poly1305@openssh.com,aes128-ctr,aes192-ctr,aes256-ctr,aes128-gcm@openssh.com
,aes256-gcm@openssh.com
debug2: ciphers stoc:
chacha20-poly1305@openssh.com,aes128-ctr,aes192-ctr,aes256-ctr,aes128-gcm@openssh.com
,aes256-gcm@openssh.com
debug2: MACs ctos:
umac-64-etm@openssh.com,umac-128-etm@openssh.com,hmac-sha2-256-etm@openssh.com,hmac-s
ha2-512-etm@openssh.com,hmac-sha1-etm@openssh.com,umac-64@openssh.com,umac-128@openss
h.com,hmac-sha2-256,hmac-sha2-512,hmac-sha1
debug2: MACs stoc:
umac-64-etm@openssh.com,umac-128-etm@openssh.com,hmac-sha2-256-etm@openssh.com,hmac-s
ha2-512-etm@openssh.com,hmac-sha1-etm@openssh.com,umac-64@openssh.com,umac-128@openss
h.com,hmac-sha2-256,hmac-sha2-512,hmac-sha1
debug2: compression ctos: none,zlib@openssh.com,zlib
debug2: compression stoc: none,zlib@openssh.com,zlib
debug2: languages ctos:
debug2: languages stoc:
debug2: first_kex_follows 0
debug2: reserved 0
debug2: peer server KEXINIT proposal
debug2: KEX algorithms:
curve25519-sha256,curve25519-sha256@libssh.org,ecdh-sha2-nistp256,ecdh-sha2-nistp384,
ecdh-sha2-nistp521,diffie-hellman-group-exchange-sha256,diffie-hellman-group16-sha512
,diffie-hellman-group18-sha512,diffie-hellman-group14-sha256
debug2: host key algorithms:
rsa-sha2-512,rsa-sha2-256,ssh-rsa,ecdsa-sha2-nistp256,ssh-ed25519
debug2: ciphers ctos:
chacha20-poly1305@openssh.com,aes128-ctr,aes192-ctr,aes256-ctr,aes128-gcm@openssh.com
,aes256-gcm@openssh.com
debug2: ciphers stoc:
chacha20-poly1305@openssh.com,aes128-ctr,aes192-ctr,aes256-ctr,aes128-gcm@openssh.com
,aes256-gcm@openssh.com
debug2: MACs ctos: hmac-sha2-512,hmac-sha2-256,umac-128@openssh.com
debug2: MACs stoc: hmac-sha2-512,hmac-sha2-256,umac-128@openssh.com
debug2: compression ctos: none,zlib@openssh.com
debug2: compression stoc: none,zlib@openssh.com
debug2: languages ctos:
debug2: languages stoc:
debug2: first_kex_follows 0
debug2: reserved 0
debug1: kex: algorithm: curve25519-sha256
debug1: kex: host key algorithm: ecdsa-sha2-nistp256
debug1: kex: server->client cipher: chacha20-poly1305@openssh.com MAC: <implicit>
compression: none
debug1: kex: client->server cipher: chacha20-poly1305@openssh.com MAC: <implicit>
compression: none

#------------------------------(4)秘钥交换------------------------------
debug1: expecting SSH2_MSG_KEX_ECDH_REPLY
debug1: Server host key: ecdsa-sha2-nistp256
SHA256:vNkKyHqC9+cRytDYDoi4SCk3ok8Fu0KQY8IfBvUNd6c
```

```
debug1: Host '192.168.43.199' is known and matches the ECDSA host key.
debug1: Found key in /home/hackasat/.ssh/known_hosts:1
debug2: set_newkeys: mode 1
debug1: rekey out after 134217728 blocks
debug1: SSH2_MSG_NEWKEYS sent
debug1: expecting SSH2_MSG_NEWKEYS
debug1: SSH2_MSG_NEWKEYS received
debug2: set_newkeys: mode 0
debug1: rekey in after 134217728 blocks
debug1: Will attempt key: /home/hackasat/.ssh/id_rsa RSA
SHA256:CO51MzR0xZ38VgWKoJPYmWepU9Pz0PPp8JA6qvBqRpQ explicit agent
debug2: pubkey_prepare: done
debug1: SSH2_MSG_EXT_INFO received
debug1: kex_input_ext_info:
server-sig-algs=<ssh-ed25519,sk-ssh-ed25519@openssh.com,ssh-rsa,rsa-sha2-256,rsa-sha2
-512,ssh-dss,ecdsa-sha2-nistp256,ecdsa-sha2-nistp384,ecdsa-sha2-nistp521,sk-ecdsa-sha
2-nistp256@openssh.com>
debug2: service_accept: ssh-userauth
debug1: SSH2_MSG_SERVICE_ACCEPT received
debug1: Authentications that can continue: publickey,password

#------------------------------（5）用户认证------------------------------------
debug1: Next authentication method: publickey
debug1: Offering public key: /home/hackasat/.ssh/id_rsa RSA
SHA256:CO51MzR0xZ38VgWKoJPYmWepU9Pz0PPp8JA6qvBqRpQ explicit agent
debug2: we sent a publickey packet, wait for reply
debug1: Server accepts key: /home/hackasat/.ssh/id_rsa RSA
SHA256:CO51MzR0xZ38VgWKoJPYmWepU9Pz0PPp8JA6qvBqRpQ explicit agent
debug1: Authentication succeeded (publickey).
Authenticated to 192.168.43.199 ([192.168.43.199]:22).

#------------------------------（6）会话请求------------------------------------
debug1: channel 0: new [client-session]
debug2: channel 0: send open
debug1: Requesting no-more-sessions@openssh.com
debug1: Entering interactive session.
debug1: pledge: network
debug1: client_input_global_request: rtype hostkeys-00@openssh.com want_reply 0
debug1: Remote: /home/kylin/.ssh/authorized_keys:1: key options: agent-forwarding
port-forwarding pty user-rc x11-forwarding
debug1: Remote: /home/kylin/.ssh/authorized_keys:1: key options: agent-forwarding
port-forwarding pty user-rc x11-forwarding
debug2: channel_input_open_confirmation: channel 0: callback start
debug2: fd 3 setting TCP_NODELAY
debug2: client_session2_setup: id 0
debug2: channel 0: request pty-req confirm 1
debug1: Sending environment.
debug1: Sending env LANG = zh_CN.UTF-8
debug2: channel 0: request env confirm 0
debug2: channel 0: request shell confirm 1
debug2: channel_input_open_confirmation: channel 0: callback done
```

```
debug2: channel 0: open confirm rwindow 0 rmax 32768
debug2: channel_input_status_confirm: type 99 id 0
debug2: PTY allocation request accepted on channel 0
debug2: channel 0: rcvd adjust 2097152
debug2: channel_input_status_confirm: type 99 id 0
debug2: shell request accepted on channel 0

#------------------------------(7)会话交互------------------------------
Welcome to Kylin V10 SP1 (GNU/Linux 5.10.0-8-generic x86_64)

 * Management:    http://www.kylinos.cn/ * Support:
http://www.kylinos.cn/service.aspx
Last login: Thu Feb 15 21:21:18 2024 from 192.168.43.10
```

可以使用如下指令，查看本机 SSH 支持的对称加密算法、非对称加密算法，如图 10-99、图 10-100 所示。

```
ssh -Q cipher      # 查询 SSH 支持的对称加密算法
ssh -Q key         # 查询 SSH 支持的非对称加密算法
```

```
kylin@kylin-pc:~/.box/加密文件夹$ ssh -Q cipher
3des-cbc
aes128-cbc
aes192-cbc
aes256-cbc
rijndael-cbc@lysator.liu.se
aes128-ctr
aes192-ctr
aes256-ctr
aes128-gcm@openssh.com
aes256-gcm@openssh.com
chacha20-poly1305@openssh.com
```

图 10-99　麒麟操作系统上安装的 SSH 支持的对称加密算法

```
kylin@kylin-pc:~/.box/加密文件夹$ ssh -Q key
ssh-ed25519
ssh-ed25519-cert-v01@openssh.com
sk-ssh-ed25519@openssh.com
sk-ssh-ed25519-cert-v01@openssh.com
ssh-rsa
ssh-dss
ecdsa-sha2-nistp256
ecdsa-sha2-nistp384
ecdsa-sha2-nistp521
sk-ecdsa-sha2-nistp256@openssh.com
ssh-rsa-cert-v01@openssh.com
ssh-dss-cert-v01@openssh.com
ecdsa-sha2-nistp256-cert-v01@openssh.com
ecdsa-sha2-nistp384-cert-v01@openssh.com
ecdsa-sha2-nistp521-cert-v01@openssh.com
sk-ecdsa-sha2-nistp256-cert-v01@openssh.com
```

图 10-100　麒麟操作系统上安装的 SSH 支持的非对称加密算法

10.9　数据备份恢复

等保第一级至第四级的数据备份恢复的要求如表 10-20 所示。

表 10-20　等保第一级至第四级的数据备份恢复的要求

等保等级	相关要求
第一级	（1）应提供重要数据的本地数据备份与恢复功能
第二级	（2）应提供异地数据备份功能，利用通信网络将重要数据定时批量传送至备用场地
第三级	（3）应提供异地数据实时备份功能，利用通信网络将重要数据实时备份至备用场地 （4）应提供重要数据处理系统的热冗余，保证系统的高可用性
第四级	（5）应建立异地灾难备份中心，提供业务应用的实时切换

为满足上述要求，可以在麒麟操作系统中安装使用相关工具，比如：备份相关工具 rsync、duplicity 等，双击热备相关工具 heartbeat 等。本节以 rsync、heartbeat 为例进行介绍。

10.9.1　数据备份

10.9.1.1　rsync 介绍

rsync（Remote Synchronize，远程同步）是麒麟操作系统下的一个强大的远程数据同步工具。它能够通过网络快速同步多台主机之间的文件和目录。除了作为同步工具，rsync 也可以当作文件复制工具使用，替代 cp 命令、mv 命令、scp 工具等。

与传统的文件复制命令和工具不同，rsync 的一个显著特点是它利用了差分编码（Delta Encoding）技术来减少数据传输量。这意味着 rsync 在传输文件时，并不是每一次都整份传输，而是只传输两个文件的不同部分。具体来说，rsync 会分析源文件和目标文件，只传输它们之间的差异部分。这种差分传输机制使得 rsync 在同步大量数据时非常高效，尤其是当源文件和目标文件之间存在大量相同内容时。

由于 rsync 只传输必要的差异部分，它可以在相同的数据传输量下实现更快的传输速度，这对于带宽有限或网络延迟较高的环境来说尤其有用。此外，rsync 还支持压缩数据传输，进一步减少带宽使用。其优点如下所示。

（1）可以镜像保存整个目录树和文件系统。

（2）可以很容易做到保持原来文件的权限、时间、软硬连接等。

（3）无须特殊权限即可安装。

（4）第一次同步时 rsync 复制全部内容，但在下一次值传输修改过的内容，速度快。

（5）压缩传输：rysnc 在传输的过程中可以实行压缩及解压缩操作，可以使用更少的带宽。

（6）可以使用 scp、ssh 等方式来进行文件传输，提升安全性。

（7）支持匿名传输，以方便进行网站镜像。

（8）rsync 不仅可以远程同步数据，而且可以本地同步数据，做差异同步。

麒麟操作系统安装 rsync 十分简单，只需输入如下指令即可：

```
apt-get install rsync
```

rsync 的用法如下，简单说就是"参数+数据源+备份（或恢复）目的"。

```
rsync [OPTION]... SRC [SRC]... DEST
rsync [OPTION]... SRC [SRC]... [USER@]HOST:DEST
rsync [OPTION]... SRC [SRC]... [USER@]HOST::DEST
rsync [OPTION]... SRC [SRC]... rsync://[USER@]HOST[:PORT]/DEST
rsync [OPTION]... [USER@]HOST:SRC [DEST]
rsync [OPTION]... [USER@]HOST::SRC [DEST]
rsync [OPTION]... rsync://[USER@]HOST[:PORT]/SRC [DEST]
```

输入 rsync --help，可以查看其参数说明，主要参数如下所示。

- -a：－archive archive mode 权限保存模式，相当于下面的-rlptgoD 参数组合、存档、递归、保持属性等。
- -r：－recursive 复制该文件夹下面所有的资料，递归处理。
- -p：－perms 保留档案权限，文件原有属性。
- -t：－times 保留时间点，文件原有时间。
- -g：－group 保留原有属组。
- -o：－owner 保留档案所有者（只对 root 用户有效）。
- -D：－devices 保留 device 资讯（只对 root 用户有效）。
- -l：－links 复制所有的连接，复制连接文件。
- -z：－compress 压缩模式，当文件在传送到目的端进行档案压缩。
- -H：－hard-links 保留硬链接文件。
- -P：-P 参数和--partial --progress 相同，只是为了把参数简单化，表示传进度。
- --version：输出 rsync 版本。
- -v：－verbose 复杂的输出信息。
- -u：－update 仅仅进行更新，也就是跳过已经存在的目标位置，并且文件时间要晚于要备份的文件，不覆盖新的文件。
- --delete：删除那些目标位置有的文件而备份源没有的文件。
- --delete-before：接收者在传输之前进行删除操作。

- --filter "-filename"：需要过滤的文件。
- --exclude=filname：需要过滤的文件。
- --progress：显示备份过程。

10.9.1.2 rsync 使用

（1）本地备份。

使用 rsync 本地备份的用法如下：

```
rsync 参数 /path/to/source_path /path/to/destination_path
```

示例：使用 rsync 将/home/kyin 目录下的"文档"备份到/tmp 目录下，然后修改文档目录下的文件 1.txt，再次使用 rsync 工具进行备份，可以发现第二次备份的时候只备份了修改的文件，如图 10-101 所示。备份恢复的过程就是备份的反过程，只需要将源、目的互换一下即可。

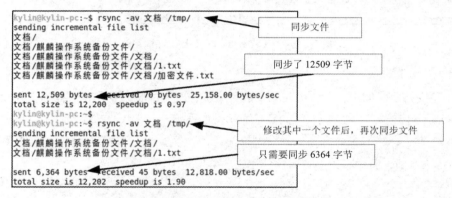

图 10-101　使用 rsync 工具进行本地备份

（2）远程备份。

使用 rsync 远程备份，可以使用 SSH，也可以使用 rsync deamon。本小节以 SSH 为例进行介绍，其用法如下：

```
rsync 参数 ssh /local/source_path/ username@remoteIP:/remote/destination_path/
```

示例：使用 rsync 将/home/kylin 目录下的"文档"远程备份到 SSH 服务器 192.168.43.10 的/tmp 目录下，然后修改文档目录下的文件 1.txt，再次使用 rsync 工具进行备份，可以发现第二次备份的时候只备份了修改的文件，如图 10-102 所示。备份恢复的过程就是备份的反过程，只需要将源、目的互换一下即可。

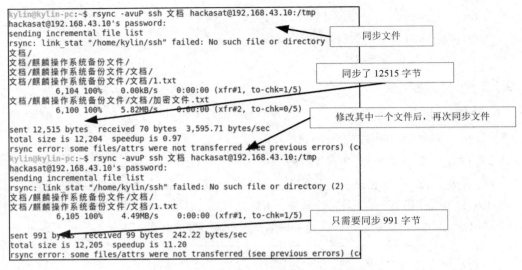

图 10-102　使用 rsync 工具进行远程备份

（3）实时备份。

rsync 不支持实时同步，一般用 inotify 软件来监控文件的实时变化，监控到文件发生变化，立刻调用 rsync 传输数据，实现实时同步。麒麟操作系统上 inotify 的安装如下：

```
apt-get install inotify-tools
```

它有如下参数，其中可以设置监控的模式、事件范围等。

```
-m    持续监控
-r    递归
-q    静默，仅打印时间信息
--timefmt    指定输出时间格式
--format     指定事件输出格式
    %Xe 时间
    %w  目录
    %f  文件
-e
    access 访问
    modify 内容修改
    attrib 属性修改
    close_write 修改真实文件内容
    open 打开
    create 创建
    delete 删除
```

在终端中依次输入如下指令，在实际使用时，将其中的源目录、目的目录更换为实际目录，只要源目录有变化，会立刻增量同步到远程目的目录，如图 10-103 所示。注意：此处要提前设置好 SSH 为密钥登录模式，详见 10.1.5 节。

```
(1)/usr/bin/inotifywait -mrq --format "%Xe %w %f" -e
create,modify,delete,close_write,attrib /home/hackasat/文档/麒麟操作系统备份文件 | while
read line;do
(2)rsync -avuP 文档/麒麟操作系统备份文件 kylin@192.168.43.199:/home/kylin/文档
(3)done
```

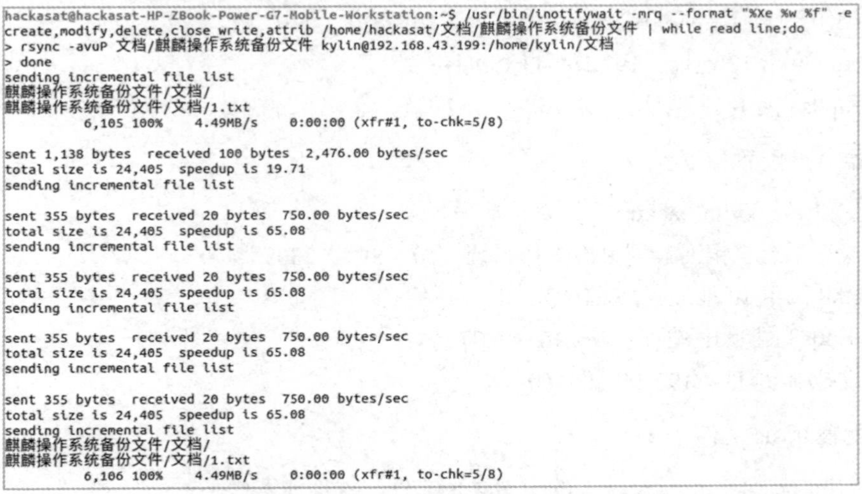

```
hackasat@hackasat-HP-ZBook-Power-G7-Mobile-Workstation:~$ /usr/bin/inotifywait -mrq --format "%Xe %w %f" -e
create,modify,delete,close_write,attrib /home/hackasat/文档/麒麟操作系统备份文件 | while read line;do
> rsync -avuP 文档/麒麟操作系统备份文件 kylin@192.168.43.199:/home/kylin/文档
> done
sending incremental file list
麒麟操作系统备份文件/文档/
麒麟操作系统备份文件/文档/1.txt
          6,105 100%    4.49MB/s    0:00:00 (xfr#1, to-chk=5/8)

sent 1,138 bytes  received 100 bytes  2,476.00 bytes/sec
total size is 24,405  speedup is 19.71
sending incremental file list

sent 355 bytes  received 20 bytes  750.00 bytes/sec
total size is 24,405  speedup is 65.08
sending incremental file list

sent 355 bytes  received 20 bytes  750.00 bytes/sec
total size is 24,405  speedup is 65.08
sending incremental file list

sent 355 bytes  received 20 bytes  750.00 bytes/sec
total size is 24,405  speedup is 65.08
sending incremental file list

sent 355 bytes  received 20 bytes  750.00 bytes/sec
total size is 24,405  speedup is 65.08
sending incremental file list
麒麟操作系统备份文件/文档/
麒麟操作系统备份文件/文档/1.txt
          6,106 100%    4.49MB/s    0:00:00 (xfr#1, to-chk=5/8)
```

图 10-103　inotify 与 rsync 配合实现实时远程备份

10.9.2　双机热备

双机热备又称为 HA（High Available），即高可用，用于关键业务。简单理解就是，有 2 台机器 A 和 B，正常是 A 提供服务，B 待命闲置。当 A 宕机或服务宕掉时，会切换至 B 机器继续提供服务。本小节以麒麟操作系统上常见的实现高可用的软件 Heartbeat 为例介绍如何使用该软件。

Heartbeat 技术涉及虚拟 IP 的概念，以实现高可用性服务。假设有两台服务器，A 和 B，A 负责对外提供 Web 服务，而 B 作为备用。若 A 服务器宕机，则 B 将立即接管 A 的工作，继续提供 Web 服务，这一过程对用户而言是透明的。然而，直接向用户提供 A 或 B 服务器的实际 IP 地址（例如，A 的 IP 为 10.0.0.100，B 的 IP 为 10.0.0.101）并非最佳方案，因为用户不可能频繁更改 IP 地址来访问服务。

这时，Heartbeat 技术便派上用场。它可以提供一个虚拟 IP 地址，例如 10.0.0.102。用户只需访问这个虚拟 IP 地址，无论 A 还是 B 提供服务，虚拟 IP 地址都会动态地映射到当前活动的服务器上。当 A 正常工作时，虚拟 IP 地址设置在 A 服务器上；若 A 宕机，虚拟 IP 地址则转移到 B 服务器上。这样，用户始终可以通过访问 10.0.0.102 来获取 Web 服务，而无须关心后台服务器的切换。本小节使用 Heartbeat 来做 HA 集群，并且把 apache2 服务作为 HA 对应的服务。

（1）准备测试环境。

服务器 A 的配置如下。

- 主机名：kylin-pc。
- 操作系统：银河麒麟桌面操作系统 V10（SP1）2303 版。
- eth0 网卡 IP 地址：192.168.43.199。
- enp0s8 网卡 IP 地址：192.168.43.157。

服务器 B 的配置如下。

- 主机名：kylin-backup。
- 操作系统：银河麒麟桌面操作系统 V10（SP1）2303 版。
- eth0 网卡 IP 地址：192.168.43.150。
- enp0s8 网卡 IP 地址：192.168.43.77。
- 虚拟 IP 地址：192.168.43.100

（2）配置 hosts 文件。

打开 kylin-pc、kylin-backup 上的/etc/hosts 文件，添加如下代码：

```
192.168.43.199  kylin-pc
192.168.43.150  kylin-backup
```

（3）安装 apache2 服务。

在 kylin-pc、kylin-backup 上使用如下命令安装 apache2 服务，安装完成之后，可以使用浏览器直接输入 kylin-pc、kylin-backup 的 IP 地址就可以访问 apache2 服务。

```
apt-get install apache2
```

（4）安装 heartbeat 服务。

在 kylin-pc、kylin-backup 上使用如下命令安装 heartbeat 服务。

```
apt-get install heartbeat
```

安装完成后，将/usr/share/doc/heartbeat 目录下的 ha.cf.gz 解压缩，将其中的 authkeys、ha.cf、haresources 复制到/etc/ha.d 目录下。

（5）配置 authkeys 文件。

在 kylin-pc、kylin-backup 打开/etc/ha.d 目录下的 authkeys 文件，将如下内容前面的注释取消，然后使用 chmod 600 authkeys 修改其访问权限。

```
auth 3
3 md5 Hello!
```

（6）配置 haresources 文件。

在 kylin-pc、kylin-backup 打开/etc/ha.d 目录下的 haresources 文件，配置如下内容：

```
kylin-pc 192.168.43.100/24/eth0:0 apache2
```

其中，kylin-pc 为主节点 hostname，192.168.43.100 为虚拟 IP，/24 为掩码为 24 的网段，eth0:0 为虚拟 IP 的设备名，apache2 为 heartbeat 监控的服务，也是两台机器对外提供的核心服务。

（7）配置 ha.cf 文件。

在 kylin-pc、kylin-backup 打开/etc/ha.d 目录下的 ha.cf 文件，配置如下内容：

```
# 保存 heartbeat 调试信息的文件
debugfile /var/log/ha-debug

# 保存 heartbeat 日志的文件
logfile /var/log/ha-log
logfacility local0

#心跳的时间间隔，默认时间单位为秒
keepalive 2

#若超出该时间间隔未收到对方节点的心跳，则认为对方已经故障
deadtime 30

#若超出该时间间隔未收到对方节点的心跳，则发出警告并记录到日志中
warntime 10

#在某系统上，系统启动或重启之后需要经过一段时间网络才能正常工作，
#该选项用于解决这种情况产生的时间间隔，取值至少为 deadtime 的 2 倍
initdead 120

#设置广播通信使用的端口，694 为默认使用的端口号
udpport 694

#设置对方机器心跳检测的网卡和 IP 地址
ucast enp0s8 192.168.43.77（注意：备机配置为 ucast enp0s8    192.168.43.157）

#heartbeat 的两台主机分别为主节点和从节点。主节点在正常情况下占用资源并运行所有的服务，
#遇到故障时把资源交给从节点由从节点运行服务。在该选项设为 on 的情况下，
#一旦主节点恢复运行，则自动获取资源并取代从节点，否则不取代从节点。
auto_failback on

node kylin-pc
node kylin-backup
```

（8）启动服务。

在 kylin-pc、kylin-backup 使用如下命令打开 apache2、heartbeat 服务：

```
service apache2 start
service heartbeat start
```

（9）测试。

可以分以下几步测试。

- 访问虚拟 IP 地址 192.168.43.100，可以直接访问 apache2 服务。
- 可以关掉 kylin-pc 上的 apache2、heartbeat 服务，然后尝试是否可以继续访问 192.168.43.100（应该是可以的）。
- 启动 kylin-pc 上的 apache2、heartbeat 服务。
- 关掉 kylin-backup 上的 apache2、heartbeat 服务，然后尝试是否可以继续访问 192.168.43.100（应该是可以的）。

如果上述访问都正常，说明 heartbeat 工作正常。

10.10　剩余信息保护

等保第一级至第四级的剩余信息保护的要求如表 10-21 所示。

表 10-21　等保第一级至第四级的剩余信息保护的要求

等保等级	相关要求
第一级	无
第二级	（1）应保证鉴别信息所在的存储空间被释放或重新分配前得到完全清除
第三级	（2）应保证存有敏感数据的存储空间被释放或重新分配前得到完全清除
第四级	以上所有

为满足上述要求，可以在麒麟操作系统进行如下操作。

10.10.1　清除缓存空间

在麒麟操作系统中使用 free 命令会查询当前内存、Swap 空间的使用情况，如图 10-104 所示。

```
root@kylin-pc:/home/kylin# free -h
             总计      已用      空闲      共享    缓冲/缓存    可用
内存：      7.8Gi     1.2Gi     4.7Gi     9.0Mi      1.8Gi     6.3Gi
交换：      9.3Gi       0B      9.3Gi
```

图 10-104　查看系统当前内存、Swap 空间使用情况

输出信息有两行：第一行是内存使用情况，第二行是 Swap 空间使用情况。每一行都有若干列，每列的含义如下。

- 总计：显示系统总的可用物理内存和交换空间大小。

- 已用：显示已经被使用的物理内存和交换空间。
- 空闲：显示还有多少物理内存和交换空间可用使用。
- 共享：显示被共享使用的物理内存大小。
- 缓冲/缓存：显示被 Buffer 和 Cache 使用的物理内存大小。
- 可用：显示还可以被应用程序使用的物理内存大小。

　　在理解缓冲/缓存的概念时，我们可以将其简化为一种机制，用于提高数据访问效率。当操作系统内核需要读取一个文件时，它首先会检查所需数据是否已经存储在缓冲/缓存中。如果数据已在缓存中，那么内核将直接从内存中读取数据，这个过程被称为缓存命中，这样可以避免访问速度较慢的磁盘。如果数据不在缓存中，即发生缓存未命中，那么内核将调度块 I/O 操作，从磁盘读取数据，并将其存储到缓存中，以便后续快速访问。

　　在分析 free 命令的输出时，我们需要区分两个概念：空闲内存和可用内存。空闲内存是指尚未被任何进程或系统使用的物理内存数量。而可用内存是从应用程序的角度来看，可以立即用于满足新请求的内存总量。对于内核来说，缓冲/缓存区占用的内存被视为已使用内存。然而，当应用程序请求更多内存时，如果可用内存不足，内核会根据需要从缓冲/缓存中回收内存，以满足应用程序的内存需求。所以从应用程序的角度来说：

$$可用内存 = 空闲内存 + 缓冲/缓存$$

　　缓冲/缓存机制虽然能够提升程序的数据访问速度，但确实存在一定的安全风险，导致内存中的剩余信息泄露，尤其是在处理敏感信息时。以用户登录过程为例，用户甲在登录应用程序 A 时输入的用户名和密码通常会被存储在程序的内存中，用于后续的身份验证过程。

　　在这个过程中，应用程序会与数据库交互，验证用户名和密码的正确性。然而，许多应用程序在处理完这些敏感信息后，并不会主动清理内存中的数据。这就导致了所谓的内存剩余信息泄露风险：即使身份验证过程已经结束，存储用户名和密码的内存空间仍然可能包含这些敏感信息。如果攻击者能够访问到这些内存空间，就有可能获取到用户的敏感信息。

　　为了防止这种信息泄露，应用程序应当在身份认证函数（或方法）使用完用户名和密码后，采取相应的安全措施。这包括对曾经存储过敏感信息的内存空间进行重写，将无关或垃圾信息写入这些空间，或者直接对这些内存空间进行清零操作。这样的操作可以有效地覆盖或清除内存中的敏感数据，从而防止信息泄露。

　　此外，现代编程语言和操作系统提供了一些工具和库，可以帮助开发者安全地处理内存中的敏感信息。例如，使用安全编程实践，如加密存储和及时清除敏感数据，以及利用专门设计用于处理敏感数据的库和框架，都可以提高应用程序的安全性。

　　释放物理内存缓冲/缓存的过程如下。

（1）先使用 sync 命令做同步，以确保文件系统的完整性，将所有未写的系统缓冲区写到磁盘中，否则在释放缓存的过程中，可能会丢失未保存的文件。

```
sync
```

（2）然后通过修改 proc 系统的 drop_caches 清理内存中的缓冲/缓存。

```
sudo sh -c 'echo 3 > /proc/sys/vm/drop_caches'
```

测试效果如图 10-105 所示。

```
kylin@kylin-pc:~$ free -h
              总计        已用        空闲        共享      缓冲/缓存      可用
内存:        7.8Gi       1.3Gi       4.5Gi       17Mi       1.9Gi       6.1Gi
交换:        9.3Gi         0B       9.3Gi
kylin@kylin-pc:~$ sudo sh -c 'echo 3 > /proc/sys/vm/drop_caches'
输入密码
kylin@kylin-pc:~$ free -h
              总计        已用        空闲        共享      缓冲/缓存      可用
内存:        7.8Gi       1.3Gi       5.8Gi       17Mi       624Mi       6.2Gi
交换:        9.3Gi         0B       9.3Gi
```

图 10-105　清理内存中的缓冲/缓存

10.10.2　彻底删除敏感文件

在麒麟操作系统中，可以使用 rm 命令将文件从文件系统中立即删除。尽管该方法对于普通的数据删除来说足够了，但是对于那些具有一定计算能力的黑客和专业人士来说，他们可以通过数据恢复的手段找回已被删除的文件。因此，需要更加深入的方法来确保数据的安全。麒麟操作系统提供了几种方式。

（1）使用文件粉碎机。

打开"麒麟管家"窗口，单击左侧列表中的"百宝箱"选项，在窗口右侧界面会出现"文件粉碎机"图标，鼠标左键单击该图标，会打开文件粉碎机界面，如图 10-106 所示，可以选择要彻底销毁的文件。

图 10-106　使用文件粉碎机彻底删除文件

（2）shred 工具。

麒麟操作系统中默认提供了 shred 工具，其使用方法如下。

- 对于单个文件，可以使用如下命令：`shred -u -n5 /path/to/file`，其中-u 参数表示在擦除后删除原文件，-n5 表示覆盖 5 次。
- 对于整个分区或硬盘，可以使用 shred 命令结合-f（强制覆盖）和-z（在覆盖后使用 rm 删除原文件）参数。例如：`shred -fuz /dev/sdx`，这里/dev/sdx 是硬盘设备的标识符。

（3）wipe 工具。

麒麟操作系统中安装 wipe 工具很方便，如下：

```
apt-get install wipe
```

使用方法也很简单，使用 `wipe` 文件名即可，如图 10-107 所示。

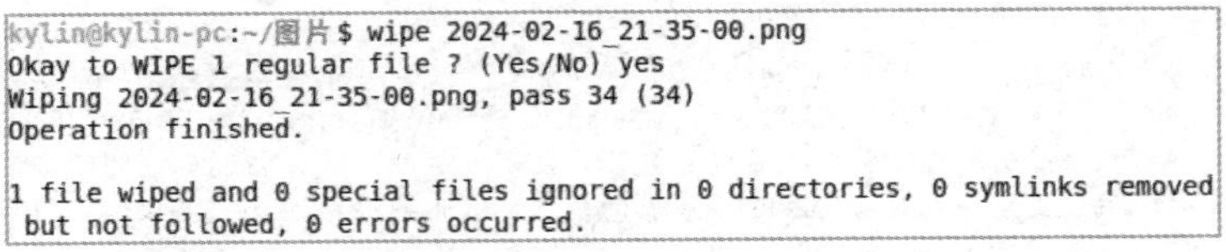

```
kylin@kylin-pc:~/图片$ wipe 2024-02-16_21-35-00.png
Okay to WIPE 1 regular file ? (Yes/No) yes
Wiping 2024-02-16_21-35-00.png, pass 34 (34)
Operation finished.

1 file wiped and 0 special files ignored in 0 directories, 0 symlinks removed
but not followed, 0 errors occurred.
```

图 10-107　使用 wipe 删除文件

10.10.3　减少历史命令记录条数

麒麟操作系统中，HISTSIZE 和 HISTFILESIZE 是与命令行历史记录相关的两个环境变量。

HISTSIZE 表示系统将保留多少个最近执行的命令。当命令数达到这个数目时，新的命令将会覆盖最旧的命令。这个变量决定了命令行会话可以保存的命令数量。

HISTFILESIZE 则表示命令历史记录文件（通常位于用户主目录下的.bash_history 或其他类似的文件）的最大文件大小（以行数计）。当命令历史记录文件中的命令数超过这个数值时，新的命令将会覆盖最旧的命令，直到文件大小保持在设定的值附近。

这两个环境变量通常可以在用户的~/.bashrc 文件中设置，也可以通过命令行临时设置。它们帮助用户管理命令历史记录的大小，从而避免过多的历史记录占用过多磁盘空间，同时确保了用户可以回顾一定数量的历史命令，如果过多，也会带来一定的安全隐患。可以通过如下方法查询默认值，默认值分别是 1000、2000，通过~/.bashrc 文件进行修改。

```
echo $HISTSIZE
echo $HISTFILESIZE
```

10.11　个人信息保护

等保第一级至第四级的个人信息保护的要求如表 10-22 所示。

表 10-22　等保第一级至第四级的个人信息保护的要求

等保等级	相关要求
第一级	无
第二级	（1）应仅采集和保存业务必须的用户个人信息 （2）应禁止未授权访问和非法使用用户个人信息
第三级	以上所有
第四级	以上所有

这一点的实现主要依靠麒麟操作系统开发方，在麒麟官网有如下一段隐私申明：

······

麒麟软件非常重视你的个人信息和隐私保护，在你使用本产品的过程中，我们会按照《银河麒麟操作系统隐私政策声明》（以下简称"本声明"）收集、存储、使用你的个人信息。为了保证对你的个人隐私信息合法、合理、适度的收集、使用，并在安全、可控的情况下进行传输、存储，我们制定了本声明。我们将向你说明收集、保存和使用你的个人信息的方式，以及你访问、更正、删除和保护这些信息的方式。我们将会按照法律要求和业界成熟安全标准，为你的个人信息提供相应的安全保护措施。

······

二、我们如何存储和保护涉及你的个人信息

1.信息存储的地点我们会按照法律法规规定，将在中国境内收集和产生的个人信息存储于中国境内。

2.信息存储的期限一般而言，我们仅为实现目的所必需的时间保留你的个人信息。记录在日志中的信息会按配置在一定期限保存及自动删除。当我们的产品或服务发生停止运营的情形时，我们将以通知、公告等形式通知你，在合理的期限内删除你的个人信息或进行匿名化处理，并立即停止收集个人信息的活动。

3.我们如何保护这些信息我们努力为用户的信息安全提供保障，以防止信息的丢失、不当使用、未经授权访问或披露。我们将在合理的安全水平内使用各种安全保护措施以保障信息的安全。例如，我们会使用加密技术（例如，SSL/TLS）、匿名化处理等手段来保护你的个人信息。我们建立专门的管理制度、流程和组织以保障信息的安全。例如，我们严格限制访问信息的人员范围，要求他们遵守保密义务，并进行审计。

······

上述申明回应了等保 2.0 中对于个人信息保护的要求。

附录 A

内置命令增强

    Linux 系统内置了众多功能强大的命令行工具软件，但它们通常对普通用户来说并不太友好。这些工具往往拥有众多可选参数，熟练掌握它们需要较高的学习门槛。许多内置命令行工具源自 UNIX 时代，其人机交互界面相对简陋。为了改善这一情况，出现了一些现代化的命令行增强工具，它们在原有工具的基础上提供了更为友好和高效的用户体验。

    附表 A-1 列出了一些常见的命令行增强工具。这些工具可以通过 X-CMD 快速安装，从而方便用户获取和使用。

附表 A-1　常用内置命令的增强版替代

命　　令	功　　能	增强版	安装命令
ls	列出目录内容	exa g	x install exa x install g
cat	查看文件内容	bat	x install bat
cd	切换到某个目录	zoxide	x install zoxide
find	搜索文件	fd	x install fd
df	显示文件系统的磁盘空间使用情况	duf	x install duf
du	查看磁盘空间使用情况	dust	x install dust
ping	检查网络连接	gping	x install gping
top	实时显示进程动态和系统运行状态	gotop	x install gotop
watch	定期执行命令并显示输出结果	viddy	x install viddy

A.1　ls 增强

（1）exa 命令。

    exa 命令是 Linux ls 命令的增强版本，它通过彩色编码输出和灵活的选项，可以全面查看文件和目录，相比 ls 命令具有更强大的功能和更直观的显示效果。

除了正常的列表功能，exa 命令还可与 grep 和 find 等命令配合使用，使得维护人员可更高效地搜索和处理文件，简化工作流程，增强命令行体验。

- 安装：`x install exa`。
- 命令举例：
  - 列出当前目录下的文件和目录：`exa -l`，如图 A-1 所示。

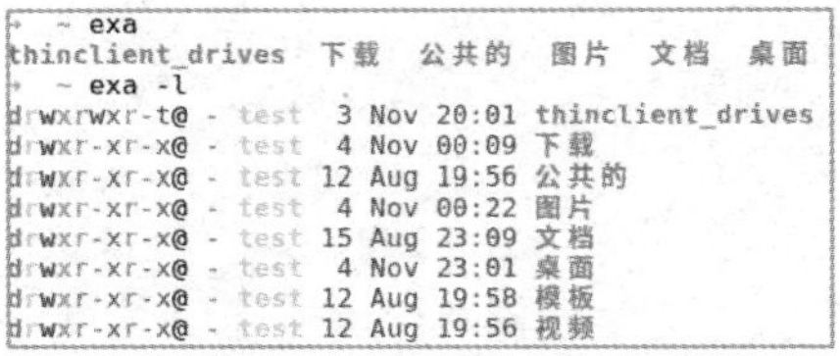

图 A-1　`exa -l` 命令

  - 递归到目录中显示文件目录：`exa -R`，如图 A-2 所示。

图 A-2　`exa -R` 命令

  - 以树形形式递归显示文件目录：`exa -T`，如图 A-3 所示。

图 A-3　`exa -T` 命令

- 显示隐藏文件和以 "." 开头的文件：exa -a，如图 A-4 所示。

```
→  ~ exa -F
thinclient_drives/  下载/  公共的/  图片/  文档/  桌面/  模板/  视频/  音乐/
→  ~ exa -a
.bash_history          .shinit                        .zshrc
.bash_logout           .sogouinput                    thinclient_drives
.bash_profile          .ssr                           下 载
.bashrc                .sudo_as_admin_successful      公共的
.box                   .synaptic                      图 片
.cache                 .tmux                          文 档
.config                .tmux.conf                     桌 面
.cxoffice              .ukui-screensaver-default.conf  模 板
.dbus                  .var                           视 频
```

图 A-4　exa -a 命令

- 以倒序排序的顺序显示文件目录：exa -r，如图 A-5 所示。

```
→  qaxsafe exa
backup  Frameworks  Log           qaxsafed    qsafe
conf    img         modularize    qaxtray     rightMenu
Data    lib7z       OfflineUpdate  qaxtray_5  sqaxsafeforcnos
engine  license     qaxadsh       qaxwhl      sqaxsafeforcnos_5
→  qaxsafe exa -r
sqaxsafeforcnos_5  qaxwhl      qaxadsh       license       engine
sqaxsafeforcnos    qaxtray_5   OfflineUpdate  lib7z        Data
rightMenu          qaxtray     modularize    img           conf
qsafe              qaxsafed    Log           Frameworks    backup
```

图 A-5　exa -r 命令

- 仅列出文件目录：exa -D，如图 A-6 所示。

```
→  qaxsafe exa
backup  Frameworks  Log           qaxsafed    qsafe
conf    img         modularize    qaxtray     rightMenu
Data    lib7z       OfflineUpdate  qaxtray_5  sqaxsafeforcnos
engine  license     qaxadsh       qaxwhl      sqaxsafeforcnos_5
→  qaxsafe exa -D
backup  Data    Frameworks  lib7z     Log         OfflineUpdate
conf    engine  img         license   modularize  rightMenu
```

图 A-6　exa -D 命令

- 以树形递归两级目录形式显示文件目录：exa --level=2 --tree，如图 A-7 所示。

```
→  ~ exa --level=2 --tree
├── thinclient_drives
├── 下载
│   ├── mcfly-v0.8.5-aarch64-unknown-linux-gnu.tar.gz
│   ├── oh-my-zsh.sh
│   ├── rustdesk-1.2.3-2-aarch64.deb
│   ├── Zabbix_Documentation_6.0.zh.pdf
│   └── zellij.tar.gz
├── 公共的
├── 图片
├── 文档
    ├── Zabbix.doc
    ├── Zabbix.wps
    └── 命令增强.wps
```

图 A-7　exa --level=2 --tree 命令

- 以带图标形式显示文件目录：exa --icons，如图 A-8 所示。

```
→  ~ exa --icons
📁thinclient_drives   📁公共的   📁文档   📁模板   📁音乐
📁下载                📁图片     📁桌面   📁视频
```

图 A-8　exa --icons 命令

■ 与 grep 管道命令并用显示文件：exa | grep，如图 A-9 所示。

```
→  qaxsafe pwd
/opt/qaxsafe
→  qaxsafe exa | grep qaxsafe
qaxsafed
sqaxsafeforcnos
sqaxsafeforcnos_5
```

图 A-9　exa | grep 命令

■ 使用创建的时间排序显示文件和目录：exa --sort created，如图 A-10 所示。

```
→  qaxsafe exa --sort created
engine       conf        sqaxsafeforcnos_5   OfflineUpdate   Data
Frameworks   qaxsafed    qaxtray             Log             qaxadsh
backup       lib7z       rightMenu           modularize      sqaxsafeforcnos
qaxtray_5    qsafe       qaxwhl              license         img
```

图 A-10　exa --sort created 命令

（2）g 命令。

● 安装：x install g

● 命令举例：

　　■ 列出包含隐藏文件的文件目录：g -a，如图 A-11 所示。

```
test@test-pc:~$ g -a
.                              Qt
..                             jetbra
.arduino                       lnmp2.0
.box                           sketchbook
.cache                         下载
.config                        公共的
.cxoffice                      图片
.dbus                          文档
.gnome                         桌面
.gnupg                         模板
.java                          视频
.kylin-ide                     音乐
.kylin-os-manager-config       .Xauthority
.local                         .bash_history
.log                           .bash_logout
.pki                           .bash_profile
.presage                       .bashrc
.qaxsafe                       .imwheelrc
.sogouinput                    .jetbrains.vmoptions.sh
.ssh                           .profile
.ssr                           .python_history
.vandyke                       .shinit
.x-cmd.root                    .sudo_as_admin_successful
.xterminal                     .ukui-screensaver-default.conf
CLionProjects                  .xsession
DataGripProjects               .xsession-errors
JavaScript                     .xsession-errors.old
KylinIDE                       .zshrc
OVitalMapData                  lnmp2.0.tar.gz
```

图 A-11　g -a 命令

- 以 json 文件格式显示文件目录：g -j，如图 A-12 所示。

```
test@test-pc:~$ g -j
{
        "Content": [
                {
                        "Name": "CLionProjects\u001b[0m"
                },
                {
                        "Name": "DataGripProjects\u001b[0m"
                },
                {
                        "Name": "JavaScript\u001b[0m"
                },
                {
                        "Name": "KylinIDE\u001b[0m"
                },
                {
                        "Name": "OVitalMapData\u001b[0m"
                },
                {
                        "Name": "Qt\u001b[0m"
                },
                {
                        "Name": "jetbra\u001b[0m"
                },
                {
                        "Name": "lnmp2.0\u001b[0m"
                },
                {
                        "Name": "sketchbook\u001b[0m"
                },
```

图 A-12　g -j 命令

- 递归显示目录文件：g -R，如图 A-13 所示。

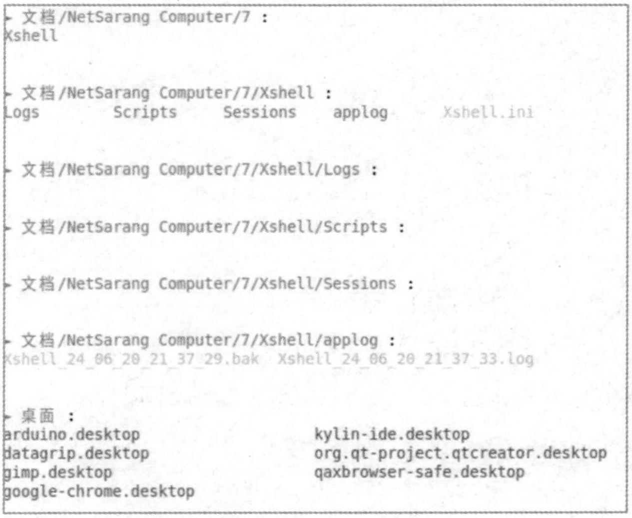

```
- 文档/NetSarang Computer/7 :
Xshell

- 文档/NetSarang Computer/7/Xshell :
Logs        Scripts    Sessions    applog     Xshell.ini

- 文档/NetSarang Computer/7/Xshell/Logs :

- 文档/NetSarang Computer/7/Xshell/Scripts :

- 文档/NetSarang Computer/7/Xshell/Sessions :

- 文档/NetSarang Computer/7/Xshell/applog :
Xshell_24_06_20_21_37_29.bak  Xshell_24_06_20_21_37_33.log

- 桌面 :
arduino.desktop                 kylin-ide.desktop
datagrip.desktop                org.qt-project.qtcreator.desktop
gimp.desktop                    qaxbrowser-safe.desktop
google-chrome.desktop
```

图 A-13　g -R 命令

- 以表格形式显示文件目录：g --table，如图 A-14 所示。

```
test@test-pc:~$ g --table
+----------------------+
| path: /home/test |
+----------------------+
| CLionProjects |
| DataGripProjects |
| JavaScript |
| KylinIDE |
| OVitalMapData |
| Qt |
| jetbra |
| lnmp2.0 |
| sketchbook |
| 下载 |
| 公共的 |
| 图片 |
| 文档 |
| 桌面 |
| 模板 |
| 视频 |
| 音乐 |
| lnmp2.0.tar.gz |
+----------------------+
```

图 A-14 g --table 命令

■ 以树形递归列表显示文件：g --tree，如图 A-15 所示。

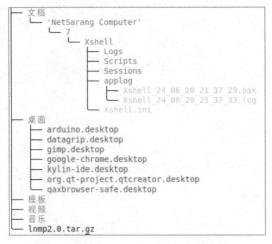

```
├── 文档
│   └── 'NetSarang Computer'
│       └── 7
│           └── Xshell
│               ├── Logs
│               ├── Scripts
│               ├── Sessions
│               ├── applog
│               │   ├── Xshell_24_06_20_21_37_29.bak
│               │   └── Xshell_24_06_20_21_37_33.log
│               └── Xshell.ini
├── 桌面
│   ├── arduino.desktop
│   ├── datagrip.desktop
│   ├── gimp.desktop
│   ├── google-chrome.desktop
│   ├── kylin-ide.desktop
│   ├── org.qt-project.qtcreator.desktop
│   └── qaxbrowser-safe.desktop
├── 模板
├── 视频
├── 音乐
└── lnmp2.0.tar.gz
```

图 A-15 g --tree 命令

■ 以加条目编号方式显示文件：g -#，如图 A-16 所示。

```
test@test-pc:~$ g -#
0  CLionProjects     6  jetbra        12  文档
1  DataGripProjects  7  lnmp2.0       13  桌面
2  JavaScript        8  sketchbook    14  模板
3  KylinIDE          9  下载          15  视频
4  OVitalMapData     10 公共的        16  音乐
5  Qt                11 图片          17  lnmp2.0.tar.gz
```

图 A-16 g -# 命令

■ 以经典模式显示文件目录：g --classic，如图 A-17 所示。

```
test@test-pc:~$ g --classic
CLionProjects      Qt              公共的           视频
DataGripProjects   jetbra          图片             音乐
JavaScript         lnmp2.0         文档             lnmp2.0.tar.gz
KylinIDE           sketchbook      桌面
OVitalMapData      下载            模板
```

图 A-17　g --classic 命令

■ 以 csv 显示文件目录：g --csv，如图 A-18 所示。

```
test@test-pc:~$ g --csv
path: /home/test
CLionProjects
DataGripProjects
JavaScript
KylinIDE
OVitalMapData
Qt
jetbra
lnmp2.0
sketchbook
下载
公共的
图片
文档
桌面
模板
视频
音乐
lnmp2.0.tar.gz
```

图 A-18　g --csv 命令

■ 列出文件目录的详细信息：g -l，如图 A-19 所示。

```
test@test-pc:~$ g -l
drwxrwxr-x@    4.0 KB test test 05.Apr'24 23:16 CLionProjects
drwxrwxr-x@    4.0 KB test test 18.Jun'24 22:48 DataGripProjects
drwxrwxr-x@    4.0 KB test test 06.Apr'24 19:22 JavaScript
drwxrwxr-x@    4.0 KB test test 20.Jun'24 21:54 KylinIDE
drwxrwxr-x@    4.0 KB test test 06.Apr'24 09:55 OVitalMapData
drwxrwxr-x@    4.0 KB test test 05.Apr'24 14:58 Qt
drwxrwxrwx@    4.0 KB test test 18.Jun'24 22:21 jetbra
drwxr-xr-x@    4.0 KB test test 20.Jan'23 10:29 lnmp2.0
drwxrwxr-x@    4.0 KB test test 24.Jun'24 20:56 sketchbook
drwxr-xr-x@    4.0 KB test test 12.Nov'24 22:21 下载
drwxr-xr-x@    4.0 KB test test 04.Apr'24 22:50 公共的
drwxr-xr-x@    4.0 KB test test 12.Nov'24 22:22 图片
drwxr-xr-x@    4.0 KB test test 20.Jun'24 21:35 文档
drwxr-xr-x@    4.0 KB test test 07.Nov'24 20:57 桌面
drwxr-xr-x@    4.0 KB test test 04.Apr'24 22:50 模板
drwxr-xr-x@    4.0 KB test test 04.Apr'24 22:50 视频
drwxr-xr-x@    4.0 KB test test 04.Apr'24 22:50 音乐
-rw-rw-r--@  200.6 KB test test 07.Apr'24 20:56 lnmp2.0.tar.gz
test@test-pc:~$
```

图 A-19　g -l 命令

■ 与 ls 命令进行比较，如图 A-20 所示。

```
test@test-pc:~$ ls
公共的    图片   音乐           DataGripProjects   KylinIDE        OVitalMapData
模板      文档   桌面           JavaScript         lnmp2.0         Qt
视频      下载   CLionProjects                     lnmp2.0.tar.gz  sketchbook
test@test-pc:~$ g
CLionProjects     Qt                 公共的            视频
DataGripProjects  jetbra             图片              音乐
JavaScript        lnmp2.0            文档              lnmp2.0.tar.gz
KylinIDE          sketchbook         桌面
OVitalMapData     下载               模板
```

图 A-20　g 命令与 ls 命令比较

A.2　cat 增强

（1）bat 命令。

bat 是 cat 命令的增强版，可以高亮显示语法，也可以和 Git 集成功能。

- 安装：`x install bat`。
- 命令举例：
  - 查看文件内容，高亮显示语法：`bat`，如图 A-21 所示。

```
63    # Default value for $ZSH
64    # a) if $ZDOTDIR is supplied and not $HOME: $ZDOTDIR/ohmyzsh
65    # b) otherwise, $HOME/.oh-my-zsh
66    if [ -n       . ] && [              !=        ]; then
67        = {   :-          /ohmyzsh}
68    fi
69        = {   :-       ./.oh-my-zsh}
70
71    # Default settings
72        = {     :-ohmyzsh/ohmyzsh}
73        = {          :-https://github.com/ {    }.git}
74        = {     :-master}
75
76    # Other options
```

图 A-21　bat 命令

  - 显示空格、制表符、换行符等不可打印的字符：`bat -A`，如图 A-22 所示。

```
       File: oh-my-zsh.sh

1
2
3
4      ...
5      ...
6      ...
7      ...
8
9
10     ...
11     ...
12     ...
```

图 A-22　bat -A 命令

  - 以朴素风格形式展示文件内容：`bat -p`，如图 A-23 所示。

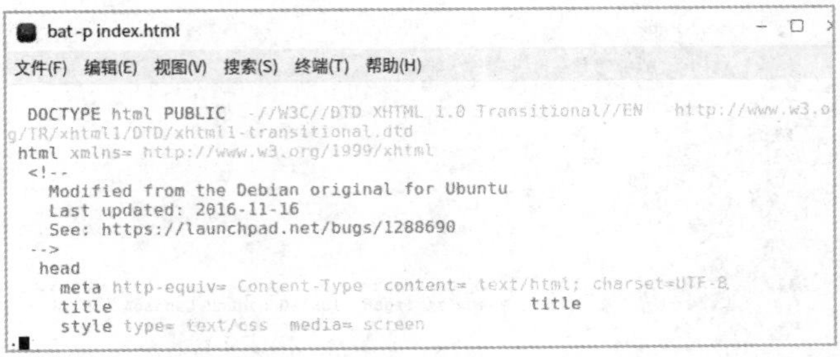

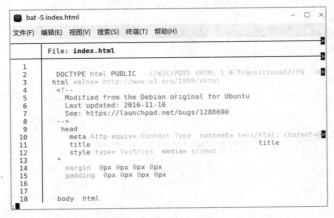

图 A-23　bat -p 命令

■ 用不同的背景颜色突出显示指定的内容：bat -H 1:10，如图 A-24 所示。

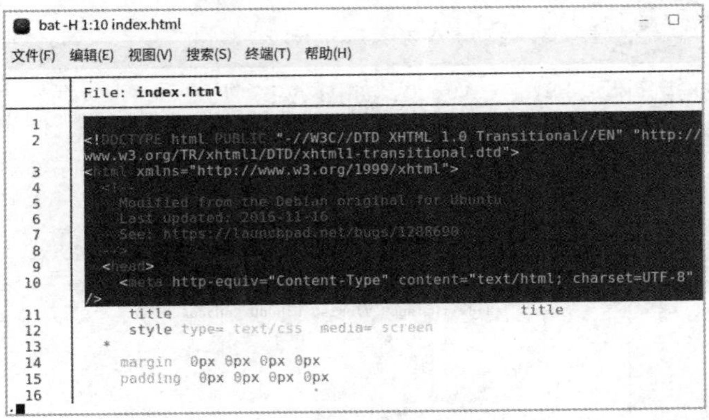

图 A-24　bat -H 命令

■ 以截断长于屏幕宽度的内容的方式显示文件：bat -S，如图 A-25 所示。

图 A-25　bat -S 命令

■ 显示文件内容的行号：bat -n，如图 A-26 所示。

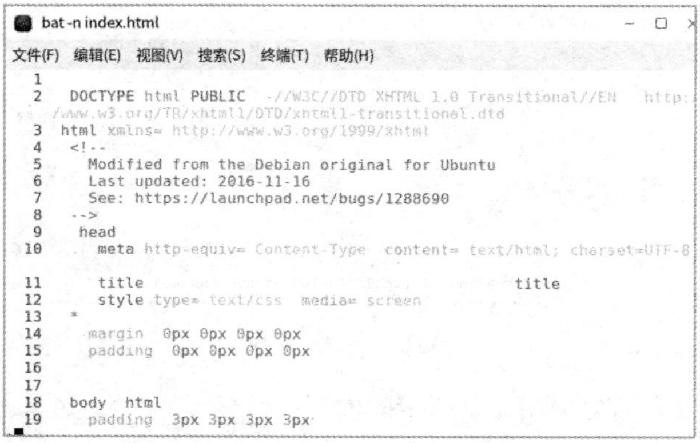

图 A-26　bat -n 命令

- 显示文件指定行：bat -r 10:20，如图 A-27 所示。

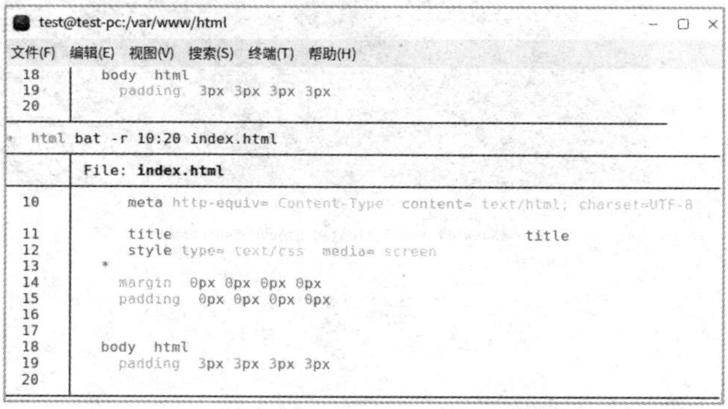

图 A-27　bat -r 命令

- 显示支持的语言列表：bat -L，如图 A-28 所示。

图 A-28　bat -L 命令

（2）broot 命令。

broot 命令具有 cat 命令和 ls 命令的特点，它允许在 Terminal 窗体内查看文件目录和文件具体内容。使用 Ctrl+→键查看文件内容。

- 安装：`x install broot`
- 命令举例：
  - 查看文件内容：`broot`，如图 A-29 所示。

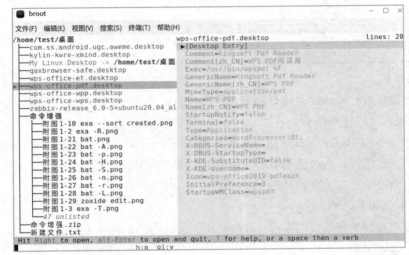

图 A-29　`broot` 命令

A.3　cd 增强

zoxide 是一个用 Rust 语言开发的命令行工具，旨在增强传统的 cd 命令，使得在命令行中切换目录变得更加高效和直观。zoxide 通过学习用户的导航模式来自动预测用户想要切换到的目录，从而减少了输入复杂路径的需要。

虽然 zoxide 本身并不是一个 Shell，但它可以与任何兼容的 Shell（如 bash、zsh、fish 等）协同工作。它的设计理念是提供一种更现代、更灵活的方式来处理命令行操作，特别是在处理目录导航时。Zoxide 允许用户快速跳转到之前访问过的目录，而不需要记住或输入完整的路径。zoxide 的出现，对于那些需要在命令行中频繁切换目录的用户来说，是一个极大的生产力提升。它通过其独特的算法和简单的命令行接口，使得目录导航变得更加快捷和自然。此外，zoxide 还支持跨平台使用，这意味着无论是在 Linux、macOS 还是 Windows 系统上，用户都可以享受到 zoxide 带来的便利。

- 安装：x install zoxide。

命令如附表 A-2 所示。

附表 A-2　zoxide 命令

命　　令	中文解释
add	添加新目录或增加其排名
edit	编辑数据库
import	从其他应用程序导入条目
init	生成 Shell 配置
query	在数据库中搜索目录
remove	从数据库中删除目录

- 功能如下。
  - 智能跳转：zoxide 会记住用户最常访问的目录，因此用户可以用很少的按键就可以"跳转"到这些目录。
  - 支持多种 Shell：zoxide 可以在所有主要的 Shell 上工作，包括 bash、zsh、fish 等。
  - 交互式选择：通过使用 fzf，zoxide 可以提供交互式选择。
  - 自动补全：支持自动补全。
- 命令举例如下。
  - 编辑存储的目录数据库：zoxide edit，如图 A-30 所示。

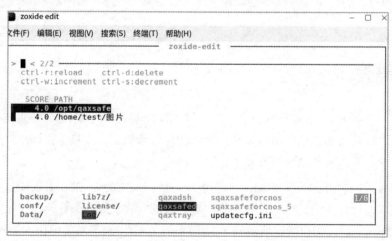

图 A-30　zoxide edit 命令

A.4　du 增强

dust 命令是 du 命令的增强版命令，用于显示磁盘空间使用情况。

- 安装：`x install dust`。
- 命令举例：
  - 显示磁盘空间占用情况：`dust`，如图 A-31 所示。

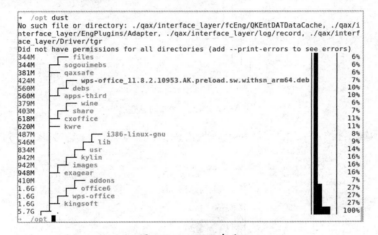

图 A-31　dust 命令

- 显示目录深度为 2 的文件和目录磁盘占用情况：`dust -d 2`，如图 A-32 所示。

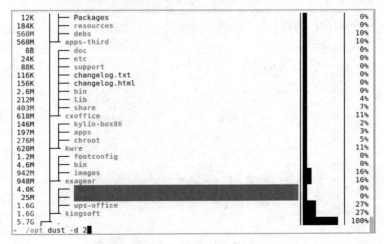

图 A-32　dust -d 2 命令

- 显示目录深度为 4 的文件和目录磁盘占用情况：`dust -d 4`，如图 A-33 所示。

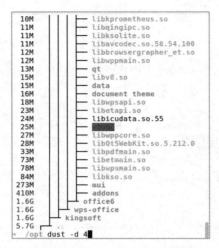

图 A-33　dust -d 4 命令

- 显示输出行数为 5 的文件系统磁盘占用情况：dust -n 5，如图 A-34 所示。

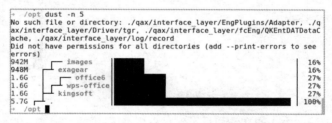

图 A-34　dust -n 命令

- 仅统计与提供的目录位于同一文件系统上的文件和目录：dust -x，如图 A-35 所示。

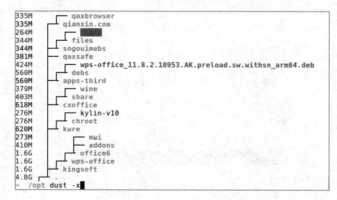

图 A-35　dust -x 命令

- 不打印任何彩色输出目录和文件：dust -c，如图 A-36 所示。

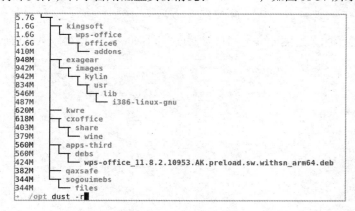

图 A-36　dust -c 命令

- 倒序打印文件和目录占用磁盘资源情况：dust -r，如图 A-37 所示。

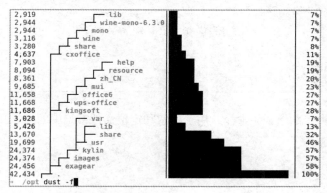

图 A-37　dust -r 命令

- 显示目录大小为子文件数量而非占用磁盘的大小：dust -f，如图 A-38 所示。

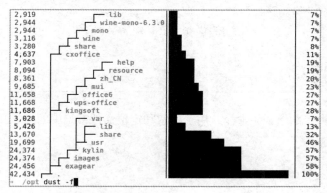

图 A-38　dust -f 命令

■ 仅显示文件不显示目录，用于查找最大的文件：`dust -F`，如图 A-39 所示。

```
33M     ── libqingbangong.so
33M     ── libpdfmain.so
45M     ── files.7z
58M     ── qaxsafe_8.0.5-5140_arm64.deb
62M     ── libLLVM-6.0.so.1
64M     ── sc-reader_2.5.1_arm64.deb
64M     ── help.tar
73M     ── libetmain.so
76M     ── data.tar.xz
78M     ── libwpsmain.so
84M     ── libkso.so
86M     ── xul.dll
103M    ── armhf_files.7z
118M    ── libcef.so
129M    ── sc-reader
151M    ── nvidia-graphics-driver_470.161.03-0kylin1_arm64.deb
167M    ── qaxbrowser
197M    ── xmind_files.7z
276M    ── kylin-v10
424M    ── wps-office_11.8.2.10953.AK.preload.sw.withsn_arm64.deb
5.7G    ── .
→ /opt dust -F
```

图 A-39　`dust -F` 命令

■ 删除显示的条形图而增加"目录深度"列：`dust -R`，如图 A-40 所示。

```
files                                                   2 344M    6%
sogouimebs                                              1 344M    6%
qaxsafe                                                 1 386M    7%
wps-office_11.8.2.10953.AK.preload.sw.withsn_arm64.deb  3 424M    7%
debs                                                    2 560M   10%
apps-third                                             1 560M   10%
wine                                                    3 379M    6%
share                                                   2 403M    7%
cxoffice                                               1 618M   11%
kwre                                                   1 620M   11%
i386-linux-gnu                                          6 487M    8%
lib                                                     5 546M    9%
usr                                                     4 834M   14%
kylin                                                   3 942M   16%
images                                                 2 942M   16%
exagear                                                1 948M   16%
addons                                                  4 410M    7%
office6                                                 3 1.6G   27%
wps-office                                             2 1.6G   27%
kingsoft                                               1 1.6G   27%
.                                                      0 5.8G  100%
→ /opt dust -R
```

图 A-40　`dust -R` 命令

A.5　find 增强

fd 命令是 find 命令的增强版命令，用于搜索和定位文件系统中的文件和目录，常用于查找特定文件、清理目录。

- 安装：`x install fd`。
- 命令举例：

■ 查找命令：`fd`，如图 A-41 所示。

```
→  ~  fd
thinclient_drives/
下载/
下载/Zabbix_Documentation_6.0.zh.pdf
下载/mcfly-v0.8.5-aarch64-unknown-linux-gnu.tar.gz
下载/oh-my-zsh.sh
下载/rustdesk-1.2.3-2-aarch64.deb
下载/zellij.tar.gz
公共的/
图片/
文档/
文档/Zabbix.doc
文档/Zabbix.wps
文档/命令增强.wps
桌面/
桌面/My Linux Desktop
桌面/com.ss.android.ugc.aweme.desktop
桌面/kylin-kwre-xmind.desktop
桌面/qaxbrowser-safe.desktop
桌面/wps-office-et.desktop
桌面/wps-office-pdf.desktop
桌面/wps-office-wpp.desktop
桌面/wps-office-wps.desktop
桌面/zabbix-release_6.0-5+ubuntu20.04_all.deb
桌面/命令增强/
```

图 A-41　`fd` 命令

■ 在搜索结果中显示隐藏文件和目录：`fd -H`，如图 A-42 所示。

```
test@test-pc:~                                        —   □   ×
文件(F)  编辑(E)  视图(V)  搜索(S)  终端(T)  帮助(H)
.x-cmd.root/v/.61adb9fc/mod/md/lib/awk/
.x-cmd.root/v/.61adb9fc/mod/md/lib/awk/llm/
.x-cmd.root/v/.61adb9fc/mod/md/lib/awk/llm/xxxbody.awk
.x-cmd.root/v/.61adb9fc/mod/md/lib/awk/llm/xxxwiki_main.awk
.x-cmd.root/v/.61adb9fc/mod/md/lib/awk/llm/xxxdetect.awk
.x-cmd.root/v/.61adb9fc/mod/md/lib/awk/llm/xxxwiki.awk
.x-cmd.root/v/.61adb9fc/mod/md/lib/awk/llm/xxxcodeblock.awk
.x-cmd.root/v/.61adb9fc/mod/md/lib/awk/llm/xxxtable.awk
.x-cmd.root/v/.61adb9fc/mod/md/lib/awk/llm/xxxmd.awk
.x-cmd.root/v/.61adb9fc/mod/md/lib/awk/show/
.x-cmd.root/v/.61adb9fc/mod/md/lib/awk/show/handle_table.awk
.x-cmd.root/v/.61adb9fc/mod/md/lib/awk/show/handle_list.awk
.x-cmd.root/v/.61adb9fc/mod/md/lib/awk/show/handle_util.awk
.x-cmd.root/v/.61adb9fc/mod/md/lib/awk/show/handle_body.awk
.x-cmd.root/v/.61adb9fc/mod/gemini/
.x-cmd.root/v/.61adb9fc/mod/gemini/lib/
.x-cmd.root/v/.61adb9fc/mod/gemini/lib/count/
.x-cmd.root/v/.61adb9fc/mod/gemini/lib/count/_index
.x-cmd.root/v/.61adb9fc/mod/gemini/lib/count/count_response.awk
.x-cmd.root/v/.61adb9fc/mod/gemini/lib/main
.x-cmd.root/v/.61adb9fc/mod/groovy/latest
.x-cmd.root/v/.61adb9fc/mod/stat/lib/execraw
.x-cmd.root/v/.61adb9fc/mod/stat/lib/main
.x-cmd.root/v/.61adb9fc/mod/cmdnotfound/lib/init
→  ~  fd -H
```

图 A-42　`fd -H` 命令

■ 查找并列出 .png 文件：`fd -l .png`，如图 A-43 所示。

```
-rw-rw-r-- 1 test test  50K 11月  16 10:28 './桌面/命令增强/附图1-27 bat -r.png'
-rw-rw-r-- 1 test test  82K 11月  16 10:30 './桌面/命令增强/附图1-28 bat -L.png'
-rw-rw-r-- 1 test test  41K 11月  16 10:45 './桌面/命令增强/附图1-29 zoxide edit.png'
-rw-rw-r-- 1 test test  68K 11月  15 20:41 './桌面/命令增强/附图1-2 exa -R.png'
-rw-rw-r-- 1 test test  79K 11月  16 11:15 './桌面/命令增强/附图1-31 dust.png'
-rw-rw-r-- 1 test test  68K 11月  16 11:18 './桌面/命令增强/附图1-32 dust -d 2.png'
-rw-rw-r-- 1 test test  39K 11月  16 11:21 './桌面/命令增强/附图1-33 dust -d 4.png'
-rw-rw-r-- 1 test test  38K 11月  16 11:23 './桌面/命令增强/附图1-34 dust -n 5.png'
-rw-rw-r-- 1 test test  68K 11月  16 11:26 './桌面/命令增强/附图1-35 dust -p.png'
-rw-rw-r-- 1 test test  49K 11月  16 11:29 './桌面/命令增强/附图1-36 dust -x.png'
-rw-rw-r-- 1 test test  48K 11月  16 11:35 './桌面/命令增强/附图1-37 dust -c.png'
-rw-rw-r-- 1 test test  49K 11月  16 11:38 './桌面/命令增强/附图1-38 dust -r.png'
-rw-rw-r-- 1 test test  58K 11月  16 11:40 './桌面/命令增强/附图1-39 dust -f.png'
-rw-rw-r-- 1 test test  38K 11月  15 20:44 './桌面/命令增强/附图1-3 exa -T.png'
-rw-rw-r-- 1 test test  60K 11月  16 11:42 './桌面/命令增强/附图1-40 dust -F.png'
-rw-rw-r-- 1 test test  64K 11月  16 13:16 './桌面/命令增强/附图1-41 dust -R.png'
-rw-rw-r-- 1 test test  75K 11月  16 13:23 './桌面/命令增强/附图1-42 fd.png'
-rw-rw-r-- 1 test test 134K 11月  16 13:26 './桌面/命令增强/附图1-43 fd -H.png'
-rw-rw-r-- 1 test test  43K 11月  15 20:48 './桌面/命令增强/附图1-4 exa -F.png'
-rw-rw-r-- 1 test test  40K 11月  15 20:53 './桌面/命令增强/附图1-5 exa -r.png'
-rw-rw-r-- 1 test test  30K 11月  15 20:56 './桌面/命令增强/附图1-6 exa -D.png'
-rw-rw-r-- 1 test test  29K 11月  15 21:00 './桌面/命令增强/附图1-7 exa --level=2.png'
-rw-rw-r-- 1 test test  12K 11月  15 21:04 './桌面/命令增强/附图1-8 exa --icons.png'
-rw-rw-r-- 1 test test 9.4K 11月  15 21:12 './桌面/命令增强/附图1-9 exa grep.png'
→  ~ fd -l .png
```

图 A-43　`fd -l` 命令

■ 查找 png 相关文件：`fd png`，如图 A-44 所示。

```
桌面/命令增强/附图1-40 dust -F.png
桌面/命令增强/附图1-41 dust -R.png
桌面/命令增强/附图1-42 fd.png
桌面/命令增强/附图1-43 fd -H.png
桌面/命令增强/附图1-44 fd -l .png.png
桌面/命令增强/附图1-5 exa -r.png
桌面/命令增强/附图1-6 exa -D.png
桌面/命令增强/附图1-7 exa --level=2.png
桌面/命令增强/附图1-8 exa --icons.png
桌面/命令增强/附图1-9 exa grep.png
→  ~ fd png
```

图 A-44　`fd png` 命令

■ 查找文件显示从根目录开始的完整路径而不是相对路径：`fd -a png`，如图 A-45 所示。

```
/home/test/桌面/命令增强/附图1-42 fd.png
/home/test/桌面/命令增强/附图1-43 fd -H.png
/home/test/桌面/命令增强/附图1-44 fd -l .png.png
/home/test/桌面/命令增强/附图1-45 fd png.png
/home/test/桌面/命令增强/附图1-5 exa -r.png
/home/test/桌面/命令增强/附图1-6 exa -D.png
/home/test/桌面/命令增强/附图1-7 exa --level=2.png
/home/test/桌面/命令增强/附图1-8 exa --icons.png
/home/test/桌面/命令增强/附图1-9 exa grep.png
→  ~ fd -a png
```

图 A-45　`fd -a` 命令

■ 查找.sh 有关文件：`fd '.*\.sh'`，如图 A-46 所示。

```
usr/share/doc/git/contrib/git-resurrect.sh
usr/share/doc/git/contrib/remotes2config.sh
usr/share/doc/git/contrib/credential/netrc/t-git-credential-netrc.sh
usr/share/doc/debianutils/README.shells.gz
usr/share/doc/cron/examples/cron-tasks-review.sh
usr/share/doc/lm-sensors/examples/tellerstats/index.shtml
usr/share/doc/lm-sensors/examples/tellerstats/tellerstats.sh
usr/share/doc/lm-sensors/examples/tellerstats/gather.sh
usr/share/doc/lm-sensors/examples/daemon/healthd.sh
→  / fd '.*\.sh'
```

图 A-46　`fd '.*\.sh'` 命令

- 查找特定文件：fd healthd.sh，如图 A-47 所示。

```
→  /  fd healthd.sh
usr/share/doc/lm-sensors/examples/daemon/healthd.sh
```

图 A-47 fd 特定文件命令

- 查找大于 10MB 的文件：fd --size '+10M'，如图 A-48 所示。

```
var/lib/kmre/data/kmre-1000-test/0-麒麟数据分区/home/test/下载/rustdesk-1.2.3-2-aarch
64.deb
var/lib/kmre/data/kmre-1000-test/0-麒麟数据分区/home/test/下载/zellij.tar.gz
var/lib/kmre/data/kmre-1000-test/0-麒麟日志/journal/c18e242308c343428543bcbb5e9cb8ce/
system@b60d505f7f704a0598b4936badbbc0d6-0000000000000001-00061f7b2ea0f39d.journal
var/lib/kmre/data/kmre-1000-test/0-麒麟日志/journal/c18e242308c343428543bcbb5e9cb8ce/
system@00062640052de055-e22d0b5d40de2755.journal~
var/lib/kmre/data/kmre-1000-test/0-麒麟日志/journal/c18e242308c343428543bcbb5e9cb8ce/
system@0006268cf36359fa-5f185b2fe0aa9a89.journal~
var/lib/kmre/data/kmre-1000-test/0-麒麟日志/journal/c18e242308c343428543bcbb5e9cb8ce/
user-1000@c47ac1f1520f4b288eb06e7d3dedebd6-0000000000000948-00061f7b3196a292.journal
var/lib/kmre/data/kmre-1000-test/0-麒麟日志/journal/c18e242308c343428543bcbb5e9cb8ce/
system.journal
var/lib/kmre/data/kmre-1000-test/0-麒麟日志/journal/c18e242308c343428543bcbb5e9cb8ce/
system@000626f2a3824c90-be45205b86404ae4.journal~
var/lib/kmre/data/kmre-1000-test/0-麒麟日志/journal/c18e242308c343428543bcbb5e9cb8ce/
user-1000@0006268cf3f73428-af2a4eab9a19706b.journal~
→  /  fd --size '+10M'█
```

图 A-48 fd --size 命令

- 查找 2 天内修改过的 png 文件：fd --changed-within '2d' png，如图 A-49 所示。

```
var/lib/kmre/data/kmre-1000-test/0-麒麟文件/桌面/命令增强/附图1-1 exa -l.png
var/lib/kmre/data/kmre-1000-test/0-麒麟数据分区/home/test/桌面/命令增强/附图1-28 bat -L.png
var/lib/kmre/data/kmre-1000-test/0-麒麟文件/桌面/命令增强/附图1-28 bat -L.png
var/lib/kmre/data/kmre-1000-test/0-麒麟数据分区/home/test/桌面/命令增强/附图1-1 exa -l.png
var/lib/kmre/data/kmre-1000-test/0-麒麟数据分区/home/test/桌面/命令增强/附图1-22 bat -A.png
var/lib/kmre/data/kmre-1000-test/0-麒麟数据分区/home/test/桌面/命令增强/附图1-44 fd -l .png.png
var/lib/kmre/data/kmre-1000-test/0-麒麟文件/桌面/命令增强/附图1-44 fd -l .png.png
→  /  fd --changed-within '2d' png█
```

图 A-49 fd --changed-within 命令

A.6 df 增强

duf 是 df 命令的增强版命令，用于显示磁盘使用情况。

- 安装：x install duf。
- 命令示例：
  - 显示磁盘使用情况：duf，如图 A-50 所示。

```
+--------------------------------------------------------------------------------+
| 9 special devices                                                              |
+--------------------+--------+--------+---------+--------------+----------+------+
| MOUNTED ON         | SIZE   | USED   | AVAIL   |     USE%     | TYPE     | FILESYSTEM |
+--------------------+--------+--------+---------+--------------+----------+------+
| /dev               | 7.7G   | 4.0K   | 7.7G    | [..........] | 0.0% | devtmpfs | udev  |
| /dev/shm           | 7.7G   | 32.0K  | 7.7G    | [..........] | 0.0% | tmpfs    | tmpfs |
| /run               | 1.5G   | 1.8M   | 1.5G    | [..........] | 0.1% | tmpfs    | tmpfs |
| /run/lock          | 5.0M   | 4.0K   | 5.0M    | [..........] | 0.1% | tmpfs    | tmpfs |
| /run/user/1000     | 1.5G   | 64.0K  | 1.5G    | [..........] | 0.0% | tmpfs    | tmpfs |
| /sys/fs/cgroup     | 7.7G   | 0B     | 7.7G    |              |      | tmpfs    | tmpfs |
| /var/lib/kmre/kmr  | 128.0M | 8.0K   | 128.0M  | [..........] | 0.0% | tmpfs    | tmpfs |
| e-1000-test/data/  |        |        |         |              |      |          |       |
| local/icons        |        |        |         |              |      |          |       |
| /var/lib/kmre/kmr  | 128.0M | 0B     | 128.0M  |              |      | tmpfs    | tmpfs |
| e-1000-test/data/  |        |        |         |              |      |          |       |
| local/screenshots  |        |        |         |              |      |          |       |
| /var/lib/kmre/kmr  | 7.7G   | 0B     | 7.7G    |              |      | tmpfs    | tmpfs |
| e-1000-test/share  |        |        |         |              |      |          |       |
| d_buffer           |        |        |         |              |      |          |       |
+--------------------+--------+--------+---------+--------------+----------+------+
|   / duf                                                                        |
+--------------------------------------------------------------------------------+
```

图 A-50　duf 命令

- 显示所有磁盘，包括伪、重复、不可访问的文件系统使用情况：duf -all，如图 A-51 所示。

```
+--------------------------------------------------------------------------------+
|   / duf -all                                                                   |
+--------------------------------------------------------------------------------+
| 12 local devices                                                               |
+--------------------+--------+--------+---------+----------------+---------+----------+
| MOUNTED ON         | SIZE   | USED   | AVAIL   |      USE%      | TYPE    | FILESYSTEM   |
+--------------------+--------+--------+---------+----------------+---------+----------+
| /                  | 97.9G  | 25.2G  | 67.7G   | [##........] 25.7% | ext4    | /dev/nvme0n1p3 |
| /boot              | 1.9G   | 355.7M | 1.4G    | [#.........] 18.2% | ext4    | /dev/nvme0n1p2 |
| /boot/efi          | 511.0M | 10.3M  | 500.7M  | [..........]  2.0% | vfat    | /dev/nvme0n1p1 |
| /data              | 698.3G | 1.3G   | 661.4G  | [..........]  0.2% | ext4    | /dev/nvme0n1p5 |
| /home              | 698.3G | 1.3G   | 661.4G  | [..........]  0.2% | ext4    | /dev/nvme0n1p5 |
| /media/test/SYSBO  | 1.9G   | 461.1M | 1.3G    | [##........] 23.6% | ext4    | /dev/nvme1n1p2 |
| OT                 |        |        |         |                   |         |          |
| /opt/exagear/imag  | 276.9M | 276.9M | 0B      | [##########]100.0% | squashfs | /dev/loop2 |
| es/kylin           |        |        |         |                   |         |          |
| /root              | 698.3G | 1.3G   | 661.4G  | [..........]  0.2% | ext4    | /dev/nvme0n1p5 |
| /snap/core/17201   | 92.1M  | 92.1M  | 0B      | [##########]100.0% | squashfs | /dev/loop0 |
| /snap/hello-world  | 128.0K | 128.0K | 0B      | [##########]100.0% | squashfs | /dev/loop1 |
| /29                |        |        |         |                   |         |          |
| /usr/share/kmre/u  | 55.5M  | 55.5M  | 0B      | [##########]100.0% | squashfs | /dev/loop3 |
| pdate/arm64/v2.4-  |        |        |         |                   |         |          |
| 230210.10-230210.  |        |        |         |                   |         |          |
| 13/data            |        |        |         |                   |         |          |
| /var/lib/kmre/kmr  | 97.9G  | 25.2G  | 67.7G   | [##........] 25.7% | ext4    | /dev/nvme0n1p3 |
| e-1000-test/data/  |        |        |         |                   |         |          |
| user/0             |        |        |         |                   |         |          |
+--------------------+--------+--------+---------+----------------+---------+----------+
| 2 fuse devices                                                                 |
+--------------------+--------+--------+---------+----------------+---------+----------+
| MOUNTED ON         | SIZE   | USED   | AVAIL   |      USE%      | TYPE    | FILESYSTEM   |
+--------------------+--------+--------+---------+----------------+---------+----------+
| /run/user/1000/gv  | 0B     | 0B     | 0B      |                   | fuse.gvf | gvfsd-fuse |
| fs                 |        |        |         |                   | sd-fuse  |          |
| /var/lib/kmre/dat  | 97.9G  | 25.2G  | 67.7G   | [##........] 25.7% | fuse    | /dev/fuse |
| a/kmre-1000-test   |        |        |         |                   |         |          |
+--------------------+--------+--------+---------+----------------+---------+----------+
```

图 A-51　duf -all 命令

- 以 json 文件格式显示所有磁盘、设备使用情况：duf -json，如图 A-52 所示。

```
{
  "device": "tmpfs",
  "device_type": "special",
  "mount_point": "/var/lib/kmre/kmre-1000-test/shared_buffer",
  "fs_type": "tmpfs",
  "type": "tmpfs",
  "opts": "rw,nosuid,nodev,noexec,relatime",
  "total": 8311500800,
  "free": 8311500800,
  "used": 0,
  "inodes": 2029175,
  "inodes_free": 2029174,
  "inodes_used": 1,
  "blocks": 2029175,
  "block_size": 4096
},
{
  "device": "/dev/nvme0n1p3",
  "device_type": "local",
  "mount_point": "/var/lib/kmre/kmre-1000-test/data/user/0",
  "fs_type": "ext4",
  "type": "ext2/ext3",
  "opts": "rw,relatime",
  "total": 105152176128,
  "free": 72754323456,
  "used": 27012366336,
  "inodes": 6553600,
  "inodes_free": 6164411,
  "inodes_used": 389189,
  "blocks": 25671918,
  "block_size": 4096
}
]
/ duf -json█
```

图 A-52　`duf -json` 命令

- 列出索引节点信息，而不是块使用情况：`duf -inodes`，如图 A-53 所示。

```
+-----------------------------------------------------------------------------------------+
| 1 fuse device                                                                           |
+-----------------------+----------+----------+----------+--------------------+------+------------+
| MOUNTED ON            | INODES   | IUSED    | IAVAIL   |       IUSE%        | TYPE | FILESYSTEM |
+-----------------------+----------+----------+----------+--------------------+------+------------+
| /var/lib/kmre/dat     | 6553600  | 389192   | 6164408  | [.........]   5.9% | fuse | /dev/fuse  |
| a/kmre-1000-test      |          |          |          |                    |      |            |
+-----------------------+----------+----------+----------+--------------------+------+------------+

+-----------------------------------------------------------------------------------------+
| 9 special devices                                                                       |
+----------------------+----------+-------+----------+--------------------+----------+------------+
| MOUNTED ON           | INODES   | IUSED | IAVAIL   |       IUSE%        | TYPE     | FILESYSTEM |
+----------------------+----------+-------+----------+--------------------+----------+------------+
| /dev                 | 2015153  |  561  | 2014592  | [.........]   0.0% | devtmpfs | udev       |
| /dev/shm             | 2029175  |    9  | 2029166  | [.........]   0.0% | tmpfs    | tmpfs      |
| /run                 | 2029175  | 1101  | 2028074  | [.........]   0.1% | tmpfs    | tmpfs      |
| /run/lock            | 2029175  |    5  | 2029170  | [.........]   0.0% | tmpfs    | tmpfs      |
| /run/user/1000       | 2029175  |   57  | 2029118  | [.........]   0.0% | tmpfs    | tmpfs      |
| /sys/fs/cgroup       | 2029175  |   15  | 2029160  | [.........]   0.0% | tmpfs    | tmpfs      |
| /var/lib/kmre/kmr    | 2029175  |    2  | 2029173  | [.........]   0.0% | tmpfs    | tmpfs      |
| e-1000-test/data/    |          |       |          |                    |          |            |
| local/icons          |          |       |          |                    |          |            |
| /var/lib/kmre/kmr    | 2029175  |    1  | 2029174  | [.........]   0.0% | tmpfs    | tmpfs      |
| e-1000-test/data/    |          |       |          |                    |          |            |
| local/screenshots    |          |       |          |                    |          |            |
| /var/lib/kmre/kmr    | 2029175  |    1  | 2029174  | [.........]   0.0% | tmpfs    | tmpfs      |
| e-1000-test/share    |          |       |          |                    |          |            |
| d_buffer             |          |       |          |                    |          |            |
+----------------------+----------+-------+----------+--------------------+----------+------------+
/ duf -inodes█
```

图 A-53　`duf -inodes` 命令

- 以 unicode 风格显示磁盘使用情况：`duf -style unicode`，如图 A-54 所示。

```
/ duf -style unicode
10 local devices

MOUNTED ON          SIZE      USED    AVAIL        USE%              TYPE      FILESYSTEM
/                   97.9G     25.2G   67.7G    [##........]  25.7%    ext4      /dev/nvme0n1p3
/boot               1.9G      355.7M  1.4G     [#.........]  18.2%    ext4      /dev/nvme0n1p2
/boot/efi           511.0M    10.3M   500.7M   [..........]   2.0%    vfat      /dev/nvme0n1p1
/data               698.3G    1.3G    661.4G   [..........]   0.2%    ext4      /dev/nvme0n1p5
/home               698.3G    1.3G    661.4G   [..........]   0.2%    ext4      /dev/nvme0n1p5
/media/test/SYSBO   1.9G      461.1M  1.3G     [##........]  23.6%    ext4      /dev/nvme1n1p2
OT
/opt/exagear/imag   276.9M    276.9M  0B       [##########] 100.0%    squashfs  /dev/loop2
es/kylin
/root               698.3G    1.3G    661.4G   [..........]   0.2%    ext4      /dev/nvme0n1p5
/usr/share/kmre/u   55.5M     55.5M   0B       [##########] 100.0%    squashfs  /dev/loop3
pdate/arm64/v2.4-
230210.10-230210.
13/data
/var/lib/kmre/kmr   97.9G     25.2G   67.7G    [##........]  25.7%    ext4      /dev/nvme0n1p3
e-1000-test/data/
user/0
```

图 A-54 `duf -style` 命令

- 按大小对输出进行排列显示磁盘使用情况：`duf -sort size`，如图 A-55 所示。

```
/ duf -sort size
+-----------------------------------------------------------------------------------------------+
| 10 local devices                                                                              |
+-----------------+--------+--------+--------+-----------------------+----------+-----------------+
| MOUNTED ON      | SIZE   | USED   | AVAIL  |      USE%             | TYPE     | FILESYSTEM      |
+-----------------+--------+--------+--------+-----------------------+----------+-----------------+
| /usr/share/kmre/u| 55.5M | 55.5M | 0B     | [##########] 100.0%  | squashfs | /dev/loop3      |
| pdate/arm64/v2.4-|       |       |        |                      |          |                 |
| 230210.10-230210.|       |       |        |                      |          |                 |
| 13/data          |       |       |        |                      |          |                 |
| /opt/exagear/imag| 276.9M| 276.9M| 0B     | [##########] 100.0%  | squashfs | /dev/loop2      |
| es/kylin         |       |       |        |                      |          |                 |
| /boot/efi        | 511.0M| 10.3M | 500.7M | [..........]   2.0%  | vfat     | /dev/nvme0n1p1  |
| /boot            | 1.9G  | 355.7M| 1.4G   | [#.........]  18.2%  | ext4     | /dev/nvme0n1p2  |
| /media/test/SYSBO| 1.9G  | 461.1M| 1.3G   | [##........]  23.6%  | ext4     | /dev/nvme1n1p2  |
| OT               |       |       |        |                      |          |                 |
| /var/lib/kmre/kmr| 97.9G | 25.2G | 67.7G  | [##........]  25.7%  | ext4     | /dev/nvme0n1p3  |
| e-1000-test/data/|       |       |        |                      |          |                 |
| user/0           |       |       |        |                      |          |                 |
| /                | 97.9G | 25.2G | 67.7G  | [##........]  25.7%  | ext4     | /dev/nvme0n1p3  |
| /home            | 698.3G| 1.3G  | 661.4G | [..........]   0.2%  | ext4     | /dev/nvme0n1p5  |
| /root            | 698.3G| 1.3G  | 661.4G | [..........]   0.2%  | ext4     | /dev/nvme0n1p5  |
| /data            | 698.3G| 1.3G  | 661.4G | [..........]   0.2%  | ext4     | /dev/nvme0n1p5  |
+-----------------+--------+--------+--------+-----------------------+----------+-----------------+
```

图 A-55 `duf -sort size` 命令

A.7 ping 增强

gping 图形化显示 ping 命令结果，它是 ping 命令的增强版命令。

- 安装：`x install gping`。
- 命令举例：
  - 对百度网址进行 gping 测试：`gping 百度网址`，如图 A-56 所示。

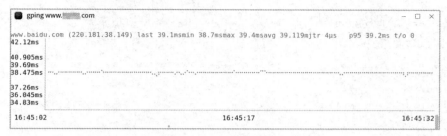

图 A-56　gping 命令

- 观察间隔秒数为 0.8 秒：gping -n 0.8 百度网址，如图 A-57 所示。

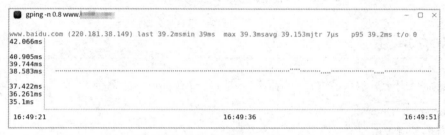

图 A-57　gping -n 命令

- 确定在图形中显示的秒数为 4 秒，默认为 30 秒：gping --buffer 4 百度网址，如图 A-58 所示。

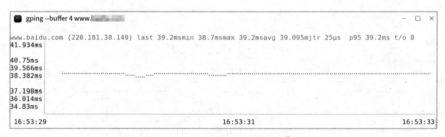

图 A-58　gping --buffer 命令

- 以点文符显示结果：gping -s 百度网址，如图 A-59 所示。

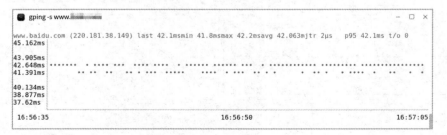

图 A-59　gping -s 命令

■ 以红色显示 gping 结果：gping -c red，如图 A-60 所示。

图 A-60　gping -c 命令

A.8　top 增强

gotop 命令用于显示系统内存占用情况，是 top 命令的增强版命令。

- 安装：x install gotop。
- 命令举例：
    ■ 以图形方式显示系统资源占用情况：gotop，如图 A-61 所示。

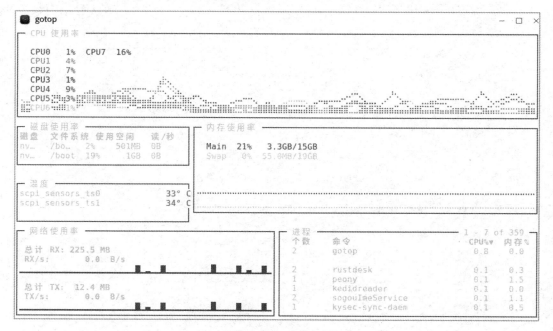

图 A-61　gotop 命令

■ 图形比例因子为 5：gotop -S 5，如图 A-62 所示。

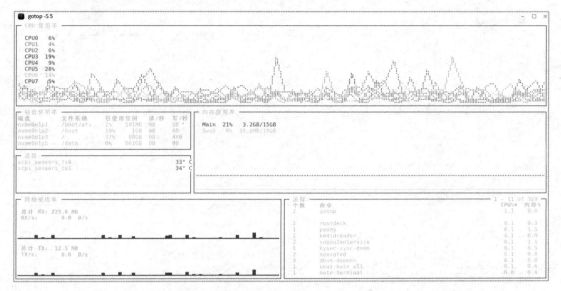

图 A-62　gotop -S 命令

■ 在 CPU 部件中显示每一个 CPU：gotop -p，如图 A-63 所示。

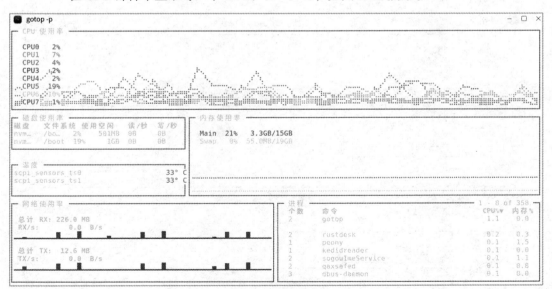

图 A-63　gotop -p 命令

■ 在 CPU 部件中显示平均 CPU：`gotop -a`，如图 A-64 所示。

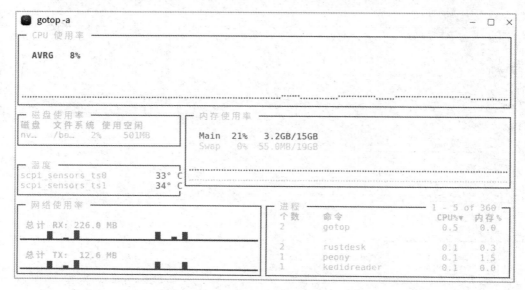

图 A-64　`gotop -a` 命令

■ 显示带有时间的状态栏：`gotop -s`，如图 A-65 所示。

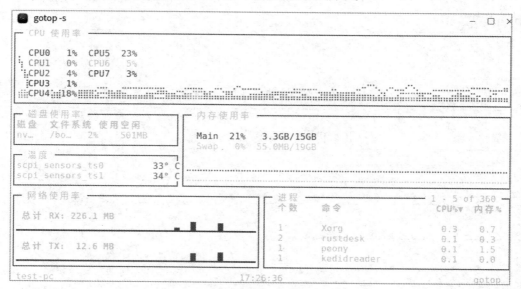

图 A-65　`gotop -s` 命令

- 以刷新频率 3 秒显示：gotop --rate=3s，如图 A-66 所示。

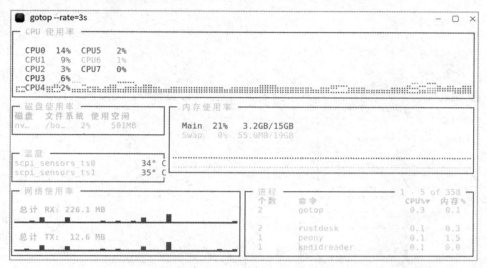

图 A-66　gotop --rate 命令

- 选择网络接口显示：gotop -i enaphyt4i0，如图 A-67 所示。

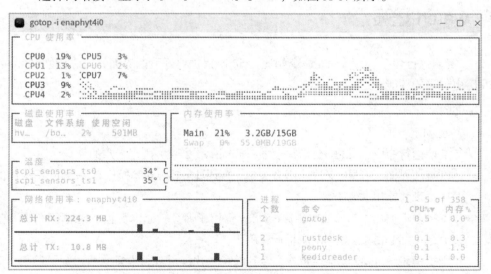

图 A-67　gotop -i 命令

■ 以 mbps 显示网络速率：`gotop --mbps`，如图 A-68 所示。

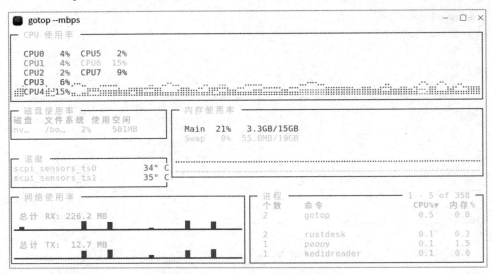

图 A-68 `gotop --mbps` 命令

A.9 watch 增强

viddy 定期执行命令。与 watch 命令相比，viddy 提供更好看的界面，支持彩色输出、滚动、查询及历史记录的功能。

- 安装：`x install viddy`。
- 功能如下。
  - ■ 定期运行命令：viddy 会以预设的时间间隔（2 秒）执行指定的命令。
  - ■ 可滚动界面：viddy 支持使用箭头键、**Page Up/Down** 等操作在命令的输出中滚动，这对于长输出非常方便。
  - ■ 支持颜色输出：与 watch 相比，viddy 保留了命令输出的颜色，这对于需要彩色输出命令（如 git 或 ls --color）非常有用。
  - ■ 历史记录：viddy 会保留每次命令执行的输出，并允许向前查看过去的结果。
  - ■ 自定义刷新间隔：用户可以使用 -n 参数来更改刷新间隔。
- 命令举例：
  - ■ 每秒刷新一次系统端口使用情况：`viddy -n 1 nestat -ano`，如图 A-69 所示。

```
viddy -n 1 netstat -ano                                                    —  □  ×
┌Every─┐ ┌Command─────────────────────────────────────────────┐  ┌Time─────────────────┐
│1s    │ │netstat -ano                                        │  │2024-11-16 17:49:43  │
└──────┘ └────────────────────────────────────────────────────┘  └─────────────────────┘
激活 Internet 连接 (服务器和已建立连接的)
Proto Recv-Q Send-Q Local Address         Foreign Address        State         Timer
tcp      0      0 127.0.0.1:3306           0.0.0.0:*              LISTEN        关闭 (0.00/0/0)
tcp      0      0 0.0.0.0:5900             0.0.0.0:*              LISTEN        关闭 (0.00/0/0)
tcp      0      0 127.0.0.1:8750           0.0.0.0:*              LISTEN        关闭 (0.00/0/0)
tcp      0      0 127.0.0.1:53             0.0.0.0:*              LISTEN        关闭 (0.00/0/0)
tcp      0      0 127.0.0.53:53            0.0.0.0:*              LISTEN        关闭 (0.00/0/0)
tcp      0      0 0.0.0.0:22               0.0.0.0:*              LISTEN        关闭 (0.00/0/0)
tcp      0      0 127.0.0.1:631            0.0.0.0:*              LISTEN        关闭 (0.00/0/0)
tcp      0      0 127.0.0.1:33060          0.0.0.0:*              LISTEN        关闭 (0.00/0/0)
tcp      0      0 127.0.0.1:46087          0.0.0.0:*              LISTEN        关闭 (0.00/0/0)
tcp      0      0 192.168.0.120:39784      36.99.137.21:80        TIME_WAIT     等待 (1.54/0/0)
tcp      0      0 192.168.0.120:49826      36.99.137.21:80        TIME_WAIT     等待 (21.55/0/0)
tcp      0      0 127.0.0.1:35614          127.0.0.1:45409        TIME_WAIT     等待 (1.51/0/0)
tcp      0      0 192.168.0.120:35848      36.99.137.21:80        TIME_WAIT     等待 (41.55/0/0)
tcp      0      0 127.0.0.1:33818          127.0.0.1:35327        TIME_WAIT     等待 (26.53/0/0)
tcp      0      0 127.0.0.1:58462          127.0.0.1:46811        TIME_WAIT     等待 (41.52/0/0)
tcp      0      0 192.168.0.120:35862      36.99.137.21:80        TIME_WAIT     等待 (46.57/0/0)
tcp      0      0 192.168.0.120:35980      124.126.103.52:59546   ESTABLISHED   保持连接 (7186.27/0/0)
tcp      0      0 192.168.0.120:39792      36.99.137.21:80        TIME_WAIT     等待 (6.56/0/0)
tcp      0      0 192.168.0.120:49830      36.99.137.21:80        TIME_WAIT     等待 (26.56/0/0)
                                                                  Suspend ○  Diff ○  Bell ○
```

图 A-69　viddy 命令

附录 B
图形用户界面的远程管理

图形用户界面（GUI）远程连接技术允许用户通过网络远程访问并控制另一台计算机的图形界面。这种技术特别适用于需要直观操作远程计算机的场景，如图形设计、桌面应用程序的使用等。与基于字符的远程连接不同，后者通常使用 SSH 协议进行，GUI 远程连接技术更加注重用户体验和交互的直观性。

B.1　使用 X11 转发远程访问图形用户界面

X11 转发是一种利用 X Window System（简称 X11）的技术，它允许用户在本地计算机上运行并显示远程计算机上的图形用户界面应用程序。这种技术通常依赖 SSH（Secure Shell）协议来实现，确保了数据传输的安全性。

在 X11 转发的工作流程中，SSH 协议负责将 X Client 的输出安全地重定向到本地 X Server 上。这样，用户就可以在本地计算机上显示和操作远程的图形应用程序。这种机制在远程服务器上运行图形界面程序时非常有用，尤其是在需要图形界面的应用程序而又不能直接在服务器上访问图形界面的情况下。

需要注意的是，在 X11 转发的场景中，Client 和 Server 的角色与传统的客户端/服务器（C/S）架构是相反的。在 X11 转发中，X Server 运行在用户的本地计算机上，负责管理显示屏幕、键盘、鼠标等硬件设备。而 X Client 则运行在远程计算机上，生成图形用户界面并通过网络与 X Server 通信。这种配置允许用户在本地计算机上看到并交互远程应用程序的图形界面，就好像这些应用程序是在本地运行的一样。

B.1.1　启用远端 Linux 的 X11

远端 Linux 的 SSH 配置文件 /etc/ssh/sshd_config 中需要开启下面的参数：

```
X11Forwarding yes
```

B.1.2 启动本地 X Server

图形用户界面的 Linux 发行版已内置 X Server，无须单独启动 X Server。若要在 Windows 上使用 X11 转发技术访问远端的 Linux 图形用户界面，则首先需要在 Windows 上启动 X Server，可以使用 Xming、VcXsrv、X410、MobaXterm 等软件集成的 X Server 服务。图 B-1 是 MobaXterm 集成的 X11 Server 配置界面。

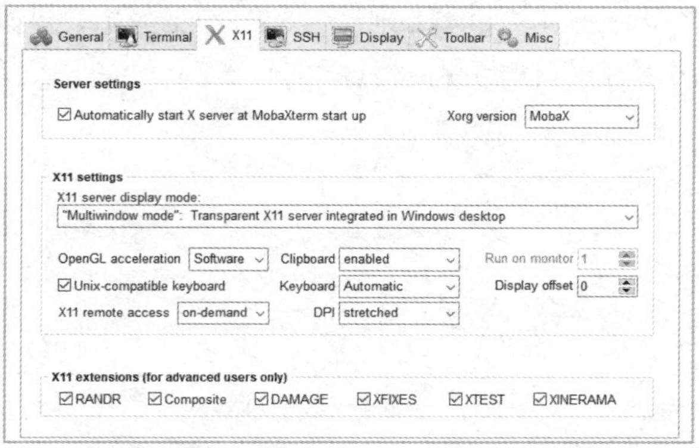

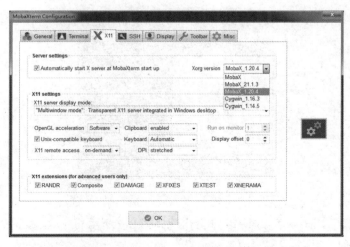

图 B-1　MobaXterm 的 X11 配置界面

启动本地 X Server 后，就可以测试 X11 转发是否正常。为了能够更加流畅地使用 X11 转发的程序，在 X11 的配置界面建议选择图 B-2 的 Xorg 版本，该版本比默认的 MobaX 具有更好的流畅性体验。

图 B-2　MobaXterm 的 X11 配置界面选择 Xorg 版本

B.1.3 测试 X11 转发

由于 X11 转发通过 SSH 协议来实现，所以首先需要使用 SSH 远程登录目标 IP 地址。若在命令行界面使用 SSH 远程登录，则使用-X 选项打开 SSH 的 X11 转发功能。在完全信任的环境中也可以使用 -Y 选项，-Y 选项不会进行安全检查，当复杂图形应用程序因 -X 的安全检查无法正常工作时，可以试试 -Y 选项。

```
ssh -X username@remote_ip
ssh -Y username@remote_ip
```

若使用图形用户界面的 SSH 客户端，则需在 SSH 会话的配置界面打开 X11 转发功能。图 B-3 是 MobaXterm 的 SSH 会话配置界面，勾选 X11-Forwarding 选框为开启 X11 转发，其他的 SSH 客户端类似。

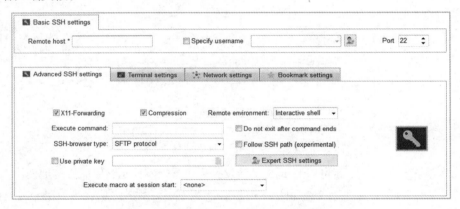

图 B-3　在 SSH 会话的配置界面打开 X11 转发

处于测试目的，一般会先输入命令：xclock，测试能否能打开如图 B-4 所示的时钟。

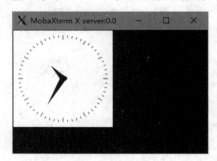

图 B-4　运行 xclock 命令测试 X11 转发

在 X11 转发银河麒麟桌面版时，可能会出现如图 B-5 所示的提示。此时，注销当前的用户再重新运行测试命令即可。

图 B-5 X11 转发银河麒麟桌面版时的提示

然后在命令行界面执行需要转发 GUI 界面的程序即可，例如执行命令 peony，可将银河麒麟桌面版的文件管理器界面转发过来（如图 B-6 所示）。可以看到 MobaXterm 的 X 窗口中，文件管理器仅占据了大部分空间，还有一部分是黑色的，这说明 X11 转发的界面仅仅是所执行的命令的图形用户界面，而不是整个桌面环境。

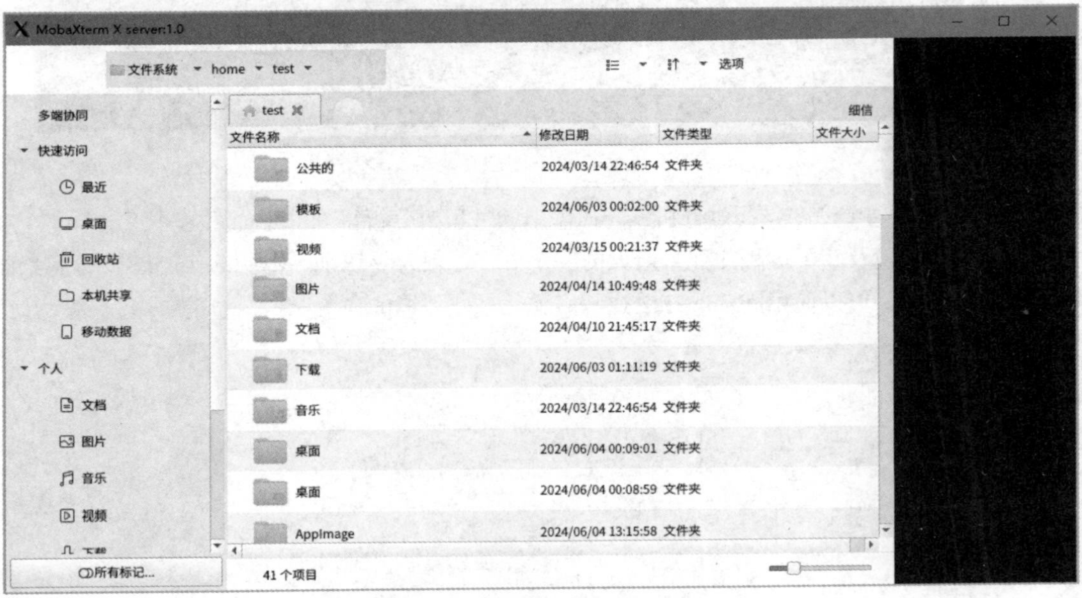

图 B-6 仅转发文件管理器界面

若要将远程的整个桌面环境都转发过来，则执行桌面环境所对应的那个命令，在银河麒麟桌面版中就是 ukui-session。执行命令 ukui-session，就可以将 UKUI 整个桌面环境转发过来，如图 B-7 所示。

图 B-7　转发整个 UKUI 桌面环境

　　ukui-session 这个命令是通过分析 pstree 输出的进程树分析得到的（如图 B-8 所示）。在进程树中，桌面环境及其子进程往往是最大的一个分支，很容易识别。不同的 Linux 发行版桌面环境一般也不同，可以使用同样的方法找到启动其桌面环境的命令。

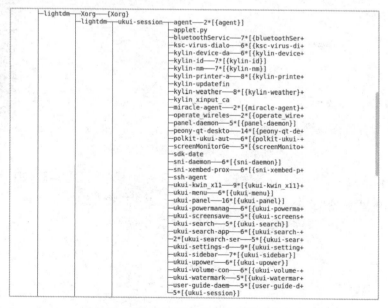

图 B-8　通过进程树查找桌面环境对应命令

B.1.4 X11 转发技术优势

（1）国产化中面临的困难。

由于国产化中最难也是最重要的部分是操作系统和中央处理器（Central Processing Unit，CPU）的国产化。目前根据不同的指令集、CPU 架构，我国推行的国产 CPU 主要分为 6 种，如图 B-9 所示，与之对应的操作系统有统信 UOS、银河麒麟、深度（Deepin）、中科方德、华为 openEuler、中标麒麟等。以麒麟操作系统为例，常见的包括麒麟信安（湖南麒麟）、银河麒麟 V4.0.2、银河麒麟 V10、中标麒麟 V5 等版本，不同的版本又分别有对应的桌面版本和服务器版本。虽然以上所有操作系统都基于 Linux 内核、用法相似，但是对于不同架构下的相同操作系统，或者相同架构下的不同操作系统，在客户端/服务器软件的开发与部署使用方面却存在很大差异。

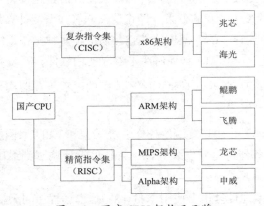

图 B-9 国产 CPU 架构及品牌

软件开发人员在开始软件开发时，首先需要进行需求分析，并尽可能使用跨平台的通用开发环境，以满足不同平台用户的需求。然而，使软件适配所有架构下的各种类型和版本的操作系统一直是软件开发人员面临的一大挑战，尤其是对于客户端/服务器（C/S）架构的软件，几乎是不可能完成的任务。这也是国产操作系统难以推广和普及的重要原因之一，因为在国产操作系统下，软件的适配性问题尤为突出。

目前，对于一些专用的国产 C/S 架构软件，在开发过程中通常会选用特定的 CPU 架构和操作系统类型，部署时也尽量选择相同的 CPU 架构和操作系统。即使选择不同的操作系统，也仅限于相似的类型，因为差异较大的操作系统可能无法支持软件的显示和正常运行。如果强制使用差异较大的操作系统，那么软件可能需要重新开发，这将导致成本过高。

有些 C/S 架构软件在实际使用中遇到的问题更为严重，即使是相同的 CPU 架构和操作系统类型，也可能因为 CPU 版本或操作系统版本的不同而导致软件无法正常运行。此外，不同的屏幕分辨率也可能影响软件的正常运行。有些问题可以通过调试解决，但像屏幕分辨率、软件内嵌 WebView 控件的兼容性等问题可能涉及软件的底层开发设计，解决起来难度较大。

X11 转发技术恰好可以解决 C/S 架构软件在国产操作系统下的适配性问题，同时可以解决软件在任何窗口操作系统下的适配使用问题。通过 X11 转发，软件的图形界面可以在本地计算机上显示和操作，而实际的计算和处理则发生在远程服务器上。这样，即使软件没有直接支持特定的操作系统，用户仍然可以在本地操作系统中使用该软件，从而大大提高了软件的适用性和灵活性。

（2）X11 转发方案。

在云计算环境中，各种终端设备通过网络服务器实现集中部署，这种模式使得个人计算机或移动终端的性能要求降至最低，同时功能得到最大化。借鉴这种"大后台小前台"的云计算思路，可以设计一个使用 X11 转发的方案，即将软件部署在云端计算机上，终端设备通过 X11 转发技术访问云端软件。这样，C/S 架构软件就无须适配多种操作系统类型的用户终端，实现了应用软件与终端操作系统的解耦，从而解决了 C/S 架构软件在开发和部署使用中的困难。

在这种方案中，所谓的"云端"是指网络环境中的远程服务器或终端提供的服务。该方案具有以下优势。

- 软件开发人员无须考虑用户终端的操作系统类型和 CPU 架构的适配性。他们可以选择任一种国产化服务器进行开发和测试，将软件设计调试到最优状态，并开启计算机的 X11 转发功能。

- 终端用户可以在本地计算机上使用 X11 转发技术远程访问云端计算机上的 C/S 架构软件，实现软件在视觉效果上的本地打开。X11 转发技术使用的图像回传功能与远程桌面类似，但不同之处在于，远程桌面回传的是整个计算机桌面画面信息，且对连接数量有限制，而 X11 转发仅将需要运行的软件在本地显示。只要应用软件不做单实例限制，就可以根据云端计算机的配置不断开启软件副本。由于 X11 转发的是云端计算机的图像，通过向云端计算机传送鼠标、键盘输入信息实现远程操控，因此无须适配终端操作系统类型和 CPU 架构，甚至是显示器分辨率。

- 软件运维人员只需对云端计算机中的 C/S 架构软件进行更新维护，就可以实现所有终端的同步更新维护，大大减少了工作量。

（3）X11 转发方案验证。

对于国产操作系统，由于它们大多数基于 Linux，默认支持 SSH 客户端。用户只需在终端中输入 SSH-X 用户名@云端计算机 IP 地址即可登录到云端计算机并运行 C/S 架构软件，实现本地化的运行体验。在首次通过 SSH 客户端远程访问云端计算机时，系统会提示是否继续连接。如果客户端接受云端计算机的公钥，输入 Yes 后即可继续。

对于 Windows 操作系统，Windows 10 提供了安装 SSH 客户端的预留方式，需要用户手动开启。而早期版本的 Windows 则需要下载并安装 SSH 客户端软件，如 MobaXterm。这种方法实现了在本地使用云端资源的无感体验。对于 Windows 终端用户来说，通过 MobaXterm 的自动登录和命令自动执行功能，可以实现直接双击桌面图标进入 C/S 架构软件的启动界面。尽管调用的是云端资源，但用户体验与本地安装运行 C/S 架构软件完全一致。

为了验证上述方案的可行性，测试使用了附表 B-1 中列出的 12 种操作系统与 CPU 架构组合的 20 台终端，同时开启云端的 C/S 架构软件。20 台终端计算机共开启了 20 个 C/S 架构软件实例，占用的云端内存小于 10GB。在进行了 10 小时的测试后，观察到云端内存资源占用几乎没有变化。通过使用 top 命令观察，每新开一台主机只会在云端新建一个 C/S 架构软件的进程，并占用相应的 CPU 和内存资源，对云端计算机本身的影响不大。

这些测试结果表明，通过 X11 转发技术在云端部署 C/S 架构软件，可以有效地解决软件在不同操作系统和 CPU 架构上的适配问题，同时提供了良好的用户体验，并且对云端资源的占用保持在合理范围内。这种方法不仅提高了软件的可访问性和灵活性，还降低了软件运维的复杂性和成本。

附表 B-1　试验操作系统及 CPU 架构

序　号	操作系统	CPU 架构
1	Windows_Server2019	x86_64
2	Windows_Server2003	x86_64
3	Windows7	x86_64
4	Windows_Server2012R2	x86_64
5	Centos7	x86_64
6	银河麒麟 V10 桌面操作系统	x86_64
7	银河麒麟 V10 桌面操作系统	ARM
8	银河麒麟 V10 服务器操作系统	ARM
9	麒麟信安桌面版	x86_64
10	麒麟信安服务器版	x86_64
11	银河麒麟 V4.0.2 桌面版	x86_64
12	Ubuntu	x86_64

实验结果明确显示，通过 X11 转发技术实现的 C/S 架构软件在云端部署，具有广泛的可行性和适用性。在局域网内的任何一台联网计算机上，用户只需知道云端计算机的 IP 地址、用户名和密码，通过 SSH 登录即可使用 C/S 架构软件。这种方案无须在终端上安装任何软件，且与国产计算机的操作系统和 CPU 架构无关，从而实现了 C/S 架构软件对多类型国产操作系统的适配。

B.2 通过 VNC 实现远程图形用户界面登录

B.2.1 VNC 协议概述

VNC（Virtual Network Computing）是一种图形桌面共享系统，它使用远程帧缓冲协议，允许用户在一台计算机上查看并与另一台计算机的桌面交互。

VNC 是典型的 C/S 架构。

- VNC 服务器：安装在需要被控制的计算机上。它捕获该计算机的屏幕内容，将其编码并发送到 VNC 客户端。
- VNC 客户端：安装在控制端的计算机上。它接收来自 VNC 服务器的屏幕数据，并将用户的键盘和鼠标输入发送回 VNC 服务器。

VNC 的主要特征如下所示。

- 跨平台兼容性：VNC 可以在不同的操作系统之间工作，如 Windows、MacOS 和 Linux。
- 多种实现版本：有多个开源实现（如 TightVNC、TigerVNC）和商业版本（如 RealVNC）。
- 不依赖特定的显示协议：VNC 不依赖特定的桌面环境或显示协议，如 X11 或 Wayland。

VNC 本身的数据传输并未加密，因此在公共网络上使用时需要额外的安全措施。常见的安全措施如下所示。

- 使用 SSH 隧道：通过 SSH 隧道加密 VNC 流量。
- 使用 VPN：通过 VPN（虚拟专用网络）来加密和保护 VNC 通信。
- 使用 VNC 内置的加密功能：某些 VNC 软件提供了内置的加密选项，但这些通常只在付费版本中可用。

B.2.2 使用 VNC 远程登录银河麒麟桌面版

银河麒麟桌面版中的"设置/远程桌面"实际上是指 VNC（Virtual Network Computing）服务，而不是 Windows 中的 RDP（Remote Desktop Protocol）远程桌面服务。VNC 是一种基于 RFB（Remote Framebuffer）协议的图形桌面共享系统，它允许用户远程控制另一台计算机的桌面环境。

在银河麒麟系统中，默认情况下，VNC 服务在用户未登录系统或已经注销登出的情况下是无法连接的。为了解决这个问题，可以安装 x11vnc 软件包，并将其配置为后台服务，以便在系统启动时自动运行。这样，VNC 服务就会始终在后台运行，即使用户注销，也不会中断 VNC 服务。具体步骤如下。

（1）安装 x11vnc。

```
sudo apt install x11vnc
```

创建文件/etc/systemd/system/x11vnc.service，输入如下内容：

```
[Unit]
Description="x11vnc"
Requires=display-manager.service
After=display-manager.service
[Service]
ExecStart=/usr/bin/x11vnc -loop -nopw -xkb -repeat -noxrecord -noxfixes -noxdamage
-forever -rfbport 5900 -display :0 -auth guess
ExecStop=/usr/bin/killall x11vnc
Restart=on-failure
RestartSec=2
[Install]
WantedBy=multi-user.target
```

（2）启动创建的 x11vnc 服务，并设置为开启启动。

```
sudo systemctl start x11vnc.service
sudo systemctl enable x11vnc.service
```

（3）配置 root 用户登录图形用户界面（可选）。

默认情况下，图形登录界面只允许普通用户登录，如果需要 root 用户登录图形用户界面，则需要修改下面配置文件/usr/share/lightdm/lightdm.conf.d/95-ukui-greeter.conf，在文件末尾增加如下两行并保存。

```
greeter-show-manual-login=true      #手工输入登录系统的用户名和密码
allow-guest=false                   #不允许 guest 登录（可选）
```

修改/root/.profile 文件为如下内容：

```
if [ "$BASH" ]; then
if [ -f ~/.bashrc ]; then
. ~/.bashrc
fi
fi
mesg n 2> /dev/null || true
tty -s && mesg n || true
pulseaudio --start --log-target=syslog
```

修改后重启 lightdm 服务（`sudo systemctl restart lightdm`），即可在登录界面的右下角多出 1 个 "登录" 的选项（如图 B-10 所示），单击后就可以输入 root 和密码，实现 root 用户登录图形用户界面。

图 B-10 切换手动输入用户名

（4）远程 VNC 登录。

选择一款合适的 VNC 客户端，例如 RealVNC Viewer，输入远程登录的目标 IP 地址即可。VNC 使用的默认 TCP 端口是 5900，若 VNC 服务器端使用了其他端口，则按 <IP>:<端口号> 的格式输入登录地址。

对于 Windows 用户推荐使用 MobaXterm 软件登录银河麒麟桌面版操作系统，登录设置界面如图 B-11 所示，对于多用户同时登录的情况，部分用户需要勾选 "View only" 选项。

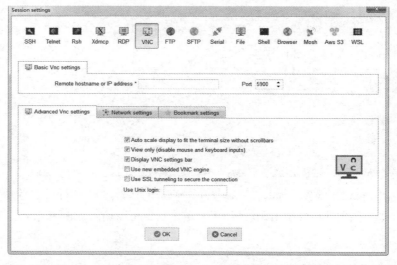

图 B-11 Windows 用户使用 MobaXterm 远程登录银河麒麟桌面版操作系统

B.3　使用 RDP 实现远程桌面登录

RDP（Remote Desktop Protocol，远程桌面协议）是由微软开发的一种多通道协议，允许用户通过网络远程连接到另一台计算机并进行图形用户界面的操作。RDP 协议在传输过程中采用了独特的数据编码和压缩技术，以保证高效的远程桌面体验。

B.3.1　银河麒麟桌面版安装配置 RDP

（1）安装 xrdp 软件包。

```
sudo apt install xrdp
```

安装的 xrdp 会自动设置为开机启动。xrdp 有一个缺点，默认不允许 root 用户登录。

（2）选择合适的 RDP 客户端远程登录。

使用支持 RDP 协议的远程桌面客户端连接即可，Linux 下推荐使用 Remmina。Remmina 是开源的远程桌面客户端，支持多种协议，包括 RDP。

B.3.2　银河麒麟服务器版安装配置 RDP

银河麒麟服务器版的官方 YUM 源并没有引入 xrdp 软件，所以无法直接通过 YUM 方式安装。可以通过下载 rpm 软件包，然后手工安装。访问 XRDP 官网，找到对应的版本软件包，银河麒麟服务器版 v10 是基于 CentOS8 的，再根据自己的 CPU 架构确定要下载的版本。编者的 CPU 架构为飞腾处理器，所以这里选择下载 xrdp-0.9.24-1.el8.aarch64.rpm

```
wget
https://dl.fedoraproject.org/pub/epel/8/Everything/aarch64/Packages/x/xrdp-0.9.24-1.e
l8.aarch64.rpm
sudo rpm -Uvh xrdp-0.9.21-1.el8.x86_64.rpm      # 手工安装 xrdp 的 rpm 包
sudo systemctl enable xrdp                      # 设置 xrdp 服务开机启动
sudo systemctl start xrdp                       # 启动 xrdp 后台服务
```

然后使用支持 RDP 协议的远程桌面客户端连接即可。

B.4　Linux Web 面板

服务器版的 Linux 往往没有图形用户界面，命令行界面对许多用户来说具有一定的挑战性，为了简化管理和操作，Linux Web 面板应运而生。Linux Web 面板是一种基于 Web 的图形化用户界面工具，主要面向系统运维人员，使得用户可以通过浏览器对服务器进行配置和管理，极大地降低了使用门槛。

Linux Web 面板集成了多种管理工具，能够实现一站式管理。例如，通过面板可以快速部署 Web 服务器、数据库、邮件服务器等服务。许多 Linux Web 面板都内置了安全管理功能，如防火墙配置、SSL 证书管理、自动备份等。

常见的 Linux Web 面板如下所示。

- cPanel：cPanel 是最为知名的 Linux Web 面板之一，提供了丰富的管理功能，如网站管理、邮件管理、数据库管理等。其界面友好，易于使用。适合需要全面管理功能的中大型企业和托管服务提供商。
- Webmin：一个开源的 Linux Web 面板，支持多种 Linux 发行版，几乎涵盖了服务器管理的所有方面。其模块化设计使得用户可以根据需求安装和配置不同的功能模块。适合有定制化需求的中小型企业和个人用户。
- Plesk：支持多种操作系统，提供了强大的安全工具和多语言支持。其扩展性强，支持多种插件和模块，适合跨平台管理需求的企业和开发者。
- 宝塔面板：一款国内流行的 Linux Web 面板，操作简便，集成了丰富的应用和插件，支持一键安装和管理。适合中小企业和个人站长，特别是在国内有广泛的用户基础。
- 1Panel：国产的一个新兴的 Linux Web 面板，注重用户体验和易用性，支持插件扩展和多种开发环境的快速部署，特别是其内置了基于 Docker 实现的应用商店，适合初创公司和开发者用于快速部署和管理开发环境。

1Panel 面板集成了 Docker 管理功能，也可作为 Docker 图形化管理的一种方案。例如，图 B-12 是容器状态监视界面，图 B-13 是容器编排（Docker-Compose）编辑界面。

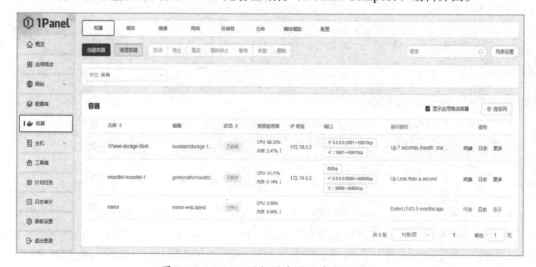

图 B-12　1Panel 面板的容器状态监视界面

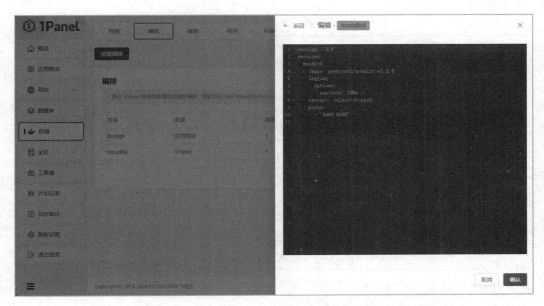

图 B-13 1Panel 面板的 Docker-Compose 编辑界面

反侵权盗版声明

  电子工业出版社依法对本作品享有专有出版权。任何未经权利人书面许可，复制、销售或通过信息网络传播本作品的行为；歪曲、篡改、剽窃本作品的行为，均违反《中华人民共和国著作权法》，其行为人应承担相应的民事责任和行政责任，构成犯罪的，将被依法追究刑事责任。

  为了维护市场秩序，保护权利人的合法权益，我社将依法查处和打击侵权盗版的单位和个人。欢迎社会各界人士积极举报侵权盗版行为，本社将奖励举报有功人员，并保证举报人的信息不被泄露。

举报电话：（010）88254396；（010）88258888

传 真：（010）88254397

E-mail： dbqq@phei.com.cn

通信地址：北京市万寿路 173 信箱

     电子工业出版社总编办公室

邮 编：100036